Stanislaus von Korn
Ulrich Jaudas
Hermann Trautwein

unter Mitarbeit von
Dr. Brigitta Hüttche
Dr. Gerhard Stehle

Landwirtschaftliche Ziegenhaltung

2. aktualisierte Auflage

66 Abbildungen
76 Tabellen

Ulmer

Inhalt

Vorwort

Die Ziegenhaltung hat in Deutschland schon sehr unterschiedliche Zeiten erlebt – hohe Bestandszahlen in der ersten Hälfte des letzten Jahrhunderts bis hin zu einer sehr geringen Verbreitung in den 1970er und 80er Jahren. Bedingt durch Hobbyhaltung und Liebhaberei wuchsen dann die Ziegenzahlen aber allmählich wieder an. Diese Entwicklung wird seit einigen Jahren noch weiter verstärkt, da die veränderten Rahmenbedingungen, wie Agrarreformen, rückläufige Einnahmen bei anderen Produktionsverfahren, Strukturwandel und zunehmendes Verbraucherinteresse an Ziegenprodukten, dazu geführt haben, dass in der Ziegenhaltung immer häufiger auch eine Erwerbsalternative für den landwirtschaftlichen Betrieb gesucht und gefunden wurde. Ebenso haben wohl die Beispiele anderer europäischer Länder so manchen Betriebsleiter hierzulande dazu gebracht, sich mit der Ziegenhaltung zu befassen. Denn z. B. in Frankreich und den Niederlanden hat sich die Milchziegenhaltung als voll akzeptierter Betriebszweig bereits lange bewiesen.

Außerdem lag lange kein deutsches Fachbuch vor, das den erwerbsorientierten Ziegenhaltern und den Interessenten an diesem Produktionsverfahren eine umfassende und hinreichende Handreichung geboten hätte. Diese Lücke wurde von der ersten Auflage dieses Buches geschlossen. Das Ziel dieses Buches ist es nach wie vor, alle erforderlichen Kenntnisse für eine landwirtschaftliche Ziegenhaltung zu vermitteln. So hat das Autorenteam neben grundlegenden Fragen zu Haltung, Fütterung und Futterbau, Management, Zucht, Landschaftspflege und Gesunderhaltung vor allem auch Themen des Marktes und der Vermarktung von Ziegenprodukten sowie betriebswirtschaftliche Bewertungen intensiv behandelt.

Die Richtigkeit dieses Konzeptes zeigt sich im großen Anklang, den dieses Fachbuch gefunden hat. Seit dem Erscheinen des Buches hat sich die Entwicklung zu einer erwerbsorientierten Ziegenhaltung in Deutschland fortgesetzt. Sie wurde von den Autoren der „Landwirtschaftlichen Ziegenhaltung“ aufmerksam begleitet und beobachtet. Die dabei gesammelten Informationen und Erfahrungen haben sich in der vorliegenden zweiten Auflage niedergeschlagen, sodass zahlreiche Kapitel durch neue Erkenntnisse und Rahmenbedingungen aktualisiert wurden.

Besonderer Dank gilt an dieser Stelle Herrn Dr. Gerhard Stehle vom Veterinäramt Esslingen, der in Kap. 13 (Gesetzliche Rahmenbedingungen) die für die Ziegenhaltung relevanten aktuellen Vorschriften des Tierschutzgesetzes, der Viehverkehrsverordnung und des Lebensmittelrechts bei der Vermarktung aus seinen langjährigen Erfahrungen verständlich gemacht hat. In gleicher Weise bedanken sich die Autoren bei Frau Dr. Brigitta Hüttche vom Marketingunternehmen HDB.food consulting, die in der vorliegenden 2. Auflage in Kap. 2 ihr umfangreiches Wissen zum Thema Direktvermarktung mit eingebracht hat.

Frau Dr. Daniela Bürstel vom Schafherdengesundheitsdienst Baden-Württemberg hat mit ihren Erfahrungen aus den Ziegenbestandsbetreuungen die Überarbeitung des Kapitels zur Ziegengesundheit unterstützt ebenso wie auch die Erfahrungen von Ziegenzuchtberater (Bioland Baden-Württemberg) Andreas Kern in die neue Auflage der „Landwirtschaftlichen Ziegenhaltung“ eingeflossen sind, der durch seine Beratungstätigkeit einen guten Einblick in die Lage der Erwerbsziegenhaltungen hat.

Bei der inhaltlichen Breite hat das vorliegende Fachbuch auch den Anspruch, Fakten und Themen durch wissenschaftliche Erkenntnisse und praktische Erfahrungen tiefgründig zu belegen und zu vermitteln. Somit wird hier ein Kompaktwissen geboten, das nicht nur Machbarkeiten und Positivseiten der Ziegenhaltung aufzeigt, sondern auch Probleme und kritische Einschätzungen mit einbezieht. Insgesamt möchten die langjährig mit der Ziegenhaltung befassten Autoren hiermit auch einen Beitrag für eine erfolgreiche Ziegenhaltung leisten.

Wenn auch das Buch vorrangig auf Ziegenhalter abzielt und solche, die es werden wollen, bietet es doch auch wertvolle Informationen für alle, die sich beruflich oder nebenberuflich mit der Ziegenhaltung befassen.

Nürtingen im März 2013
Ulrich Jaudas, Stanislaus v. Korn, Hermann Trautwein

1 Verbreitung, Bedeutung und Entwicklung der Ziegenbestände

Weltweit gibt es ca. 920 Mio. Ziegen (FAO 2011). Davon werden nur knapp 5 % in den entwickelten Industrienationen gehalten. Bei einem Bestand von 16,5 Mio. Ziegen in Gesamteuropa dienen die Ziegen vorrangig der Milcherzeugung. 82 % des gesamten EU (27)-Ziegenbestandes stehen in den traditionellen Ziegenländern Griechenland (4,2 Mio.), Spanien (2,3 Mio.), Frankreich (1,3 Mio.), Italien (1,0 Mio.) und Rumänien (0,9 Mio.). In den Niederlanden wurden die Ziegenzahlen innerhalb nur weniger Jahre auf heute 416.000 Tiere (FAO 2011) gesteigert. Deutschland nimmt mit 150 000 Ziegen im Jahr 2010 die 9. Position in der EU (27) ein. Die unterschiedliche Bedeutung der Ziegenhaltung in den einzelnen Ländern kommt jedoch noch stärker durch den Parameter Anzahl Ziegen/1000 Einwohner zum Ausdruck. Während dieser in Griechenland, Spanien und Frankreich zwischen 50–370 liegt, werden in Deutschland lediglich 1,9 Ziegen/ 1000 Einwohner gehalten.

In den traditionellen Ziegenländern, aber auch in weiteren EU-Staaten hat sich die Ziegenhaltung als echte Erwerbsalternative durchgesetzt. Diese Entwicklung findet nun auch in Deutschland allmählich statt. Zu den in Abb. 1b ausgewiesenen Ziegenbeständen sei angemerkt, dass die vergleichsweise geringen Ziegenzahlen 2010 auf eine veränderte Erfassung bei der Landwirtschaftszählung zurückzuführen sind (siehe auch Abb. 1b). Tatsächlich wird sich der Gesamtziegenbestand in Deutschland auch 2010 weiter erhöht haben.

In Deutschland zeigt die Entwicklung der Ziegenzucht einen sehr wechselhaften Verlauf (Abb. 1a, b). So wurden in der Vergangenheit Ziegen gerade in Notzeiten

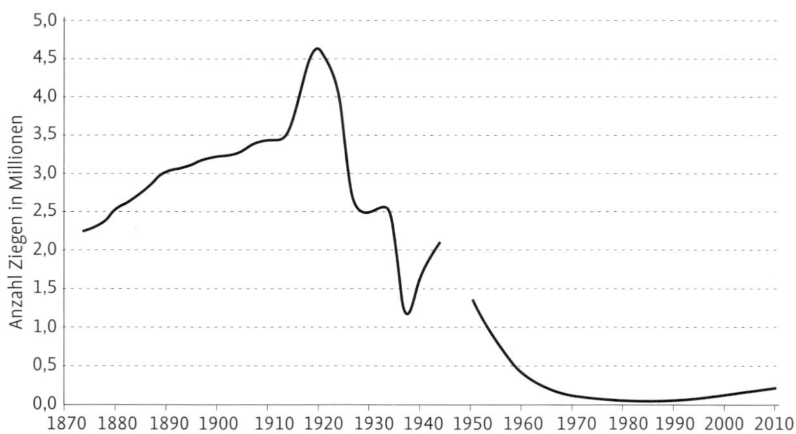

Abb. 1a Entwicklung des Ziegenbestandes von 1870 bis 2010

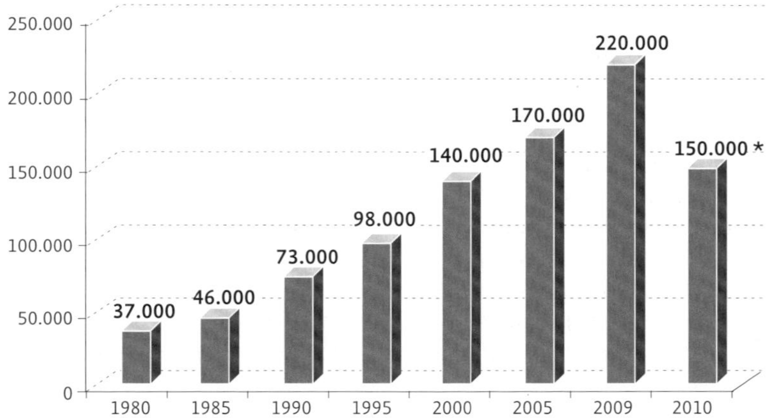

Abb. 1b Entwicklung des Ziegenbestandes von 1980 bis 2010 – Stat. Bundesamt 2011
(* seit 2010 werden nur Ziegenbetriebe mit mehr als 20 Ziegen oder 5 ha erfasst)

(Weltwirtschaftskrise um 1920, 2. Weltkrieg 1939–45) besonders zahlreich gehalten. Im Vergleich zum Rind war und ist der Kaufpreis einer Ziege erschwinglich. Auch begnügt sie sich mit weniger Futter und liefert doch Milch und Fleisch. So wurde sie weltweit zur „Kuh des kleinen Mannes" und hat auch vielen Familien das Überleben erleichtert oder erst ermöglicht.

Seit den achtziger Jahren sind die Ziegenbestände in Deutschland wieder kontinuierlich gewachsen. Im Gegensatz zur früheren Kleinst- oder gar Einzelhaltung sind heute auch zunehmend größere Ziegenherden mit deutlicher marktorientierter Ausrichtung anzutreffen. Gründe für diese Entwicklungen sind :

- Strukturwandel und frei werdende Futterflächen,
- zunehmende Bedeutung als landwirtschaftliche Erwerbsalternative,
- wachsende Nachfrage nach Ziegenprodukten bedingt durch
  - wachsendes Ernährungs- und Gesundheitsbewusstsein,
  - Erweiterung der Esskultur (u. a. durch Tourismus),
- Erhaltung und Pflege der Kulturlandschaft mit Ziegen.

Dabei ist zu erwarten, dass dieser Wachstumstrend anhält, vorausgesetzt der Markt für Ziegenprodukte kann stetig weiter entwickelt werden (siehe auch Kap. 2).

Auch die Agrarreform aus dem Jahr 2005 wirkte sich günstig auf die Ziegenhaltung aus. Da nun Fördergelder nicht mehr tierbezogen, sondern für alle bewirtschafteten Flächen (LN) vergeben werden, können auch Ziegenbetriebe von der sich aufbauenden Prämie (Grünlandprämie) profitieren. An diesem Förderkonzept wird sich im Grundsatz auch durch die folgende Agrarreform 2014/15 nichts ändern. Bis zum Jahr 2004 erhielten nur wenige Ziegenhalter aus einigen benachteiligten Regionen eine Mutterziegenprämie.

In Deutschland ist die Ziegenhaltung schwerpunktmäßig in den südlichen Bundesländern sowie in Sachsen zu finden, weniger im Norden und Nord-Osten.

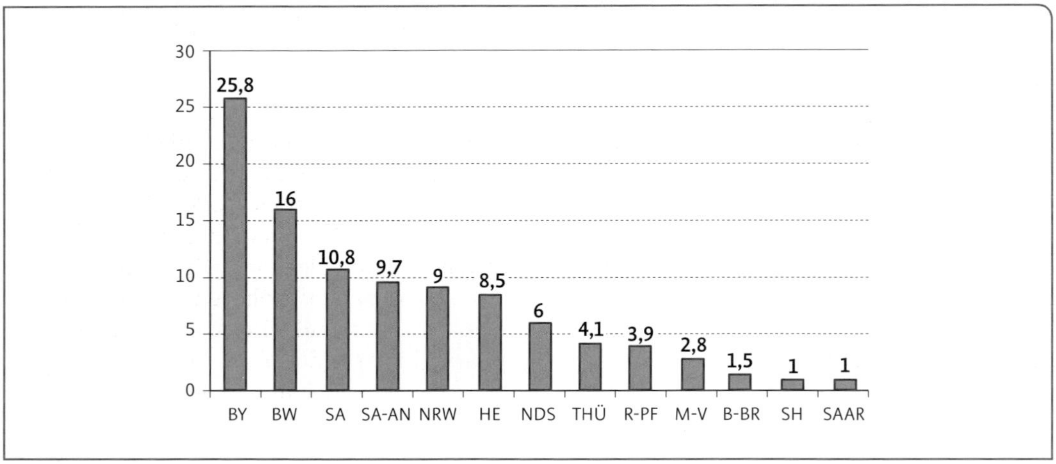

Abb. 2 Ziegenbestände nach Bundesländern – Herdbuch (weibl + männl.) 2010 (BDZ 2012)

Neben der traditionellen Milchziegenhaltung hat sich in jüngerer Zeit in Deutschland und Europa auch die Fleischziegenhaltungen sehr auffallend entwickelt; Extensivierungen, Landschaftspflegeeinsätze, Flächenprämien, Agrarumweltprogramme und die hierzulande stark vertretene Nebenerwerbslandwirtschaft boten hierfür gute Voraussetzungen.

2 Markt und Absatz von Ziegenprodukten

Ziegen erbringen eine große Vielfalt von Leistungen (Tab.1). Neben den wesentlichen Grundleistungen Milch, Fleisch, Fasern und Landschaftspflege werden Ziegen vereinzelt auch als Tragtier bei Wanderungen, Hobbytier oder Rasenmäher gehalten.

Insbesondere die in Tab. 1 genannten Grundleistungen Milch, Fleisch und Landschaftspflege erfreuen sich in Deutschland und Europa einer zunehmenden Nachfrage.

2.1 Ziegenmilch und Ziegenmilchprodukte

Produktion

Weltweit werden nach Angaben der FAO (2012) etwa 17,4 Mio. t Ziegenmilch (2,4 % der Gesamtmilcherzeugung) jährlich erzeugt. Davon werden in Europa gut 15 % (2614 Mio. t) produziert. Von 1995 bis 2010 konnte die Ziegenmilcherzeugung in Europa um ca. 18 % gesteigert werden.

Während in Deutschland die Erzeugung von Ziegenmilch und Ziegenkäse noch eine vergleichsweise geringe Rolle spielt, haben diese Produkte vor allem in den Mittelmeeranrainerstaaten eine lange Tradition und einen entsprechend höheren Stellenwert.

In Griechenland wird deutlich mehr Ziegen- und Schafmilch als Kuhmilch produziert, in Frankreich und Spanien stammen 4 bzw. 17 % der erzeugten Milchmenge von Ziegen und Schafen, in Deutschland sind es nur 0,2 % (Abb. 3). So werden in Deutschland jährlich etwa 36.000 t Ziegenmilch und etwa 3.000 t Ziegenkäse produziert. Gegenüber Frankreich, wo allein mehr als 100 verschiedene Käsesorten von der Ziege angeboten werden, eine noch vergleichsweise geringe Erzeugungsmenge (Tab. 2).

Markt und Absatz

Ziegenmilch wird hauptsächlich zu Ziegenkäse verarbeitet. Nur etwa 10 % der Ziegenmilch wird frisch oder pasteurisiert ver-

Tab. 1 Leistungen der Ziege (Vermarktung u. Preise beziehen sich auf deutschen Markt)

	Leistungen/Produkte			
Produkte	Milch Zahlreiche Milchprodukte	Fleisch (Lämmer) Wurst- und Fleischprodukte	Landschaftspflege	Fasern : Häute, Felle, Wolle
Vermarktung	Direktvermarktung (DV), Handel (H)	Direktvermarktung	Dienstleistung	Direktvermarktung
Erzeugerpreise	**DV (in €/ kg):** – Milch: 1,5–2,5 – Frischkäse: 12–16 – Schnittkäse: 18–24 **H (in €/ kg):** Milch: 0,5–0,8	Ziegenlammfleisch: 8–14,– €/ kg Wurst : 7–10 €/kg Rauchfleisch: 14–18,– €	Pflegeentgelt: 100–500,– €/ha	Mohair: 10–20 €/ kg Fell (gegerbt): 30–60 €

Tab. 2 Produktion und Verzehr von Ziegenmilch/ Ziegenkäse in Frankreich und Deutschland 2010 (FAO 2012)

	Frankreich	**Deutschland**
Ziegenmilchproduktion	645 000 t	36 000 t
Ziegenkäseproduktion	91 000 t	ca. 3100 t
Ziegenkäseverzehr/Kopf + Jahr	ca. 600 kg	ca. 60–80 g

kauft. Die Erzeugerpreise schwanken dabei je nach Molkerei und EU-Land zwischen 40 bis 85 ct/kg (Abb. 4).

Bei einem Selbstversorgungsgrad von etwa 35 bis 40 % wird der deutsche Markt für Ziegenkäse maßgeblich durch preisgünstige griechische, französische und holländische Ziegenkäseimporte beeinflusst. Da EU-weit der Außenhandel mit Ziegenprodukten bisher nicht erfasst wird, können keine gesicherten Angaben zu Importmengen aus diesen Ländern gemacht werden. Es wird aber geschätzt, dass derzeit jährlich etwa 3500 bis 4.500 t Ziegenkäse aus den o. g. Ländern auf dem deutschen Markt abgesetzt werden (Pons 2002, v. Korn 2011). Eine wichtige Voraussetzung dafür sind die in diesen Ländern bestehenden Vermarktungs- und Marktstrukturen für Ziegenmilchprodukte, die in Deutschland noch weniger entwickelt sind. In Deutschland baut der Markt für Ziegenprodukte weitestgehend auf der Selbstvermarktung durch die Erzeugerbetriebe auf. Durch die Veredelung der Ziegenmilch zu Käse und bedingt durch hohe Vermarktungspreise wird zwar auf den Betrieben eine hohe Wertschöpfung erzielt, jedoch können so keine Marktstrukturen aufgebaut werden, um am überregionalen Handel teilzunehmen. Nur etwa 15 % der erzeugten Ziegenmilch werden in Deutschland in den derzeit bestehenden Großmolkereien verarbeitet, die mit eigenem Marketing an den Handel herantreten. Steigende Ziegenzahlen und

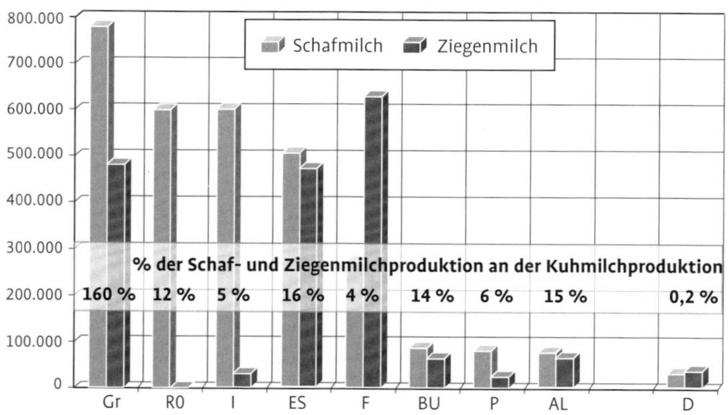

Abb. 3 Milchproduktion durch Schafe und Ziegen in ausgewählten europäischen Ländern 2010 (FAO 2012)

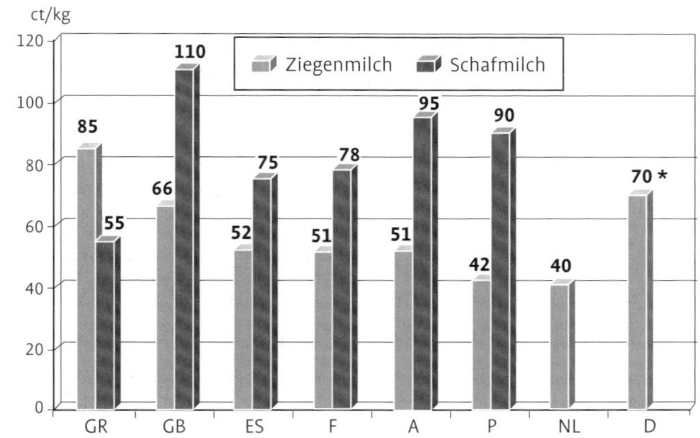

Abb. 4 Durchschnittliche Erzeugerpreise für Ziegen- und Schafsmilch in ausgewählten Ländern der EU 2007–2011 (BMLFUW 2007, EUROStat 2010, Kern 2012)
(* in Betrieben des ökologischen Landbaus erzeugte Ziegenmilch)

eine zunehmende Vorliebe für Ziegenkäse boten aber auch in Deutschland eine Geschäftsgrundlage für neue Molkereien, die im Zuge ihrer Produktionsausweitungen teilweise noch an Ziegenmilchlieferanten interessiert sind. Im Jahr 2012 gab es im Bundesgebiet 10 nennenswerte Molkereien, die Ziegenmilch von Ziegenbetrieben zukauften, verarbeiteten und zu einem Großteil über den Lebensmitteleinzelhandel vermarkteten. Die bedeutendsten ziegenmilchverarbeitenden Großmolkereien liegen in Sachsen, Thü-

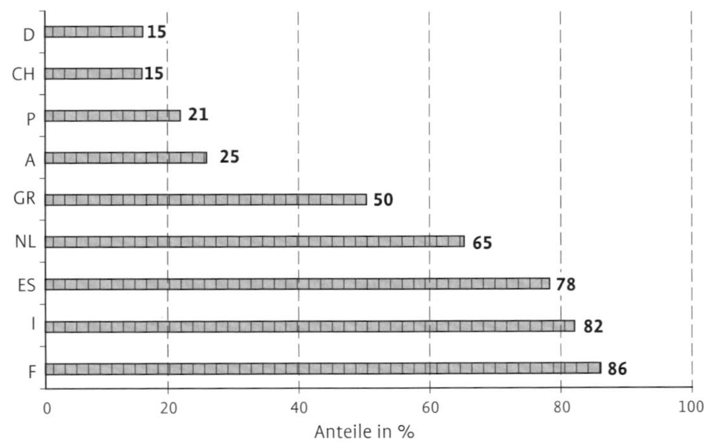

Abb. 5 Anteil der von Molkereien abgenommenen Milchmengen in ausgewählten Ländern Europas 2006–2009 (BMLFUW 2007, EUROStat 2010, eig. Schätzungen)

Tab. 3 Betriebstyp und Vermarktungsformen in der deutschen Milchziegenhaltung

Herdengröße	Betriebstyp	Vermarktung*
20–40 Milchziegen	NE oder weiterer Betriebszweig eines VE	Direktvermarktung ab Hof, Wochenmärkte
40–100 Milchziegen	Alleiniger Betriebszweig oder zusätzlicher Betriebszweig eines VE	Direktvermarktung ab Hof, Wochenmärkte, Einzelhandel
100–300 Milchziegen	Alleiniger Betriebszweig eines VE ggf. mit Fremd-AK	Direktvermarktung ab Hof, Wochenmärkte, Einzelhandel, Versand, Milchabgabe an Molkerei
>300 Milchziegen	Alleiniger Betriebszweig eines VE mit Fremd-AK	Milchabgabe an Molkerei, Direktvermarktung ab Hof, Versand, Wochenmärkte, Einzelhandel

NE = Nebenerwerbsbetrieb, VE = Vollerwerbsbetrieb
* erstgenannte Vermarktungsformen sind vorherrschend

ringen, Bayern und Baden-Württemberg. Adressen aller gröüßeren Molkereien siehe Kap. 15 Service, S. 221. In anderen europäischen Ländern (wie Holland und Frankreich) haben sich noch zahlreichere umsatzstarke Molkereien etabliert, die große Anteile der erzeugten Ziegenmilch aufnehmen (siehe auch Abb. 5).

Häufig ist festzustellen, dass sich gerade um Molkereien eine größere Anzahl von Milchziegenbetrieben ansiedeln. Dabei handelt es sich oft um größere Betriebe, die ihre großen Erzeugungsmengen allein in der eigenen Region selbstvermarktend nicht absetzen können oder um Betriebe, welche die Milchverarbeitung und Selbstvermarktung nicht betreiben wollen bzw. dafür keine Voraussetzungen besitzen (z. B. begrenzte Arbeitskapazität, abgelegene Betriebslage) (Tab. 3). Daraus ist zu schließen, dass die Milchabgabe an Molkereien für bestimmte Betriebe durchaus vorteilhaft sein kann – trotz vergleichsweise geringer Preise.

Mancher Tierhalter, der den Einstieg in die Ziegenmilcherzeugung prüft, z. B. weil er in der Kuhmilcherzeugung keine Zukunft mehr sieht, wird durch die zusätzlichen Anforderungen der Selbstvermarktung abgeschreckt (gesetzliche Vorgaben, Arbeit, Kapital, Know-How).

Beim Aufbau und Überdenken eines Milchziegenbetriebes müssen die Vor- und Nachteile der meist üblichen Direktvermarktung beachtet werden (Tab. 4). Ein wesentlicher Aspekt dabei ist die hohe Arbeitszeitbelastung. So muss ein selbstvermarktender Milchziegenbetrieb während der gesamten Laktationszeit fünf wesentliche Arbeitsbereiche erledigen:

- Außenwirtschaft (Futter, Weide, ...),
- Versorgung der Herde (Füttern, Pflegemaßnahmen...),
- täglich zweimaliges Melken,
- Milchverarbeitung,
- Vermarktung.

Eine betriebs- und arbeitswirtschaftlich sinnvolle Alternative stellt eine Produktionsgemeinschaft dar. Dabei können mehrere Milchziegenbetriebe (optimal 5–10) einer Region sich arbeitsteilig organisieren:

Ein Betrieb konzentriert sich auf die

Tab. 4 Bewertung der Direktvermarktung von Ziegenmilchprodukten

Vorteile	– Die hohe Wertschöpfung durch Milchverarbeitung und hohe Vermarktungspreise bleibt auf dem Betrieb! – Nähe zum Kunden, Vermittlung von Produktinformationen
Nachteile	– der Milchziegenhalter muss Kenntnisse und Erfahrungen für eine professionelle Milchverarbeitung und Vermarktung erst selbst erwerben → maßgeblicher Hinderungsgrund für potentielle Neueinsteiger – begrenzte Absatzmöglichkeiten in Betriebsnähe und hoher Arbeitszeitbedarf → Hemmnis für den Aufbau größerer Herden – kaum Einflussnahme auf den Handel → nur geringe Marktdurchdringung – zunehmende hygienerechtliche Auflagen (siehe 13.4)

Milchverarbeitung und ggf. auch auf die Vermarktung; die weiteren Betriebe liefern als Erzeuger die Milch. So können sowohl die Vorteile aus der Direktvermarktung als auch aus der Milchabgabe an die Molkerei genutzt werden. Beispielsweise muss bei diesem Konzept nicht jeder Betrieb hohe Investitionskosten für die Verarbeitung aufbringen, sich Spezialwissen für die Verarbeitung aneignen und die hohen Arbeitsbelastungen aushalten. Vielmehr ermöglichen die größeren Käseproduktionsmengen die Andienung an größere Handelspartner. Voraussetzung ist allerdings, dass sich Betriebe in einer Region finden, die vertrauensvoll zusammenarbeiten wollen.

Marktperspektiven:
Beginnend mit einem sehr geringen Niveau hat die Nachfrage nach Ziegenmilchprodukten in Deutschland seit etwa Anfang der 1990er Jahre kontinuierlich zugenommen. Mehrere Hinweise erlauben eine weiterhin positive Einschätzung der Marktentwicklung für Ziegenmilchprodukte:

- In Deutschland wird im Vergleich zum EU-Durchschnitt überdurchschnittlich viel Käse verzehrt, wobei eine ausgeprägte Nachfragesteigerung nach Spezialkäseprodukten zu beobachten ist.
- Ziegenmilch und Ziegenkäse sind ernährungsphysiologisch hochwertig (Verdaulichkeit, Fettsäuremuster, u.s.w., siehe auch Kap. 9.4.1), verfügen über ein positives Image (gesund und natürlich) und erfüllen damit die modernen Verbraucheransprüche.
- Kuhmilchallergiker greifen zunehmend auf Ziegenmilchprodukte zurück
- Ein steigender Tourismus in die Mittelmeeranrainerländer bringt dem deutschen Bürger Ziegenmilchprodukte nahe, die dann auch im eigenen Land nachgefragt werden.
- Ziegenkäse wird immer häufiger als Delikatesse in der Gastronomie und im Lebensmitteleinzelhandel angeboten.

Diesen positiven Aspekten stehen jedoch auch zwei Hemmnisse entgegen, die nicht verkannt werden dürfen.

- Große Teile der deutschen Bevölkerung verbinden nach wie vor mit Ziegenprodukten „Geruch“ und „zu strengen Geschmack“.
- Die ausländische Ware wird oft preisgünstiger angeboten und insbesondere der französische Ziegenkäse genießt beim deutschen Verbraucher ein hohes Ansehen (Herkunft und Originalität).

Beiden Punkten kann und muss mit einer **eingängigen Werbe- und Kommunikationsstrategie** für deutsche Ziegenprodukte begegnet werden, um den allgemeinen Trend der steigenden Nachfrage nach regionalen Produkten weiter anzuregen. Laut der Nestlé Studie 2011 kaufen 81 % der befragten Konsumenten regelmäßig oder gelegentlich Produkte aus ihrer Region. Darüber hinaus gewinnen Themen wie Nachhaltigkeit, Vertrauen, Umweltschutz und Soziale Verantwortung beim Lebensmittelkauf an Bedeutung. Regionale und traditionelle Herstellung, artgerechte Tierhaltung und der Beitrag zur Landschaftspflege sind starke Argumente für den Kauf von Ziegenprodukten und damit eine gute Basis für das ausbaufähige Marktpotenzial.

Die steigende Nachfrage nach regionalen Produkten spiegelt sich zunehmend auch im Angebot des Lebensmitteleinzelhandels wieder. Im harten Wettbewerb um Kunden nutzen die Händler zunehmend auch regionale Sortimente zur Profilierung. Ein gutes Beispiel für diese Strategie sind Eigenmarken wie „Unsere Heimat“ bei EDEKA Südwest oder „Von Hier“ bei Feneberg. Über verschiedene Kommunikationswege kann der Kunde die Produkte bis zu den Erzeugerbetrieben zurückverfolgen.

Bevorzugt werden auch Produkte mit einem Manufaktur- oder Hofladencharakter in das Angebot aufgenommen. Besonders erfolgreich entwickelt sich die Vermarktung über den Lebensmittelhandel, wenn Erzeuger und Händler bei der Werbung und Öffentlichkeitsarbeit Hand in Hand arbeiten und die Produkte im Laden ein „Gesicht“ haben.

Die Belieferung des Handels ist eine gute Absatzalternative, da eine funktionierende Direktvermarktung dem Betrieb hohe zusätzliche Leistungen abverlangt (Arbeitsbelastung, Kenntnisse über Milchverarbeitung, lebensmittelrechtliche Auflagen...). Dazu müssen aber noch mehr ziegenmilchverarbeitende Molkereien auch in weiteren Bundesländern aufgebaut oder bestehende Verarbeitungs- und Vermarktungskapazitäten ausgebaut werden.

2.2 Ziegenlammfleisch und Fleischprodukten

Produkte

Schlachtziegen und Schlachtlämmer fallen in der Milch- sowie in der Fleischziegenhaltung an. In der Fleischziegenhaltung ist das Schlachtlamm das wichtigste Verkaufsprodukt, dass bei der Vermarktung ein Lebendgewicht von etwa 22–30 kg (Alter 3–4 Monate) aufweist. Lämmer aus der Milchziegenhaltung werden meist schon bei einem Gewicht von 8–15 kg vermarktet, da der Arbeits- und Futtereinsatz bei der Aufzucht von Milchziegenlämmern als wenig effizient eingeschätzt wird. Auch Jungziegen bis zu einem Alter von 7–10 Monaten können als Frischfleisch vermarktet werden.

Aus dem Fleisch älterer Ziegen können verschiedene schmackhafte Wurstsorten hergestellt werden, die vom Verbraucher besonders dann nachgefragt werden, wenn diese aus reinem Ziegenfleisch bestehen. Metzgereien sind jedoch aus verarbeitungstechnischen Gründen geneigt, einen mehr oder weniger großen Anteil Schweinefleisch und -fett mit einzumischen.

Produktion und Markt

Die Produktionsmengen und der Außenhandel mit Ziegenfleisch werden EU-weit bisher kaum erfasst. So weisen die EU-Statistiken Schaf- und Ziegenfleisch nur gemeinsam aus. In Deutschland gibt es keinen amtlich notierten Markt für Ziegen- bzw. Ziegenlammfleisch, d. h. für Ziegenschlachtkörper liegen auch keine Handelsklassen und keine offiziellen Preisnotierungen vor, wie es bei Rind, Schwein und Schaf der Fall ist.

Tab. 5 Anzahl Ziegenschlachtungen und Produktionsmengen Ziegenfleisch in Deutschland und ausgewählten Ländern der EU in 2010 (FAO 2012, EUROSTAT 2012)

	Anzahl Schlachtungen	Produktionsmenge Ziegenfleisch in Tonnen
Deutschland	28700	516
Griechenland	5.095000	53700
Frankreich	1.174500	12050
Spanien	1.172780	9000
Italien	280412	2100
Niederlande	104930	1360
Österreich	45159	616

Laut FAO und EU wurden in Deutschland im Jahr 2010 516 t Ziegen- bzw. Ziegenlammfleisch erzeugt, während Länder wie Griechenland, Frankreich oder auch die Niederlande erheblich höhere Produktionsmengen ausweisen (Tab. 5).

Durch zunehmende Ziegenbestände und imagefördernde Landschaftspflegeeinsätze wird dem Produkt jedoch in Deutschland seit etwa 10–15 Jahren eine zunehmende Beachtung geschenkt.

Da die Nachfrage nach Ziegenlammfleisch und die Erzeugungsleistung in Deutschland insgesamt aber noch vergleichsweise gering sind, hat der Handel dieses Produkt bisher kaum aufgenommen. Auch die Tatsache, dass die Ziegenlammfleischproduktion in Deutschland noch ohne feste Organisationsstrukturen sehr individuell und unterschiedlich betrieben wird, erschwert die Vermarktung über den Handel. Aufgrund dessen muss jeder Ziegenhalter seine Schlachttiere bzw. deren Fleisch selbst vermarkten. D. h. Marktaufbau, Kundenpflege sowie Organisation der Schlachtung und Kühlung nach den heute strengen hygienerechtlichen Bedingungen (siehe auch 13.4) liegen ganz in seiner Hand.

In einigen wenigen Bundesländern, wie z. B. Baden-Württemberg, gibt es jedoch erste Initiativen, Ziegenlammfleisch über den Handel abzusetzen (Viehzentrale Südwest, Edeka – vorrangig in der Osterzeit). Solche Maßnahmen können auch Milchziegenbetrieben, die sich auf die Erzeugung und Vermarktung von Ziegenmilch/-käse konzentrieren müssen, die Möglichkeit eröffnen, ihre Schlachtlämmer früh abzugeben. In diesem Fall wäre allerdings die Zwischenschaltung von Aufzuchtbetrieben günstig, um die sehr jungen Lämmer vom Milchziegenbetrieb auf die gefragten Vermarktungsgewichte zu bringen.

Elementar ist, dass der Verbraucher weiß, wo er Ziegenlammfleisch beziehen kann. Zur Schaffung einer verbesserten Transparenz über Bezugs- und Verzehrsmöglichkeiten von Ziegenlammfleisch und weiterer Ziegenfleischwaren hat der Bundesverband Deutscher Ziegenzüchter (BDZ) ein Anbieterverzeichnis für Ziegenprodukte herausgegeben (siehe www.bundesverband-ziegen.de oder baseportal.de/baseportal/BDZ/main).

Die Nachfrage nach Ziegenlammfleisch ist sehr stark saisonal geprägt. Hauptvermarktungszeiten sind Ostern, auch das griechische

Osterfest sowie der Zeitraum bis Pfingsten. Es ist aber auch zu anderen Jahreszeiten (insbesondere Festtagen wie Weihnachten, Neujahr) eine Nachfragebelebung nach Ziegenlammfleisch zu beobachten.

Wenn sich auch in den vergangenen Jahren die Nachfrage nach Ziegenlammfleisch verbessert hat, so ist das noch geringe Absatzniveau für zahlreiche Fleischziegenhalter häufig maßgebend für begrenzte Herdengrößen.

Insbesondere der auf den Absatz von Lämmern angewiesene Fleischziegenbetrieb sollte hier kreative Vermarktungsmaßnahmen unternehmen. Ähnlich wie bereits für die Milchziegenprodukte beschrieben (siehe 2.1), muss gezielte Öffentlichkeitsarbeit das Informationsdefizit über Bezug, Qualität und Verwendungsmöglichkeiten von Ziegenlammfleisch verringern. Durch die gezielte Ansprache und Begeisterung des Handels bzw. der Fachkräfte an der Fleischtheke kann ein wertvoller Multiplikator gewonnen werden. Aufklärungsarbeit zusammen mit einer verbraucherfreundlichen Aufbereitung der Teilstücke inklusive „Gebrauchsanweisung" kommen dem Verbraucherwunsch nach Bequemlichkeit (Convenience) entgegen (siehe auch 2.3).

Ingesamt scheint der deutsche Markt für Ziegenlammfleisch und Ziegenfleischprodukte noch aufnahmefähig. Das zeigen zum einen die hohen Absatzmengen von leichten Milchziegenschlachtlämmern aus Frankreich, Spanien und Holland während der Osterzeit auf dem deutschen Markt (ermöglicht durch organisierte Vermarktungsstrukturen in diesen Ländern). Das verdeutlichen zum anderen erfolgreiche Nachfragebelebungen nach heimischem Ziegenlammfleisch, wenn entsprechende Werbemaßnahmen unternommen werden.

2.3 Erfolgreiche Direktvermarktung

Kaum ein landwirtschaftlicher Betriebszweig ist in Deutschland so sehr auf die eigenständige Vermarktung seiner Produkte angewiesen wie die Ziegenhaltung. Deshalb sollen nachfolgend Hintergründe und Hilfen für eine erfolgreiche Direktvermarktung erläutert werden.

Der Lebensmittelmarkt zeigt seit Jahren, dass sowohl preiswerte Discounterware als auch qualitativ hochwertige Premium- und Spezialprodukte vermehrt nachgefragt werden. Dabei hat letzterer Nachfragetrend die Aufwärtsentwicklungen in der Direktvermarktung landwirtschaftlicher Produkte wesentlich gefördert.

Allerdings ist mancherorts auch zu beobachten, dass die Kunden heute weniger bereit sind bis auf die Höfe zu fahren, da Ziegenkäse häufiger auch im Supermarkt angeboten wird und höhere Mobilitätskosten (Benzinpreise) als auch weniger verfügbare Zeit eine Rolle spielen.

Mit der Selbstvermarktung werden heute jedoch gesündere Ernährung, frische Ware, Transparenz über den Erzeugungsvorgang, Sicherheit bzgl. Qualität und Herkunft sowie Regionalität in Verbindung gebracht. Damit kommt die Direktvermarktung heute dem modernen Kaufverhalten der Verbraucher direkt entgegen.

Ziegenprodukte erfüllen die o. g. Wertvorstellungen z. T. in idealer Weise und sind darüber hinaus als Spezialprodukt einzustufen, sodass grundsätzlich gute Voraussetzungen für die Direktvermarktung von Ziegenprodukten bestehen.

Formen der Direktvermarktung

Für die eigenständige Vermarktung von Ziegenprodukten bieten sich verschiedene Möglichkeiten an (Tab. 6), wobei die Vermarktung Ab-Hof, auf Wochenmärkten und zunehmend der selbstorganisierte Käseverkauf

Tab. 6 Formen der Direktvermarktung von Ziegenprodukten

Vermarktungsform	Beurteilung	Bedeutung für Ziegenprodukte
Hofladen	Bietet Möglichkeit als „andere Einkaufstätte" (Einkaufserlebnis). Der ganze Hof prägt das Image der Vermarktung. Verbraucher schätzt die Nähe zur Erzeugung. Verbraucherfreundliche Öffnungszeiten binden meist viel Arbeitszeit. Investitionen für Gebäude und Verkaufsraum (ca. 50 000,– €) und Geräte (ca. 30 000,– €) erforderlich (Bioland 2006). Geringere Investitionssummen sind z. T. möglich.	++++
Wochenmärkte	Regelmäßiger Verkaufsstand 1–2mal wöchentlich befriedigt Kunden. Ware muss ansprechend dargestellt und erläutert werden. Stammkunden und Laufkundschaft werden erreicht. An Verkaufstagen sehr arbeitsintensiv. Meist werden Investitionen von insgesamt ca. € 40 000,– erforderlich, inkl. Lager- und Kühlraum, Marktanhänger, Lieferwagen und Geräte (Bioland 2006).	++++
Abgabe an Einzel- od. Großhandel (Wiederverkäufer)	Abgabe größerer Mengen mit begrenztem Arbeitszeitaufwand, jedoch zu geringeren Preisen als bei Verkauf an Endverbraucher oder Abgabe von eigenen Erzeugnissen an andere Direktvermarkter im Rahmen des Produktaustausches – meist große Betriebe.	+++
Bauernmärkte	Meist nicht regelmäßig, aber gute Werbemöglichkeit für Ab-Hof-Verkauf und Verkaufsprodukte. Chancen für große Absatzmengen.	++
Lieferung, Zustellungen	Ziegenprodukte können das Angebot eines Lieferservice ergänzen; neue Kunden können gewonnen werden. Über Zustellungen (Post, ...) können auch weiter entfernte Kunden erreicht werden, die den Ziegenbetrieb und deren Produkte im Urlaub, im Internet oder auf anderem Weg kennen gelernt haben.	+

++++ häufig/hoch +++ einige Betriebe/mittel ++ wenige Betriebe/gering + selten/sehr gering

an den Einzel- oder Großhandel die häufigsten Vermarktungsformen bei den Ziegenhaltern darstellen.

Voraussetzungen für einen erfolgreichen Direktabsatz

Für einen erfolgreichen Absatz von Ziegenprodukten im Rahmen der Direktvermarktung sind im Wesentlichen 4 Faktoren entscheidend:

1. Betriebsstandort. Jeder Betrieb, der einen Markt bedienen will, muss zuvor eine Marktanalyse vornehmen, die abklärt wie groß das Absatzpotenzial für seine Erzeugnisse ist. Ein vergleichsweise hohes Absatzpotenzial für Direktvermarktung (z. B. Ziegenprodukte) besteht nun vor allem dort, wo Bevölkerungsdichten (Ballungsräume), Pro-Kopf-Einkommen, Beschäftigungsrate sowie Bildungsstand (Universitätsstädte) überdurch-

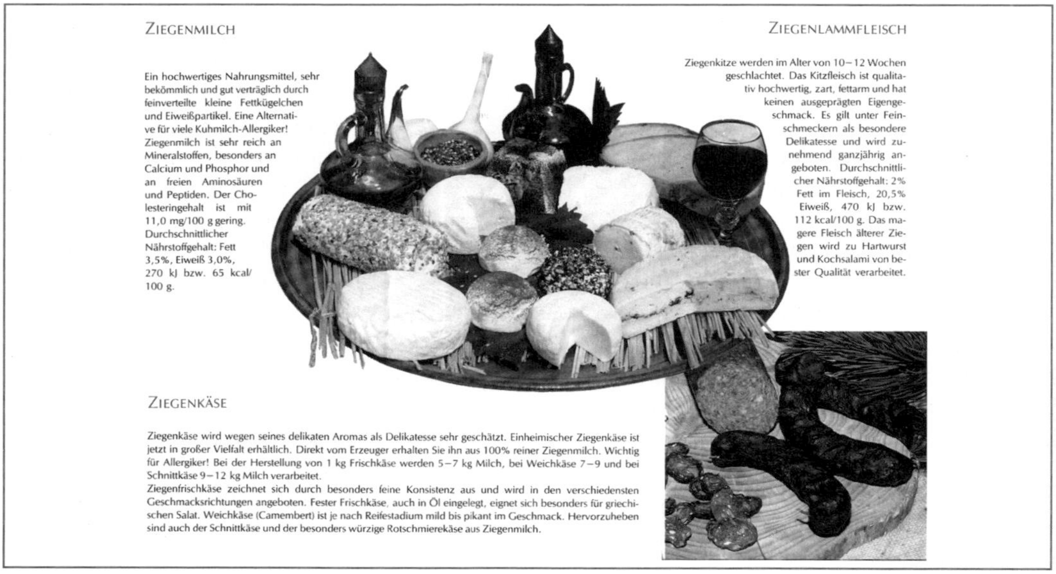

Ziegenmilch

Ein hochwertiges Nahrungsmittel, sehr bekömmlich und gut verträglich durch feinverteilte kleine Fettkügelchen und Eiweißpartikel. Eine Alternative für viele Kuhmilch-Allergiker! Ziegenmilch ist sehr reich an Mineralstoffen, besonders an Calcium und Phosphor und an freien Aminosäuren und Peptiden. Der Cholesteringehalt ist mit 11,0 mg/100 g gering. Durchschnittlicher Nährstoffgehalt: Fett 3,5%, Eiweiß 3,0%, 270 kJ bzw. 65 kcal/100 g.

Ziegenlammfleisch

Ziegenkitze werden im Alter von 10–12 Wochen geschlachtet. Das Kitzfleisch ist qualitativ hochwertig, zart, fettarm und hat keinen ausgeprägten Eigengeschmack. Es gilt unter Feinschmeckern als besondere Delikatesse und wird zunehmend ganzjährig angeboten. Durchschnittlicher Nährstoffgehalt: 2% Fett im Fleisch, 20,5% Eiweiß, 470 kJ bzw. 112 kcal/100 g. Das magere Fleisch älterer Ziegen wird zu Hartwurst und Kochsalami von bester Qualität verarbeitet.

Ziegenkäse

Ziegenkäse wird wegen seines delikaten Aromas als Delikatesse sehr geschätzt. Einheimischer Ziegenkäse ist jetzt in großer Vielfalt erhältlich. Direkt vom Erzeuger erhalten Sie ihn aus 100% reiner Ziegenmilch. Wichtig für Allergiker! Bei der Herstellung von 1 kg Frischkäse werden 5–7 kg Milch, bei Weichkäse 7–9 und bei Schnittkäse 9–12 kg Milch verarbeitet.
Ziegenfrischkäse zeichnet sich durch besonders feine Konsistenz aus und wird in den verschiedensten Geschmacksrichtungen angeboten. Fester Frischkäse, auch in Öl eingelegt, eignet sich besonders für griechischen Salat. Weichkäse (Camembert) ist je nach Reifestadium mild bis pikant im Geschmack. Hervorzuheben sind auch der Schnittkäse und der besonders würzige Rotschmierekäse aus Ziegenmilch.

Foto 2 Hofladen eines direktvermarktenden Milchziegenbetriebs.

schnittlich sind. Aber auch die Konkurrenzsituation muss im Rahmen einer Marktanalyse prüfen, ob in der Region schon andere selbstvermarktende Ziegenhalter arbeiten.

Die Bereitschaft der Kunden viele Einkaufsstellen anzulaufen nimmt ab. Erreichbarkeit und Infrastruktur eines Hofladens gewinnen daher zusätzliche Bedeutung und Sichtbarkeit reduziert den Aufwand für Werbung und Kundengewinnung.

Bei Besuch von Wochenmärkten bzw. der Belieferung von Einzelhändlern ist der Betriebsstandort von nachgeordneter Bedeutung – steht aber dennoch in einem engen Zusammenhang mit der Öffentlichkeitsarbeit.

Foto 1 (links) Ansprechende Flyer sind ein wichtiges Element der Öffentlichkeitsarbeit.

2. Öffentlichkeitsarbeit. Eine aktive und gute Öffentlichkeitsarbeit ist für jeden Direktvermarkter elementar. Insbesondere erklärungsbedürftige Spezialprodukte, wie die verschiedenen Ziegenprodukte, müssen durch eine wirksame und kreative Öffentlichkeitsarbeit begleitet werden. Neben der reinen Bewerbung der Produkte wird dabei der Faktor „Vertrauen" immer bedeutender. Einhalten von Absprachen, aufrichtige Kommunikation und freundliches Auftreten sind der Maßstab. Das Kapital und die Kernbotschaften dabei sind Gesundheit, tiergerechte Haltung (z. B. natürliche Aufzucht, Weidehaltung), Regionalität sowie Nachhaltigkeit z. B. durch Landschaftspflege.

Als wirksame Maßnahmen kommen unter anderem folgende in Frage:

- „Gläserne Produktion" als Event oder wenn möglich die Produktion und Verarbeitung so gestalten, dass Passanten je-

derzeit Einblick nehmen können. Zeitweise oder dauerhaft können solche Einblicke auch über das Internet gewährt werden.
- Homepage mit Erlebnischarakter – elektronische Visitenkarten entsprechen nicht mehr dem Zeitgeist.
- Kundennewsletter mit aktuellen Berichten aus der Produktion – vorzugsweise per Email – um als Vehikel Angebote bzw. Verfügbarkeit von saisonalen Produkten zu kommunizieren.
- Werbemittel (Flyer, Plakate usw.) gründlich planen bzw. zielgerichtet einsetzen, da dieser Kommunikationsweg in vielen Fällen nicht mehr zielführend ist. Wichtig ist es, gedruckten Werbemitteln einen Mehrwert zu geben – z. B. Rezepte für die Zubereitung des Ziegenfleisches, Anregungen für das Anrichten von Käse auf einer Käseplatte.
- Events wie z. B. Ziegenfleisch-Koch- oder Grillkurse. Falls aus eigener Kraft nicht möglich, ggf. in Zusammenarbeit mit den Landfrauen oder einer Volkshochschule.

Bei allen Maßnahmen sowie bei persönlichen Auftritten ist die Wirkung der „Mund zu Mund“ Propaganda nicht zu unterschätzen. Vor allem unzufriedene Kunden erzählen ihren Freunden und Kollegen gerne von Enttäuschungen – im persönlichen Dialog bis hin zum sogenannten „Shitstorm“ in den sozialen Netzwerken im Internet.

3. Erscheinungsbild und Kundenfreundlichkeit. Bei der Direktvermarktung müssen der Betrieb und der Betriebsleiter ein intaktes Bild abgeben und das Vertrauen der Verbraucher gewinnen. Entscheidend ist dabei persönliches Auftreten, Kompetenz, Ausstrahlung und Höflichkeit der Menschen, die für die Vermarktung zuständig sind. Auftritt und Service muss der hohen Qualität der Produkte angemessen sein. Dabei können eine einheitliche Kleidung, Ordnung und Sauberkeit sowie ein hohes Serviceversprechen echte Wettbewerbsvorteile sein.

4. Einmaligkeit, Qualität und Sortiment der angebotenen Produkte. Je größer das Sortiment, desto größer die Käuferzahl. Bei einem größeren Produktsortiment kann der Kunde die Anfahrt mit dem Einkauf mehrerer Produkte verbinden – ein Vorteil auch für den Betriebsleiter (Umsatzsteigerung). Jedoch muss der Betriebsleiter beachten, dass die Direktvermarktung gewerblich eingestuft wird, wenn mehr als 30 % der Produktwerte aus Zukaufsware bestehen. Mit einer größeren Anzahl von Käse- oder Wurstsorten können Ziegenbetriebe die Verbraucher besonders ansprechen.

Eine kompetente Beratung und fundierte Informationen erwartet der Kunde zu allen Produkten – also auch zu der zugekauften Ware. Hohe Qualitätsstandards (Geschmack und Prozess) sind für anhaltenden Erfolg unerlässlich.

Spezielle Hinweise: Lämmervermarktung

Bei der Vermarktung von Ziegenlämmern kann zusätzlich die Kontaktaufnahme mit Restaurants, Metzgern und dem Naturschutz hilfreich sein. Im Zusammenwirken von Ziegenhaltern, Gastronomie und Naturschutz können in der Vermarktung gute Synergieeffekte genutzt werden; beispielhaft dafür stehen verschiedene regionale Vermarktungsprogramme aus der Schafhaltung. Mit aufgeschlossenen Gastronomen kann unter Hinweis auf die besondere Qualität des hofeigenen Ziegenlammfleisches eine erfolgreiche Kooperation entstehen. Gemeinsame „Probierveranstaltungen“, Aktionswochen oder Qualitätslieferverträge zwischen Tierhaltern und Gastronomen sind nur einige Beispiele dafür. Mit dem Naturschutz bieten sich gemeinsame Aktionen an, um auf die Zusammenhänge: Kulturlandschaft-Tierhal-

Tab. 7 Wesentliche Kennkriterien und Zielgrößen für einen Hofladen (Rettner und Stegmann 2006)

Kennkriterien	Zielgrößen
1. Umsatz je Arbeitsstunde	> 70 €
2. Umsatz je Kunde + Bon	> 16 €
3. Wareneinsatz in % vom Umsatz *	< 66 %
4. Personalkosten in % vom Umsatz (inkl. Betriebsleiter mit 15,– Akh)	< 20 %
5. Kosten für Gebäude, Maschinen, etc. in % vom Umsatz	< 8 %
6. Sonstige Kosten in % vom Umsatz (Buchführung, Werbung, Versicherungen, Fahrtkosten, ...)	< 5 %
7. Gewinn je Betriebsleiter Akh	> 17 €

tung-Produktqualität aufmerksam zu machen. Hier macht es Sinn, die örtlich tätigen Naturschutzverbände (z. B. NABU, BUND) anzusprechen. Gerade der Naturschutz ist gegenüber dem Verbraucher ein unbewusst akzeptierter Werbeträger, der für eine hochwertige Produktqualität steht.

Kontrolle: Ist meine Direktvermarktung rentabel?

In der Praxis wird die Direktvermarktung von Ziegenprodukten und anderen landwirtschaftlichen Produkten nicht immer rentabel betrieben. Da die Vermarktung aber die existentielle Voraussetzung der meisten Ziegenhalter ist und hier die wesentliche Wertschöpfung liegt, sollte eine gezielte betriebswirtschaftliche Analyse vorgenommen werden, um Potenziale, Stärken und Schwächen aufzudecken. Zu diesem Zweck müssen mittels Kosten-Nutzen-Rechnungen aussagefähige Kennzahlen kalkuliert und geprüft werden. Für einen Hofladen sollten die in Tab. 7 genannten Kennzahlen erzielt werden.

Kleine sowie große Betriebe müssen versuchen, durch rationelle und effektive Organisation der Vermarktung eine Umsatzleistung von mindestens 60,– €, besser 70,– € je Arbeitsstunde zu erreichen (Rettner und Stegmann 2006). Dabei sollten die Personalkosten 20 % des Umsatzes nicht übersteigen. Ein Umsatz mit einer Zielgröße von durchschnittlich 16,– € je Kunde ist bei Ziegenbetrieben meist schwer zu erreichen, wenn der Hofladen kein breiteres Produktsortiment anbietet.

Die jährlichen Kosten für Gebäude (Vermarktungsräume) und Maschinen werden aus den Investitionssummen ermittelt, die sich auf die Nutzungsdauerjahre (Gebäude ca. 15 Jahre, Geräte wie Verkaufstheke 10 Jahre) verteilen. Bei vergleichsweise teuren Neubauten sind die Gebäudekosten damit höher als beim Umbau, dürfen aber insgesamt (inkl. Maschinenkosten) nicht mehr als 8 % des Jahresumsatzes ausmachen.

Der Wareneinsatz kennzeichnet den Wert der erzeugten Ziegenprodukte (Produktionskosten). Dieser sollte 66 % des Umsatzes möglichst nicht übersteigen, denn je geringer der Wareneinsatz, desto höher ist der zu realisierende Handelsaufschlag. Das bedeutet, dass vor allem bei Frischeprodukten (z. B. Frischkäse) mit einem Preisaufschlag von 70–100 % auf die Produktionskosten kalkuliert werden sollte, um Verluste durch Verderb, etc. ausgleichen zu können.

Die in Tab. 7 genannten Kriterien liegen bei anderen Vermarktungsformen ähnlich.

Werden diese Zielgrößen nicht erreicht, müssen die einzelnen Bereiche der Direktvermarktung systematisch überprüft werden, um die Vermarktung betriebswirtschaftlich zu optimieren. Dazu können auch Beratungsdienste für die Direktvermarktung sowie weiterführende Literatur (z. B. „Direktvermarktung“ von Bioland, 2006) herangezogen werden. Darüber hinaus sind in einigen Bundesländern Beratungsinitiativen im Aufbau, die vor allem auf den erwerbsorientierten Ziegenhalter ausgerichtet sind. Zudem kann der „Verband für handwerkliche Milchverarbeitung“ (Adresse siehe Anhang) mit Rat und Tat die Einrichtung einer Hofmolkerei unterstützen.

Hinweis: es gibt Förderprogramme von Bund und Ländern, die ggf. auch für den Aufbau einer Direktvermarktung Finanzierungshilfen bieten (z. B. Agrarförderprogramm). Informationen sind i. d. R. über die Landwirtschaftskammern oder Ämter für Landwirtschaft zu erhalten.

3 Biologie der Ziege und ihr Wesen

Die Grundlage einer produktiven Haltung und Züchtung der Ziege bildet die Kenntnis über den Aufbau, die Funktion und die Entwicklung des Körpers. Dies erst gibt die Möglichkeit, die im Tierkörper ablaufenden Lebensvorgänge zu erkennen. Dabei gilt es Veränderungen, seien sie nun krankhaft oder durch die Umwelt bedingt, zu registrieren und je nach Situation durch gezielte Maßnahmen zu begegnen. Deshalb ist die Kenntnis vom Bau eines Tieres von großer Bedeutung, um die optimale Haltung, Füt-

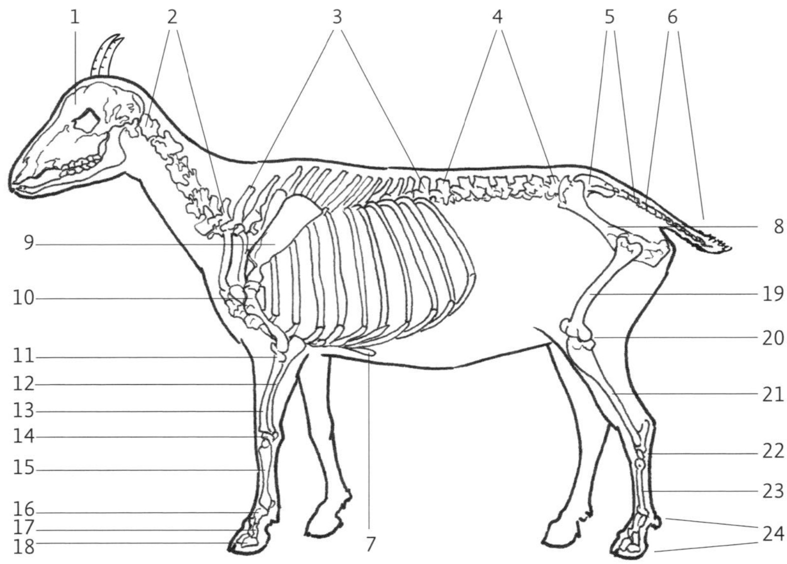

Abb. 6 Das Skelett der Ziege (nach LÖHLE/LEUCHT, 1997).

1 Schädel
2 7 Halswirbel
3 13 Brustwirbel mit je einer Rippe
4 6 Lendenwirbel
5 4 Kreuzbeinwirbel
6 12–16 Schwanzwirbel
7 Brustbein
8 Becken
9 Schulterblatt
10 Oberarmknochen
11 Ellenbogengelenk
12 Elle
13 Speiche
14 Vorderfußwurzel (Karpalgelenk)
15 Mittelfußknochen
16 Fesselbein
17 Kronbein
18 Klauenbein
19 Oberschenkelknochen
20 Kniegelenk
21 Unterschenkelknochen
22 Hinterfußwurzel (Tarsalgelenk)
23 Mittelfußknochen
24 Zehenknochen wie Vorderfuß

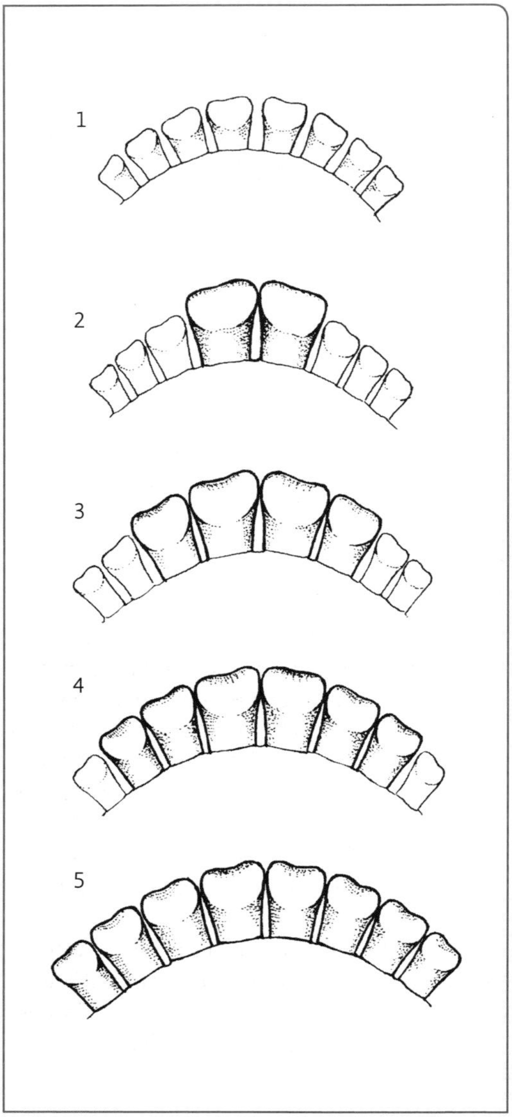

Abb. 7 Altersbestimmung anhand des Zahnwechsels. Im Allgemeinen erfolgt der Wechsel der Zangen mit 14–16 Monaten, der inneren Mittelzähne mit 19–22 Monaten, der äußeren Mittelzähne mit 21–28 Monaten und der Eckzähne mit 30–38 Monaten. Bei den verschiedenen Rassen differiert der Zahnwechsel in geringem Umfange (nach SPÄTH/THUME 2005).

terung und Leistung der Ziege zu gewährleisten.

Zoologisch betrachtet gehört die Ziege zusammen mit dem Rind und Schaf zu der Familie der Wiederkäuer. Der Körperbau dieser Tierarten ist daher sehr ähnlich, jedoch bestehen Unterschiede, die sich besonders durch verschiedene Lebens- und Ernährungsgewohnheiten zeigen.

3.1 Bewegungsapparat

Unter diesem Begriff werden die Organe zusammengefasst, die der Aufrechterhaltung und der Fortbewegung des Körpers dienen. Die Bewegungen werden durch besondere Zellen verursacht, die Muskelzellen, die kontraktile Eigenschaften besitzen. Der Bewegungsapparat setzt sich zusammen aus

- Skelettsystem und
- Muskelsystem

Das **Skelettsystem** bildet die feste Grundlage des Körpers und ist im Wesentlichen bestimmend für seine Form. Es setzt sich aus über 200 Knochen zusammen, die fest oder nur lose miteinander verbunden sind. Das Gewicht aller Knochen beträgt etwa 13 bis 15 % des Gesamtgewichtes.

Von besonderer Bedeutung ist der Kopf mit seinem Gebiss. Die ausgewachsene Ziege verfügt mit etwa 4 Jahren über 32 Zähne, 24 Backenzähne im Ober- und Unterkiefer und 8 Schneide- bzw. Eckzähne im Unterkiefer. Im Oberkiefer befindet sich anstatt der Schneidezähne nur eine Kauplatte.

Die **Altersbestimmung** bis zu 4 Jahren ist aufgrund des Gebisses möglich (siehe Abbildung 7). Bei den verschiedenen Rassen differiert allerdings der Zahnwechsel in geringem Umfange. Ziegen können bis zu 15 Jahre alt werden. Die Nutzungsdauer beträgt im Durchschnitt etwa fünf Jahre.

Die Klaue des Paarhufers ist ein empfindliches Organ, dass das Wohlbefinden der

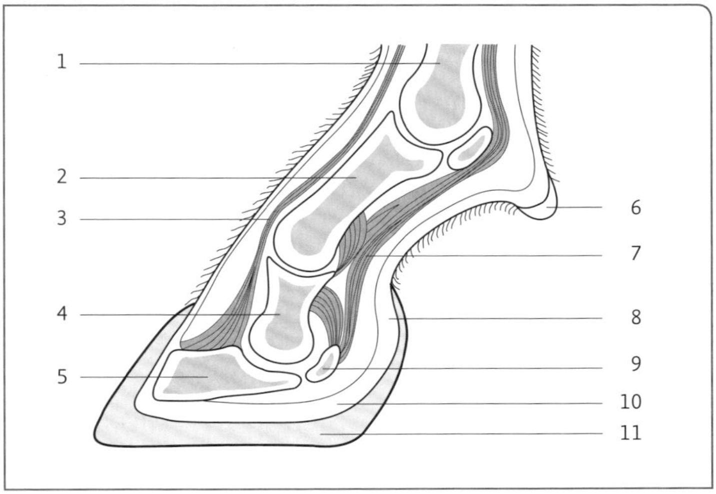

Abb. 8 Aufbau der Ziegenklaue.
1 Mittelfußknochen
2 Fesselbein
3 Strecksehne
4 Kronbein
5 Klauenbein
6 Afterklauen
7 Beugesehne
8 Lederhaut
9 Strahlbein
10 Oberhaut
11 Klauenhorn

Ziege entscheidend beeinträchtigen kann. Der anatomische Aufbau der Ziegenklaue ist in Abbildung 8 dargestellt. Die Klauenpflege ist in Kapitel 6.2.2 beschrieben.

Das Muskelsystem wird durch die unterschiedlichsten Muskeln gebildet. Insgesamt befinden sich in einem Tier über 200 Muskeln. Je nach Alter und Fütterungszustand machen die Muskeln etwa 30 bis 40 % des gesamten Körpergewichtes aus. Die Muskulatur ist aufgrund des Farbstoffes Myoglobin rot gefärbt. Bei gut genährten Tieren kann sich zwischen den Muskelfasern Fett anlagern (interfibrilläres Fett). Bei der Ziege ist diese Fetteinlagerung wenig ausgeprägt. Man unterscheidet:

- **Glatte Muskulatur** (Eingeweidemuskulatur). Die Kontraktion erfolgt langsam und ist dem Willen nicht unterworfen (unwillkürliche Muskulatur)
- **Quergestreifte Muskulatur** (Skelett- und Herzmuskulatur). Die Fasern zeigen unter dem Mikroskop eine Querstreifung, die Kontraktion erfolgt schnell und ist – mit Ausnahme der Herzmuskulatur – dem Willen unterworfen (willkürliche Muskulatur).

3.2 Wachstum

Im Alter von einem Jahr erreicht die Ziege etwa 70 % des Endgewichtes und auch mit zwei Jahren hat sie erst 80 bis 90 % ihres Endgewichtes erreicht. Bei der Burenziege ist das Wachstum schneller. Bis zum Absetzen der Lämmer beobachten wir bei der Milchziege eine tägliche Zunahme von etwa 150 bis 200 g, bei der Burenziege jedoch bis 280 g. Männliche Lämmer haben eine höhere Zunahme als weibliche.

Der Futteraufwand für intensiv gefütterte Lämmer beträgt bei einer durchschnittlichen Zunahme von 200 g täglich etwa 4 kg. Bei der Milchmast werden etwa 6 kg Milch für 1 kg Lebendgewicht benötigt.

3.3 Verdauungsapparat

Der Verdauungsapparat wird von den Verdauungsorganen (Verdauungsschlauch – etwa 32 m lang – mit Anhangsdrüsen) gebildet (Abb. 9). Das Verdauungssystem dient zur Aufnahme, Zerkleinerung, Beförderung und Verdauung der Nahrung, der Aufsaugung (Resorption) der Verdauungsprodukte

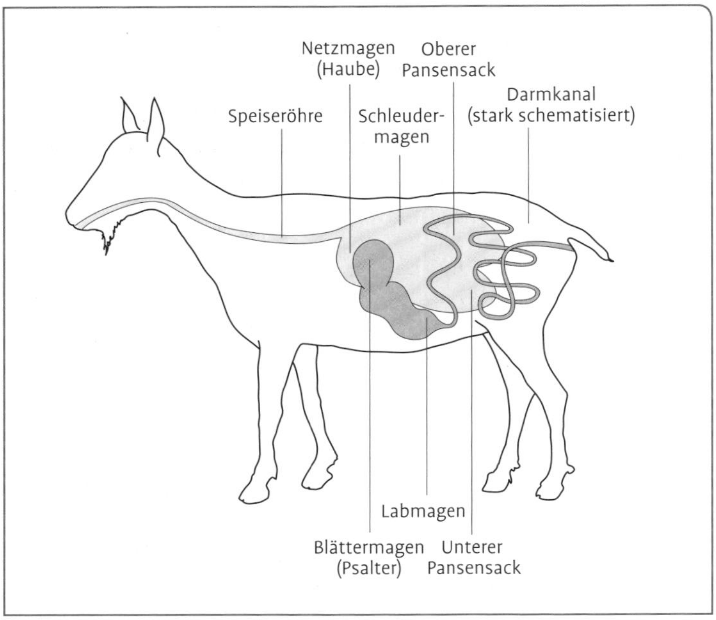

Abb. 9 Die Verdauungsorgane der Ziege.

und Entleerung der unverdaulichen Nahrungsreste.

Der Verdauungsschlauch ist in folgende Abschnitte gegliedert:

Kopfdarm: Mundhöhle und Schlundkopf.In der Mundhöhle erfolgt die grobe Zerkleinerung der Nahrung.

Vorderdarm: Speiseröhre, die drei Vormägen Pansen, Netz- und Blättermagen sowie der Labmagen. In den drei Vormägen erfolgt eine weitere Zerkleinerung und der Aufschluss der Nahrung. Im Labmagen werden dem Nahrungsbrei Sekrete zum weiteren Aufschluss des Nahrungsbreis zugesetzt. Beim Saugkitz sind die Vormägen noch wenig ausgebildet. Die Milch wird durch die sogenannte Schlundrinne direkt in den Labmagen abgeführt. Erst mit zunehmender Raufütterung werden die Vormägen ausgebildet (siehe Kapitel 6.1). Der Pansen hat das größte Fassungsvermögen. Er liegt auf der linken Seite in der Bauchhöhle und kann dort auch in der linken Hungergrube ertastet werden. Dort können die Kontraktionen (5 bis 7 in der Minute) durch Auflegen des Handrückens gefühlt werden.

Mittel- und Enddarm: Der eigentliche Verdauungskanal ist etwa 25-mal so lang wie der Körper.

Mitteldarm: Zwölffingerdarm und Dünndarm mit Bauchspeicheldrüse und Leber.In diesem Darmabschnitt setzt sich die enzymatische Verdauung durch Sekrete der Bauchspeicheldrüse und der Leber fort. Erst nach diesem eigentlichen Verdauungsvorgang können Kohlenhydrate, Fette und Eiweiß vom Darm aufgesaugt (resorbiert) werden.

Enddarm: Dickdarm mit After. Nur noch wenige Stoffe werden im Enddarm aufgenommen. Im Wesentlichen wird der Darminhalt durch Wasserentzug eingedickt und ausgeschieden. Die Ziege ist besonders gut in der Lage, dem Darmbrei Wasser zu entnehmen, so dass der Kot der Ziege äußerst trocken ist und sie einen verhältnismäßig geringen Wasserbedarf hat.

3.4 Geschlechtsorgane

3.4.1 Männliche Geschlechtsorgane

Die einzelnen Organe sind Hoden, Nebenhoden, Samenleiter, Harnröhre und das Begattungsorgan (Rute, Penis).

Die Hoden sind paarig im Hodensack angelegt. Im Embryonalzustand wandern die Hoden aus der Bauchhöhle in den Hodensack. Im Regelfall ist dieser Prozess bei der Geburt beendet. Vereinzelt bleibt ein Hoden oder auch beide im Leistenkanal stecken, es kommt zur sogenannten Binnenhodigkeit (Kryptorchismus). Mit Erreichen der Geschlechtsreife (etwa im Alter von fünf Monaten) werden in den Hoden die Spermien (Keimzellen) und das männliche Geschlechtshormon (Testosteron) entwickelt. In den Nebenhoden reifen die Spermien und werden gespeichert.

Beim Deckakt werden die Spermien über den Samenleiter und die Harnröhre zusammen mit den Sekreten der Geschlechtsanhangdrüsen (Samenblase, Samenleiterampulle, Vorsteherdrüse, und Bulbourethraldrüse) ausgeschieden und in der Scheide des weiblichen Tieres deponiert. Die gesamte Ejakulatmenge beträgt beim Bock etwa 0,7 bis 2 ml. Im Ruhezustand ist die Rute (Penis) von der Vorhaut bedeckt und in einer Schleife zurückgezogen. Typisch beim Ziegenbock ist der wurmähnliche Fortsatz der Harnröhre am Penisende. Bei der Paarung wird die Penisschleife durch die Blutfüllung der Schwellkörper gestreckt.

In der Zeit der Geschlechtsruhe des weiblichen Tieres im Frühjahr und Sommer ist auch die Geschlechtsaktivität des Bockes reduziert. Dies zeigt sich besonders deutlich am verringerten Geschlechtsgeruch.

3.4.2 Weibliche Geschlechtsorgane

Die einzelnen Organe sind:

- Paarig angeordnete haselnussgroße Eierstöcke.
- Die beiden Eileiter und die Gebärmutter mit zwei Gebärmutterhörnern.

Die Gebärmutterhörner vereinigen sich im Gebärmutterkörper, der mit dem Gebärmutterhals abschließt. Der Gebärmutterhals zeigt besondere Bildungen, die für die Eröffnung während der Brunst und der Geburt einerseits sowie für den Verschluss andererseits wichtig sind. Der Gebärmutterhals ragt ein Stück weit in die Scheide vor.

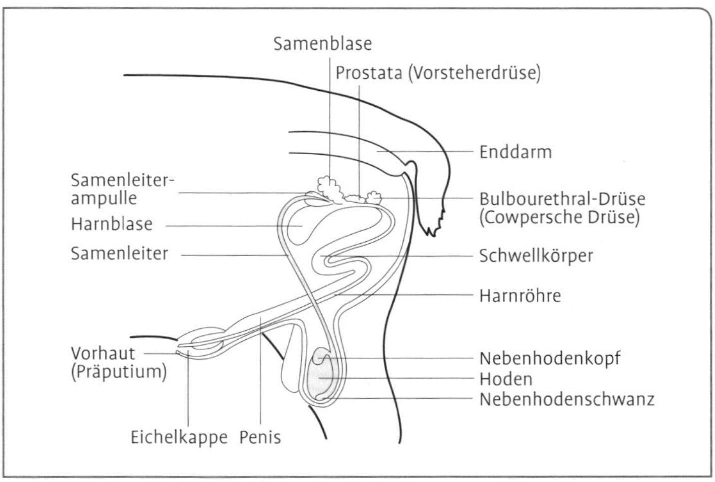

Abb. 10 Die Geschlechtsorgane des Ziegenbocks.

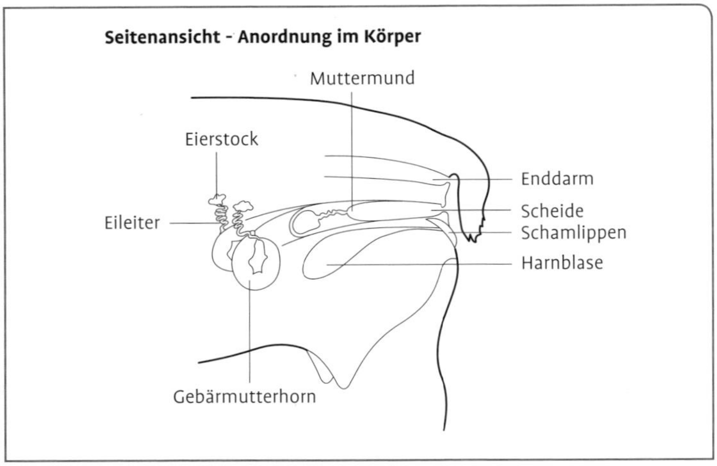

Abb. 11 Die Geschlechtsorgane der Ziege.

Die Scheide selbst bildet ein Rohr, das sich vom Scheidengewölbe über den Scheidenvorhof bis zur Scham erstreckt, die die Mündung des weiblichen Geschlechtsapparates nach außen bildet.

3.5 Fortpflanzung

Die beiden in der Bauchhöhle befindlichen Eierstöcke bilden Eizellen und Eierstockhormone. Die Eizellen werden in sogenannten Follikeln gebildet und nach der Reife abgestoßen (Ovulation). Sie werden vom trichterförmigen Ende des Eileiters aufgenommen und wandern im Eileiter in Richtung Gebärmutter. Durch das Follikelhormon wird die Brunst ausgelöst.

Befruchtung ist die Vereinigung der weiblichen und männlichen Geschlechtszelle. Sie erfolgt gewöhnlich im Eileiter. Dorthin gelangen die Spermien mit Hilfe ihrer Eigenbewegung schon 30 min nach dem Deckakt. Das befruchtete Ei wandert in etwa fünf Tagen in die Gebärmutter. Während dieser Wanderung beginnt die Zellteilung, so dass es bereits im 8 bis 16 Zellen-Stadium in der Gebärmutter ankommt. Das befruchtete Ei nistet sich nach ungefähr 14 Tagen in der Gebärmutter ein. Anfänglich wird der Embryo durch das Sekret der Drüsen in der Gebärmutterwand ernährt. Aus dem Embryo entwickeln sich drei Embryonalhüllen:

Das **Amnion**, auch Schaf- oder Fußhaut genannt, die den Embryo sackartig umschließt. In diese Hülle wird Sekret ausgeschieden, so dass der Embryo schwimmt und dadurch vor mechanischen Schäden geschützt wird.

Das **Chorion** spaltet sich aus dem Amnion ab, das die Verbindung zur Gebärmutter herstellt. Es bilden sich etwa 100 napfartige Zotten, die in die Krypten der Gebärmutter eindringen und dadurch eine enge Verbindung mit dem Muttertier schaffen. Diese wird auch als Mutterkuchen bezeichnet. Die Ernährung erfolgt nun über diese Verbindung bis zum Ende der Trächtigkeit nach 150 Tagen.

Die **Allantoishülle** (Harnsack) bildet sich als dritte Blase, in die der Harn des Embryos ausgeschieden wird.

Der Blutkreislauf des Embryos bleibt vom Blutkreislauf der Mutter während der gesamten Trächtigkeit getrennt. Damit ist gewährleistet, dass der Embryo vor Krankheitserregern geschützt bleibt. Im Gegenzug werden ihm aber auch keine Abwehrstoffe Antikör-

Abb. 12 Die Geschlechtsorgane der Ziege.

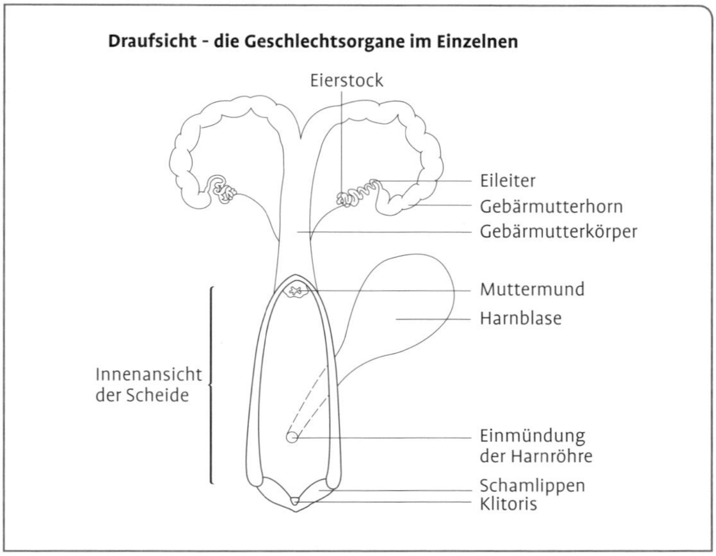

per (Immunoglobuline) zugeführt. Aus diesem Grund ist es wichtig, dass dem neugeborenen Lamm nach der Geburt die erste Milch zugeführt wird, die sogenannte Kolostralmilch, damit es die notwendigen Abwehrstoffe erhält.

3.6 Milchdrüse

Das Euter hat zwei anatomisch und funktionell getrennte Hälften. Das Euter besteht aus dem milchbildenden Drüsenkörper, der Zisterne und der Zitze. Das Drüsengewebe ist stark durchblutet, da die zur Milchbildung erforderlichen Stoffe alle über das Blut dem Euter zugeführt werden müssen. Im Schnitt müssen für die Produktion von 1 l Milch etwa 500 l Blut durch das Euter strömen. Das Stoßen und Saugen des Lammes führt zur Ausschüttung des Hormons Oxitocin, das den Milchfluss auslöst. Das Anrüsten des Euters vor dem Melken verursacht eine ähnliche Wirkung, hat aber keine so große Bedeutung wie bei der Kuh. Weiteres siehe Kapitel 9.4.2. Aufbau und Physiologie des Euters.

3.7 Häute, Wolle und Fasern

Die **äußere Haut**, auch Decke genannt, dient als Schutzorgan gegen äußere Einflüsse. Die Haut setzt sich zusammen aus der Ober-, der Leder- und der Unterhaut. Die Hautdicke ist im Durchschnitt 2 bis 3 mm stark und abhängig von Geschlecht, Alter, Rasse sowie örtlicher Beanspruchung.

Die Oberhaut ist in ihrer obersten Schicht stark verhornt und bildet damit eine undurchlässige bakterien- und wasserdichte Decke. In die Oberhaut ist das Pigment eingelagert, das dem Tier seine Hautfarbe verleiht.

Die **Lederhaut** ist eine derbe bindegewebige Schicht. Nach Entfernung der Oberhaut wird sie durch Gerben zu Leder verarbeitet. In diesem Teil der Haut befinden sich die meisten Drüsen (Schweiß- und Talgdrüsen). Die Lederhaut ist von Gefäßen und Nervenenden durchzogen.

Die **Unterhaut** schließt sich ohne scharfe Grenze der Lederhaut an und bildet eine bindegewebige Verbindung mit der Unterlage.

Hier kann es zu Fetteinlagerungen (Wärmeschutz) kommen.

Das **Haarkleid** der Ziege besteht aus dem Ober- und Unterhaar, die regelmäßig gewechselt werden. In der warmen Jahreszeit trägt die Ziege ein dünnes Fell. Im Herbst ist das verstärkte Wachstum des Unterhaares gut zu beobachten. Verzögerter Haarwechsel kann ein Zeichen schlechter Ernährung oder mangelhafter Gesundheit sein.

Die **Fasern** werden heute praktisch nur noch von Spezialrassen genutzt. Es handelt sich dabei um zwei unterschiedliche Haararten: Mohair bei den Angoraziegen und Kaschmir bei einigen Ziegenrassen Zentralasien.

Ziegenfelle sind ein wichtiges Ausgangsmaterial für die Lederherstellung. Ziegenleder wird bevorzugt für Oberbekleidung, Handschuhe, Futterleder und zum Buchbinden verwendet.

3.8 Vom Wesen der Ziege

Das Wesen der Ziege gibt in den Märchen und Mythen Anlass zu besonderer Betrachtung. Oft wird der Ziege dabei Eigensinn und Launenhaftigkeit zugeschrieben. Auch der Ziegenhalter muss die Eigenarten seiner Tiere kennen, um sie artgerecht halten und Ziegenprodukte erfolgreich erzeugen zu können. In besonderem Maß trifft dies auf die Fragen der Fütterung sowie der Haltung und des Stallbaus zu. In den Kapiteln 7.2 und 8.1.1 sind die diesbezüglichen Eigenarten des Ziegenverhaltens ausgeführt.

Dem Menschen erscheint die Ziege als ausnehmend neugieriges Tier. Aufmerksam betrachtet sie fremde Gegenstände und Personen. In Gefahrensituationen zeigt sie sich mutig und nach ein paar Fluchtsätzen im ersten Schreck wendet sie sich um und versucht der Gefahr angemessen zu begegnen. Neuartige Situationen wissen Ziegen überraschend schnell zu beurteilen und zu ihrem Vorteil zu nutzen. Unerschöpflich ist der Einfallsreichtum der Ziegen an Dingen, die dem Ziegenhalter als dumme oder boshafte Streiche erscheinen mögen. Auch sind sie sehr eigensinnig, wenn sie sich etwas in den Kopf gesetzt haben oder nicht so wollen, wie es der Ziegenhalter gerne hätte. Er muss sich auf dieses besondere Verhalten der Ziegen einstellen und sie notfalls überlisten. Reine Zwangsmaßnahmen führen dabei kaum zum Erfolg. Ziegen können zum passiven Widerstand übergehen, indem sie sich nicht mehr von der Stelle rühren und auch die Futteraufnahme verweigern. Als kapriziös, wörtlich übersetzt „ziegenhaft“, erscheint auch das Fressverhalten. Ziegen sind ausgesprochen wählerisch und suchen auf der Weide oder aus dem vorgelegten Futter nur die Leckerbissen aus. Dabei geschieht es nicht selten, dass ihnen auf der schönsten Weide der Sinn mehr nach einem Stück Papier auf der anderen Seite des Zaunes steht.

Als verwegene Kletterer und Springer überwinden die Ziegen Felsbarrieren ebenso wie Wände von Stallboxen und Zäune. Mit Vorliebe lassen sie sich auf erhöhten Plätzen nieder, um von dort ihre Umgebung zu beobachten.

Obwohl jede Ziege innerhalb der Herde ihrem Eigenleben nachgeht, ist sie doch gesellig. Normalerweise besteht in einer Ziegenherde eine feste, von allen Tieren respektierte Rangordnung. Ernsthafte Streitigkeiten sind selten, weil meist schon der schräge Blick der ranghöheren Ziege genügt, um eine aufmüpfige Kontrahentin in ihre Schranken zu weisen.

Kommen Ziegen neu zusammen, wird die Rangordnung durch Zweikämpfe geklärt. Besonders die Böcke stellen sich dabei auf die Hinterbeine, um im Herabfallen die Köpfe aneinander zu stoßen. Für den Betreuer genügt es, bei einem derartigen Angriff einen Schritt nach hinten zu machen. Grundsätzlich sollte man sich bei Böcken auch nicht spielerisch auf ein Kräftemessen einlassen, weil sonst die Böcke nicht mehr zwischen Mensch und Tier unterscheiden und vielleicht doch einmal ein ernsthafter Angriff auf einen Menschen vorkommen kann.

Ist die Rangordnung einmal geklärt, ist das Zusammenleben auch von gehörnten und ungehörnten Ziegen kein Problem mehr. Die ranghöchste Ziege kann die Stellung des Leittieres innehaben und die Herde zum Fressen und Ruhen führen. Diese Aufgaben kann aber auch eine andere, ältere und erfahrene Ziege übernehmen.

Beim Zweikampf Stirn gegen Stirn verletzen sich Ziegen eher selten, nur ungehörnte Ziegen können dabei auch blutende Aufschürfungen davontragen. Feinde dagegen, zum Beispiel Hunde, werden von Ziegen gezielt mit ihren Hornspitzen an deren Weichteilen angegriffen. Ein Hütehund ist nach einer solchen Attacke möglicherweise nie mehr zur Arbeit mit Ziegen zu bewegen. Deshalb sind bei der Hundeausbildung solche Zwischenfälle zu vermeiden. Der Hund muss lernen, diese ziegenspezifische frontale Auseinandersetzung zu meiden und Ziegen besser von hinten anzugehen. Dabei benötigen Ziegen meist recht viel Druck und es ist von Vorteil, wenn der Hund den wohldosierten Griff in das Bein beherrscht. Hunde, die nur an Schafe gewöhnt sind, verschaffen sich oft entweder zu wenig Respekt bei den eigensinnigen Ziegen oder ihr Griff richtet an den nicht durch Wolle geschützten Ziegenbeinen Schaden an. Sind aber Ziegen und Hund einmal aufeinander eingespielt, ist ein Hund eine große Hilfe beim Hüten und Treiben.

Das Meckern kennt jedermann als Sprache der Ziegen und es kommt nicht von ungefähr, dass dieser Begriff auch im übertragenen Sinne verwendet wird. Es gibt tatsächlich kaum etwas Lästigeres als das andauernde und vorwurfsvoll klingende Meckern einer Ziege vor gefülltem Futtertrog, der der Sinn nach etwas anderem steht. Der Ziegenhalter kennt die vielen Variationen des Meckerns und deren Bedeutung:

- das freudige Meckern, mit dem ihn seine Ziegen beim Betreten des Stalles begrüßen,
- das Meckern, mit welchem die Mutter ihre Kitze lockt oder
- das weithin hörbare Meckern brünstiger Ziegen.

Daneben gibt es auch noch andere Laute. Zum Beispiel das **Höhö**, mit welchem der Bock die Ziegen umwirbt, oder ein Schnarrlaut durch die Nase, der zur Warnung der Herde oder nötigenfalls auch als Signal zur Flucht dient. Bei heftigen Schmerzen klagen die Ziegen mit einem Stöhnen oder knirschen mit den Zähnen.

4 Abstammung und Ziegenrassen

Ziegen einer Rasse haben eine gemeinsame Zuchtgeschichte und weisen ähnliche Form- und Leistungsmerkmale auf.

4.1 Abstammung und Rassenentwicklung

Die Ziege gehört zu den ältesten Haustieren des Menschen. Sie diente zur Fleischgewinnung, als Lastenträger, sie lieferte Milch und Häute. Die ältesten Funde gehen auf etwa 10 000 Jahre v. Chr. zurück. Wichtigster und frühester Domestikationsort war der heutige Irak im Zwischenstromland (zwischen Euphrat und Tigris).

Unsere Hausziegen stammen im Wesentlichen von der Bezoarziege ab, deren Namen sich von den sogenannten Bezoaren herleitet, die sich durch die Aufnahme von Haaren, Harzen und Steinchen bilden und im Magen der Tiere als mehr oder weniger große Kugeln vorkommen.

Bei einigen asiatischen Rassen wird von den Zoologen auch die Schraubenziege als Stammvater genannt. Hier haben die mehrfach in sich gedrehten Hörner dieser Wildziege ihren Namen gegeben.

Alle Wildformen lassen sich mit den Hausziegen erfolgreich paaren. So werden z. B. im alpinen Raum vereinzelt auch Lämmer von Steinböcken geboren, die auf den abgelegenen Almen Hausziegen deckten.

Bedingt durch unterschiedliche natürliche Standortverhältnisse und Nutzungsansprü-

Tab. 8 Anteil von Ziegenrassen am Gesamtherdbuchbestand 2004 (15401 HB-Tiere) und 2010 (14869 HB-Tiere) nach BDZ (2012)

Rasse	2004	2010
Bunte Deutsche Edelziege	36,7 %	34 %
Weiße Deutsche Edelziege	30,2 %	22 %
Burenziege	13,4 %	22 %
Thüringer Waldziege	4,8 %	9 %
Toggenburger Ziege	4,5 %	3 %
Walliser Schwarzhalsziege	2,7 %	3 %
Anglo Nubier	1,0 %	2 %
Zwergziegen	0,9 %	1 %
Sonstige	3,3 %	4 %
Gesamt	100 %	100 %

che hat sich weltweit ein sehr breites Rassenspektrum herausgebildet, wobei sich die Ziegen vor allem in Größe, Form, Farb- und Leistungsmerkmalen unterscheiden (z. B. Zwerg-, Milch-, Fleisch-, Wollziegen). Von den etwa 350 weltweit vorkommenden Ziegenrassen werden allein in Europa mehr als 110 Rassen genannt.

Im Gegensatz zu den anderen Haustieren setzte die zielgerichtet züchterische Beeinflussung der Ziege erst relativ spät, Ende des 19. und zu Beginn des 20. Jh. ein. Bis dahin war eine große Anzahl lokaler Schläge entstanden, die in Mitteleuropa vorrangig zur Milchgewinnung genutzt wurden. Die einheimischen Rassen sind deshalb dem Milchtyp zuzurechnen.

Neben den Milchziegenrassen BDE und WDE (Bunte und Weiße Deutsche Edelziege), die zusammen fast 2/3 des gesamten

Tab. 9 Rassebeschreibung der Weißen und Bunten Deutschen Edelziege

	Weiße Deutsche Edelziege	**Bunte Deutsche Edelziege**
Farbe	einfarbig weiß, leichte Pigmentflecken an Nase, Ohren und Euter sind zulässig. Zuchtausschließend: schwarze und bunte Haarbüschel oder schwarze und bunte Flecken an den Klauen.	hellbraun bis schwarzbraun, mit schwarzem Aalstrich. Zuchtausschließend: weiße Flecken, ein weiß gesprenkeltes Maul sowie ein fehlender oder brauner Aalstrich.
Exterieur	Mittel- bis großrahmig, kurzhaarig, gehörnt und hornlos. Der Rücken sollte straff sein, mit breit angelegtem, nicht zu stark abfallendem Becken. Das Fundament soll trocken und nicht zu fein sein, die Beinstellung korrekt. Gefordert wird ein gleichmäßiges, geräumiges, festsitzendes Drüseneuter, das ein gut ausgebildetes Vorder- und Hintereuter aufweist. Die mittellangen, gleichförmigen und klar abgesetzten Striche sollen sich gut zum Hand- und Maschinenmelken eignen, leichte Melkbarkeit.	
Widerristhöhe (cm)		
Böcke	80–90	80–90
Ziegen	70–80	70–80
Lebendmasse (kg)		
Altböcke	70–100	70–100
Mutterziegen	60–80	55–75
Leistungen		
Milchmenge (kg)	850–1 000	800–900
Fett (%)	3,2–3,5	3,2–3,5
Eiweiß (%)	2,8–3,0	2,8–3,0
Fruchtbarkeit	Frühreife, Erstzulassung mit 7–9 Monaten, saisonale Brunst, eine Ablammung pro Jahr, 1,8 bis 2,0 geborene Lämmer pro Jahr	
Hauptzuchtgebiete	Baden-Württemberg, Hessen und Rheinland	Bayern, Baden-Württemberg, Sachsen

Herdbuchbestandes ausmachen, werden in Deutschland zunehmend die Burenziege, aber auch verschiedene weniger bedeutsame Rassen gehalten (siehe Tabelle 8).

Bei insgesamt 14 869 Herdbuchtieren in Deutschland im Jahre 2010 (BDZ 2012) liegt der Herdbuchbestand unter 10 % und variiert zwischen den Bundesländern erheblich.

Die nachfolgenden Rassenbeschreibungen sind den geltenden Bestimmungen des Bundesverbandes Deutscher Ziegenzüchter (BDZ) und der angegebenen Literatur entnommen.

4.2 Milchziegen

4.2.1 Weiße Deutsche Edelziege und Bunte Deutsche Edelziege

Unter der Bezeichnung **Bunte Deutsche Edelziege** (BDE) wurden 1927 die in Deutschland vorhandenen Schläge der zahlreich verbreiteten braunen Ziegen (z. B. Schwarzwaldziege, Frankenziege, Harzziege) zusammengefasst. Zur Hebung der Leistungsfähigkeit wurden Ende des 19. Jh. Schweizer Saanenziegen in verschiedene Zuchtgebiete Deutschlands (Sachsen, Hessen) importiert. Durch die Einzüchtung dieser Rasse wurde in ganz Deutschland die Zucht der **Weißen Deutschen Edelziege** (WDE) begründet, die 1928 als Rassebezeichnung eingeführt wurde.

4.2.2 Thüringer Waldziege und Toggenburger Ziege

Die Thüringer Waldziege geht auf die Einzüchtung Toggenburger Ziegen aus der Schweiz Ende des vorigen Jahrhunderts zurück. Diese Einzüchtung wurde nur in Thüringen vorgenommen. Ihr Name war bis 1935 „Thüringer Toggenburger", sie wurde jedoch in Thüringer Waldziege umbenannt, nachdem sie sich im Laufe der Jahre in eine von der Toggenburger Ziege abgrenzbare eigenständige Rasse entwickelte. Mit nur etwa 250 weiblichen Tieren ist die Thüringer Waldziege akut vom Aussterben bedroht. Sie wird hauptsächlich in Thüringen und Sachsen gezüchtet, hat aber bereits im ganzen Bundesgebiet Liebhaber gefunden.

4.2.3 Holländer Schecken

Die Holländer Schecken (häufig auch als Bunte Holländische Ziege bezeichnet) kommen aus den niederländischen Provinzen Südholland und Zeeland. Sie sind heute auch im übrigen Holland, z. T. in Belgien und in Deutschland verbreitet. Die Entstehung dieser Rasse geht auf die Einzüchtung von Toggenburger Ziegen, Saanenziegen und Weiße Deutsche Edelziegen in die niederländischen Landziegen zurück.

4.2.4 Anglo-Nubier-Ziege

Die Anglo-Nubier-Ziegenrasse entstand durch die Einzüchtung lokaler Landschläge nubischer Ziegen aus Nordafrika und indischer Hängeohrziegen in englische Landrassen. Ihr Hauptverbreitungsgebiet ist Großbritannien. Auf Grund des hohen Gehalts an Milchinhaltsstoffen wird sie häufig zur Verbesserung des Eiweiß- und Fettgehaltes in Produktionsherden eingezüchtet. Es gibt aber auch in Deutschland Anglo-Nubier-Reinzuchten.

Diese Rasse verfügt auch über gute Fleischleistungseigenschaften. Die durchschnittlichen täglichen Zunahmen der Bocklämmer betragen 180 g, die der Ziegenlämmer 125 g. Die Anglo-Nubier-Ziegen sind frühreif und erreichen ein Ablammergebnis von 200 %.

4.3 Fleischziegen

Die bedeutsamste Fleischziegenrasse ist die Burenziege. Diese aus dem südlichen Afrika stammende Rasse ist heute fast weltweit verbreitet. In Deutschland begann man etwa 1980 mit importierten Burenböcken und

Tab. 10 Rassebeschreibung der Thüringer Waldziege und Toggenburger Ziege

	Thüringer Waldziege	**Toggenburger Ziege**
Farbe	hell- bis dunkelschokoladenbraun ohne Anflug von Fuchsfarbe, ohne Aalstrich, vereinzelt auch schwarz. Ausgeprägt die Gesichtsmaske mit den von der Überaugengegend bis zur Oberlippe weißen Streifen, weiß gesäumten Ohren und Maul, weißem Spiegel und weißen Unterbeinen.	hellbraun bis mausgrau, die Ohren sind hell, ebenso führen helle Streifen vom Ohrgrund zum Maul. Beine, Schwanzansatz und angrenzende Körperteile sind hell bis weiß.
Exterieur	mittelrahmig mit harmonischem Körperbau, kurzhaarig, gehörnt und hornlos, korrekte Beinstellung	mittelrahmig, Haare kurz über mittellang bis lang, der größte Teil der Tiere ist hornlos
Widerristhöhe cm		
Böcke	80–85	75–85
Ziegen	70–75	70–80
Lebendmasse kg		
Altböcke	60–85	75–85
Mutterziegen	40–55	50–75
Leistungen		
Milchmenge (kg)	700–1000	700–800
Fett %	3,5	3,5
Eiweiß %	3,0	3,0

Tab. 11 Rassebeschreibung der Holländer Schecken

Farbe	schwarz-, grau- bzw. braunweiß gescheckt
Exterieurw	mittelrahmig und hochgestellt, langer Rumpf mit tiefer und breiter Brust sowie kurzem Becken, kurzhaarig, gehörnt und hornlos, korrekte Beinstellung
Widerristhöhe (cm)	
Böcke	75–85
Ziegen	70–75
Lebendmasse (kg)	
Altböcke	70–75
Mutterziegen	50–60
Leistungen	
Milchmenge (kg)	600–850
Fett (%)	3,0–3,2
Eiweiß (%)	2,5–2,8

Tab. 12 Rassebeschreibung der Anglo-Nubier-Ziege

Farbe	rot- bis schwarzbraun, schwarz und weiß
Exterieur	großrahmig und hochgestellt, mit korrektem Fundament, gerade gestellte Hinterbeine ohne ausgeprägte Winkelung. Typisch sind lange, anliegende Hängeohren und eine ausgeprägte Ramsnase. Die Tiere sind gehörnt und hornlos. Das Haar ist kurz, glatt und fein.
Widerristhöhe (cm)	
Böcke	ca. 100
Ziegen	80–90
Lebendmasse (kg)	
Altböcke	ca. 100
Mutterziegen	70–75
Leistungen	
Milchmenge (kg)	ca. 700
Fett (%)	4–5
Eiweiß (%)	3–4

Tab. 13 Rassebeschreibung der Burenziege

Farbe	weiße Grundfarbe mit rotbraunem Kopf und weißer Blesse, rote Flecken an Hals, Brust und Bauch
Exterieur	großrahmig mit langem Rumpf, breiten, fleischigen Schultern, gut entwickelter tiefer, breiter Brust, breitem festem Rücken, ausgeprägter Rippenwölbung und muskulösen, langen Beinen. Sie sind kurzhaarig und verfügen z. T. über eine ausgeprägte Ramsnase sowie lange Hängeohren. Reinzuchttiere sind gehörnt, in der Verdrängungskreuzung treten jedoch auch hornlose Tiere auf
Widerristhöhe (cm)	
Böcke	75–90
Ziegen	65–75
Lebendmasse (kg)	
Altböcke	90–100
Mutterziegen	65–75

Sperma über die Verdrängungskreuzung mit deutschen Ziegenrassen die Burenrasse zu vermehren. In Europa hat sich die Rasse problemlos an die vorherrschenden Standortverhältnisse angepasst.

In Südafrika und Namibia wird diese Ziegenrasse als „Boerbokke" bezeichnet und seit über 40 Jahren konsequent auf hohe Fleischleistung gezüchtet. Die Ziegen werden dort häufig mit Rindern und Schafen zusammengehalten, um einer Verbuschung der Weiden entgegenzuwirken. Dafür spricht auch ihr ruhiges Temperament.

Die Burenziege hat einen asaisonalen Brunstzyklus. Eine dreimalige Ablammung in zwei Jahren ist möglich, beansprucht jedoch Ziege und Halter überdurchschnittlich. Besonderer Wert ist auf eine korrekte Beinstellung für eine gute Marschfähigkeit zu legen. Das Euter sollte gut ausgebildet sein und nicht zu dicke Striche aufweisen, um eine problemlose Lämmeraufzucht zu gewährleisten.

Zur Herdbucheintragung gelten Ziegen mit mindestens 87,5 % Burenanteil als reinrassig. Hauptzuchtgebiete: Baden-Württemberg, Hessen, Rheinland und Sachsen. Bundesweit nehmen die Bestände zu.Zuchtmaßnahmen mit Burenziegen siehe Kapitel 5.4.4.

4.4 Wollziegen

Wollziegen werden in Westeuropa nur vereinzelt gehalten. Am bekanntesten ist die **Angoraziege**, eine bereits im Altertum im Nahen Osten anzutreffende langhaarige Ziegenrasse, deren Herkunftsgebiet die Provinz Ankara (Angora) ist. Angoraziegen sind heute am stärksten in der Türkei, im südlichen Afrika, in Australien und Amerika ver-

Tab. 14 Rassebeschreibung Schweizer Ziegenrassen

	Walliser Schwarzhalsziege	**Bündner Strahlenziege**	**Pfauenziege**
Farbe	Die langen Körperhaare der vorderen Körperhälfte sind schwarz, der hinteren weiß mit scharfer Trennungslinie.	Schwarz mit weißen Abzeichen in Form von Streifen vom Horn zum Maulwinkel, weißer Spiegel, weiße Unterbeine	Die vordere Körperhälfte ist überwiegend weiß mit schwarzen Unterbeinen, die hintere schwarz mit weißen Oberschenkeln.
Exterieur	Mittelgroße, kräftige Hochgebirgsziege mit festem Rücken, muskulösen Keulen und langen, tief hängenden Haaren.	Mittelgroße, lange Tiere mit guter Flankentiefe	Großrahmige, eher schwere Ziege mit kurzem bis mittellangem, nicht glattem Haarkleid.
Widerristhöhe (cm)			
Böcke	75–85	75–85	85–95
Ziegen	70–75	70–80	70–80
Lebendmasse (kg)			
Böcke	65–90	65	75–85
Ziegen	45–60	45–60	50–60
Leistungen			
Milchmenge (kg)	500 (in 200 Tg)	450–600	Begrenzte Milchleistung, gute Mastleistung
Fett %	3,8	3,4	
Eiweiß %	2,8	3,0	

breitet – also vor allem in Ländern mit trockenem Klima. Diese recht kleinrahmige Rasse erzeugt hochwertige, meist weiße Wolle, sogenanntes Mohair; bei zweimaliger Schur etwa 3 bis 5 kg/Jahr. Die Feinheit solcher Mohairhaare schwankt zwischen 22 Mikron (Lamm) und 34 Mikron (Alttiere).

Noch hochwertigere Wollen mit einer Feinheit von 12 bis 25 Mikron liefern die verschiedenen Rassen der **Kaschmirziegen**, die besonders in Ländern in und um das Himalayagebirge (China, Nepal, Tibet, Nordindien, usw.) gehalten werden. Meist ist der Ertrag mit 200 bis 600 g/Jahr nur sehr gering, sodass die Ware teuer ist.

4.5 Schweizer Ziegenrassen

Neben der schon erwähnten Saanenziege (siehe Weiße Deutsche Edelziege) und Toggenburger Ziege werden in der Schweiz weitere Rassen gehalten, die allmählich auch in Deutschland Beachtung finden.

Die **Walliser Schwarzhalsziege** (siehe auch Tab. 14) stammt aus dem Unter- und dem Oberwallis. Die als „Gletschergeiß" bezeichnete Ziege war lange Zeit die zahlenmäßig kleinste Rasse in der Schweiz (etwa 2 % am Gesamtziegenbestand). Gefordert wird eine robuste, widerstandsfähige Ziege, die sich bei extensiver Haltung durch gute Zunahmen auszeichnet. Bedingt durch das lange Haarkleid ist sie vergleichsweise kälteunempfindlich.

Die Walliser Schwarzhalsziege kann als Zweinutzungstyp eingeordnet werden. In der Bundesrepublik Deutschland wird diese Ziegenrasse seit Beginn der 80er-Jahre gehalten und findet hier vermehrt Liebhaber.

Die rein schwarze und kurzhaarige **Nera-Verzasca-Ziege** ist eine typische Tessiner Rasse, die als die robusteste und widerstandsfähigste Rasse Europas gilt. Unter den meist extensiven Haltungsbedingungen erbringt diese Rasse noch eine beachtliche Milchleistung von etwa 400 kg.

Weitere aus der Schweiz stammende Ziegenrassen sind die Pfauenziege, (Graubünden, Tessin) und die Bündner Strahlenziege aus dem Kanton Graubünden (siehe jeweils Tabelle 14). Nur erwähnt seien noch die **Appenzeller Ziege** (weiße milchbetonte Ziege) und die **Gemsfarbige Gebirgsziege** (braune Ziege aus dem Schweizer Hochland).

4.6 Zwergziegen

In Afrika gibt es verschiedene Zwergziegenrassen. Am bekanntesten ist die **Westafrikanische Zwergziege**, die heute auch in Asien, Amerika und Europa gezogen wird. Charakteristisch sind die kurzen Beine und der verhältnismäßig massige Körperbau. Sie erreichen eine Widerristhöhe von 30 bis 50 cm und wiegen zwischen 20 und 30 kg. Die Ostafrikanische Zwergziege ist dagegen eher langbeinig und schlank.

Die Westafrikanische Zwergziege ist schnellwüchsig und gut bemuskelt, während die Milchleistung meist gering ist. Weiterhin zeichnen die Westafrikanischen Zwergziegen hohe Fruchtbarkeit und asaisonale Brunsten aus. In Deutschland haben die Zwergziegen vorwiegend in der Hobbyzucht Bedeutung.

5 Zucht

5.1 Grundlagen der Zucht

Vererbung: In der Zucht ist es das Ziel, die erblichen Veranlagungen der Tiere zu verbessern oder zu erhalten. Die dafür verantwortlichen Gene liegen auf den Chromosomen an bestimmten Genorten. Die mütterlichen und väterlichen Chromosomen setzen sich stets zu einem Chromosomenpaar zusammen. Folglich befinden sich an einem Genort zwei Gene, die meist unterschiedlich ausgeprägt sind (Allele).

Bei der Ziege gibt es 30 solcher Chromosomenpaare, wobei ein Paar für die Ausprägung des Geschlechts verantwortlich ist (Geschlechtschromosomen X, Y). Die Chromosomen enthalten DNS (Desoxyribonukleinsäure = Träger der Erbinformationen bzw. Gene), die aus einer Aneinanderreihung von vier Bausteinen (Basen) besteht. Die Reihenfolge dieser Basen stellt wie eine Programmiersprache einen Code zur Ausprägung verschiedener Eigenschaften eines Lebewesens dar. Die in der Tier- bzw. Ziegenzucht bedeutsamen Eigenschaften lassen sich nun in 2 Gruppen unterteilen:

- **Qualitative Merkmale**, die nur durch ein oder wenige Gene beeinflusst werden. Dazu zählen insbesondere Haar- und Hautfarbe, Hornausbildung, art- und rassetypische Erscheinungsformen (Exterieur) sowie Erbfehler. Nun ist es leicht nachvollziehbar, dass diese Merkmale kaum durch die Umweltverhältnisse beeinflusst werden. Folglich ist deren Ausprägung ausschließlich von der jeweiligen erblichen Veranlagung eines Tieres abhängig. Der Erblichkeitsgrad (Heritabilität = h^2) solcher Merkmale beträgt damit 100 % bzw. $h^2 = 1$. Von besonderem Interesse ist in der Ziegenzucht das qualitative Merkmal **Hornausbildung** bzw. die Zucht auf **Hornlosigkeit**. So werden für eine ruhige Haltung immer wieder hornlose Ziegen gewünscht, jedoch ist die dominante genetische Anlage für Hornlosigkeit (Allel P) eng an die Geschlechtsausbildung gekoppelt. Damit tritt bei reinerbig hornlo-

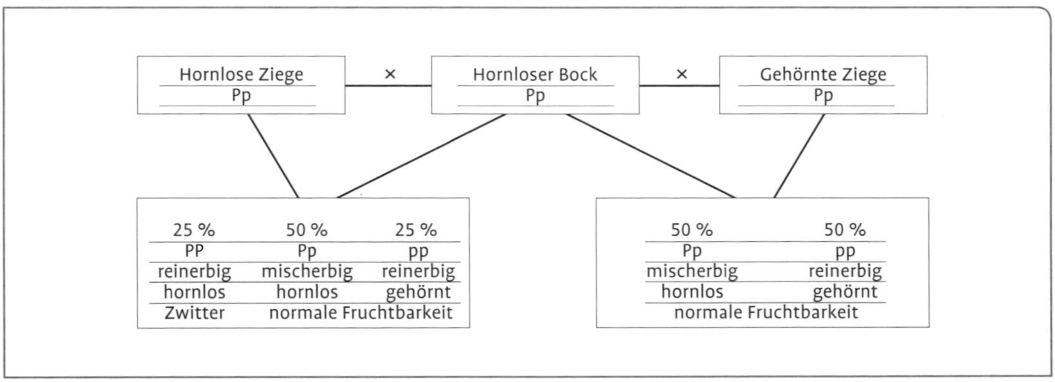

Abb. 13 Vererbung der Hornausbildung.

Tab. 15 Die Schritte der Zuchtarbeit in der Ziegenzucht

Schritte/Maßnahmen	Durchführung durch ...
Festlegung der Zuchtziele → Ausrichtung auf wirtschaftlich bedeutsame Merkmale.	Zuchtverbände
Leistungsprüfungen → Prüfung wirtschaftlich bedeutsamer Merkmale durch Leistungserhebung auf dem Betrieb oder Stationen.	Kontrollverbände (Zuchtverbände)
Zuchtwertschätzung → Ausschaltung von Umwelteffekten auf die Leistungen, um erbliche Leistungsveranlagung abschätzen zu können.	Zuchtverbände
Selektion → Auswahl und Anpaarung der bestveranlagten Zuchttiere, besonders wichtig für Böcke, die mehr Nachkommen bringen als Ziegen.	Zuchtverbände (z. B. Prämierung), Züchter
Anpaarung → Verpaarung bestveranlagter Tiere	Züchter

sen Ziegen (PP) stets Zwittrigkeit auf. Bei männlichen Tieren zeigt sich die Zwittrigkeit oft als Samenstau, bei weiblichen Ziegen sind die Eierstöcke anormal entwickelt und männliche Geschlechtsmerkmale treten stärker hervor. Mischerbige Ziegen (Pp, p steht für die rezessive Anlage Hornausbildung) sind dagegen hornlos und fruchtbar. Der Grund dafür liegt auf dem Chromosom 1 der Ziege, wo bei reinerbig hornloser Veranlagung (PP) ein Abschnitt auf der DNS (Erbträgerfaden) fehlt, der für die Hornausbildung zuständig ist. Dieser fehlende Abschnitt stört jedoch die normale Wirkung der Gene, welche die Ausprägung der Geschlechtsorgane kontrollieren (Schneeberger und Stranzinger 2003). Folglich wird heute von den Verbänden und Züchtern die Zucht auf Hornlosigkeit nicht mehr betrieben. Zwitterausbildung tritt bei beiden Geschlechtern auf.

- **Quantitative Merkmale**, die durch eine Vielzahl von Genen und durch die bestehenden Umweltverhältnisse (Fütterung, Haltung, Klima, Alter usw.) bestimmt werden. Zu dieser Gruppe zählen die eigentlichen Nutzleistungen wie Milchleistung und Inhaltsstoffe sowie Wachstum und Fleischleistung inklusive Fleischqualität. Jedoch ist die Erblichkeit (Heritabilität) solcher Merkmale sehr unterschiedlich:
- Leistungsmerkmale mit geringer Erblichkeit (h^2 = 0 bis 0,2). Diese werden in hohem Maße durch die vorhandenen Umweltverhältnisse geprägt, z. B. Fruchtbarkeit, Aufzuchtleistung, Vitalität.
- Leistungsmerkmale mit mittlerer Erblichkeit (h^2 = 0,2 bis 0,4). Neben den Umwelteinflüssen bestimmen zu etwa 20 bis 40 % auch genetische Unterschiede die Leistungsausprägung, z. B. Milchleistung, Inhaltsstoffe, Wachstumsleistung.
- Leistungsmerkmale mit hoher Erblichkeit (h^2 = 0,4 bis 0,8). Diese h^2-Werte besagen, dass 40 bis 80 % der Leistungsdifferenzen zwischen den Tieren auf genetische Un-

terschiede zurückzuführen sind, z. B. der Schlachtkörperwert.

- Die wirtschaftlich bedeutsamen Nutzleistungen werden also von ihren genetischen Veranlagungen **und** von den jeweiligen Umweltverhältnissen bestimmt. Das Ziel der Züchtung besteht nun darin, die genetisch bedingten Leistungsveranlagungen der Einzeltiere zu erkennen und von Generation zu Generation zu verbessern.

Die **organisierte Zuchtarbeit.** Zur züchterischen Fortentwicklung einer Rasse (Reinzucht) wird von den Zuchtverbänden eine Zuchtarbeit organisiert, die aus fünf aufeinander aufbauenden Schritten besteht (Tab. 15).

5.2 Zuchtverfahren

5.2.1 Reinzucht und Inzucht

Die **Reinzucht** (auch Rassezucht genannt) ist in der deutschen Tierzucht das tragende Zuchtverfahren. Dabei wird die züchterische Entwicklung einer Rasse durch Selektion überdurchschnittlich veranlagter Tiere vorangebracht.

Während gering erbliche Merkmale im Rahmen der Reinzucht nur mit geringem Erfolg verbessert werden können, lassen sich höher erbliche Leistungseigenschaften gut steigern. Hohe Zuchtfortschritte sind in Reinzuchtverfahren (innerhalb einer Rasse) vor allem dann zu erzielen, wenn große Leistungsunterschiede zwischen den Tieren einer Population bestehen (hohe Varianz), die Leistung der selektierten Tiere deutlich über dem Rassenmittel liegt (Selektionsdifferenz), die Leistungsmerkmale eine hohe Erblichkeit (h^2) aufweisen und wenn die selektierten Tiere in kurzer Zeit ihre Leistungsüberlegenheit an die Nachkommen weitergeben (Generationsintervall).

Entsprechend ist der Zuchtfortschritt (auch Selektionserfolg genannt) pro Generation nach folgender Gleichung zu kalkulieren:

Selektionserfolg = (Selektionsdifferenz × h^2)/ Generationsintervall

Beispiel: Die Milchleistung der Weißen Deutschen Edelziege liegt in Baden-Württemberg laut Milchleistungsprüfung bei 840 kg Milchmenge. Wenn nun die schlechtesten Ziegen dieser Rasse gemerzt werden und die verbleibenden Ziegen durchschnittlich 920 kg Milchmenge leisten, so beträgt die Selektionsdifferenz in einem Jahr + 80 kg. Bei einem Erblichkeitsgrad von 30 % (h^2=0,3) errechnet sich ein Selektionserfolg (SE) von

SE = (80 × 0,3)/1* = 24 kg
* in einem Jahr bzw. Generationsintervall

D. h. die Population erbringt nun eine Mehrleistung von 24 kg, also insgesamt nun 864 kg. Diese Kalkulation lässt aber den Einfluss des Bockes auf die Milchleistung noch völlig außer Acht.

Der praktische Ziegenhalter sollte bei der Selektion aber nicht nur allein eine Leistungssteigerung im Auge haben, sondern auch eine Konsolidierung seiner Herde anstreben. Dabei kann es ratsam sein, im Zuge der Selektion den Ziegenbestand vorübergehend auch abzustocken, um eine größere Herdenhomogenität zu erhalten.

Inzucht entsteht, wenn es zur Paarung verwandter Tiere kommt. Dadurch werden die Nachkommen genetisch immer ähnlicher (homozygoter), wobei Leistungsabfälle (Inzuchtdepressionen) in der Fruchtbarkeit und Vitalität die Folge sein können. Gleichzeitig nimmt die Wahrscheinlichkeit zu, dass Erbfehler (z. B. Unter- oder Oberkieferverkürzung, Haarlosigkeit, Afterlosigkeit) auftreten, da bei Inzucht diese meist rezessiven Anlagen auf einem Genort zusammentreffen. Dieses Problem tritt vor allem bei kleinen

Tab. 16 Parameter der Fruchtbarkeits- und Aufzuchtleistung

Parameter	Berechnung
Ablammergebnis	$\frac{\text{Zahl der lebend- und totgeborenen Lämmer} \times 100}{\text{Anzahl Ablammungen}}$
Aufzuchtergebnis	$\frac{\text{Zahl d. bis zum 42. Tg. aufgezogenen Lämmer} \times 100}{\text{Anzahl Ablammungen}}$
Ablammrate	$\frac{\text{Zahl der Ablammungen (einschl. Verlammungen)} \times 100}{\text{Anzahl zugelassener Ziegen + Jungziegen}}$
Produktivitätszahl	$\frac{\text{Zahl der aufgezogenen Lämmer} \times 100}{\text{Anzahl zugelassener Ziegen + Jungziegen}}$

Rassebeständen auf, aber auch, wenn Böcke unkontrolliert oder zu lange in den Herden zum Einsatz kommen.

5.2.2 Kreuzungen

Während bei der Reinzucht **innerhalb einer Rasse** die unterschiedlichen Veranlagungen von Tieren genutzt werden, basieren Kreuzungszuchtverfahren auf den genetischen Leistungsunterschieden **zwischen den Rassen**. Dabei ergeben sich zwei nutzbare Vorteile:

- Nutzung von Populationsdifferenzen. In den Kreuzungsnachkommen werden wünschenswerte Leistungsmerkmale von zwei oder mehreren Rassen kombiniert, so dass die Kreuzungstiere für Produktion und Vermarktung bevorteilt sind.
  Beispiele:
  a) Kreuzung von Burenböcken mit Milchziegen, die nicht mehr zur Zucht verwendet werden, um vollfleischige Kreuzungslämmer zu erzeugen.
  b) Einkreuzung von schweizerischen oder französischen Saanenziegen in deutsche Edelziegen, um bei den weiblichen Kreuzungsnachkommen höhere Milchleistungen zu erhalten.
- Nutzung von Kreuzungseffekten. Insbesondere bei gering erblichen Merkmalen wie Fruchtbarkeit, Vitalität und Jugendwachstum liegen die Leistungen der Kreuzungsnachkommen über dem Mittel der Elternleistungen. Diese sogenannte Heterosis beruht auf der speziellen Kombinationseignung von Rassen und Linien und tritt besonders dann auf, wenn die Ausgangsrassen sehr unterschiedlich sind und wenn hohe Anforderungen an die Ziegen gestellt werden (z. B. harte Umweltverhältnisse).
  Beispiel: Weibliche Kreuzungsziegen (aus Buren × Milchziegen) sind überdurchschnittlich fruchtbar, vital und gute Mütter in der Fleischziegenhaltung.

Umfangreiche **Gebrauchskreuzungen** (Nachkommen werden i. d. R. zu Schlachtzwecken genutzt), wie sie bei Rind und Schaf bekannt sind, gibt es in der deutschen Ziegenzucht nicht. In Fleischziegenherden der Produktionsstufe (also keine Zuchtbetriebe) werden jedoch häufig diverse Kreuzungen mit Burenziegen, Edelziegen und anderen Rassen durchgeführt. Grund dafür sind aber eher die günstigen Beschaffungsmöglichkeiten, Liebhabereffekte oder die z. T. ausgewiesene Wetterhärte einzelner Rassen (z. B. Nera-Verzasca).

Auf die Einzüchtung anderer Rassen wird meistens dann zurückgegriffen, wenn die

Leistungen einer Population (Reinzucht) nicht mehr befriedigen und die reingezüchtete Rasse nicht mehr den wirtschaftlichen Erfordernissen entspricht. So sind für die Ziegenzucht auch die nachfolgend genannten speziellen Kreuzungsverfahren bedeutsam:

Veredelungskreuzung: Vorübergehende Einkreuzung einer leistungsstärkeren Rasse. Beispiel: Leistungsstarke Saanenziegenböcke aus der Schweiz werden an die Weiße Deutsche Edelziege angepaart, um die Milchleistung zu steigern.

Verdrängungskreuzung: Durch anhaltende Anpaarung von Böcken einer Rasse wird der Genanteil der vorhandenen (bodenständigen) Rasse verdrängt. Beispiel: Anpaarung von Burenböcken an Edelziegen und deren Kreuzungen. Die Burengenanteile erhöhen sich dabei von Generation zu Generation wie folgt:

F_1 = 50 %, F_2 = 75 %, ..., F_5 = 96,88 %.

Kombinationskreuzung: Erwünschte Leistungseigenschaften verschiedener Rassen werden in einer neuen Rasse zusammengeführt. Beispiel: Die Thüringer Waldziege entstand aus der Kreuzung von Toggenburger Ziegen und einheimischen Ziegen des Thüringer Raums.

5.3 Milchziegenzucht

5.3.1 Leistungsmerkmale

Hohe Fruchtbarkeit, ausreichende Milchmenge und Inhaltsstoffe sind die biologischen Voraussetzungen für eine wirtschaftliche Milchziegenhaltung. Aber auch die Zellzahl in der Ziegenmilch muss beachtet werden, um Molkereiansprüchen entsprechen und Verkäsungseigenschaften der Milch erhalten zu können.

Zuchtleistung (Fruchtbarkeit und Aufzuchtleistung). Mit durchschnittlich 1,6 bis 2 geborenen Lämmern/Jahr zeichnet sich die Ziege durch hohe Reproduktionsraten aus. Während Erstlingsziegen in der Regel nur ein Lamm austragen, bringen ältere Ziegen meist Zwillinge. Die Erfahrungen zeigen, dass die Mehrlingshäufigkeit (z. B. Drillingsgeburten) mit dem Alter der Ziegen steigen kann und das oft anteilig mehr männliche Lämmer geboren werden.

Tab. 17 Erblichkeiten (h^2) von Milchleistungsmerkmalen bei der Ziege und genetische Korrelationen (BÖMKES et al. 2004)

Merkmal	h^2	genetische Korrelationen *				
		Milch (kg)	Fett (g)	Eiweiß (g)	Fett (%)	Eiweiß (%)
Milch (kg)	0,3					
Fett (g)	0,24	0,82				
Eiweiß (g)	0,2	0,92	0,85			
Fett (%)	0,25	−0,32	0,28	−0,12		
Eiweiß (%)	0,14	−0,34	−0,08	0,06	0,48	
Som. Zellen	0,06	0,63	0,49	0,36	−0,29	−0,65

* Korrelationen liegen zwischen 0–1, hohe absolute Werte weisen auf eine enge Beziehung zwischen diesen Merkmalen hin.

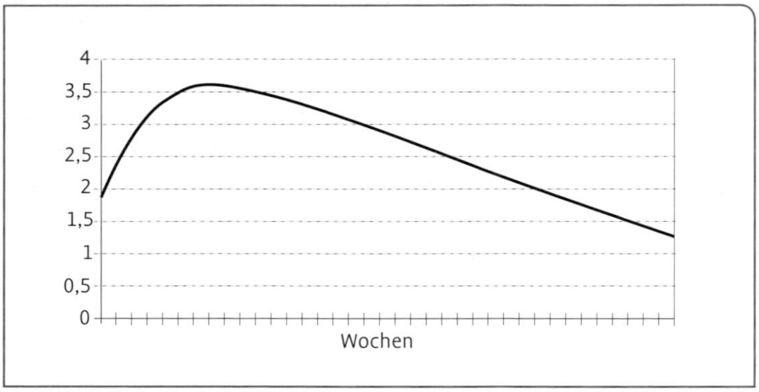

Abb. 14 Laktationskurve bei der Weißen Deutschen Edelziege (standardisiert).

Zur Bemessung der Fruchtbarkeits- und Aufzuchtleistung werden die in Tabelle 16 genannten Parameter verwendet.

Die Zucht auf Zuchtleistungsmerkmale ist meist von begrenzter Effizienz, da deren genetische Variabilität (erblich bedingte Unterschiede) innerhalb der Rassen gering ist und gleichzeitig vielfältige Umweltverhältnisse diese Merkmale bestimmen; folglich ist die Erblichkeit (h^2) der Zuchtleistungsmerkmale vergleichsweise niedrig. Nach umfassenden Untersuchungen von RICORDEAU (1991) liegt die Heritabilität für das Merkmale Wurfgröße bei $h^2 = 0{,}07$ bis 0,24.

Milchmenge und Inhaltsstoffe. Die mittlere Laktationsdauer deutscher Milchziegen liegt bei etwa 270 Tagen, wobei diese zwischen 240 und 300 Tagen schwanken kann. Vereinzelt sind Ziegen aber auch bei anhaltender Melkstimulanz in der Lage, über 2 bis 3 Jahre zu laktieren. Die höchsten Milchleistungen erreicht die Ziege in der dritten und vierten Laktation. Von der ersten bis zur dritten Laktation steigt die Leistung um 20 bis 30 %. Der Laktationsverlauf zeigt einen Anstieg der Milchleistung bis etwa zur 4. bis 5. Woche und vermindert sich dann wieder um etwa 10 %/Monat.

Die Tagesmilchleistungen bewegen sich zwischen 1 bis 4 kg (Abb. 14), die Jahresleistung zwischen 700 bis 1000 kg bei Höchstleistungen von über 1500 kg. Die großen Schwankungen sind vor allem durch die jeweiligen Fütterungsverhältnisse, die Laktationsphase und die Laktationszahl (Alter) zu erklären. Rassenbedingte Unterschiede weisen für die Weiße Deutsche Edelziege mit 800 bis 1000 kg die höchsten Milchmengen auf, gefolgt von der Bunten Deutschen Edelziege und der Toggenburger Ziege (siehe auch 4.2 Milchziegenrassen).

Der natürliche Eiweißgehalt wird mit 3 % und der natürliche Fettgehalt mit 3,5 % angegeben. Beide Parameter können insbesondere durch die Fütterung beeinflusst werden. Der Gehalt an somatischen Zellen in der Ziegenmilch liegt mit 400 000 bis über 1 Mio. Zellen/ml weit höher als der in der Kuhmilch. Die vergleichsweise hohen Werte sind bei der Ziege normal. Ungünstige Euterformen und hohes Alter führen zu erhöhten Zellzahlen in der Ziegenmilch, insbesondere in der späten Laktationsphase.

Vor allem bei Planungen von größeren Produktionsbetrieben ist darauf zu achten, dass sich in den großen Gruppen kein Haltungsstress aufbaut (Besatz, Fressplätze, Rangordnung), da so alle Milchleistungsmerkmale ungünstig beeinflusst werden.

Milcheiweißvarianten. Die Zucht auf bestimmte Milcheiweißvarianten gewinnt in der Ziegenzucht zunehmend an Bedeutung.

Bei der französischen Saanenziege wird heute bereits bei jedem Zuchtbock die Vererbungseigenschaft bezüglich eines Kaseins ausgewiesen. Das Milcheiweiß setzt sich aus sogenannten Molkenproteinen und Kaseinen zusammen, wobei bestimmte Kaseinfraktionen die Milchverarbeitung günstig beeinflussen und ernährungsphysiologische Vorteile für den Menschen aufweisen können. Weitere Aspekte zur Qualität der Ziegenmilch sind in Kapitel 9.4.1 erläutert.

Melkbarkeit. Die Melkbarkeit wurde bei Ziegen bisher wenig untersucht. Sicher ist jedoch, dass dieses Kriterium züchterisch gut zu verbessern ist.

Tab. 18 Erwünschte und nicht erwünschte Ausprägung von Körperformmerkmalen bei der Ziege

Merkmal	erwünschte Ausprägung	nicht erwünschte Ausprägung
Rumpf	lang, großwüchsig	kurz, kleinwüchsig
Becken	lang, breit, nicht zu stark abfallend	kurz, schmal und stark abfallend
Rücken	lang, fest	kurz, spitz, nach unten hängender oder nach oben gewölbter Rücken (Karpfen- oder Senkrücken)
Bauch	tonnenförmig mit fest geschlossener Flanke, volle Rippe	klein, durchhängend, hochgezogen und flach
Schulter	breite Brust mit festen Schultern	schmal und flach, lose Schulter, Schnürung hinter der Schulter
Hals und Kopf	Ziege: typisch weiblicher Ausdruck, mittellanger ausreichend bemuskelter Hals mit edlem trockenem Kopf Bock: typisch männlicher Ausdruck mit kräftig bemuskeltem Hals, gröberer Kopf	nicht geschlechtstypisch, eingedrückter Hechtkopf, nicht harmonisch
Fundament	kräftige Gliedmaßen, feste Klauen und Fesseln, korrekte Beinstellung	feines Fundament (negativ für Böcke), Fass-, X- und Stuhlbeinigkeit, weiche oder lange Fessel, bodeneng, Spreiz- und Rollklauen, Bärentatzigkeit
Kiefer und Gebiss	korrekte Kiefer- und Zahnstellung	Über- oder Unterbeißer
Euter	Geräumiges, schenkelfüllendes, gleichmäßiges Drüseneuter mit gut ausgebildetem Vorder- und Hintereuter, Zitzen mittellang (ca. 6–8 cm) seitlich nach unten gestellt, weder zu dünn noch zu dick, für Hand- und Maschinenmelken geeignet	schmales, lose aufgehängtes Euter, ungleiche Euterviertel, massiges Fleischeuter, Flaschen- und Spalteuter, fehlendes Vor- oder Hintereuter, unförmige Striche, Beistriche, seitliche Strichstellung

Weitere und zukünftige Leistungsmerkmale: Wie auch in der Rinderzucht sollte zukünftig auch in der Ziegenzucht den sog. funktionalen Merkmalen eine besondere Beachtung geschenkt werden. Dabei handelt es sich vor allem um Merkmale, die zu einer aufwandsarmen und unproblematischen Funktion des Tieres führen, wie Gesundheit, Fruchtbarkeit, Fundament, Leichtfuttrigkeit, Langlebigkeit und Lebensleistung. Hier ist besonders das Merkmal Lebensleistung hervorzuheben, da dieses die Eigenschaften Milchleistung, Gesundheit, Fruchtbarkeit und Langlebigkeit in einem Kriterium zusammenfasst. Erwerbsziegenhalter sprechen sich für die Einbeziehung solcher Selektionskriterien aus (Herold 2009).

5.3.2 Äußere Erscheinung

Mit der Beurteilung des Exterieurs sollen alle äußerlich sichtbaren Körperformen möglichst objektiv erfasst und beschrieben werden. Denn nur ein harmonischer Körperbau ohne Mängel sowie ein wohl proportioniertes Euter mit richtiger Strichstellung versprechen Leistungsvermögen und Langlebigkeit.

In Abbildung 15 werden die vorteilhaften Körperformen und Fehler verdeutlicht. Besondere Beachtung muss dem Fundament geschenkt werden, da sich die Klauengesundheit entscheidend auf Leistungsfähigkeit und Fitness der Tiere auswirkt. So sollten vor allem Ziegen oder Böcke mit durchtrittigem Fundament, o- oder x-Beinigkeit von der

Erwünschte äußere Erscheinung	Äußere Erscheinung mit Fehlern

Angestrebte Körperform - Ausdrucksvoller, typischer Kopf - Geschlossener, fester Rücken - Breites, leicht abfallendes Becken - Tiefe, breite Brust - Geräumiges, drüsiges weit nach vorn angestztes Euter - Seitlich, nach unten abgesetzte Striche - Korrekte Beinstellung - Kurze, kräftige Fessel - Tiefer, frankiger Rumpf	**Die häufigsten Fehler im Körperbau** - Untypischer, grober Kopf - Lose Schulter - Senk- bzw. Karpfenrücken - Stark abgefallenes Becken - Schmale Brust - Hängeeuter - Fuß durchtrittig (hier: hinten) - Verdrehte Beinstellung

Abb. 15 Vorteilhafte Körperformen und Fehler bei der Ziege.

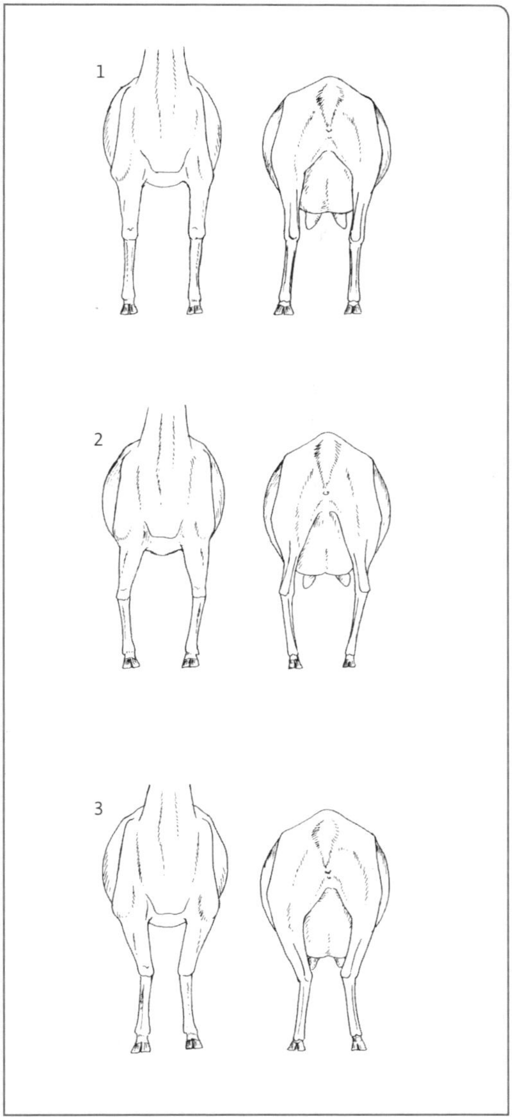

Abb. 16 Beinstellung bei der Ziege (Vorderhand und Hinterhand) 1 korrekt 2 knieweit, o-beinig 3 knieeng, x-beinig

Zucht ausgeschlossen werden, da solche Fehlstellungen Gelenke und Bänder belasten und zu frühzeitigen Verschleißerscheinungen führen.

Die Bewertung des Euters spielt bei Milchziegen eine zentrale Rolle, da Milchleistung und Eutergesundheit mit Merkmalen der Euterqualität z. T. in enger Beziehung stehen. So sind geräumige, fest und breit aufgehängte Drüseneuter, die auch weit nach vorne reichen, zwei gleiche Hälften aufweisen und den Schenkelspalt gut ausfüllen wichtig für hohe Milchleistungen. Die Euterstriche sollten gleichmäßig angeordnet, gut abgesetzt und leicht nach vorne geneigt sein. Striche von 6 bis 8 cm Länge und normaler Stärke sind für das Maschinenmelken optimal. Da Nebenstriche u. a. die Eutergesundheit beeinträchtigen können, sind diese nicht erwünscht.

Beurteilung der äußeren Erscheinung. In der Ziegenzucht erfolgt eine Bewertung einzelner Merkmale der äußeren Erscheinung nach einer Notenskala von 1 bis 9, wobei 1 sehr schlecht und 9 ausgezeichnet bedeutet.

Eine lineare Beschreibung, wie sie in der Milchrinderzucht üblich ist und die unabhängig vom Zuchtziel und Erwünschtheitsgrad die Ausprägung der Exterieurmerkmale darstellt, gibt es in der Ziegenzucht noch nicht, obwohl diese Methode für die Auswertung und Zuchtwertschätzung von Exterieurmerkmalen deutlich vorteilhafter wäre.

Bei der Herdbuchaufnahme, Körung oder auf Schauen werden bei der Beurteilung von Milchziegen die drei Merkmalskomplexe Rahmen, Form und Euter beurteilt (Notenskala 1 bis 9) (Tab. 19).

Für eine gezieltere züchterische Steuerung des Exterieurs wäre die Erhebung von weiteren Einzelmerkmalen (z. B. Rücken, Fundament, Vordereuter, Strichlänge, ...) erforderlich.

Züchterische Aspekte der äußeren Erscheinung. Die meisten Körpermerkmale besitzen mittlere bis hohe Heritabilitäten, die im Be-

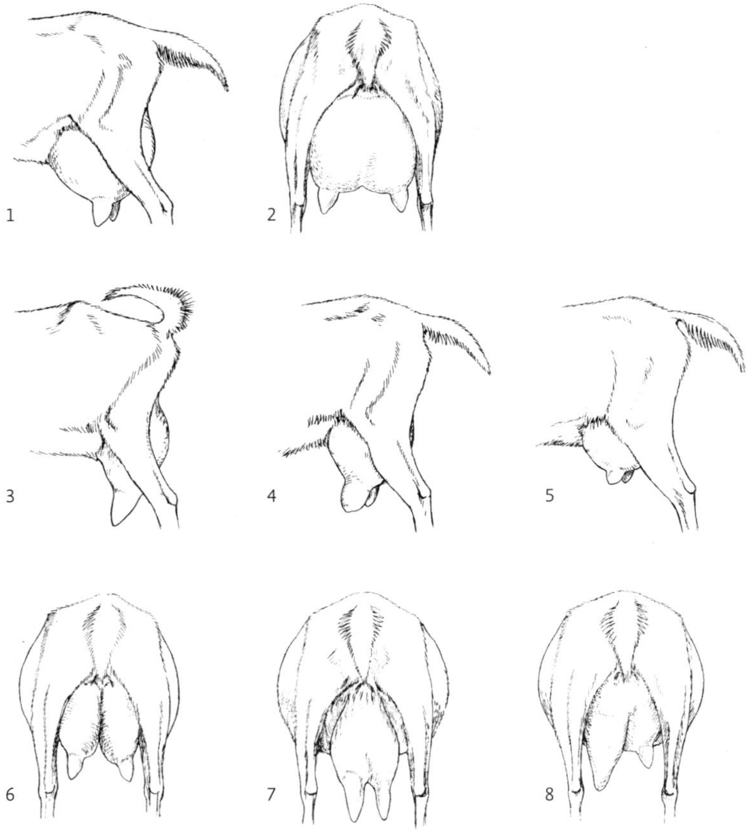

Abb. 17 Darstellung von Euterformen bei der Ziege

1, 2	gute Euterform	4	zu dicke Striche	7	Hängeeuter
3	kein Baucheuter, milchbrüchig	5	zu kleine Striche	8	ungleiche Euterhälften
		6	Spalteuter		

reich $h^2 = 0{,}3$ bis 0,6 liegen. Skelettbestimmte Merkmale aber auch die Stellung des Fundaments sind dabei höher erblich. Nach Untersuchungen an der Bunten Deutschen Edelziege von Kuiper u. a. (2005) weisen auch die meisten Eutermerkmale mindestens mittlere Erblichkeitsgrade auf (Strichlänge $h^2 = 0{,}38$, Strichform $h^2 = 0{,}41$, Strichplatzierung $h^2 = 0{,}21$ bis 0,44, Euterumfang $h^2 = 0{,}24$).

Diese Werte weisen noch einmal auf die hohe Bedeutung von Exterieurmerkmalen bei der Zuchtauswahl hin. Züchterisch interessant ist darüber hinaus, dass einige Körper- und Eutermerkmale mit der Milchleistung z. T. in deutlicher Beziehung stehen. Bömkes

Tab. 19 Merkmalskomplexe zur Beurteilung von Milchziegen

Merkmalskomplex	Erklärung
Rahmen	Größe, Länge, Breite, Tiefe
Form	Haut und Haarkleid, Hals und Kopf, Kiefer und Gebiss, Schulter, Brust, Rücken, Becken, Sprunggelenk, Fessel, Klauen
Euter	Bauch- und Schenkeleuter, Eutersitz, Striche, Strichstellung, Euterreinheit (Beistriche, Fistel)

(2003) errechnete, dass bei der Bunten und Weißen Deutsche Edelziegen die Milchmengen mit zunehmender Widerristhöhe ansteigen

$r_{\text{Widerrist : Milchmenge}} = 0{,}2$ bis $0{,}8$

während die Fett- und Eiweißgehalte tendenziell abnehmen

$r_{\text{Widerrist : Eiweiß\%}} = -0{,}2$
$r_{\text{Widerrist : Fettgehalt}} = -0{,}1$

Erwähnenswert sind auch die Beziehungen zwischen Euter- bzw. Strichmerkmalen und der Milchleistung: Ziegen mit großem Euter und weiter Vordereuteraufhängung haben höhere Milchleistungen, aber geringere Inhaltsstoffe. Die Verbesserung von Strichmerkmalen hin zu fingerförmigen, gut abgesetzten und nicht zu langen Strichen führt demnach tendenziell zu einer Verminderung der Milchleistung, jedoch zu einer leichten Erhöhung der Inhaltsstoffe und zu einer gewissen Verminderung der Zellzahl (Kuiper et al. 2005).

5.3.3 Leistungsprüfungen

Die Milchleistungsprüfung wird in Deutschland bei etwa 10 000 Ziegen durchgeführt. Pro Ziege kostet die Milchleistungsprüfung den Ziegenhalter zwischen 12,00 und 20,00 € im Jahr.

Die Verordnung über Leistungsprüfung und Zuchtwertschätzung bei Schafen und Ziegen schreibt vor, dass in der Milchziegenzucht die folgenden Leistungsmerkmale erhoben werden müssen:

- Zuchtleistung
- Milchleistung
- Äußere Erscheinung (nur beim Bock) Bei der Körung werden die Zuchttiere außerdem auf Gesundheit und Erbfehler geprüft.

Bei der **Zuchtleistungsprüfung** sind mindestens die Anzahl lebend geborener Lämmer pro Zuchttier und Jahr zu erheben. Diese und z. T. weitere Fruchtbarkeits- und Aufzuchtleistungen (Ablammdatum, Geschlecht der Lämmer, Deckbock, Anzahl bis zum 42. Tag aufgezogene Lämmer usw.) werden von den Züchtern an den zuständigen Ziegenzuchtverband gemeldet. Diese Eigenleistungen der Muttertiere werden in den Zuchtunterlagen, Katalogen und Zuchtbescheinigungen mit folgenden Zahlen dargestellt:

5.0–4–7

Erklärung: Die Ziege hat in **5** Jahren **4** × gelammt und dabei **7** Lämmer geboren.

Die **Milchleistungsprüfung** wird nach einer vom Internationalen Komitee für die Leistungsprüfung von Tieren (IKLT) festgelegten Methode durchgeführt. Nach dem hier festgelegten Standardverfahren erfasst ein amtlicher Prüfungsbeauftragter mindestens 8-mal/Jahr im Abstand von etwa 30 Tagen von jeder zur Leistungsprüfung gemeldeten Ziege Milchmenge, Eiweiß- und Fettgehalt. Alternativ ist auch eine Kontrolle durch den Besitzer (B-Kontrolle) möglich. Aus den o. g.

Leistungsmerkmalen werden die für die Zucht bedeutsamen Fett- und Eiweißmengen berechnet. Die Ermittlung der Zellzahl findet selten statt. Die Ergebnisse der Milchleistungsprüfung werden bei Ziege als 240-Tageleistung ausgegeben. Zusätzlich können weitere Milchleistungsmerkmale ausgewiesen werden, wie z. B. Jahresleistung, Lebensleistung, Bestandsdurchschnittsleistung.

Die Einzelergebnisse der Milchleistungsprüfung sind nicht nur für die züchterische Arbeit von Bedeutung, sondern dienen auch der Produktionskontrolle.

Die Gesamtergebnisse der Milchleistungsprüfung weisen zwischen Bundesländern und Rassen z. T. große Unterschiede auf (Tab. 20).

Die **Bewertung der äußeren Erscheinung** wird laut Verordnung über die Leistungsprüfung und Zuchtwertschätzung bei Schafen und Ziegen bei Böcken gefordert. Die Beurteilung des Exterieurs stellt gerade in der Ziegenzucht eine wichtige Ergänzung der o. g. Leistungszahlen dar, da meist keine objektivierten Ergebnisse der Leistungsprüfungen für die Zuchtauswahl zur Verfügung stehen (siehe Zuchtwertschätzung). Bei Jungziegen ist zu bedenken, dass zum Zeitpunkt der Zuchtauswahl im Alter von etwa 7 Monaten noch keine eigene Milchleistung vorliegt, sodass neben der Vorfahrenleistung die Exterieurbeurteilung eine entscheidende Bedeutung erhält.

Derzeit wird die Benotung der Äußeren Erscheinung bei der Zuchttierauswahl berücksichtigt, indem Mindestnoten (z. B. mind. 6 in einer Notenskala von 1 bis 9) von Zuchttieren gefordert werden.

5.3.4 Zuchtwertschätzung und Zuchtprogramme

In der **Zuchtwertschätzung** werden die Milchleistungsprüfergebnisse von weiblichen Verwandten eines Bockes (bes. Töchter) mit denen anderer Böcke verglichen. Um aber die wahre Milchleistungsveranlagung eines Bockes abschätzen zu können, müssen dabei die auf die Milchleistung wirkenden Umwelteinflüsse (z. B. verschiedene Haltung und Fütterung in den Herden, unterschiedliches Alter bei den Einzelziegen) berücksichtigt bzw. ausgeschaltet werden.

Die einzelnen Leistungsmerkmale (z. B. Fett- und Eiweißmenge) werden dabei entsprechend ihrer Bedeutung gewichtet und zu einem Selektionsindex zusammengefasst, der auf einem Mittelwert von 100 und einer Standardabweichung von 20 basiert. So können die tatsächlich besten Böcke und Bockmütter einer Population identifiziert werden.

Jedoch liegen in der Praxis derzeit noch keine nach diesen Vorgaben kalkulierten Zuchtwerte in der deutschen Ziegenzucht vor. Voraussetzung für den Aufbau einer Zuchtwertschätzung bei der Ziege ist neben der exakten Leistungsprüfung ein leistungsfähiges EDV- und Datenbanksystem sowie ein überbetrieblicher Bockeinsatz, der am besten durch künstliche Besamung erreicht werden kann. Ziel muss es mittelfristig sein, die in der Milchrinderzucht erfolgreich eingesetzte Zuchtwertschätzmethode BLUP (Beste Lineare Unverzerrte Schätzung) auch in der Milchziegenzucht zu etablieren.

Wenn diese Bedingungen erfüllt sind, bietet eine Zuchtwertschätzung neue Möglichkeiten für die Etablierung eines erfolgreichen **Zuchtprogramms**, dass u. a. auf folgende Ziele ausgerichtet sein wird:

- Auswahl der besten Jungböcke jeder Generation,
- Auswahl von Spitzenböcken (gegebenenfalls zur künstlichen Besamung) und
- Auswahl von Bockmüttern.

Ein überbetrieblicher Bockeinsatz findet in Deutschland bisher kaum statt, da die künstliche Besamung in der Ziegenzucht derzeit (noch) nicht etabliert ist und ein Bockaustausch zwischen Betrieben v. a. hygienische Risiken mit sich bringt.

Tab. 20 Ergebnisse der Milchleistungsprüfung (240 Tageleistung) in ausgewählten Bundesländern im Jahr 2010 (BDZ 2012)

Rasse	geprüfte Tiere	Milch (kg)	Fett (%)	Fett (kg)	Eiweiß (%)	Eiweiß (kg)
Weiße Deutsche Edelziege						
BY	425	642	3,27	20,9	3,29	21,0
BW	21	832	3,22	26,3	2,94	24,2
NDS	29	976	3,18	31,1	2,88	28,1
SA	420	821	3,28	26,7	3,06	25,0
THÜ	46	785	3,61	28,4	2,85	22,4
Bunte Deutsche Edelziege						
BY	1436	610	3,38	20,7	3,22	19,6
BW	318	688	3,36	23,2	3,07	21,2
NDS	68	704	3,40	23,9	2,88	20,2
SA	149	737	3,45	24,9	3,19	23,4
THÜ	8	595	3,32	19,7	3,22	19,2
Thüringer Waldziege						
BY	36	694	3,5	24,3	3,16	21,8
NDS	56	691	3,69	25,5	2,96	20,5
SA	70	463	3,40	15,8	2,96	14,0
THÜ	200	650	3,45	22,4	3,00	19,5

Wird ein Bock jedoch nur in ein oder 2 Herden eingesetzt, so kann sein Zuchtwert nur unzureichend geschätzt werden, da nicht zu differenzieren ist, ob die ermittelten Leistungen nun durch die Bedingungen in der einen Herde oder durch den Bock selbst bedingt sind. Ein Bockeinsatz in mehreren Herden würde also zu einer Verbesserung der Vergleichbarkeit führen. Eine Reduzierung der Bock: Betriebs-Vermischung wäre auch über die Berücksichtigung von Verwandtschaftsbeziehungen zwischen Herden und Böcken möglich. Dazu müssen aber die erforderlichen Abstammungsinformationen aus einer zentralen Datenbank/ Herdbuchführung (derzeit im Aufbau), erstellt werden können.

Eine zentrale Ziegendatenbank befindet sich derzeit für die deutsche Ziegenzucht im Aufbau.

Bei der Durchführung eines Zuchtprogramms gibt es nun zwei mögliche Strategien für die deutsche Milchziegenzucht:

- Jungbockprogramm: Selektion von Jung-

böcken auf der Grundlage der Mutter- und Halbgeschwisterinformationen. Vorteil: schnelle Übertragung des Zuchtfortschrittes auf die nächste Generation (kurzes Generationsintervall). Nachteil: geringe Genauigkeit der Zuchtwertschätzung.
- Nachkommenprüfprogramm: Zuchtwertschätzung und Selektion von Böcken anhand der Töchterleistungen (und gegebenenfalls weiterer Verwandtenleistungen). Vorteil: höhere Genauigkeit der Zuchtwertschätzung. Nachteil: aufwendiger Testeinsatz von Jungböcken müsste organisiert werden, verlängertes Generationsintervall.

Angesichts des hohen Aufwandes ist das Nachkommenprüfprogramm kurzfristig wohl eher schwierig in der deutschen Milchziegenzucht umzusetzen, langfristig aber anzustreben. In den lange etablierten Strukturen der französischen Milchziegenzucht werden hingegen solche Nachkommenprüfprogramme bereits seit vielen Jahren erfolgreich umgesetzt.

Bei der Entwicklung nachhaltiger Zuchtprogramme sollten neben reinen Milchleistungsmerkmalen auch Merkmale des Laktationsverlaufes, der Eutergesundheit (Zellzahl) und der Nutzungsdauer/Lebensleistung Beachtung finden, wie es inzwischen auch in der Milchrinderzucht umgesetzt wird.

Die in der Tierzucht derzeit vermehrt diskutierte und eingesetzte „Genomische Selektion" (in der Milchrinderzucht seit einige Jahren fester Bestandteil der Zuchtprogramme), wird in der Ziegenzucht wohl nicht in absehbarer Zeit zur Förderung der Milch- und Fleischleistung genutzt werden können. Bei der genomischen Selektion werden die Basenabfolgen auf der DNS analysiert. Durch die Gegenüberstellung dieser Ergebnisse mit den tatsächlichen Leistungen können solche Basensequenzen identifiziert werden, die mit hohen Leistungen in Zusammenhang stehen. Die damit verbundenen Aufwendungen für ein solches Zuchtverfahren (Entwicklung von Analyse-Chips und Aufbau von Testherden) sind von der Ziegenzucht nicht zu leisten. Vorstellbar wäre allerdings in Zukunft die weniger aufwendige genomische Analyse von funktionalen Merkmalen (Boué 2011).

5.4 Fleischziegenzucht

5.4.1 Leistungsmerkmale

Zu den betriebswirtschaftlich relevanten Leistungskriterien der Fleischziegenhaltung zählen insbesondere die Mutter- und die Lämmerleistungen.

Fruchtbarkeits- und Milchleistung der Mutterziegen. Die **Fruchtbarkeitsmerkmale** haben die größte Bedeutung für eine erfolgreiche Fleischziegenhaltung. Die wichtigsten Kriterien sind hier das Ablamm- und Aufzuchtergebnis sowie die Produktivitätszahl.

Die in Tabelle 21 genannten Werte beziehen sich auf eine einmalige Lammung/Jahr. Bei kontinuierlicher Lammung mit den weitestgehend asaisonalen Burenziegen können pro Jahr um 30 % höhere Leistungen erzielt werden, die aber an der Kondition der Mutterziege zehren und ein intensives Herdenmanagement fordern.

Hervorzuheben sind überlegene Fruchtbarkeiten von Kreuzungsziegen, die als Heterosiseffekt zu werten sind (siehe Kapitel 5.2), sowie das bis zur 5. Lammung steigende Reproduktionsvermögen.

Die **Milchleistung der Mutterziegen** ist für das Wachstum der Lämmer entscheidend. Fleischziegen mit mehr als 75 % Burengenanteilen erbringen in den ersten 12 Wochen eine Tagesleistung von durchschnittlich 1,2 bis max. 2,2 kg Milch. Aus den ausländischen Hochzuchtgebieten der Burenziege (Südafrika, Kanada, USA, Australien) sind auch um etwa 10 bis 20 % höhere Milchleistungen bekannt. Die Milchmenge variiert erheblich

Tab. 21 Fruchtbarkeitsleistung von Fleischziegen bei einmaliger Lammung/Jahr (v. Korn, Lamprecht 2000)

	Ablammergebnis *	Aufzuchtergebnis **	Produktivitätszahl ***
Mittelwert	180	170	154
Rassen			
BD	161	156	135
BU × BDE	205	195	183
BU	174	165	145
Ablammsaison			
Frühwinter	181	176	160
Spätwinter	183	173	161
Frühjahr	177	163	144
Alter der Ziege			
1. Ablammung	140	136	124
2. Ablammung	180	162	140
3. Ablammung	210	202	188
>3 Ablammungen	191	186	167

* Ablammergebnis: Anzahl geborener Lämmer/Anzahl lammender Mutterziege × 100
** Aufzuchtergebnis: Anzahl aufgezogener Lämmer bis 50. Tag/Anzahl lammender Mutterziege × 100
*** Produktivitätszahl: Anzahl aufgezogener Lämmer/Anzahl zugelassener Mutterziege × 100

in Abhängigkeit von der Wurfgröße und dem Alter der Ziegen. Gegenüber einlingsführenden Mutterziegen erbringen Ziegen mit Zwillingen eine um 20 bis 25 % und Ziegen mit Drillingen eine um 33 bis 35 % höhere Milchleistung aufgrund des stärkeren Saugreizes. Im Altersabschnitt zwischen zwei und sechs Jahren liefern die älteren Ziegen mehr Milch. Gegenüber Burenziegen wird die Milchleistung von Kreuzungsziegen (Buren × Edelziegen) um etwa 30 % und die der reinen Edelziegen um 60 bis 70 % höher eingeschätzt – unter den Bedingungen der Fleischziegenhaltung. Für die Milchinhaltsstoffe der Burenziegen wurden geringfügig höhere Werte als bei den Edelziegen nachgewiesen.

Aufzucht-, Wachstums- und Schlachtleistung der Lämmer. Milchversorgung, Leistungsveranlagung der Lämmer, Zufutter und Haltungsumwelt bestimmen den Aufzucht- und Wachstumserfolg in der Fleischziegenhaltung.

Bei einer mittleren Zunahme der Lämmer von etwa 200 g/Tag und 1,7 abgesetzten Lämmern/Mutterziege ziehen diese bis zum 80. Tag im Durchschnitt ein Lämmergewicht von etwa 32 kg auf.

Die Bewertung der mütterlichen Aufzuchtleistung sollte man aber besser bei einem früheren Lämmeralter (6./7. Woche) messen, da mit fortschreitender Aufzuchtperiode vermehrt Fremdfutter aufgenommen wird und der Muttereinfluss schwindet.

$$\text{Aufzuchtleistung bis 50. Tag:} \quad \frac{\text{Gesamtgewicht der Lämmer am 50. Tag}}{\text{Anzahl der Lammungen}}$$

Lämmer von Edelziegen, die mit Burenböcken gedeckt wurden (BU × BDE), zeigen bei

Tab. 22 Aufzucht- und Wachstumsleistungen in der Fleischziegenhaltung (v. Korn, Lamprecht 2000)

	Geburtsgewicht	tgl. Zunahme bis 50. Tag	80-Tage Gewicht	Aufzuchtleistung der Mutterziege bis 50. Tag
Mittelwert	3,4	200	19,3	22,8
Mutterrasse				
BDE	3,2	200	18,6	20,5
BU × BDE	3,4	204	20,1	26,4
BU	3,5	195	19,3	21,9
Ablammsaison				
Frühwinter	3,4	215	21,0	24,7
Spätwinter	3,4	204	19,3	23,4
Frühjahr	3,5	182	17,6	20,4
Alter der Ziege				
1. Ablammung	3,2	179	17,4	16,4
2. Ablammung	3,3	194	18,7	20,8
3. Ablammung	3,5	207	20,0	27,3
>3 Ablammungen	3,7	220	21,1	26,8

Tab. 23 Schlachtleistungen von Fleischziegenlämmern bei einem Schlachtgewicht von 24–30 kg

	Ausschlachtung (%)	Kotelettfläche (cm^2)	Benotung der Muskelfülle	Benotung des Fettanteils
Burenlämmer *	50–56	13,0–13,9	+++	+++
Kreuzungslämmer **	48–54	12,9–13,5	++	++
männlich	52–56	13,8–14,5	+++	++
weiblich	48–52	12,8–13,6	++	+++

* Burenlämmer: >75 % Burengenanteil, ** Kreuzungslämmer: F_1 (BU × BDE) ++ = mittel, +++ = stark

guten milchleistungsbedingten Zunahmen bis zum 50. Tag nach dem Absetzen geringere Zuwachsraten als reine Burenlämmer. Kreuzungsmutterziegen (BU × BDE) sind auch in der Aufzuchtleistung überlegen; Erklärung: gute Milchleistung und Heterosiseffekt (siehe auch Kapitel 5.2.2). Bei den unterschiedlichen Ablammzeiten treten Vorteile zu Gunsten der Ablammung im Frühwinter auf, da die Fitness der Muttern als auch der Antikörpergehalt in deren Milch höher liegt und die Keimkonzentration in der frühen Stallphase noch vergleichsweise gering ist. Entsprechend zeigen spät geborene Lämmer i. d. R. tendenziell geringere Vitalität und Körperentwicklungen.

Der Futteraufwand pro kg Lebendmassezuwachs beträgt für intensiv gefütterte Lämmer bei einer durchschnittlichen Zunahme von 200 g/Tag etwa 4 kg. Bei der Milchmast werden etwa 6 kg Milch für 1 kg Lebendmassezuwachs benötigt.

Im Gegensatz zu den Lämmern aus der Milchziegenhaltung werden die Lämmer aus der Fleischziegenhaltung bei höheren Gewichten von 20 bis 32 kg vermarktet. Dabei nimmt die Bemuskelung mit zunehmendem Alter zu. Auch mit steigendem Burengenanteil ist eine Verbesserung der Ausschlachtung und der Muskelfülle festzustellen, ebenso wie ein etwas erhöhter Fettanteil (vor allem Körperhöhlenfett).

5.4.2 Äußere Erscheinung

Bei Fleischziegen gelten für das Merkmal Äußere Erscheinung und dessen Bewertung die gleichen Grundsätze wie bei Milchziegen (siehe Kapitel 5.3.2); es findet also eine Beurteilung der Körpermerkmale anhand der rassespezifischen Zuchtzielvorgaben statt. So werden bei Fleischziegen die Merkmalskomplexe Rahmen, Form und Bemuskelung (statt Euter bei Milchziegen) mit Noten von 1 (schlecht) bis 9 (ausgezeichnet) bewertet. Die Note für die Bemuskelung ergibt sich aus der Bewertung von Schulter, Brust, Rücken und Keule, wobei Rücken und Keule aufgrund ihrer Bedeutung doppelt gewichtet werden.

Tab. 24 Bewertung von Burenziegen nach dem 100-Punkte-System (verändert nach MAIBOM 2006)

Bewertungsmerkmal	**Bock**	**Ziege**
Allgemeiner Eindruck	**40**	**40**
Qualität u. Verfassung (Gesamteindruck, tiefer Körper, Gang, Eindruck, ...)	15	15
Kopf und Nacken (Kopfform, Ohren, Hornstellung, ...)	10	10
Farbe (Kopf- und Körperfarbe, Farbabzeichen, ...)	5	5
Größe und Entwicklung (Entwicklungszustand gemäß Alter)	10	10
Vordere Körperhälfte	**15**	**15**
Schulter (gut bemuskelt, gleichmäßige Ausprägung)	4	4
Brustblatt (ausgedehnt tief und fest)	3	3
Vorderbeine (Beinstellung, Starkknochigkeit, geschlossene Klauen, Gelenke)	4	4
Schulteransatz (Schulterblatt fest am Rumpf)	4	4
Körper	**20**	**15**
Rumpf (Umfang, Breite, Tiefe, gerade Rückenlinie, ...)	5	3
Bauch (gleichmäßig tief und lang, volumig für Raufutteraufnahme)	5	4
Rücken (Bemuskelung und Rückenline)	5	4
Lende (gut bemuskelt, breit und lang)	5	4
Hintere Körperhälfte	**20**	**15**
Hinterhand u. Keule (lang, breit, gleichmäßige Bemuskelung)	10	10
Beine (Beinstellung, geschlossene Klauen, Gelenke)	10	5
Geschlechtsorgane	**5**	**15**
Euter (Euterform und -aufhängung vorn und hinten)	0	10
Striche (Länge, Form, abgesetzt, Anzahl)	2	5
Hoden (gleichmäßige Ausbildung, Spalt max. 2,4 cm)	3	0
Summe	**100**	**100**

Bei Burenziegen und Burenböcken wird dabei auch auf Hornstellung, Anzahl Striche, Ohranomalien (z. B. Knickohren), Kieferlänge und rassetypische Farbzeichnung geachtet.

Eine noch genauere Beschreibung der äußeren Erscheinung könnte in Anlehnung an internationale Standards, insbesondere in der Burenrasse helfen, die Leistungszucht zu unterstützen und Rassemerkmale bundesweit zu vereinheitlichen.

Eine solche detaillierte Vorgehensweise, wie sie u. a. auch in Südafrika, USA und Kanada durchgeführt wird, baut auf einem 100-Punkte-System auf. Die Punkte werden für die fünf Merkmalsgruppen

- allgemeiner Eindruck,
- vordere Körperhälfte,
- Körper,
- hintere Körperhälfte und
- Geschlechtsorgane

für Ziegen und Böcke verteilt (siehe Tabelle 24).

Allerdings sollte bei dieser Bewertung darauf geachtet werden, dass formalistische und Schaukriterien nicht zulasten funktionaler Merkmale überbewertet werden.

Zusammenfassend ist festzuhalten, dass in der Burenziegenzucht in Anlehnung an das Zuchtziel bei der Zuchtauswahl besonderer Wert gelegt wird auf die Merkmale:

- hohe Fruchtbarkeit,
- gutes Wachstum und hohe Schlachtkörperqualität der Lämmer,
- korrekte äußere Erscheinung,
- rassetypische Fellzeichnung (häufig überbewertet, Farbformalismus),
- hohe Burengenanteile (häufig überbewertet, Zahlenformalismus).

5.4.3 Leistungsprüfung und Zuchtwertschätzung

Für Fleischziegen schreibt die Verordnung über die Leistungsprüfung und Zuchtwertschätzung bei Schafen und Ziegen vor, dass die Leistungsmerkmale

- Zuchtleistung,
- Fleischleistung: Gewichtszunahme und Bemuskelung,
- äußere Erscheinung (bei Böcken)
- erfasst werden.

Zuchtleistung und Äußere Erscheinung werden vergleichbar der Milchziegenzucht (siehe Kapitel 5.3) geprüft. Die Fleischleistung wird in den deutschen Zuchtverbandsgebieten z. T. unterschiedlich festgestellt: Gewichtszunahme bis zum 42. oder 50., vereinzelt auch bis 100. Tag sowie Bewertung der Bemuskelung von Keule, Rücken, Schulter und Brust nach Noten von 1 (sehr schlecht) bis 9 (ausgezeichnet).

Die o. g. Leistungsmerkmale werden im Rahmen einer Feldprüfung auf dem Betrieb erhoben und dem Verband übermittelt. Die daraus ermittelten Leistungsdaten (inkl. Äußere Erscheinung) stellen die Grundlage für die Selektion dar, z. B. bei Auswahl von Zuchtböcken auf Auktionen. Jedoch sind bei dieser bisher üblichen Vorgehensweise Umwelteinflüsse (Fütterung, Haltung, Jahreszeit usw.) auf die gemessenen Leistungen nicht oder nur zum Teil berücksichtigt, sodass der Aussagewert relativiert werden muss. Echte Zuchtwerte werden also derzeit in der deutschen Fleischziegenzucht noch nicht geschätzt.

Eine Zuchtwertschätzung nach den modernen Zuchtwertschätzmethoden (BLUP) ist heute noch nicht umsetzbar, da die Haltungsbedingungen auf den Betrieben sehr unterschiedlich sind (schlechte Vergleichbarkeit) und die Böcke vorwiegend nur auf einem Betrieb eingesetzt werden. Folglich scheint unter diesen Bedingungen die Entwicklung eines einfachen Selektionsindexes aus den Merkmalen Gewichtsentwicklung und Exterieurbenotung (Eigen- und Verwandtenleistung) und bei bestmöglicher Ausschaltung erfassbarer Einflüsse (z. B. Geburtssaison, Geburtstyp, Betriebsleistungs-

Tab. 25 Vor- und Nachteile der Verdrängungszucht mit Burenböcken

Vorteile	Nachteile
– kostengünstig – hygienisch günstig, da kein wiederholter Zukauf aus fremden Beständen – Nutzung von Kreuzungseffekten und hoher Milchleistung	– nur langsame Erhöhung der Burengenanteile – Euterkomplikationen aufgrund hoher Milchleistung der Milchziegen möglich

klasse) am ehesten erfolgreich, da auch umsetzbar. Der geplante Aufbau einer Ziegendatenbank wird die Möglichkeiten der Zuchtwertschätzung verbessern.

5.4.4 Zuchtmaßnahmen bei Burenziegen

Importe von Burenziegen, Sperma oder Embryonen aus der Stammheimat Südafrika sind heute wegen der Einschleppungsgefahr der Blauzungenkrankheit (Bluetongue) und des Riftalfiebers nach EU-Recht untersagt. Nur wenige Einrichtungen erhielten in den letzten Jahren eine stark reglementierte Sondergenehmigung, um Sperma bzw. Embryonen aus dem südafrikanischen Raum einführen zu können. Einfacher ist es i. d. R., Zuchtprodukte aus hygienerechtlich unbedenklichen Zuchtgebieten zu importieren, wie z. B. aus Kanada, Neuseeland, Schweiz. In diesem Fall ist es jedoch ratsam, den jeweiligen Sanierungsstand (insbesondere CAE) des jeweiligen Landes zu berücksichtigen. Kritisch geprüft werden muss auch, ob es sich hier um besonders rahmige Showtypen, die stark auf Exterieur- bzw. Schönheitsideale gezüchtet wurden oder eher um einen sogenannten Funktionstyp der Burenziege handelt, der unter deutschen Standort- und Haltungsverhältnissen (Extensivhaltung, Beweidung von futterarmen Flächen und Kleinparzellen, problemlose Ablammung und Aufzucht) bei angemessenem Rahmen und Fleischansatz einen höheren Nutzwert hat.

Der **Aufbau einer Fleischziegenherde** muss nicht nur über den Ankauf teurer Zuchttiere geschehen, sondern kann auch über die Anpaarung von Burenböcken an Milchziegen im Rahmen der Verdrängungszucht organisiert werden.

Untersuchungen haben gezeigt, dass F1-**Kreuzungslämmer** (Burenbock × Edelziege) in der Aufzuchtphase an der Mutter geringfügig höhere Zunahmen aufweisen als reine Burenlämmer (v. Korn und Lamprecht 2000). Dabei ist die Leistung der Kreuzungslämmer aus der hohen Milchleistung der Mutter und bedingt auch aus der individuellen Heterosis (Überlegenheit in Vitalität und Jugendwachstum gegenüber Reinzuchttieren, siehe auch Kapitel 5.2.2) des Lammes zu erklären. Werden die weiblichen Kreuzungslämmer aufgezogen und wieder mit einem Burenbock [(BU × BDE) × BU] angepaart, so treten meist auch überlegene Fitness und Fruchtbarkeitsleistungen (Ablammrate, Aufzuchtergebnis, Mütterlichkeit) bei Kreuzungsziegen gegenüber reinrassigen Muttertieren auf, die als maternaler Heterosiseffekt zu werten sind. Die Lämmer der Kreuzungsziegen nutzen auch hier die vergleichsweise hohe Milchleistung ihrer Mütter und zeigen gute Zuwächse. Ein Burengenanteil von 75 % und mehr führt bei den Kreuzungslämmern zu einer guten Muskelausprägung.

Solche Vorteile durch Kreuzungszucht werden vor allem in Großbritannien seit Jahrzehnten in der Fleischrinder- und Schafhaltung genutzt.

Foto 3 Ein Jungbock wird nach der Körung zum Verkauf vorgestellt (Bockauktion).

In der deutschen Fleischziegenhaltung ist die dauerhafte Nutzbarmachung solcher Kreuzungseffekte hingegen schwierig (Reinrassigkeit wird angestrebt, Kreuzungsmuttern müssen selbst erzeugt werden, Zukauf selten möglich).

Eine höhere Milchleistung bei den Burenziegen würde das Lämmerwachstum in der Aufzuchtphase verbessern können. So ist es zu erklären, dass in der Praxis gelegentlich auch Milchziegenböcke in Burenziegenbestände eingekreuzt werden. Vor allem dort, wo die Lämmer mit auf die futterarmen Pflegestandorte gehen, kann auf diese Weise offenbar eine bessere Milchversorgung der Jungtiere gewährleistet werden.

Im Rahmen der extensiven Fleischziegenhaltung werden in Deutschland neben der Burenziege nur selten **andere Rassen** in Reinzucht gehalten: neben milchleistungsstarken Edelziegen scheinen auch Anglo-Nubier oder die Schweizer Gebirgsrassen Nera Verzasca und Walliser Schwarzhalsziege als Mutterziege geeignet. Letztere weisen eine ausgeprägte Robustheit und eine stärkere Witterungsunempfindlichkeit auf, die gerade unter betont extensiven Weidebedingungen vorteilhaft ist.

Allerdings ist die Schlachtkörperqualität dieser Lämmer deutlich geringer als die von Burenlämmern.

5.5 Zuchtorganisationen und Veranstaltungen

Der Ziegenzuchtverband des jeweiligen Zuchtgebietes ist erster Ansprechpartner für die Ziegenhalter. Ein Zuchtverband übernimmt vor allem folgende Funktionen

- Führung des Zuchtbuches (Eintragung gemeldeter Ziegen mit allen Zuchtvorgängen, Abstammungen und Leistungen),
- Durchführung eines Zuchtprogramms (Zuchtziele, Zuchtmethoden, Leistungs-

prüfungen in Zusammenarbeit mit Landeskontrollverband usw.),
- Durchführung von Schauen und Verkaufsveranstaltungen,
- Ausstellung von Zuchtbescheinigungen und Abstammungsnachweisen.

Darüber hinaus bieten die Ziegenzuchtverbände den Mitgliedsbetrieben meist auch weitere Serviceleistungen (z. B. Beratungen). Insbesondere der Dachverband – der Bundesverband Deutscher Ziegenzüchter – vertritt die Interessen der Ziegenhalter auf politischer Ebene. Mit der Mitgliedschaft in einem Zuchtverband wird die Arbeit der Zuchtorganisation zur Förderung der Ziegenzucht unterstützt. Anschriften der Ziegenzuchtverbände befinden sich im Anhang.

Die von den Zuchtverbänden durchgeführte Körung soll Zuchttiere auf ihre Funktions- und Leistungsfähigkeit überprüfen und bewerten. Zwar ist die Körung heute nicht mehr staatlich vorgeschrieben, jedoch halten die Verbände daran fest, um den Züchtern damit eine Entscheidungshilfe zu schaffen. So werden z. B. vor einer Verkaufsveranstaltung Zuchtböcke (meistens Jungböcke) einer Körkommission vorgestellt, die eine Bewertung vorwiegend nach der äußeren Erscheinung vornimmt und für jeden Bock das Urteil „gekört“, „nicht gekört“, oder „vorläufig nicht gekört“ ausspricht. Die gekörten Böcke werden in Wertklassen von I (beste Zuchttiere) bis III (Zuchttiere mit Mängeln) eingestuft. Innerhalb der Wertklassen werden die Zuchtböcke alphabetisch rangiert (bester Bock Ia, zweitbester Bock Ib usw.).

Solche Prämierungen werden auch auf Schauen durchgeführt, die Zuchtverband und Züchter einen Überblick über den Leistungs- und Entwicklungsstand der Zucht bzw. der jeweiligen Rasse vermitteln.

6 Fortpflanzung und Herdenmanagement

6.1 Fortpflanzungsgeschehen

6.1.1 Geschlechts- und Zuchtreife

Die Geschlechtsreife kann bei weiblichen Ziegen bereits im Alter von 3 bis 4 Monaten auftreten. Für die erste Bedeckung/Besamung sollte die Jungziege aber mindestens 8 bis 10 Monate alt sein und etwa 60 % der Lebendmasse des ausgewachsen Tieres aufweisen, also nicht unter 32 bis 35 kg. Die Beurteilung der Zuchtreife sollte sich also vor allem am Gewicht der Ziegen orientieren, da hiermit der Entwicklungszustand der Jungtiere besser erfasst wird. Bei zu früher Zuchtbenutzung treten meistens deutliche Beeinträchtigungen auf, wie unbefriedigende körperliche Entwicklung, geringe Milchleistung oder gar Geburtsprobleme.

Auch bei Böcken sollte ein Zuchteinsatz nicht vor dem 8./9. Lebensmonat erfolgen, um eine normale Entwicklung nicht zu stören und befriedigende Bedeckungsergebnisse zu erhalten.

6.1.2 Brunst

Die Brunst setzt etwa 25 h vor der Ovulation ein und hält etwa 30 h (Schwankungsbreite 12 bis 48 Std.) an. Dies ist äußerlich erkennbar an den folgenden Brunstsymptomen: Unruhe, meckern, wedeln mit dem Schwanz, das Aufspringen wird geduldet (Duldungsreflex), Drängen zum Bock, Schwellung der Schamlippen und Schleimabsonderung. Wenn bei einigen Ziegen diese äußerlich sichtbaren Anzeichen nicht oder nur unscheinbar zu erkennen sind, kann eine Brunst auch durch den Progesterontest festgestellt werden. Dabei zeigt ein geringer Progesteronwert im Blut oder in der Milch an, dass eine Brunst vorliegt, also kein Schwangerschaftsschutzhormon (Progesteron) produziert wird. Im Handel werden Testkits für Milchkühe angeboten, die auch bei Milchziegen eingesetzt werden können. Das Ende der Brunst ist der beste Zeitpunkt für die Paarung bzw. die Besamung. Sofern keine Befruchtung erfolgt, wiederholt sich dieser Vorgang nach 21 Tagen (± 2 Tage).

Bei unseren Ziegenrassen aus dem europäischen Raum tritt die Brunst fast ausschließlich von Mitte August bis Februar, schwerpunktmäßig aber im Herbst auf (saisonale Brunst). Dabei wird die Geschlechtsaktivität durch die abnehmende Tageslänge induziert. Die aus Südafrika stammende Burenziege wird hingegen weitestgehend ganzjährig (asaisonal) brünstig.

Ein sogenanntes Lichtprogramm täuscht den Tieren in einem abgedunkelten Stall herbstliche Verhältnisse durch langsam reduzierte Beleuchtungsdauer vor. Damit können Brunsten auch außerhalb der normal üblichen Brunstjahreszeiten induziert und auf bestimmte Zeiten konzentriert werden (Brunstsynchronisation). Denselben Effekt haben Hormonpräparate. Die Brunstsynchronisation kann zur Erleichterung des Managements, zur gleichzeitigen Besamung von mehreren Ziegen, zur Konzentration der Ablammzeit oder auch zur Steuerung des Milchaufkommens eingesetzt werden.

Brunstauslösung kann auch durch zusätzliche Kraftfutter- und Vitamingaben, Nähe eines Zuchtbockes oder Beendigung der Euterstimulierung (Trockenstellen, Absetzen der Lämmer) gefördert werden.

6.1.3 Anpaarung, Deckperiode

In der Ziegenhaltung erweist sich die Zuteilung eines Altbockes zu einer Gruppe von 25 bis 35 Ziegen als praktikabel. In großen Her-

Foto 4 Bock mit Deckkissen (Bockkissen).

den können einem guten Bock 80 bis 100 Ziegen über die gesamte Deckperiode zugeteilt werden. Dabei decken aktive Böcke bis zu 6 Ziegen täglich. Jungböcken sollten nur etwa 15 bis 20 Ziegen zugestellt werden. Grundsätzlich gilt: Je geringer die **Anzahl zugeteilter Ziegen** ist, desto früher und sicherer sind alle Ziegen gedeckt.

Für die Feststellung, ob, wann und wie viele Ziegen im Laufe der Deckperiode gedeckt wurden, ist ein sogenanntes **Bockkissen** mit einem Farbstempel zu empfehlen. Dieses wird, wie in Foto 4 zu sehen, dem Bock vor die Brust geschnallt, so dass die besprungenen Ziegen auf dem Steiß farbig gezeichnet werden. Bei wöchentlichem Wechsel der Farben des Deckkissens ist so der Deck- bzw. Ablammtermin jeder Ziege recht gut zu bestimmen.

Werden einzelne Ziegen nicht vom Bock besprungen, so können verschiedene Ursachen dafür verantwortlich sein: keine Brunst, da bereits trächtig oder krankhafte Veränderungen am Genitaltrakt, der Bock hat keinen Geschlechtstrieb (Libido) oder er ist unfruchtbar.

Die **Dauer der Bockzuteilung** sollte mind. 3 Wochen betragen, damit alle Ziegen bei regelmäßig verlaufender Brunst (alle 19 bis 22 Tage) die Möglichkeit der Bedeckung erhalten. Bei 6- bis 7-wöchiger Zuteilung erhalten die bisher nicht tragenden Ziegen die Chance in der 2. Brunstperiode erfolgreich gedeckt zu werden. In größeren Herden kann es vorteilhaft sein, die **Herde in Gruppen** zu unterteilen und diese zu unterschiedlichen Zeiten (September bis Januar) zu bedecken, um so längere Vermarktungszeiten für Milch- und Fleischprodukte nutzen zu können. Jedoch gibt es dann insbesondere für den Milchziegenbetrieb kaum Produktionspausen für Erholungs-, Umbau- oder Urlaubszeiten. Für die Fleischziegenhaltung werden die Fragen zur Zuteilungsdauer in Tabelle 26 erläutert.

Einfluss auf die Fruchtbarkeitsergebnisse nimmt auch die **Kondition der Ziegen** während der Deckperiode. Kranke und stark untergewichtige Tiere zeigen oft keine oder nur geringere Eierstockaktivitäten. Förderlich kann sich eine sogenannte Flushing-Fütterung (Stoßfütterung) auf die Mehrlingshäufigkeit

Tab. 26 Vorteile einer kurzen und langen Zuteilung eines Deckbockes zu einer Fleischziegenherde

Kurze Bockzuteilung, 3–4 Wochen	Lange Bockzuteilung, 10 Wochen und länger
– Arbeitswirtschaftliche Konzentration auf eine kurze Zeit (Ablammung, Aufzucht). – Futter- und Haltungsansprüche sind innerhalb der Herdengruppe gleich, daher einfacheres Management und bessere Versorgung der Einzeltiere.	– Der Markt für Schlachttiere kann über einen längeren Zeitraum bedient werden. – Je länger die Deckperiode, desto höher der Anteil trächtiger Ziegen.

auswirken. Dabei handelt es sich um eine vorübergehend verbesserte Nährstoffversorgung der Ziegen von etwa 3 Wochen vor der Deckphase bis etwa 3 Wochen während der Deckphase. In der Fleischziegenhaltung könnte dieser Effekt schon durch das Umstellen der Ziegen von den Extensivweiden, die gegebenenfalls im Rahmen der Landschaftspflege beweidet wurden, auf wüchsigere Flächen mit besserer Futterqualität erreicht werden.

Auch die **Zuchtböcke** müssen sich vor der Deckperiode in bester Kondition befinden (frei von Infektionskrankheiten und Parasiten, gesunde Klauen, guter Futterzustand, vital), dürfen aber nicht verfettet sein. Böcke in guter Kondition zeigen eine hohe Deckaktivität und bewirken bei den Ziegen in stärkerem Maße eine Induktion und Synchronisation der Brunsten durch die Abgabe von sogenannten Bockpheromonen.

6.1.4 Künstliche Besamung

Die künstliche Besamung wird bei Ziegen in Deutschland bisher selten durchgeführt, da die dafür erforderlichen Voraussetzungen nur unzureichend vorhanden sind: kaum aussagefähige Leistungsprüfungen, um genetisch überdurchschnittliche Böcke sicher zu erkennen, die dann über die künstliche Besamung zum Einsatz kommen könnten, keine Besamungsstation für Ziegen (das Institut für Fortpflanzung landwirtschaftlicher Nutztiere in Schönow/Brandenburg arbeitete nur bis 2006 als Besamungsstation für Ziegen und Schafe), wenig Fachpersonal (z. B. Tierärzte) mit Erfahrungen zur künstlichen Besamung bei der Ziege und die z. T. noch ungeklärte Zulassung von Mitteln zur Zyklussynchronisation.

Wie es die Erfahrungen zeigen, wird die Besamung bei der Ziege erst durch die Brunstsynchronisation und Gruppenbesamung effizient. Dabei ermöglicht die Brunststeuerung durch hormonelle Applikationen die genaueste terminliche Gleichschaltung mehrerer Ziegen. Lichtprogramme, die mittels Beleuchtung und Verdunkelung den im Stall gehaltenen Ziegen abnehmende Tageslichtdauer vortäuschen (Herbst = Brunstzeit), induzieren die Brunsten weniger synchron bei einer Ziegengruppe. Eine Brunststimulation und -erkennung kann auch durch einen sog. Suchbock gelingen, der aufgrund einer Deckschürze die Ziegen zwar bespringen und zeichnen, aber nicht decken kann.

Farbtafel 1: Rassen

1 Bunte Deutsche Edelziege.
2 Weiße Deutsche Edelziege (Foto: Sambraus).
3 Thüringer Waldziege (Foto Sambraus).
4 Anglo-Nubier Ziege (Foto: Sambraus).
5 Burenziege (Foto: Brucker).
6 Walliser Schwarzhalsziege (Foto: Sambraus).
7 Angoraziege (Foto: Sambraus).
8 Westafrikanische Zwergziege (Foto: Sambraus).

1

2

3

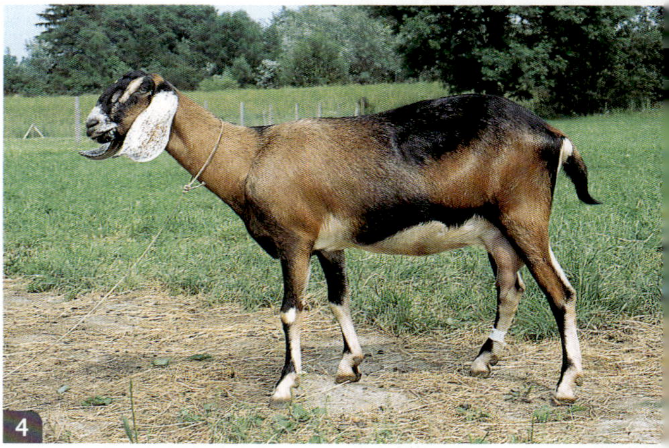
4

5

6

7

8

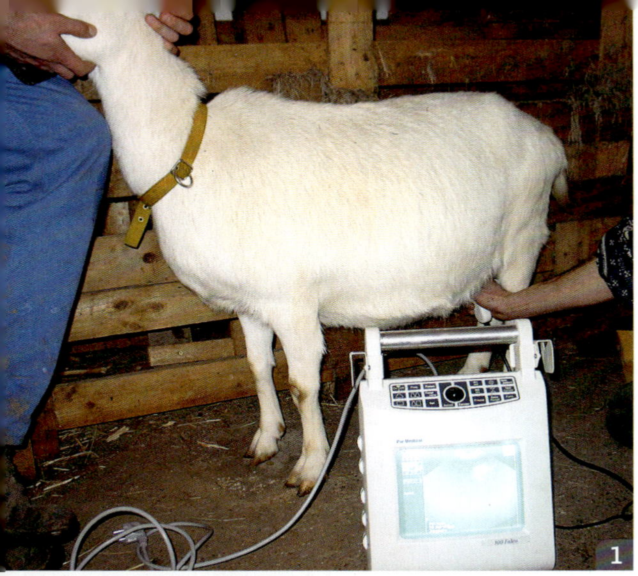
1

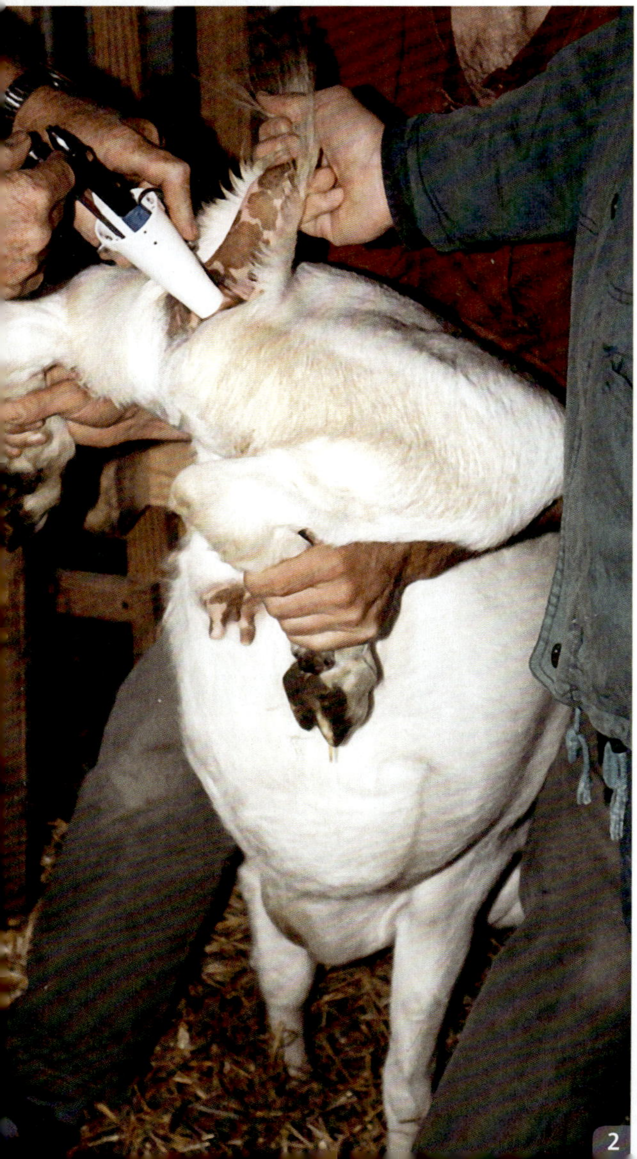
2

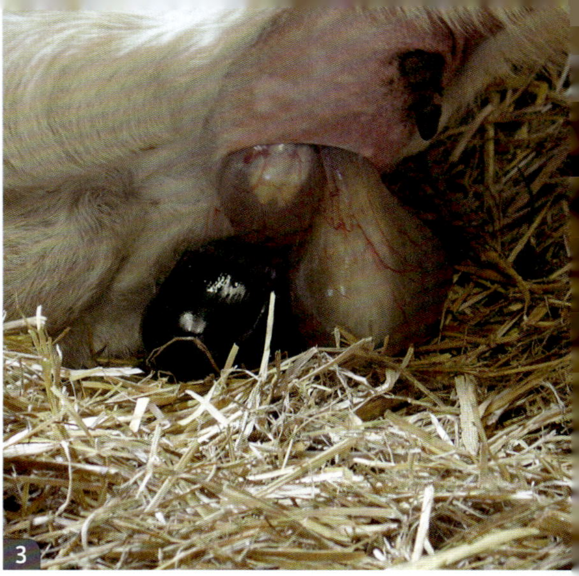
3

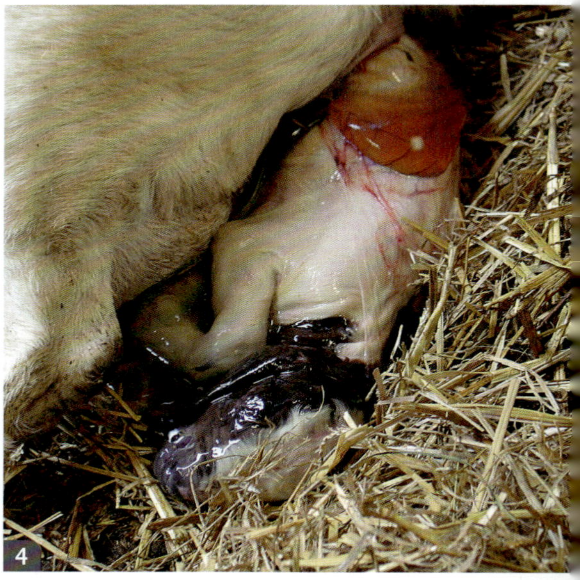
4

5

Tab. 27 Methoden der Ultraschalluntersuchung bei der Ziege (BLEUL 2001, V. KORN 2002)

	Früheste Aussage nach ... Tagen	Sicherheit + hoch; ± mittel; – gering	Bestimmung der Lämmerzahl	Aufwand (Arbeit und finanziell)
Ausbleiben der Brunst	19–21	±	nein	gering
Progesterontest	19–23	–	nein	mittel
Ultraschall – Ton	50	–	nein	mittel
Ultraschall – Bild	28–32	+	möglich	hoch, da Gerät teuer
Durchtasten des Bauchraumes	90	±	nein	gering

Während man in Frankreich von befriedigenden Befruchtungsergebnissen von 60 % und darüber berichtet, liegen die Erfolge in den Niederlanden und Deutschland noch deutlich darunter. Frankreich scheint aber in Europa das Land mit den längsten Erfahrungen auf dem Gebiet der Ziegenzucht zu haben und verfügt über ein effizientes flächendeckendes Besamungszuchtprogramm.

Vor allem in grenznahen Regionen nutzen vereinzelt auch deutsche Ziegenzüchter Sperma aus diesem Zuchtprogramm von französischen Leistungsböcken für den Einsatz in der eigenen Herde.

6.1.5 Trächtigkeitsphase

Die Trächtigkeitsdauer bei Ziegen beträgt durchschnittlich 150 Tage. Schwankungen zwischen 146 und 158 Tagen sind normal. Mit steigender Lämmerzahl nimmt die Trächtigkeitsdauer geringfügig ab, bei Jungziegen dauert sie länger als bei älteren Tieren.

Es ist darauf zu achten, dass bei hochtragenden Ziegen kein übermäßiges Gedränge am Futtertisch vorkommt und auch keine dauerhaften Rangordnungskämpfe stattfinden. Aborte und Totgeburten könnten die Folge sein.

Da nur das tragende Tier eine Leistung (Milch, Lämmer) erwarten lässt, ist die Überprüfung des Trächtigkeitszustandes für den erwerbsorientierten Ziegenhalter sehr bedeutsam. Dazu bieten sich unterschiedliche Möglichkeiten (siehe Tabelle 27).

Trächtigkeitsdiagnosen sollen grundsätzlich einfach und schnell handhabbar sowie kostengünstig sein und natürlich möglichst früh einen sicheren Aufschluss über den Zustand tragend oder nicht tragend geben. Diese Ansprüche werden nur teilweise von den verschiedenen Verfahren erfüllt.

Das Ausbleiben der Brunst ist bei Anwesenheit des Bockes und vorausgegangener Bedeckung ein wichtiger durch Beobachtung zu erlangender Hinweis ob eine Trächtigkeit vorliegt. Der Progesterontest ist für die Trächtigkeitsdiagnose unsicher, da hohe Progesteronwerte lediglich darauf hinweisen, dass die Ziege nicht brünstig ist.

Farbtafel 2: Trächtigkeit und Geburt

1 Trächtigkeitsdiagnose mittels Ultraschall.
2 Technik bei der künstlichen Besamung.
3 Geburt – Austreibungsphase.
4 Geburt – Lamm mit Schleim und Eihäuten.
5 Geburt – Belecken der Lämmer.

Ultraschallgeräte, die per Echolot Flüssigkeitsansammlungen im Körper durch einen von außen auf die Haut aufgesetzten Schallkopf per Ton diagnostizieren, bieten nur recht unsichere Aussagen, da auch die harngefüllte Blase angepeilt werden kann. Dagegen zeigen bildgebende Ultraschallgeräte den Trächtigkeitsstatus der Ziege sicher an und lassen vom erfahrenen und geübten Anwender auch ein Zählen der Lämmer zu. Aufgrund des hohen Gerätepreises (> 10 000 €) stellt dieses Verfahren jedoch für die Praxis keine Alternative dar. Manchmal bieten aber Zuchtverbände oder Veterinäre diesen Untersuchungsservice an.

Bei hochtragenden Ziegen kann die flüssigkeitsgefüllte Gebärmutter durch die Bauchwand ertastet werden. Wenn beide Hände rechts- und links vor den Schenkelspalt gelegt werden und abwechselnd leicht gegen den Bauch pressen, ist bei Füllung der Gebärmutter eine Flüssigkeitswelle fühlbar. Um nicht Aborte zu provozieren, sollte hier aber behutsam vorgegangen werden.

Weitere Hinweise auf eine vorliegende Trächtigkeit sind auch ein Rückgang der Milchleistung sowie zunehmendes Gewicht in der fortgeschrittenen Trächtigkeitsphase.

Für eine **hinreichende Nährstoffversorgung** der Ziegen während der Trächtigkeit ist vor allem der höhere Bedarf ab dem 4. Trächtigkeitsmonat zu beachten (siehe auch 9.2 und 10.3).

6.1.6 Trockenstellen

Wenn sich die Laktationsleistung nach 250 bis 300 Tagen deutlich vermindert hat, sollten die Milchziegen trockengestellt werden. Die Trockenstehphase ist für die Ziege eine wichtige Regenerationsphase sowie Vorbereitung auf die nächste Geburt und die neue Laktation. In dieser Zeit soll die Ziege wieder einen optimalen Konditionszustand erlangen. Bei einigen Tieren versiegt die Milch 6 bis 8 Wochen vor der Ablammung von selbst. Es ist anzuraten, die Fütterung auf den reduzierten Leistungsanspruch anzupassen.

Einige Betriebe leiten das Trockenstellen auch durch nur noch einmaliges Melken am Tag ein. Eine reduzierte Fütterungs- und Melkintensität sollte vor allem bei Ziegen durchgeführt werden, die noch hohe Tagesleistungen haben. Dabei ist eine Euterkontrolle in den Tagen nach dem Trockenstellen ratsam.

6.1.7 Geburt

Vorbereitungen. Vor der Geburt ist an Folgendes zu denken:

- technische Herrichtungen (Ablammbuchten oder Ablammabteile, saubere Einstreu, Wärmelampen usw.)
- bereitstellen einer Stallapotheke (Gleitmittel, Gummi-/Plastikhandschuhe, Antibiotikastäbchen für Gebärmuttereinlage usw.)
- Milchaustauscher besorgen

Geburtsablauf: Die Geburt findet in 4 Phasen statt: In der **Vorbereitungsphase** sind bei der Ziege schon ein paar Tage vor der Geburt Anzeichen zu beobachten, die auf die nahende Geburt hinweisen; so z. B. leichte Unruhe, Vergrößerung des Euters, Rötung und Schwellung der Scham. Nur Stunden vor der Geburt tritt i. d. R. auch ein zäher Schleimfaden aus. Soweit die Ablammung nicht in der Herdengruppe geplant ist, sollten die Ziegen nun in die vorgesehenen Ablammabteile/oder -buchten verschafft werden. Hier haben sie mehr Ruhe und finden frische Einstreu vor.

Während der **Eröffnungsphase** drücken Wehen die Fruchtblasen in den Geburtskanal bis diese platzen. So werden die Geburtswege geweitet und gleitfähig gemacht. Diese Phase zieht sich oft über eine Stunde hin.

In der **Austreibungsphase** schieben Wehen die Lämmer in den Geburtskanal. Rasch aufeinander folgende Presswehen -drücken die Frucht schließlich ganz heraus, wobei die Nabelschnur reißt. Die Austreibungsphase kann bei einzelnen Ziegen sehr schnell gehen, sollte aber nach max. 1 h beendet sein. Andernfalls liegen oft Geburtskomplikationen vor, die Geburtshilfemaßnahmen erfordern. Insbesondere bei Geburtsverzögerungen sollte die Geburtslage des Lammes geprüft werden. Normale und i. d. R. komplikationslose Geburten sind bei der Vorderendlage gegeben. Diese ist an den nach unten gerichteten Klauen der Vorderbeine und dem darauf liegenden Kopf des Lammes zu erkennen. Zeigen die Sohlen der Klauen nach oben, so liegt eine Hinterendlage vor, die auch einen normalen Geburtsablauf möglich macht. Nach der störungsfreien Geburt steht die Mutter auf und leckt das Lamm trocken.

Die **Nachgeburtsphase** ist durch den Abgang der Nachgeburt geprägt. Im Normalfall geht 1 bis 3 h nach der Geburt des letzten Lammes die Nachgeburt ab. Wenn sich die Nachgeburt nach 6 h noch nicht gelöst hat, sollte der Tierarzt helfen. Die Nachgeburt sollte sofort aus dem Stall entfernt werden, da Krankheitserreger damit verbreitet werden und Ziegen beim Auffressen der Nachgeburt ersticken können.

Die Geburt sollte vom Tierhalter überwacht werden.

Die Geburtsgewichte einzelner Lämmer liegen bei Milchziegen und Burenziegen je nach Geburtstyp in folgenden Grenzen:

Einlinge	3,8–5,0 kg
Zwillinge	3,4–4,5 kg
Drillinge	2,4–4,0 kg
Vierlinge	1,8–3,5 kg

Diese recht weiten Gewichtsspannen bei den einzelnen Geburtstypen können auch innerhalb eines Wurfes auftreten, was bei sehr leichten Lämmern zu geringen Vitalitäten führen kann.

Geburtshilfe. Die Geburt läuft im Allgemeinen ohne Komplikationen ab. Bei Beobachtung von Geburtsverlaufsstörungen muss der Ziegenhalter abschätzen, ob er selbst helfen kann oder ein Tierarzt gerufen werden muss. Auf keinen Fall darf voreilig in das Geburtsgeschehen eingegriffen werden. Es müssen die o. g. Zeiten der Geburtsphasen abgewartet werden. Andernfalls können Geburtsschwierigkeiten auch herbeigeführt werden.

Geburtshilfe ist gefragt, wenn

- die genannten Zeiten für die einzelnen Geburtsphasen deutlich überschritten werden,
- das Lamm eine Stunde nach Erscheinen der Fruchtblase noch nicht geboren ist oder
- der Geburtsvorgang bei halb ausgetriebenem Lamm stockt.

Bei Geburtshilfe ist immer auf höchste Sauberkeit zu achten, insbesondere wenn in den Geburtskanal eingegriffen werden muss. In diesem Fall ist aus hygienischer Sicht die Verwendung von Einmal-Plastikhandschuhen zu empfehlen. Beim Eingreifen müssen Hand und Arm bzw. der Handschuh mit Gleitschleim schlüpfrig gemacht und die Geburtswege langsam geweitet werden. Dabei ist auf den Geruch des Fruchtwassers zu achten (faulig weist auf Fruchttod hin) sowie die Anzahl und Lage der Lämmer zu prüfen (Fehllagen). Da der Tragsack leicht verletzt werden kann, dürfen keine Gewaltanwendungen stattfinden, d. h. die Korrektur von Fehllagen muss äußerst behutsam erfolgen (siehe auch Tabelle 28).

6.1.8 Versorgung der neugeborenen Lämmer

Nach der Geburt nimmt die Ziege durch Beschnuppern oder Belecken zum Lamm Kontakt auf. Schon bald nach der Geburt stehen die Lämmer auf und beginnen mit der Eutersuche.

Das Wichtigste für eine gesunde Aufzucht der Lämmer ist die frühe und ausreichende Aufnahme von Kolostrum (Biestmilch). Denn schon nach 4 bis 6 h ist die Konzentration der Abwehrstoffe (Antikörper) in der Biestmilch deutlich vermindert. Gleichzeitig schließt sich mit fortschreitender Zeit die Darmschranke beim Lamm, sodass die Antikörper aus der Biestmilch nicht mehr in das Blut gelangen können, sondern einfach verdaut werden. Kommt es nicht zu einer solchen passiven Immunisierung über die mütterlichen Antikörper, so sind die Neugeborenen den Stallkeimen ohne physiologischen Schutz ausgesetzt.

Daher sollte sich der Ziegenhalter auf jeden Fall versichern, ob eine Biestmilchaufnahme stattgefunden hat (Beobachtung, Ertasten der Bauchfüllung, Eingabe mit Flasche). Durch Vormelken können auch die ersten zähen Biestmilchtropfen entfernt und die Beschaffenheit der Milch (keine Flocken und Blutbeimengungen) geprüft werden.

Steht keine Biestmilch von der Mutterziege selbst zur Verfügung (Euterdefekt, bei Geburt verendet usw.), so kann auch die Biestmilch von anderen Ziegen im Stall genutzt werden, wenn diese etwa zeitgleich gelammt haben. Besteht diese Möglichkeit nicht, so ist auf Gefrierkonserven (**Biestmilchbank**) zurückzugreifen. Diese werden bei max. 40 °C aufgetaut und bei Körpertemperatur dem Lamm in kleinen Dosen (50 bis 100 ml) verabreicht – in den ersten Tagen etwa alle 3 bis 4 h. Für die Anlage einer Biestmilchbank sollte von den ersten ablam-

Tab. 28 Mögliche Geburtsstörungen und Geburtshilfemaßnahmen

Geburtsstörung	Geburtshilfe
Lamm ist relativ zu groß	
– steckt mit Becken im Geburtskanal	Schonender Zug, dabei ggf. leicht drehen, dadurch platzsparende Schrägstellung.
– steckt mit Schulter fest	Abwechselnder Zug an Vorderbeinen, um so Schultergürtel schräg zu stellen.
– Kopf zu groß (breit)	Kopf vorsichtig zurück schieben und Geburtswege mit Gleitschleim schlüpfrig machen.
Fehllagen	
– Kopf seitlich nach unten/hinten verlagert oder Vorder- oder Hinterbeine nicht in gestreckter Geburtshaltung, sondern angebeugt	Lamm in Geburtsweg vorsichtig zurückdrücken und Kopf bzw. Beine in Geburtsposition bringen. Evtl. Kopf/Beine anleinen und diese vorziehen, Geburtsweg schlüpfrig machen und mit leichtem Auszug Geburt unterstützen.
– Rücken- oder Steißlage	Lamm in Geburtsposition bringen und wie oben verfahren.
Unzureichende Öffnung des Muttermundes, Fruchtblasen und Lamm können nicht in Geburtskanal vorrücken	Abwarten, ob sich Befund in der nächsten Stunde ändert. Wenn nicht: Muttermund mit Fingern leicht weiten. Kein Erfolg: Tierarzt rufen.
Geringe Wehentätigkeit	Wehentätigkeit durch Betasten des Muttermundes anregen, Geburt durch Auszug unterstützen, Tierarzt rufen, der Wehentätigkeit medikamentös (Oxytocin) unterstützt.

menden Ziegen am Tage der Lammung eine begrenzte Milchmenge abgemolken und in kleinen Portionen (etwa 300 ml) eingefroren werden. Ersatzweise kann auch Biestmilch von Kühen verwendet werden. Wenn diese auf dem gleichen Betrieb stehen, beinhaltet die Kuhbiestmilch ähnliche Abwehrstoffe.

Problemlämmer. Kleine lebensschwache oder durch schwere und lange Geburten geschwächte Lämmer müssen meist Unterstützung erhalten:

- Trockenreiben und gegebenenfalls durch Rotlichtlampe (im Handel erhältlich) Unterkühlung vermeiden. Lampe aber nicht im Laufbereich der Ziege aufhängen (Unfallgefahr!)
- Lämmer an das Euter ansetzen und bei der Eutersuche behilflich sein
- Bei ganz schwachen Lämmern, die auch eine Milcheingabe per Flasche verweigern, kann die Biestmilch über eine sogenannte Magensonde (auch **Lammretter** genannt) verabreicht werden. Dabei wird das abgerundete Schlauchende der Sonde über das Maul etwa 20 cm in den Magen eingeführt. Um hier nicht in die Luftröhre zu gelangen, sollte der dünne Schlauch bei leicht angebeugtem Kopf zwischen Zunge und Gaumen langsam eingeschoben werden. Hustet das Lamm, so ist der Schlauch in der Luftröhre gelandet, eine Milcheingabe würde das Lamm kaum überleben. Am Besten sollte man sich die Anwendung eines solchen Lammretters von einem erfahrenen Ziegen- oder Schafhalter zeigen lassen.
- Problemlämmer mit sogenannten Starterpräparaten versorgen (z. B. Biestmilchzusatz bzw. -ersatz, Vitaminstoß der Fa. Bergophor)

Weitere Ausführungen zur Aufzucht von Milchziegenlämmern in Kapitel 9.3, zur Aufzucht von Fleischziegenlämmern in Kapitel 10.1.2.

6.2 Herdenmanagement

6.2.1 Enthornen

Sind Hörner ein Problem? Da bei Ziegen die reinerbige Veranlagung für Hornlosigkeit zu Zwitterausbildungen führt, wird heute grundsätzlich mit gehörnten Ziegen gezüchtet. Jedoch sind bei gehörnten Ziegen meist mehr Verletzungen und eine größere Herdenunruhe zu beobachten, die sich aus den oft vehementen Rangordnungskämpfen bei Ziegen ergeben. Erfahrungen aus der Praxis belegen aber auch, dass bei entsprechender Haltung solche Rangordnungskämpfe deutlich gemindert werden können. Dazu müssen zum einen die Haltungsansprüche der Ziegen (Fläche, Fressplätze) berücksichtigt werden. Zum anderen haben rangniedere Ziegen in einer Großgruppe mit strukturierter Lauffläche (z. B. durch Futterraufen, Rückzugsnischen, Klettereinheiten) besser die Möglichkeit, sich den Angriffen ranghöherer Ziegen zu entziehen. Aber auch die Schaffung von kleineren Gruppen mit jeweils gut verträglichen Ziegen kann eine Lösung sein, die Herdenruhe bei gehörnten Ziegen zu fördern. Es sollte auch bedacht werden, dass das Fixieren, Greifen und Festhalten von gehörnten Ziegen deutlich einfacher ist.

Enthornen und Tierschutz. Im „Übereinkommen zum Schutz von Tieren in landwirtschaftlichen Tierhaltungen" wurde 1992 vom Europarat beschlossen, dass auf das Enthornen von Ziegen möglichst verzichtet werden soll, weil dies aufgrund ihrer besonderen Schädelanatomie selbst unter Betäubung eine besonders schwierige Prozedur darstellt. Im deutschen Tierschutzgesetz ist den Paragraphen fünf und sechs zufolge, welche die Eingriffe an Tieren regeln, das Enthornen oder das Verhindern des Hornwachstums von Ziegen verboten. Die in Paragraph sechs angeführte Ausnahme betrifft unter sechs Wochen alte Rinder. Die Ausnahme der Enthornung nach tierärztlicher Indikation gilt ausdrücklich nur für den Einzelfall und kann nicht auf routinemässige Eingriffe bei Ziegenkitzen angewendet werden.

Auch in Österreich besteht ein grundsätzliches Enthornungsverbot bei Ziegen. Doch ist vorerst bis 31.12.2015 die Enthornung von Kitzen bis zu einem Alter von vier Wochen zulässig, die für die Haltung in einem überwiegend auf Milchproduktion ausgerichteten Betrieb bestimmt sind, wenn der Eingriff von einem Tierarzt nach wirksamer Betäubung durchgeführt wird. In der Schweiz wurde die Lösung gefunden, dass Ziegenhalter nach Ablegung eines Sachkundenachweises unter der Anleitung und Aufsicht ihres Bestandstierarztes ihre Kitze bis zum Alter von drei Wochen unter Schmerzausschaltung selbst enthornen dürfen.

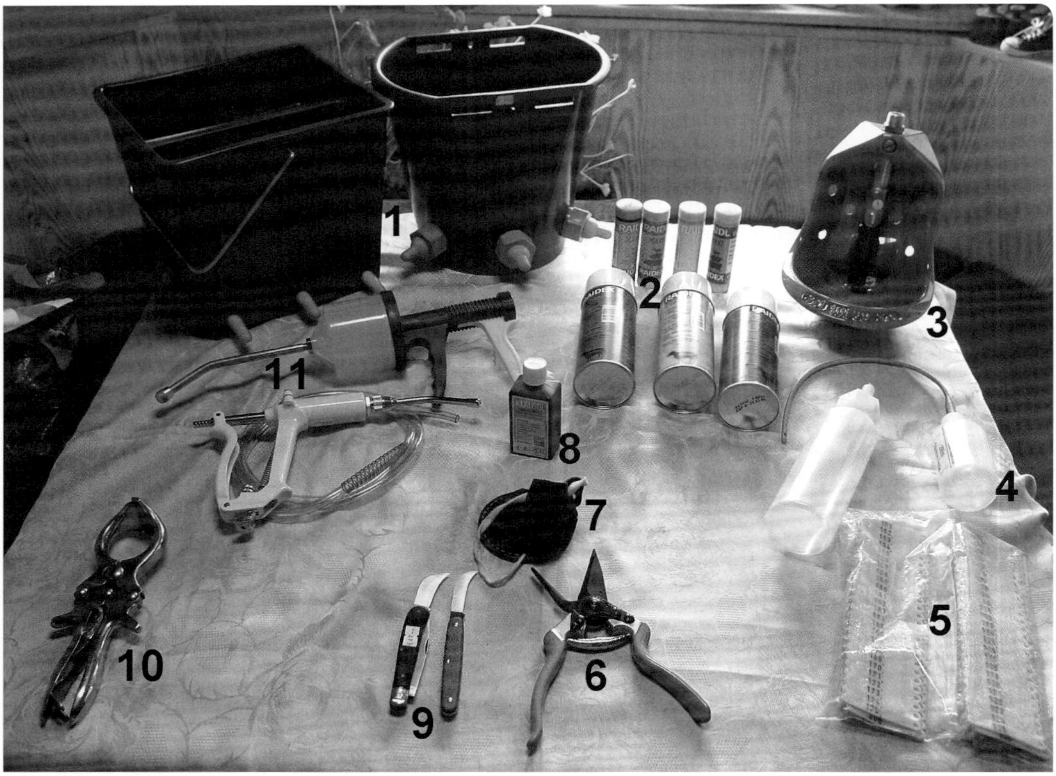

Foto 5 Technik für Herdenmanagement und -gesundheit.

1 Tränkeeimer mit Saugnuckeln
2 Farbspray und Markierstifte – auswaschbar
3 Tränkebecken mit leichtgängigem Rohrventil der Fa. Suevia
4 Magensonde für Lämmer (Lammretter) zur Eingabe von Kolostralmilch
5 Plastikohrmarken für die einfache Erkennung
6 Klauenschere
7 Klauenschuh zur Schonung und Sauberhaltung verletzter Klauen
8 Klauentinktur zur Behandlung von Klauenschäden
9 Klauenmesser
10 Burdizzo-Zange zur unblutigen Kastration
11 Drenchpistolen zur Eingabe von Wurmmitteln

6.2.2 Kastrieren

Für die Kastration von Ziegenböcken gibt es verschiedene Gründe:

- Unterbinden der Fortpflanzungsfähigkeit,
- Minderung des Bockgeruchs,
- verbesserte Friedfertigkeit und Umgänglichkeit.

Gemäß Tierschutzgesetz dürfen Jungböcke nur bis zu einem Alter von unter vier Wochen ohne Betäubung kastriert werden. Die blutige Kastration (Entfernen des Hodens, chirurgisches Durchtrennen der Samenstränge) muss grundsätzlich vom Tierarzt durchgeführt werden. Der Tierhalter darf aber die unblutige Kastration mit der sogenannten Burdizzo-Zange anwenden. Dabei werden die Samenstränge zwischen Hodensack und Bauchdecke kurzzeitig (etwa 60 s) abgequetscht, sodass Samenflüssigkeit auch später nicht mehr passieren kann. Um nicht den ganzen Hodensack zum Absterben zu bringen, sollten die Samenstränge für jeden Hoden einzeln und etwas versetzt gequetscht werden. Die Kastration mit Gummiringen ist verboten!

In Österreich ist nach der Tierhaltungsverordnung die Kastration zulässig, sofern der Eingriff von einem Tierarzt oder einem zugelassenen Viehschneider nach wirksamer Betäubung durchgeführt wird. In der Schweiz können Ziegenhalter einen Sachkundenachweis erwerben und dürfen dann Kastrationen unter der Anleitung und Aufsicht ihres Bestandstierarztes in den ersten zwei Lebenswochen unter Schmerzausschaltung im eigenen Bestand durchführen.

6.2.3 Klauenpflege

Bei unseren heutigen Haltungssystemen wächst das Klauenhorn schneller als es sich abnutzt. Folglich müssen die Klauen regelmäßig geschnitten werden, um Fehlstellungen und das Eindringen von Schmutz und Bakterien zu vermeiden. Ob eine Klauenpflege erforderlich ist, kann der Ziegenhalter an der Form des Klauenschuhs beurteilen. Ist der Tragrand bereits weit um den Klauenboden herumgewachsen oder sind die Klauenspitzen lang nach vorne deformiert, so ist das Schneiden der Klauen dringend angeraten.

Zum Schneiden der Klauen müssen die Ziegen fixiert werden (Fressgitter, auf dem Rücken liegend oder in einer Wendebox). Da die Ziegenklaue vergleichsweise hart ist, sind Klauenscheren (oder Gartenscheren) meist besser geeignet als Klauenmesser. Es empfiehlt sich immer, Arbeitshandschuhe zu tragen, da bei Verletzungen z. T. heftige Infektionen durch die Klauenschmutzbakterien vorkommen können.

Für eine richtige Korrektur der Klaue, sollte sich jeder Ziegenhalter auch die Anatomie der Klaue vor Augen halten (siehe Abbildung 8 und 18). Der überlappende Tragrand muss auf die Höhe der Klauensohle zurückgeschnitten werden. Die Innenseite der Klauen ist mit dem Messer etwas anzuschrägen, damit der in den Zwischenklauenspalt eingetretene Schmutz wieder herausfallen kann. Haben die Klauen Taschen gebildet oder sind die Klauen bereits entzündet, müssen die befallenen Stellen gründlich freigeschnitten und desinfiziert werden. Diese Maßnahmen sind auch in Abbildung 18 verdeutlicht. Keinesfalls darf dabei das abgeschnittene Horn infizierter Klauen auf der Weide oder in der Einstreu liegen bleiben, da sich hier andere Ziegen anstecken können (siehe auch Moderhinke Kapitel 12).

6.2.4 Auswahl von Böcken und Ziegen

Der bekannte Satz „Der Bock ist die halbe Herde“ bringt die besondere Bedeutung des Zuchtbockes für eine Herde zum Ausdruck. Denn bei natürlicher Bedeckung vermag ein Bock in einer Saison seine Erbanlagen auf weit über 100 Lämmer zu übertragen. So ist im Milchziegen- wie auch im Fleischziegenbetrieb darauf zu achten, dass nur solche

Die Ziegenklaue von unten:

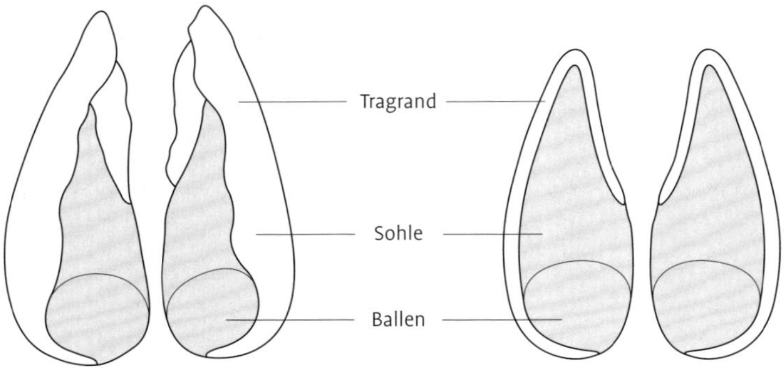

Der überlange Tragrand legt sich über die Sohle. Beim Klauenschnitt wird der Tragrand bis auf die Höhe der Sohle zurückgeschnitten.

Die Ziegenklaue im Querschnitt:

Unter dem überlappenden Tragrand sowie im Zwischenklauenspalt sammelt sich Schmutz an. Durch das Zurückschneiden des Tragrandes und das Anschrägen der Innenwände kann der Schmutz herausfallen.

Ist der Schmutz tief am Klauenrand eingetreten, so muss der Tragrand soweit zurückgeschnitten werden, bis der Schmutz herausfallen kann.

Die mit Moderhinke befallenen Stellen müssen gut freigeschnitten und desinfiziert werden.

Abb. 18 Klauenschnitt bei der Ziege. Links: vor dem Klauenschnitt, rechts: nach dem Klauenschnitt.

Tab. 29 Kriterien zur Auswahl von Zuchtböcken bei Milch- und Fleischziegen (erstgenannte Merkmale haben höchste Priorität)

Exterieur	Kompromisslos muss auf ein einwandfreies **Fundament** (Bein- , Klauenstellung, klare Gelenksform) geachtet werden. Auch bei sonstigen Körperanomalien darf ein Bock nicht zur Zucht verwandt werden. Die Äußere Erscheinung muss dem Rassezuchtziel entsprechen.
Kiefer, Zahnstellung	Ober- und Unterkiefer dürfen für eine problemlose Futteraufnahme nicht zu kurz oder zu lang sein (**Über- oder Unterbeißer**). Vor allem bei stark ramsnasigen Burenböcken kann der Oberkiefer sehr kurz ausfallen.
Leistungsmerkmale	Einige Leistungsmerkmale sind in den Auktionskatalogen aufgeführt. Es ist auf hohe **Milchleistungen** bzw. **gute Zunahmen** (des Zuchttieres selbst, des Vaters oder ggf. verwandter Prüftiere) und auf eine **hohe Fruchtbarkeit** der Mutter zu achten: z. B. Fr 8,0–6–13 (siehe 5.3.3).
Abstammung und Burengenanteil	Vor allem für Züchter bedeutsam zur **Auswahl bestimmter Bocklinien** bzgl. Herkunft und Verwandtschaft zur eigenen Herde. Ab einem Burengenanteil von 90 % (bei weiblichen >75 %) sollte der rechnerische Genanteil weniger beachtet werden.
Hornstellung	Die Hörner sollten nicht zu stark nach hinten verdreht wachsen, da dies zu **Scheuerstellenbildung** im Nackenbereich führt. Böcke mit weit ausladenden Hörnern können sich ggf. nicht im **Fressgitter** einfädeln.
Geburtstyp	**Böcke aus Mehrlingswürfen** können die Herdenfruchtbarkeit positiv beeinflussen.
Strichzahl	Die Strichzahl ist auch beim Bock zu erkennen. Eine eindeutige **Zweistrichigkeit** ist gegenüber Mehrstrichigkeit vorzuziehen.

Zuchtböcke ausgewählt werden, die vor allem frei von Erbfehlern sind, keine Mängel in der äußeren Erscheinung zeigen und hohe Leistungen erwarten lassen (siehe auch Tabelle 29). Bei zugekauften Böcken ist auch dringend auf die Gesundheitszeugnisse (z. B. CAE-Unverdächtigkeit, Pseudotuberkulose) zu achten, um nicht den eigenen oft mühsam erreichten Gesundheits- bzw. Sanierungsstand zu gefährden.

Beste Voraussetzungen für die Auswahl von Zuchtböcken bieten die Absatzveranstaltungen der Zuchtverbände, die meist im Juli/August durchgeführt werden. Hier findet der Ziegenhalter eine breite Auswahl an Böcken und damit gute Vergleichsmöglichkeiten. Außerdem liegt dem interessierten Käufer hier auch das Werturteil einer unabhängigen Körkommission vor. Dabei geben insbesondere die Bewertungsnoten für Rahmen, Form und Euter bzw. Bemuskelung sowie die Kör- und Prämierungsergebnisse wertvolle Entscheidungshilfen (siehe auch Kapitel 5.5).

Zu eingetragenen weiblichen Zuchttieren gehört in jedem Fall eine Zuchtbescheinigung. Die Zuchtbescheinigung muss von einer anerkannten Zuchtorganisation ausgestellt sein. Allein ein gekennzeichnetes Tier sagt nichts über seine Anerkennung als Zuchttier aus. Neben Informationen zur Herkunft, Abstammung einschließlich Großeltern, Identität des Tieres und Leistungsprüfungsergebnisse muss die Zuchtbescheinigung den Namen der Züchtervereinigung und die Abteilung des Zuchtbuches enthalten.

Die Selektion von weiblichen Ziegen darf in der Herde nicht vernachlässigt werden. Während bei Jungziegen die Frage „für Remontierung geeignet?“ zu klären ist, muss bei der Altziege über die Frage der Merzung entschieden werden. Jungziegen müssen ihrem Alter entsprechend gut entwickelt sein (äußere Erscheinung), dürfen keine Erbfehler aufweisen und sollen möglichst von leistungsstarken Eltern abstammen. Bei Altziegen entscheidet die noch vorhandene Leistungsfähigkeit der Ziege über Verbleib in der Herde oder Merzung. In der Regel ist damit zu rechnen, dass ab der 5. bis 6. Laktation die Leistung rückläufig ist und ab dem 8. Lebensjahr vermehrt altersbedingte Mängel auftreten (Fundament, Euter, Zahnausfall usw.).

Die Auswahl von Böcken und weiblichen Tieren muss auf die Entwicklung einer leistungsfähigen und homogenen Herde abzie-

Tab. 30 Merz- und Selektionskriterien bei Mutter- und Jungziegen

Merzkriterien bei Altziegen	
Fruchtbarkeit	Ziegen, die wiederholt nicht trächtig sind und während der letzten Ablammungen Geburtsprobleme hatten – soweit nicht äußere Umstände dafür verantwortlich sind.
Euter	Ziegen mit Eutern, die aufgrund von Form und Leistungsfähigkeit ein problemloses Melken bzw. Saugen der Lämmer nicht mehr gewährleisten (z. B. Steineuter, unförmige Striche, sehr tiefhängende Euter).
Leistungen	Ziegen, mit wiederholt geringen Fortpflanzungs- , Milch- und Aufzuchtleistungen.
Kondition, Fundament	Ziegen, die aufgrund von Krankheit, Alter oder sonstiger Schwächen für eine neue Trächtigkeits- bzw. Aufzuchtphase keine stabile Kondition aufweisen.
Mütterlichkeit (Fleischziegen)	Ziegen, die auch nach mehrmaligen Hilfestellungen ihre Lämmer nicht annehmen.
Auswahl von Jungziegen (Nachzucht)	
Entwicklung und Exterieur	Die für die Zucht vorgesehenen Jungziegen müssen eine gute körperliche Entwicklung und bzgl. Rahmen, Fundament und Euterstrichen ein makelloses Exterieur aufweisen.
Zwittrigkeit	Zur Zucht vorgesehene Jungziegen sind auf Zwittrigkeit zu überprüfen. Ein mögliches Anzeichen dafür ist eine besonders stark ausgeprägte Klitoris.
Abstammung	Jungziegen sollten aus Muttern und Böcken nachgezogen werden, die sich als besonders leistungsfähig erwiesen haben.
Burengenanteil (Fleischziegen)	Wenn auch das züchterische Ideal meist das reingezogene Tier (100 % Burengenanteil) anstrebt, so sind burentypische und leistungsstarke Ziegen bereits >75 % Burengenanteil (2. Verdrängungskreuzung) zu erzielen.

len, die sich von Generation zu Generation verbessert.

In der Milchziegenhaltung sollte der Züchter auch darauf achten, dass Jungziegen vor allem aus solchen Müttern nachgezogen werden, die sich durch Vitalität, Stabilität und hohe Leistungen bewiesen haben. Denn diese Eigenschaften, die sich auch in den Merkmalen Lebensleistung und Nutzungsdauer wiederfinden, sind wesentliche Parameter für eine wirtschaftliche Milchziege.

6.2.5 Kennzeichnung und Dokumentation

Kennzeichnung

Ziegen müssen wie auch andere landwirtschaftliche Nutztiere aus zwei Gründen gekennzeichnet werden:

- Einzeltierkennzeichnung als Voraussetzung für die züchterische Entwicklung der Population (Zuchtverband) und der Herde (Zuchtbetrieb). Nur durch die eindeutige Kennzeichnung der Tiere können in den Zuchtunterlagen tierindi-

Tab. 31 Kennzeichnungsmöglichkeiten bei Ziegen

Kennzeichnungsart	Anmerkungen	Bedeutung
Halsbänder	Meist aus breitem Kunststoff, darauf sind Tiernummern und ggf. auch weitere Informationen aufgedruckt oder gestanzt. Auch aus der Entfernung noch lesbar. Jedoch Vorsicht bei Rangkämpfen: Ziegen können mit Hörnern unter die Halsbänder haken und sich gegenseitig strangulieren.	Kennzeichnung für Betrieb.
Ohrmarken	Ohrmarken sind einfach einzuziehen und kostengünstig, je größer die Ohrmarken, desto besser ist das Tier aus der Entfernung zu identifizieren, Ohrmarken reißen aber schnell aus und durch mehrmaliges Setzen neuer Ohrmarken franst das Ohr aus.	Kennzeichnung für Betrieb und Viehverkehr
Fesselbänder	Vor allem für den Milchziegenbetrieb geeignet, der seine Ziegen täglich auf dem Melkstand sieht. Fesselbänder können mit verschiedenen Informationen beschriftet sein.	Kennzeichnung für Betrieb und nach EU-Verordnung grundsätzlich auch für Viehverkehr, aber nicht in allen Ländern zulässig
Tätowierung	Kommt dem Anspruch der Kennzeichnung (dauerhaft, eindeutig, kostengünstig) gut entgegen. Das Ablesen kann aber vor allem bei älteren Tätowierungen und pigmentierter Haut schwierig sein.	Für den Ziegenzuchtverband die klassische Identifizierung von Zuchttieren, bedingt als Zweitmarkierung zugelassen
Elektronische Kennzeichnungen	Elektronische Ohrmarken mit integriertem Transponder; Injektate; Bolus (siehe auch Tab. 32).	Für Viehverkehr vorgeschrieben

Tab. 32 Elektronische Kennzeichnungsmöglichkeiten bei Ziegen und Schafen (nach Wehlitz 2005)

	Elektron. Ohrmarke	Bolus	Injektat
Applikation	mit Zange wie bei visueller Ohrmarke +++ (einfach)	mit Hilfe einer Schlundsonde wird der Keramikzylinder in den Vormagen verbracht ++ (mittlerer Aufwand)	unter die Haut, z. B. in der Schwanzfalte + (aufwendig)
Verlustrate	Hoch	Sehr gering	Sehr hoch
Funktionssicherheit	Sehr gut	Sehr gut	Gut
Lesereichweite	Gut (5–10 cm)	Gut (5–10 cm)	Gut (5–10 cm)
Kosten	Mittel (1,50 bis 2,– € pro Doppelmarke)	Hoch (9,– € je Bolus + 89,– € Schlundsonde)	Sehr hoch (11,90 € je Injektat + 179,– € Injektor)

viduelle Informationen zugeordnet werden.
- Vorschrift nach europäischem Recht, umgesetzt in der Viehverkehrsordnung , um mit Hilfe der Tierkennzeichnung den Seuchengefahren entgegen zu wirken. Grundsätzlich gilt die doppelte Kennzeichnung, davon eine elektronische. Üblich ist die Kombination von einer elektronischen Ohrmarke mit einer herkömmlichen Ohrmarke, beide gelb mit tierindividueller Nummer. In Frankreich ist auch die Kombination der Ohrmarke mit einer Fussfessel zulässig, was die Erkennung der Milchziegen im Melkstand erleichtern kann. Für zur Schlachtung bestimmte Tiere genügt bis zum Alter von 12 Monaten eine einfache weiße Ohrmarke mit der Betriebsnummer. (Siehe auch Kapitel 13.3).

Während im Ziegenbetrieb vor allem die schnelle und einfache Erkennung von Einzeltieren für das Herdenmanagement bedeutungsvoll sind, stehen für den Zuchtverband und die Kennzeichnungsverordnung, Eindeutigkeit und Unverwechselbarkeit bei der Kennzeichnung im Vordergrund.

Die elektronische Kennzeichnung scheint den Anforderungen an eine eindeutige Kennzeichnung am besten gerecht zu werden. Sie ermöglicht eine individuelle, automatisch lesbare Identifizierung eines Tieres und die Zuordnung von Daten, wie z. B. Geburts-, Abstammungs- oder Behandlungsdaten.

Allerdings benötigt man für das Ablesen Lesegeräte, die bis auf 5 bis 10 cm an das Tier herangeführt werden müssen. Tabelle 32 zeigt weitere Einzelheiten und Unterschiede zwischen den elektronischen Kennzeichnungssystemen.

Die elektronische Ohrmarke weist zwar durch Ausreißen höhere Verlustraten auf, ist derzeit aber das praktikabelste elektronische Verfahren für kleine Wiederkäuer, da weder die Applikation noch die Rückgewinnung beim Schlachten problematisch sind. Der Bolus-Transponder ist wegen der schwierigen Applikation (für die orale Eingabe ist Sachkunde erforderlich) und wegen der Gefahr der Doppelkennzeichnung nicht in allen Bundesländern zugelassen. Injektate sind aufgrund der hohen Verlustraten derzeit für die Kennzeichnung von Ziegen und Schafen nach der Viehverkehrsordnung nicht vorgesehen.

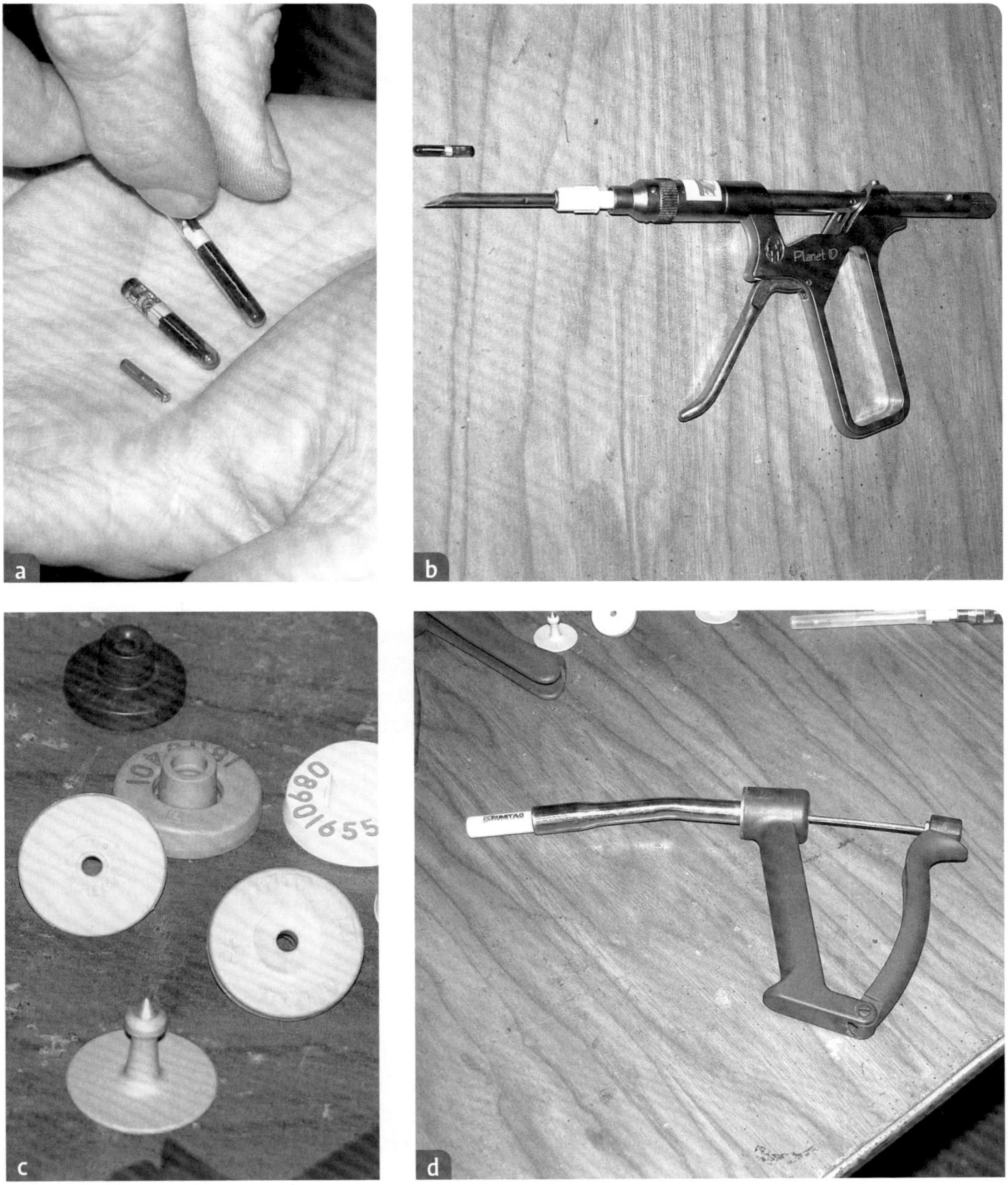

Foto 6 a, b, c, d Möglichkeiten der elektronischen Kennzeichnung bei kleinen Wiederkäuern (HECKENBERGER, 2007).

a) Injektate in verschiedenen Größen

b) Injektatpistole mit Injektat

c) elektronische Ohrmarken

d) Bolussonde zur oralen Eingabe eines Bolus

Dokumentation
Jeder Ziegenhalter sollte die Vorkommnisse (Ablammungen, Abgänge usw.), Abstammungs- und Leistungsdaten regelmäßig und systematisch notieren. Erst solch eine Dokumentation ermöglicht einen Überblick über Entwicklung und Stand der Herdenleistung (Produktionskontrolle, Verbesserungsansätze) und liefert die erforderliche Entscheidungsgrundlage für Selektion und Herdenmanagement.

So sollten in den Stallbüchern folgende Informationen festgehalten werden:
- Nummer der Ziegen, Lämmer und Böcke.
- Abstammung (Nr. der Eltern der Ziegen, Lämmer und Böcke).
- Geburtsdatum, Geburtstyp und Geschlecht.
- Ablammungen (Anzahl Lämmer, Datum, Geschlechter).
- Milchleistungsdaten u. Gewichte (Fleischziegen), Abgangsursachen.
- Datum und Dauer der Bockzuteilung.
- Behandlungsmaßnahmen bei Erkrankungen.
- Besondere Vorkommnisse.
- Hilfreich sind auch Anmerkungen über Fütterungsformen und Weidegang.

Für den Züchter, der einem Zuchtverband angeschlossen ist, ist ein großer Teil dieser Datendokumentationen obligatorisch. Solche Informationen werden dem Verband meist auf entsprechenden Formblättern geliefert. Da auf dieser Grundlage die Zuchtbücher in den Ziegenzuchtverbänden geführt werden, ist jeder Züchter zu Genauigkeit und Richtigkeit der Angaben verpflichtet.

Auch die Viehverkehrsordnung verlangt eine regelmäßige Dokumentation des Ziegenbestandes. Jeweils zu Jahresbeginn ist der aktuelle Ziegenbestand als „Stichtagsmeldung“ an ein Zentralregister (HIT-Datenbank) zu melden. Jede Ziege, die den Bestand verlässt, muss von einem Dokument begleitet sein, ausgestellt vom abgebenden Betrieb und weitergegeben an den aufnehmenden Betrieb. Die sorgfältige Aufbewahrung dieser „Begleitpapiere“ beziehungsweise deren Kopien erfüllt die Pflicht zur Dokumentation der Zu- und Abgänge. Die Aufnahme von Ziegen aus einem anderen Bestand ist über die eigene Dokumentation hinaus innerhalb von 7 Tagen auch an das Zentralregister zu melden (siehe auch Kapitel 13.3).

Zur Dokumentation der Anwendung von Arzneimitteln ist der vom behandelnden Tierarzt ausgestellte „Abgabe- und Anwendungsbeleg“ aufzubewahren. Die jeweilige Anwendung der Medikamente ist im „Bestandsbuch“ einzutragen, das auch elektronisch geführt werden kann, einschließlich der genauen Identität des behandelten Tieres beziehungsweise der Tiergruppe sowie der für diese Anwendung geltenden Wartezeit. Diese Dokumentationspflicht gilt auch für apothekenpflichtige Medikamente, die nicht über den Tierarzt bezogen wurden, zum Beispiel homöopathische Arzneimittel.

6.2.6 Herdenmanagementprogramme
Für die Datendokumentation und Herdenführung werden heute auch für die Ziegenhaltung Herdenmanagementprogramme angeboten. Es können jedoch auch z. T. Programme aus der Milchkuhhaltung für die Milchziegenhaltung oder aus der Schafhaltung für die Fleischziegenhaltung genutzt werden.

Was können solche Programme? Mit den sogenannten Herdenmanagementprogrammen werden alle biologischen und ökonomischen Daten verwaltet, sodass dem Ziegenhalter stets ein aktueller Überblick über die Herdensituation und über jedes Einzeltier vorliegt. Dabei sind auch umfangreiche Auswertungen (oft unterstützt durch Grafiken) möglich, um eine effektive Schwachstellensuche betreiben und Managementfehler aufdecken zu können. Bei einigen Programmanbietern sind auch Stammbäume, Adressverwaltungen (Kunden, Lieferanten) sowie Berichtsformulare integriert.

Herdenmanagementprogramme basieren auf Datenbanksystemen, wobei der Anwender auf entsprechenden Formblättern auf dem Bildschirm die jeweiligen Informationen eingeben muss. Die Zuordnung und Verknüpfung dieser Daten unternimmt das Programm selbst.

Derjenige, der ein Herdenmanagementprogramm pflegt und richtig bedient, hat mehrere Vorteile auf seiner Seite: weniger Schreibtischarbeit mit unübersichtlicher Zettelwirtschaft und schneller Überblick über Leistungsstand und Wirtschaftlichkeit, gegebenenfalls mit automatischen Hinweisen auf Managementmaßnahmen (Ablammtermin, Entwurmung, Impfungen, Klauenschneiden usw.). Damit hat der Ziegenhalter einen effektiven Ansatz, um Produktivität und Rentabilität der eigenen Herde zu steigern. Es sei aber darauf hingewiesen, dass diese Vorteile nur dann genutzt werden können, wenn der Betriebsleiter alle erforderlichen Daten regelmäßig in den Computer eingibt und sich mit dem Herdenmanagementprogramm intensiv auseinandersetzt. Erfahrungen bei anderen Tierarten zeigen, dass nach einer Anfangseuphorie die Programme oft auf Dauer zu wenig gepflegt werden. Aufgrund der genannten Anforderungen an das Betreiben eines Herdenmanagementprogramms sind es meist Großbetriebe mit engagierten Betriebsleitern, die solche Software nutzen.

Zukünftig ist abzusehen, dass die Herdenmanagementprogramme auch auf die behördlichen Anforderungen (z. B. bezüglich Prämien) und die Ansprüche der Zuchtverbände (z. B. zur Übermittlung von Zuchtdaten) noch besser abgestimmt werden. So könnten die z. T. aufwendigen Abwicklungen im Antragswesen und der Informationstransfer erheblich verkürzt werden.

Jeder, der sich für solche Programme interessiert, sollte sich vor dem Kauf erst eine Testversion zusenden lassen oder downloaden, um Praktikabilität und Umgang kennen zu lernen und einschätzen zu können.

7 Grundlagen der Fütterung

7.1 Ziegen sind Wiederkäuer

7.1.1 Das Pansenleben

Wie alle Wiederkäuer leben Ziegen in einer Lebensgemeinschaft mit Bakterien, Protozoen und Pilzen. Diese Mikroorganismen im Pansen erschließen den Ziegen die Nährstoffe in den Pflanzen, die ohne diese mikrobielle Verdauung kaum oder gar nicht als energie- und eiweißlieferndes Futter genutzt werden könnten.

Leistungen der mikrobiellen Verdauung

- Nutzung pflanzlichen Futters durch Zelluloseaufschluss,
- Unabhängigkeit von der Qualität des Futtereiweißes,
- Nutzung von Nicht-Protein-Stickstoff,
- Umwandlung von für die menschliche Ernährung minderwertigen Proteins in höchstwertiges Protein,
- eine verminderte Eiweißfütterung wirkt sich nur zögernd aus (durch Harnstoff-Recycling),
- Unabhängigkeit von B-Vitaminen im Futter.

Bei den Kitzen müssen sich der Pansen und die Mikroorganismen noch entwickeln, sodass sie in den ersten Lebenswochen auf Nahrung bester Qualität und Verdaulichkeit angewiesen sind, die sie natürlicherweise mit der Milch erhalten.

Durch das Wiederkauen wird das Futter stark zerkleinert, sodass die Angriffsfläche für die Pansenmikroorganismen vergrößert wird. Erst wenn die Futterpartikel klein genug sind, können sie den Pansen durch seine Öffnung zum Blättermagen hin verlassen. Gleichzeitig wird durch das Wiederkauen die Futtermasse sorgfältig eingespeichelt. Dadurch wird der Pansen mit der notwendigen Flüssigkeit versorgt und das im Speichel vorhandene Natriumbicarbonat puffert einen Säureüberschuss im Pansen ab. Das regelmäßige Zusammenziehen des muskulösen Pansens sorgt für die notwendige Durchmischung des Panseninhalts.

Unter den Wiederkäuern lassen sich grundsätzlich zwei Typen unterscheiden. „Grasfresser" wie das Rind können große Mengen Futter mit geringer Nährstoffdichte aufnehmen, das bei einem langen Aufenthalt im Pansen mikrobiell aufgeschlossen wird. Dagegen wählen „Konzentratselektierer" wie das Reh gezielt die nährstoffreichen und leicht verdaulichen Pflanzen und Pflanzenteile aus. Diese passieren den Pansen rascher. Neben dem mikrobiellen Abbau spielt die enzymatische Verdauung im Magen und Darm eine wichtige Rolle. Die Ziege ist zwischen diesen beiden Typen einzuordnen. Sie kann sich auf die eine oder andere Ernährungsstrategie einstellen, da sie sich in ihrem ursprünglichen Lebensraum der Berge an ein

---

Farbtafel 3: Milchziegen

1 Milchziegen mit einfachem Schlüsselloch-Fressgitter.
2 Milchziegen mit einfacher Rohr-Fressabtrennung.
3 Ein großer Laufstall in freitragendem Stall.
4 Melkkarussell Capri 90 der Firma Westfalia mit 32 Plätzen – auch in anderen Größen möglich.
5 Fischgrätenmelkstand mit 2 x 12 Plätzen.

1

4

2

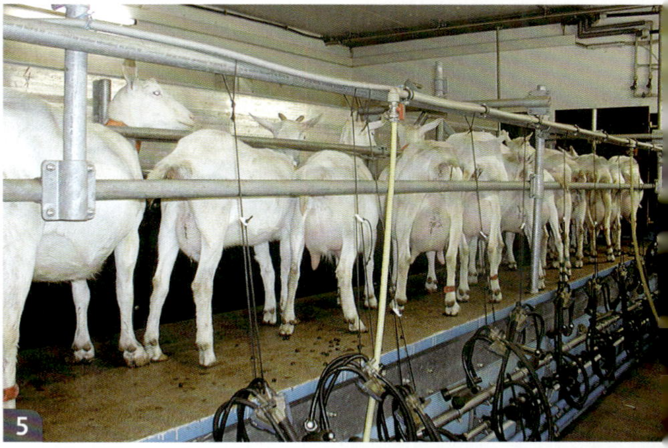
5

3

1

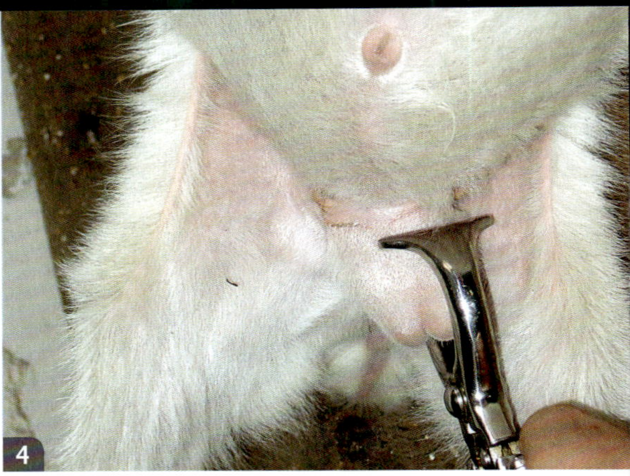
4

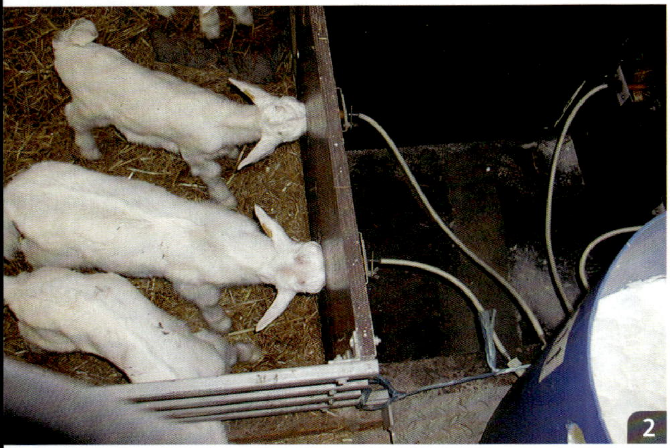
2

5

3

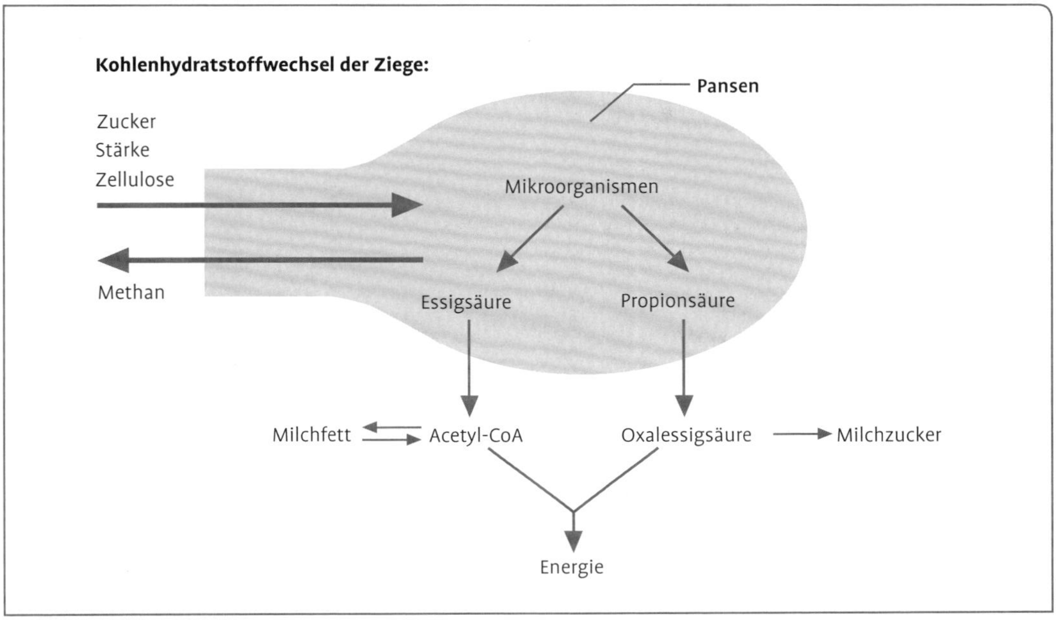

Abb. 19 Kohlenhydratstoffwechsel der Ziege.

mit den Jahreszeiten sehr stark in Menge und Qualität wechselndes Futterangebot anpassen musste.

Deshalb kann sich die Ziege weit mehr als das Rind auch an extreme Futterrationen anpassen, wie z. B. einen hohen Kraftfutteranteil. Doch benötigt die Anpassung der Mikroorganismen im Pansen und besonders der Umbau des Verdauungsgewebes genügend Zeit. Deshalb soll ein Futterwechsel immer in möglichst kleinen Schritten erfolgen.

Die Rohfaser im Futter spielt eine besondere Rolle für die mikrobielle Verdauung der Ziege. Sie sorgt durch ihre wiederkäuerge-

Ziegenfütterung bedeutet Pflege des Pansenlebens

- Futter genügend grob,
- keine übermäßige Stärke- und Zuckerfütterung, kleinere Gaben dagegen wirken anregend auf das Pansenleben,
- Säuregrad im Pansen soll nur wenig schwanken,
- keinen raschen Futterwechsel, möglichst kein gefrorenes oder verschmutztes Futter.

Farbtafel 4: Lämmeraufzucht

1 Mutterlose Aufzucht von Milchziegenlämmern mit einem adlibitum-Milchautomaten im Hintergrund.
2 Lämmer nehmen eine angesäuerte Milchtränke aus einem Tränkefass auf.
3 Kleinere Lämmergruppen werden mit einem Tränkeeimer getränkt.
4 Unblutige Kastration mit der Burdizzo-Zange.
5 Ein ad libitum-Tränkeautomat versorgt die Lämmer mit Milchaustauscher.

Tab. 33 Wirkung von Kohlenhydraten auf das Fettsäurenverhältnis im Pansen

Futteration	Verhältnis Essigsäure : Propionsäure
Ration reich an Rohfaser z. B. 100 % Heu	3 : 1
Ration reich an Stärke z. B. 60 % Getreide, 40 % Heu	1,5 : 1
Ein weites Essigsäure-Propionsäure-Verhältnis fördert den Milchfettgehalt!	

rechte Struktur für genügend Kauaktivität und Speichelbildung und regt die Pansenwände zur Bewegung an. Im Innern des Pansens bildet sie eine stabile, aber vom Pansensaft durchströmbare Faserschicht, an welche sich die zelluloseabbauenden Bakterien heften. Der Aufbau einer solchen stabilen Fasermatte ist die Basis für eine ziegengerechte Pansenfunktion.

Die Ziegenfütterung muss neben der Deckung des Nährstoffbedarfs immer auch eine Optimierung des mikrobiellen Lebens im Pansen zum Ziel haben.

7.1.2 Abbau der Kohlenhydrate im Pansen

Neben Zucker und Stärke kann die Ziege mithilfe der Pansenbakterien auch die Zellulose nutzen. Diese Kohlenhydrate werden mikrobiell zu kurzkettigen Fettsäuren und zu Methan abgebaut.

Das Methan entweicht bläschenförmig aus dem Pansensaft und wird über das Maul abgerülpst. Die kurzkettigen Fettsäuren, vorwiegend Essigsäure und Propionsäure, werden über die Pansenzotten in den Blutkreislauf resorbiert. Sie stehen der Ziege für die Energiegewinnung und für den Stoffaufbau zur Verfügung. Stärke wird sehr rasch abgebaut und führt zu vermehrter Bildung von Propionsäure, während Zellulose langsamer und vorwiegend zu Essigsäure abgebaut wird.

Allerdings wird die Stärke je nach Herkunft unterschiedlich rasch abgebaut. So wird z. B. die Stärke von Mais langsamer abgebaut als die Stärke von Gerste.

Da im Pansen alle Kohlenhydrate bis zu den Fettsäuren abgebaut werden, liefert die mikrobielle Verdauung der Ziege keine Glucose, die sie aber gerade bei hoher Milchleistung für die Milchzuckerbildung in großer Menge benötigt. Deshalb muss der Stoffwechsel Glucose aus Propionsäure neu bilden.

Bei großen Mengen von Zucker und rasch abbaubarer Stärke in der Futterration nimmt die normalerweise unbedeutende Milchsäure im Pansen überhand und kann zu einer gefährlichen Übersäuerung führen.

7.1.3 Abbau und Umbau des Rohproteins im Pansen

Die Mikroorganismen im Pansen verarbeiten das Rohprotein im Futter, d. h. das Eiweiß und andere stickstoffhaltige Stoffe wie z. B. Harnstoff, zu besonders hochwertigem Eiweiß. Dieses Mikroorganismen-Eiweiß wird im Darm in Form von Aminosäuren aufgenommen und über den Blutkreislauf zu den Orten der Eiweißsynthese transportiert, wie zu den Muskeln oder zum Euter, wo aus diesen besonders wertvollen Aminosäuren das Milcheiweiß aufgebaut wird. Je nach Futtermittel kann auch ein kleinerer Teil des Rohproteins an den Pansenmikroorganismen vorbei unabgebaut den Pansen passieren.

Die Mikroorganismen können den Um- und Aufbau von Eiweiß aber nur aufrecht erhalten, wenn sie übers Futter mit genügend leicht verfügbarer Energie versorgt werden. Hierfür ist bei höherer Milchleistung auch ein Angebot an leichtverdaulichen Kohlehydraten, insbesondere an Stärke notwendig, wie sie vor allem vom Futtergetreide geliefert werden.

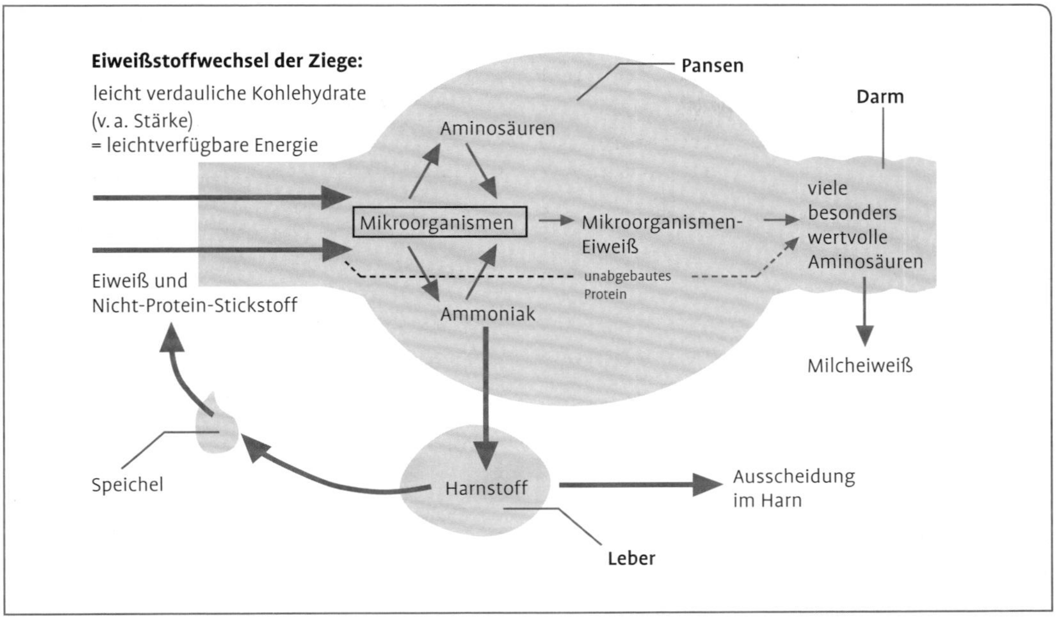

Abb. 20 Eiweißstoffwechsel der Ziege.

Verfügen die Mikroorganismen nicht über die notwendige Energie für die Verarbeitung des Rohprotein-Angebots im Futter, so kann der beim Umbau des Rohproteins anfallende Ammoniak nicht weiterverarbeitet werden. Da aber zu große Mengen an Ammoniak im Körper Giftwirkung zeigen würden, wird der Ammoniak aus dem Pansen zur Leber transportiert und dort zu unschädlichem Harnstoff umgebaut. Dieser kann über den Harn ausgeschieden werden.

Doch ist es der Ziege wie allen andern Wiederkäuern auch möglich, den Harnstoff über den Speichel wieder in den Pansen zu schleusen und damit eine Art Eiweiß-Recycling zu betreiben. Ein zusätzlicher Vorteil der mikrobiellen Verdauung ist die Vitaminsynthese der Mikroorganismen, sodass die Ziege von der Zufuhr von Vitaminen des B-Komplexes und von Vitamin K im Futter unabhängig ist.

7.2 Das Fressverhalten der Ziege

Ziegen sind für ihr wählerisches Fressen bekannt und nicht immer ist es leicht zu erklären, warum sie sich jetzt gerade diese oder jene Pflanze ausgewählt haben. Allgemein gilt jedoch, dass Ziegen Laub von Büschen und Bäumen sowie krautige Pflanzen den Gräsern vorziehen. Am liebsten frisst die Ziege eine Mischung aus all diesen Pflanzenarten und verschmäht Gräser nicht grundsätzlich. Als Konzentratselektierer ist sie in der Lage, aus dem Futterangebot die nährstoffreichsten Teile herauszusuchen.

Bei Futter durchschnittlicher Qualität führt eine Erhöhung der Futtervorlage um 50 % zu einer Erhöhung der aufgenommene Energie um 20 bis 40 %. Allerdings sind dann 30 % Futterreste zu tolerieren.

Durch Gerbstoffe bedingter bitterer Geschmack schreckt Ziegen weniger ab als Schafe und Rinder. Im Gegenteil scheint er auf Ziegen anziehend zu wirken, was bei Busch- und Gehölzweide von Bedeutung ist.

Eine Ziegenmahlzeit läuft in drei Phasen ab. Zuerst erforscht die Ziege das Futterangebot. Dann frisst sie konzentriert, um den Hunger zu stillen. Danach, zum Nachtisch sozusagen, nimmt sie sich Zeit, um stark selektierend zu naschen. Da sie in dieser dritten Phase zwar weniger Masse, aber gezielt sehr nährstoffreiches und hochverdauliches Futter aufnimmt, trägt der „Nachtisch" nicht unerheblich zur Nährstoffversorgung bei. Da diese 3 Phasen bei jeder Futtervorlage ablaufen, kann die Futteraufnahme durch häufigere Futtervorlage erhöht werden. Hinzu kommt, dass Ziegen angeblasenes und von Speichel benetztes Futter nicht mehr so gerne fressen. Durch ihr selektives Fressen kann die Ziege ein Futterangebot mittlerer Qualität in ein Futter mit deutlich höherem Wert umwandeln. Dadurch steigt auch die Futteraufnahme insgesamt.

Bei Futter guter Qualität können die Futterreste auf 10 % beschränkt werden.

7.3 Bewertung der Futtermittel

7.3.1 Stoffliche Zusammensetzung

Die Bestandteile eines Futtermittels werden üblicherweise nach einem standardisierten Verfahren festgestellt, der so genannten „Weender Analyse" (s. Abb. 21). Für sehr viele Futtermittel finden sich die Analysenergebnisse in den Futterwerttabellen. Bei Handelsfuttermitteln sind die Werte z. B. auf dem Sackaufkleber angegeben.

Für den Ziegenhalter kann es besonders aufschlussreich sein, wirtschaftseigene Futtermittel wie Heu und Silage untersuchen zu lassen, weil die Gehalte der darin enthaltenen Nährstoffe je nach Boden, Witterung, Düngung, Schnittzeitpunkt usw. stark von den Durchschnittswerten der Futterwerttabellen abweichen können.

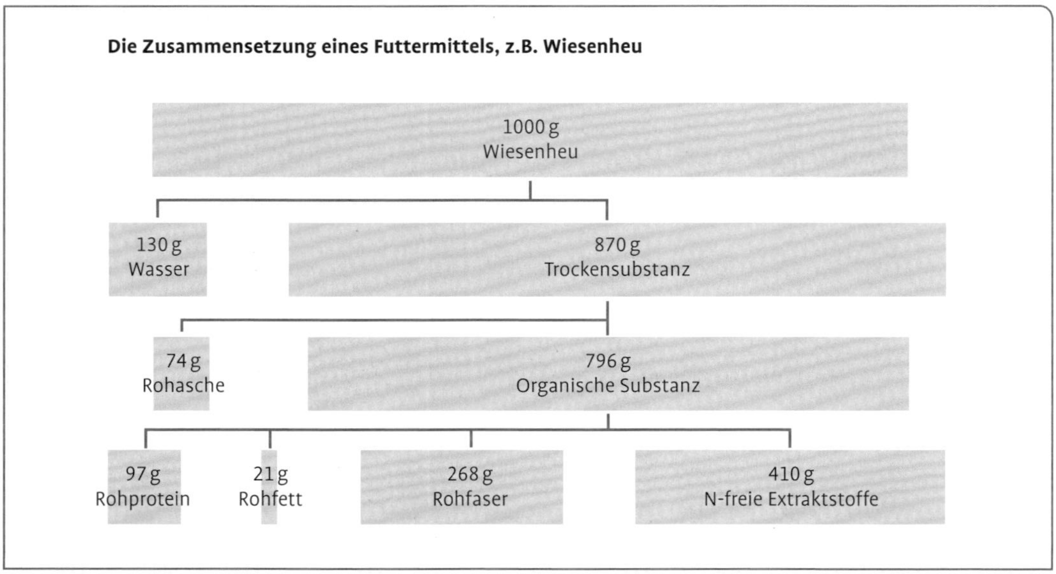

Abb. 21 Zusammensetzung eines Futtermittels.

7.3.2 Die Bewertung der Energie im Futter

Besonders wichtig für den Futterwert ist der Energiegehalt. Der Ziegenhalter findet die Energiewerte in den Futterwerttabellen bzw. im Ergebnis einer in Auftrag gegebenen Futteruntersuchung.

Gemessen wird die Energie in Joule bzw. in Mega-Joule (1 MJ = 1 Million Joule).

Entscheidend für den Futterwert ist nicht die gesamte im Futter enthaltene **Bruttoenergie,** da mit Kot, Harn und Gärgasen je nach Futtermittel unterschiedliche Energiemengen wieder verloren gehen und der Ziege nicht zur Verfügung stehen.

Erst die **Umsetzbare Energie (ME)** steht der Ziege im Stoffwechsel zur Verfügung zur Aufrechterhaltung ihrer Lebensfunktionen und für die vom Menschen genutzten Leistungen (s. Abb. 22).

Da jedoch gerade bei Rationen für Milchziegen je nach Futtermittel bei gleicher Umsetzbarer Energie die tatsächlich für die Nutzleistung zur Verfügung stehende **Nettoenergie** schwanken kann, ist in einigen europäischen Ländern, insbesondere in Frankreich und in der Schweiz, die Energiebewertung von Futterrationen für Milchziegen nach **Nettoenergie für Laktation (NEL)** üblich. Dabei wird in Frankreich die NEL nicht in Mega-Joule angegeben, sondern in „Laktations-Futtereinheiten" UFL. Dabei entspricht 1 UFL der NEL von 1 kg Gerste.

In Deutschland wurde 2003 (GFE 2003) in Angleichung an die angelsächsischen Länder die Energiebewertung auf Umsetzbare Energie umgestellt, nachdem seit Jahren NEL üblich war. Für den Ziegenhalter, der französische Empfehlungen in der Fütterungspraxis nutzen will, lassen sich die UFL leicht umrechnen:

1 UFL = 7,23 MJ NEL = 12,07 MJ ME.

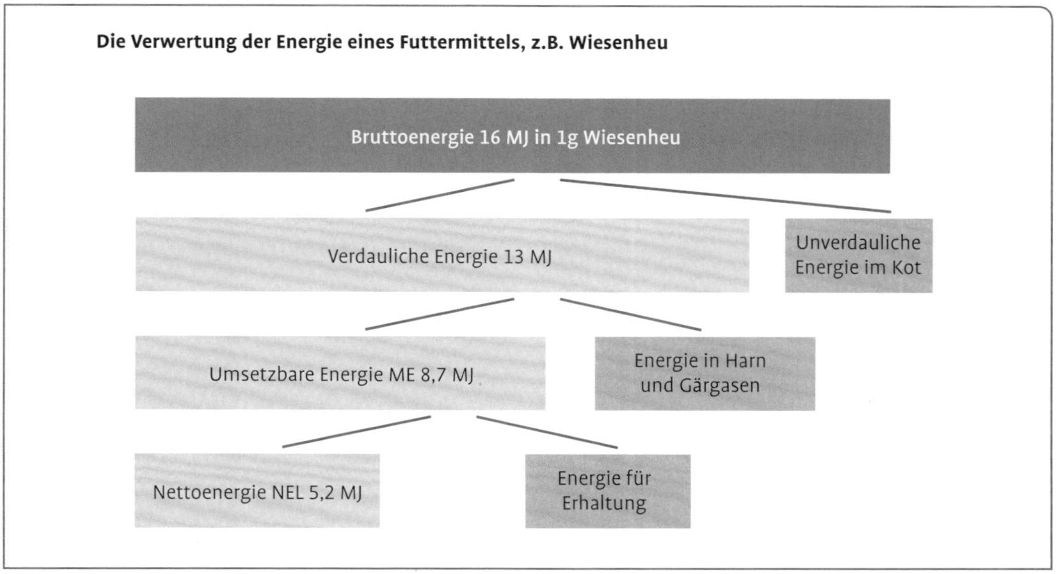

Abb. 22 Energieverwertung.

7.3.3 Die Bewertung des Proteins im Futter

In älteren Fütterungsempfehlungen für Ziegen wird das Proteinangebot im Futter durch das „verdauliche Rohprotein" bewertet. Es genügt jedoch, die Futterrationen für Jungziegen und Masttiere einfach anhand des Rohproteingehaltes zu bewerten. Bei Milchziegen hat es sich als sinnvoll erwiesen, die wichtige Rolle der Pansenmikroorganismen beim Proteinstoffwechsel im Pansen zu berücksichtigen und das Proteinangebot im Futter durch das im Dünndarm **nutzbare Rohprotein (nXP)** zu bewerten.

Nutzbares Rohprotein nXP = im Darm verfügbares Rohprotein
kalkulatorische Größe, kein Analyse-Messwert!
= Mikrobenprotein + im Pansen unabgebautes Futterrohprotein UDP

Mikrobenprotein: hochwertiges Eiweiß auch bei niedriger Futtereiweißqualität
aber: Energiebedarf für mikrobielle Synthese

UDP: Eiweißqualität = Futtereiweißqualität
benötigt keine zusätzliche Syntheseenergie

Die Werte für nXP werden rechnerisch ermittelt („geschätzt") unter der Voraussetzung einer ausreichenden Stickstoff-Versorgung der Pansenmikroorganismen!

Hieraus folgt, dass geprüft werden muss, ob die Pansen-Mikroorganismen genügend mit Stickstoff (N) versorgt sind. Diese unbedingt notwendige Information liefert die **„Ruminale Stickstoffbilanz RNB"**:

Ruminale Stickstoffbilanz RNB
informiert über das Gleichgewicht von Energie- und Rohproteinangebot im Pansen

RNB < 0: Rohproteinmangel im Pansen
- Synthese von Mikrobenprotein eingeschränkt
- errechnete Werte für nXP nicht verwirklicht

0 < RNB < 5: Energie- und Rohproteinangebot im Pansen ausgeglichen
- optimale Synthese von Mikrobenprotein
- Werte für nXP verlässlich

5 < RNB: Rohprotein-Überschuss
- Vergeudung von Rohprotein
- Leberbelastung
- langfristig Gesundheitsschaden

7.3.4 Die Bewertung der Rohfaser

Die Rohfaser leistet durch die in ihr enthaltene Zellulose einen wichtigen Beitrag zur Energieversorgung der Ziege. Mit zunehmendem Pflanzenwachstum nimmt die Dicke der Zellwände und damit der Rohfasergehalt der Futterpflanzen zu, insbesondere in stark belasteten Pflanzenteilen wie Stängel und Halme.

Das selbst für die Pansenmikroorganismen unverdauliche Lignin nimmt dabei überproportional zu und verkrustet zunehmend die Zellulosefasern und den Zellinhalt, sodass mit zunehmendem Rohfasergehalt der Nährstoffaufschluss im Pansen immer schwieriger wird.

Für die Funktion des Pansens ist eine Mindestmenge an Rohfaser notwendig. Die Rations-Trockenmasse soll mindestens 18 % Rohfaser enthalten. Davon sollte etwa die Hälfte aus strukturierter, d. h. genügend grober Rohfaser bestehen, also aus Rohfaser in Halmfutter wie Grünfutter, Heu, Grassilage und auch Maissilage. Rohfaser aus Pellets, Grünmehl, usw. ist zu wenig strukturiert, um die Pansenfunktion zu fördern.

7.3.5 Die Mineralstoffgehalte

Die Ziege benötigt Mineralstoffe zum Aufbau von Körpersubstanz, vor allem der Knochen. In kleineren Mengen, aber genauso dringend braucht sie Mineralstoffe zur Steuerung der Körperfunktionen, wie zum Beispiel zur Reizleitung in den Nerven. Bei der Mineralstoffversorgung ist zu beachten, dass nicht nur Mängel auftreten können, sondern dass auch das Überangebot eines einzelnen Mineralstoffes zu Störungen führen kann. So ist während der Trächtigkeit ein Überangebot an Calcium Ca im Verhältnis zum Phosphor P zu vermeiden. Dagegen ist im Futter von Bocklämmern gerade umgekehrt ein Überschuss an Phosphor unbedingt zu vermeiden.

Deshalb ist die Kenntnis der Mineralstoffgehalte im Futter von Bedeutung. Bei vielen Futtermitteln, wie z. B. Getreide oder Körnerleguminosen, genügen die Angaben der Futterwerttabellen den Anforderungen der Fütterungspraxis. Beim Grundfutter vom Grünland jedoch hängen die Mineralstoffgehalte weitgehend von der Zusammensetzung der Grünlandvegetation aus Gräsern, Kräutern und Leguminosen sowie vom geographischen Standort ab.

Deshalb sind die Tabellenwerte nur Durchschnittswerte, von denen die tatsächlichen Mineralstoffgehalte im Einzelfall weit abweichen können. Aus diesem Grund sollten Heu und Silagen vom Grünland zumindest auch auf Ca- und P-Gehalte untersucht werden. Die dadurch ermöglichte gezielte Mineralstoffergänzung erlaubt Einsparungen, welche die Mehrausgaben für die Mineralstoffanalyse wieder ausgleichen. Ganz zu schweigen von den positiven Auswirkungen dieser bedarfsgerechten Mineralstoff-Fütterung auf die Gesundheit und Leistungsfähigkeit der Ziegen. Sind schon Probleme mit Weidetetanie aufgetreten, ist auch der Mg-Gehalt zu untersuchen.

7.4 Futter vom Grünland

7.4.1 Grünland, eine Pflanzengesellschaft

Grünland ist eine Pflanzengesellschaft aus Gräsern, Leguminosen und Kräutern, nicht selten gesellen sich auch noch Gehölze dazu, insbesondere auf Landschaftspflegeflächen.

Die Pflanzengesellschaft des Grünlands ist zum einen das Spiegelbild der natürlichen Standortverhältnisse, geprägt vom Klima, vom Gelände, vom Boden und von der Wasserversorgung.

Genauso wichtig für die Ausbildung eines bestimmten Pflanzenbestandes ist auch die Bewirtschaftung. Auf einer Wiese mit Schnittnutzung werden sich andere Pflanzenarten zusammenfinden als auf einer Weide unter dem selektierenden Verbiss der Ziegen.

Starken Einfluss hat die Größe des Ziegenbestandes bezogen auf die Grünlandfläche, auch in Hinsicht auf die anfallende Menge Mist. Auch die mineralische Düngung beeinflusst nicht allein den Mengenertrag des Grünlandes, sondern kann stark in die Artenzusammensetzung eingreifen.

Auf den Wiesen dominieren hochwüchsige **Obergräser,** wie der Glatthafer und das Knaulgras, häufig horstbildend und mit hohem Halmanteil in späteren Vegetationsstadien. Die niedrigeren **Untergräser** wie die Wiesenrispe und das Deutsche Weidelgras haben auch in der Blüte noch einen hohen Blattanteil. Da sie weniger empfindlich gegen Tritt und häufige Nutzung sind, herrschen sie auf Weiden vor.

Tab. 34 Bewährte Zusammensetzung des Grünlandes

60–70 %	Gräser
15–20 %	Futterkräuter
15–20 %	Leguminosen

Tab. 35 Einfluss der Düngung auf den Grünlandbestand (LAD 2000)

Düngung (%)	Gräser (%)	Kräuter (%)	Leguminosen (%)
Ohne	35	58	7
P	30	61	9
K	33	55	12
P + K	48	30	22
N + P + K	60	32	8

Die **Leguminosen (= Stickstoffsammler)** sind im Grünland besonders wertvoll. Durch eine Symbiose mit Knöllchenbakterien in ihren Wurzeln sind sie in der Lage, das Stickstoffangebot der Luft zu nutzen und daraus viel Eiweiß aufzubauen. Da sich ihr Stängelanteil auch in der Blüte nicht stark erhöht und damit der Futterwert nicht so stark vom Nutzungszeitpunkt abhängt wie bei den Gräsern, sind die Leguminosen nutzungselastischer. Der ausläuferbildende Weißklee ist die wichtigste Leguminose der Weiden und wird durch mäßigen Tritt und Verbiss sogar noch zur Vermehrung angeregt. Der trittempfindliche Wiesenrotklee kann sich auf einer Weide kaum halten und die Luzerne spielt auch auf Wiesen kaum eine Rolle, sondern hat ihre Bedeutung im Ackerfutterbau.

Futterkräuter wie Löwenzahn oder Wiesenkümmel weisen einen guten Futterwert auf, einschließlich eines besonders hohen Mineralstoffgehalts. Sie fördern die Schmackhaftigkeit und Bekömmlichkeit des Grünlandfutters. Auch viele Kräuter altern langsamer als Gräser und sind damit ähnlich nutzungselastisch wie die Leguminosen.

Bei verstärktem Auftreten können Futterkräuter im Grünland zu Unkräutern werden, indem sie wie der Bärenklau den anderen Futterpflanzen Platz, Licht und Nährstoffe rauben oder so wie der Wiesenkerbel im Blühstadium wegen der hohen Bröckelverluste sich nicht für die Heubereitung eignen.

Ein vielseitig zusammengesetzter Grünlandbestand kommt den Futterwünschen der Ziege entgegen. Da Gras aber die höchsten Mengenerträge bringen kann und sich auch für die Konservierung am besten eignet, ergeben sich für viele Standorte und Nutzungsformen als Richtgrößen der Artenzusammensetzung des Grünlandes die Werte in Tab. 34.

Die Düngung fördert nicht allein den Massenertrag des Grünlands, sondern beeinflusst in starkem Maß auch die Futterqualität durch Einwirkung auf die Anteile von

- Gras, Klee und Kräutern im Bestand
- die Inhaltsstoffe der einzelnen Pflanzen, vor allem Eiweiß und Mineralstoffe.

7.4.2 Beweidung und Weidepflege

Aufgrund ihres selektiven Fressverhaltens kann sich die Ziege aus einem vielseitigen Grünlandbestand eine günstige Futterration zusammenstellen, was auch zu einer hohen Futteraufnahme führt. Ebenso können Ziegen auch auf extensivem Grünland mit geringerem Futterwert hohe Leistungen erbringen, wenn sie durch großzügige Flächenzuteilung genügend stark selektieren können. Je stärker jedoch die Ziege selektieren kann, desto höher ist auch der Weiderest. Deshalb können sich Landschaftspflege durch Ziegen und hohe Leistungen auch ausschließen.

Auch auf intensiver genutztem Grünland kann die selektive Weide mit der Zeit zu einer Abnahme der bei den Ziegen besonders beliebten Futterpflanzen und zu einer Zunahme der weniger beliebten Pflanzen oder gar zu einer Verunkrautung des Grünlands führen.

Ideal ist deshalb die Nutzung des Grünlands als **Mähweide**, auf welcher der jeweilige Aufwuchs im Wechsel von Weide und Schnittgenutzt wird. Auch im Hinblick auf die Empfindlichkeit der Ziegen gegenüber Innenparasiten ist dies die beste Nutzungsform. Ist die Nutzung als Mähweide aufgrund des Geländes oder der Lage der Grundstücke nicht möglich, sollte doch durch regelmäßigen Weidewechsel die selektive Überweidung der wertvolleren Futterpflanzen verhindert werden. Bei einer solchen **Umtriebsweide** sollte eine Parzelle nicht länger als eine Woche beweidet werden und dann mindestens fünf Wochen ruhen, um einen ungestörten Neuaufwuchs zu ermöglichen. Dies bedeutet, dass für ein solches Weidesystem mindestens sechs Parzellen vorhanden sein müssen. Im Spätsommer und bei Trockenheit genügen fünf Wochen Ruhezeit häufig nicht, um genügend Futter nachwachsen zu lassen, während im Frühjahr und Frühsommer die Ziegen dem Aufwuchs mit Fressen nicht nachkommen und ein Teil sinnvollerweise als Heu oder Silage konserviert wird.

Eine andere Möglichkeit ist die Anpassung der Anzahl der Ziegen an den Aufwuchs, indem zum Beispiel weibliche Kitze im Frühjahr auf der Weide aufgezogen werden und mit nachlassender Aufwuchsleistung der Weide im August verkauft werden.

Mindestens einmal jährlich ist auch auf reiner Weide eine Nachmahd notwendig, um

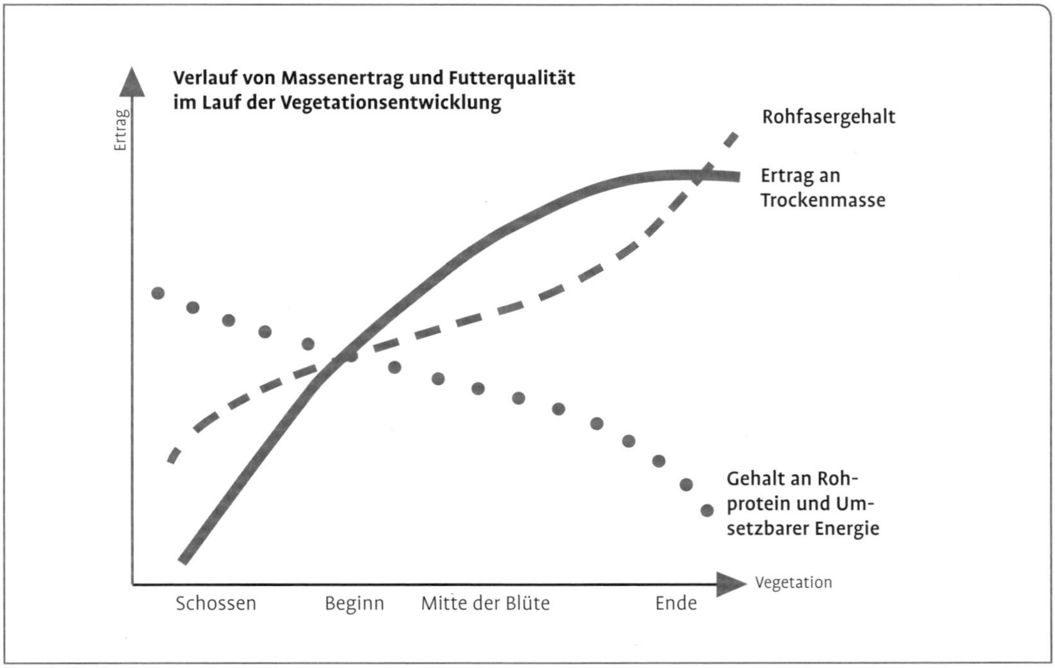

Abb. 23 Verlauf von Massenertrag und Futterqualität.

Weidereste zu entfernen und die Samenbildung von Unkräutern zu verhindern. Hierfür eignet sich am besten ein Mulchgerät. Eine andere Möglichkeit ist die Nachmahd mit dem Mähwerk solange die Parzelle noch mit Ziegen besetzt ist, weil die Weidereste in angewelktem Zustand häufig gern gefressen werden.

Grundregeln der Weideführung und Weidepflege
- Früher Weidebeginn im Frühjahr,
- Futterüberschüsse im Frühsommer durch Schnitt nutzen und konservieren,
- Kurze Weidezeiten, lange Ruhezeiten,
- Ziegenbesatz dem Aufwuchs anpassen,
- Weideflächen mindestens einmal pro Jahr nachmähen.

Ziegen können auch zur Pflege der Weide anderer Tierarten eingesetzt werden. So lässt sich die Ausbreitung des breitblättrigen Ampfers durch die Beweidung mit Ziegen im Anfangsstadium unterdrücken. Völlig ampferverseuchtes Grünland lässt sich jedoch auch mit Ziegen nicht mehr sanieren.

7.4.3 Vegetationsentwicklung und Nutzungszeitpunkt

Mit zunehmender Entwicklung der Grünlandpflanzen hin zur Blühphase nimmt der Halm- und Stängelanteil zu. Da diese Pflanzenorgane nach der Blüte auch das Gewicht der Samen tragen müssen, werden sie zunehmend mit Zellulose und Lignin verstärkt. Der Anteil der Blätter mit ihren stoffwechselaktiven, eiweißreichen Zellen an der gesamten Pflanzenmasse nimmt ab. Dadurch verschlechtert sich der Futterwert.

Im sehr jungen Zustand bietet Grünland eine unausgeglichene Nährstoffzusammensetzung, die den Ansprüchen der Ziege nicht gerecht wird: viel Rohprotein, wenig Energie und zu wenig Rohfaser. Diese Ungleichgewicht ist durch ein energiereiches Beifutter mit Struktur auszugleichen z. B. durch sehr gutes Heu oder durchschnittliches Heu mit Melasseschnitzeln. Minderwertiges Heu oder Stroh bieten zwar Rohfaser, aber nicht den notwendigen Energieausgleich!

Bis zur Vollblüte der Gräser nehmen die Erträge an Nährstoffen stetig zu, doch nehmen die Gehalte an Umsetzbarer Energie und Rohprotein ebenso stetig ab. Aus diesen beiden gegenläufigen Entwicklungen ergibt sich der höchste Flächenertrag an Nettoenergie etwa zur Vollblüte. Doch ist die Konzentration der Nettoenergie in dieser Phase schon zu gering, um Ziegen mit hoher Leistung eine genügende Energieaufnahme zu ermöglichen. Deshalb liegt der optimale Nutzungszeitpunkt vor der Vollblüte der Gräser!

Frühe Nutzung liefert Futter mit hohen Nährstoffgehalten bei genügendem Mengenertrag:

Siloreife:
- Beginn des Ährenschiebens der Gräser
  = Löwenzahn in Vollblüte

Heureife:
- Ährenschieben bis Anfang Blüte der Gräser

7.4.4 Konservierung von Grünlandfutter als Heu und Silage

Durch kein Konservierungsverfahren lässt sich die Qualität verbessern, sondern es treten immer Nährstoffverluste auf. Rechtzeitiger Schnitt ist entscheidend für den Futterwert.

Heubereitung. Bei der Bereitung von Heu muss der Lager-Feuchtegehalt von 14 % möglichst rasch erreicht werden, um die Trocknungsverluste möglichst gering zu halten. Zu langsames Welken des frischen Schnittguts

Tab. 36 Gärschädlinge und ihre Folgen

Gärschädlinge	Folgen
Essigsäurebakterien	– schlechtere Futteraufnahme wegen stechendem Geruch – hohe Energieverluste im Futter
Buttersäurebakterien (Clostridien)	– schlechtere Futteraufnahme wegen Gestank – hohe Energie- und Eiweißverluste im Futter – Milchqualität vermindert, Fehlgärungen beim Käse – geringere Haltbarkeit des Futters durch Abbau der konservierenden Milchsäure
Hefepilze	– hohe Energie- und Eiweißverluste im Futter – geringere Haltbarkeit des Futters durch Abbau der konservierenden Milchsäure – starke Vermehrung der vorhandenen Listerien durch Erwärmung der Silage, dadurch Gefahr von Listerioseinfektionen
Schimmelpilze	– schlechte Futteraufnahme wegen muffigem Geruch – Vergiftungen

erhöht die Atmungsverluste. Mit zunehmendem Trocknungsgrad nimmt die Gefahr des Verlusts durch Abbröckeln gerade der nährstoffreichsten feinen Teilchen zu.

Traditionell begegnete man der Unzuverlässigkeit des Wetters und der Gefahr der Bröckelverluste durch die Heutrockung auf Gerüsten wie Heinzen oder Schwedenreutern. Diese Verfahren ergeben meist sehr gute Heuqualitäten, kommen aber wegen des hohen Arbeitsaufwandes kaum in Frage.

Für die **Unterdachtrocknung** wird das Futter auf dem Feld nur vorgewelkt und dann entweder mit kalter oder vorgewärmter Luft im Heulager fertiggetrocknet. Da auch die Bröckelverluste stark zurückgehen, lässt sich mit der Unterdachtrocknung Heu sehr guter Qualität erzeugen.

Die **Heißlufttrocknung** bei Temperaturen von bis zu 1000 °C erzeugt verlustarm Trockengrünfutter. Der sehr hohe Energieaufwand ist nur bei hochwertigem Futter gerechtfertigt.

Silagebereitung. Auch die Konservierung des Grünfutters als Silage vermindert das Wetterrisiko, verlangt aber nicht die hohen Kosten der Unterdachtrocknung. Grundprinzip des Silierens ist es, das Futter so dicht zu lagern und luftdicht abzuschließen, dass durch den Sauerstoffmangel die nährstoffabbauende Atmung der Pflanzenzellen zum Stillstand kommt. Milchsäurebakterien, die ohne Sauerstoff leben können, vergären den pflanzeneigenen Zucker und bilden Milchsäure. Dadurch steigt der Säuregehalt rasch an und die Silage wird als „Sauerkonserve“ vor weiterem mikrobiellem Verderb geschützt.

Neben den Milchsäurebakterien befinden sich auf dem gemähten Futter auch noch andere Mikroorganismen, die als Gärschädlinge zu höheren Nährstoffverlusten bis hin zum völligen Verderb der Silage führen können. Schimmelnester in der Silage sind entweder auf ungenügende Verdichtung oder auf späteren Luftzutritt zurückzuführen. Fehlgärungen lassen sich oft schon am Geruch der Silage erkennen. Ziel aller Siliermaßnahmen ist deshalb, die Milchsäurebakterien zu fördern und die Gärschädlinge zu unterdrücken:

Grundregeln der Silagebereitung

- Beim Mähen und Zetten Futterverschmutzungen vermeiden.
- Genügend vorwelken.
- Silageballen sofort nach dem Pressen einwickeln.
- Futter für Fahrsilos stark zerkleinern, zügig einfüllen, intensiv verdichten und luftdicht abdecken.
- Silofolien regelmäßig auf Beschädigungen prüfen und nötigenfalls reparieren.

Siliermittel können bei ungünstigen Bedingungen das Gelingen der Silage ermöglichen. Die Impfung des Futters mit Milchsäurebakterien-Kulturen kann den Ablauf der Milchsäuregärung optimieren, aber nur, wenn alle Regeln des Silierens eingehalten werden.

Wenn zur Futterentnahme die Silageabdeckung entfernt wird, können sich durch den Luftzutritt Hefepilze rasch vermehren und Nachgärungen verursachen, besonders wenn beim Silieren nicht genügend verdichtet wurde. Die starke Erwärmung weist auf die hohen Energieverluste durch die Nachgärung hin. Auch wird die konservierende Milchsäure abgebaut. Dadurch kommt es zu raschem mikrobiellem Verderb. Schimmelpilze und die im Futter meist vorhandenen Listerien vermehren sich stark. Dies kann bei den Ziegen zu Vergiftungen und zur Listeriose führen, für die sie besonders empfänglich sind.

Erhitzte oder verschimmelte Silage ist für die Verfütterung an Ziegen nicht geeignet!

Um Nachgärungen zu vermindern, ist die Silage möglichst täglich zu entnehmen. Bei Fahrsilos sind die Futterentnahme und die Siloform möglichst so aufeinander abzustimmen, dass ein Mindestvorschub von 1,5 bis 2 Meter pro Woche eingehalten werden kann. Der Anschnitt ist möglichst glatt zu halten, z. B. durch Entnahme mit Blockschneider oder Fräse, und eine Auflockerung des Silagestapels durch Reißzangen o. ä. ist zu vermeiden.

Silagefütterung und Käserei? Clostridien unter Kontrolle halten!

- Schmutzeintrag gering halten.
- Grünlandnarbenpflege durch Abschleppen und Walzen.
- Doppelmessermähwerk statt Kreiselmähwerk.
- Schnitthöhe mindestens 6 cm.
- Kreiselheuer, Schwader und Pick-up entsprechend hoch einstellen.
- Einwandfreie Technik beim Silieren und bei der Silageentnahme.
- TMR mit Silage täglich frisch mischen und rasch verfüttern.
- Reste auf dem Futtertisch täglich entfernen.
- Silage nach dem Melken füttern.

Die Buttersäurebakterien gehören zu den Clostridien. Sie stammen aus dem Boden und geraten bei der Futterwerbung in die Silage. Sie können widerstandsfähige Sporen bilden, die in die Milch gelangen und beim Käsen Struktur-, Geruchs- und Geschmacksfehler hervorrufen können. Dieses Risiko kann durch sorgfältiges Silieren stark gemindert werden, sodass auch der Käsereimilch erzeugende Ziegenbetrieb Silage füttern kann.

7.4.5 Bewertung von Heu und Silage

Für eine sinnvolle Zusammenstellung einer Ziegenration ist die genaue Kenntnis des Futterwerts der einzelnen Komponenten notwendig. Bei Heu und Silage können die Gehalte der darin enthaltenen Nährstoffe je nach Boden, Witterung, Düngung, Schnittzeitpunkt, usw. stark von den Durchschnittswerten der Futterwerttabellen abweichen. Zuverlässige Werte für die Rationsgestaltung und die Futterplanung liefert die Grundfutteruntersuchung in einem Untersuchungslabor. Die Kosten hierfür sind rasch ausgeglichen, da bei genauer Kenntnis der Grundfutterwerte die Futterration optimal an die Leistung angepasst werden kann. Dadurch wird Kraftfutter gezielt eingesetzt, die Leistung gesteigert und die Gesundheit der Ziegen nachhaltig gesichert.

Informationen über die Probenahme, die Durchführung der Untersuchung und die Preise geben die Fütterungsberatungsdienste sowie die Untersuchungslabors, wie z. B. die landwirtschaftlichen Untersuchungs- und Forschungsanstalten (LUFA).

7.5 Grundfutter vom Acker

Klee, Kleegras, Zwischenfrüchte. Grünfutter vom Acker ist meist weniger artenreich als solches vom Grünland. Leguminosen wie Rotklee oder Luzerne werden aus ackerbaulichen Gründen häufig in Reinbeständen angebaut. Gemenge aus Leguminosen mit Gräsern sind im Futterwert ausgeglichener und sind auch leichter zu konservieren. Für die Beweidung sind diese Bestände meist wenig geeignet.

Zwischenfrüchte aus dem Stoppelfutterbau wie zum Beispiel blattreicher Raps bilden ein nährstoffreiches, aber strukturarmes Grundfutter, das sich zum Silieren nur bedingt eignet.

Hackfrüchte. Futterrüben sind energiereich und hochverdaulich. Bei den Ziegen sind sie sehr beliebt und werden oft noch über die normale Sättigung hinaus gefressen. Dadurch vermögen sie die Energielücken der Milchziegen zu schließen. Bei der Fütterung ist auf einen Rohfaserausgleich zu achten, um die Gefahr einer Pansenacidose zu vermeiden. Zuckerrüben werden von den Ziegen weniger gern gefressen.

Rübenblatt enthält im Gegensatz zum Rübenkörper mehr Eiweiß. Der Gehalt von nur 11 bis 12 % Rohfaser verlangt einen entsprechenden Ausgleich.

Möhren bieten viel Energie, sind reich an Karotin und werden von Ziegen sehr gerne gefressen.

Kartoffeln lassen sich roh an Ziegen verfüttern. Aufgrund ihres Stärkegehalts sind sie ein vorzüglicher Energielieferant. Wie bei Rüben ist die Gefahr der Pansenacidose zu berücksichtigen. Kartoffeln sind schmutzarm zu füttern. Grüne Teile und Keime dürfen nicht verfüttert werden.

Silomais. Silomais gehört zu den ertragreichsten Futterpflanzen und liefert ein energiereiches Grundfutter. Entscheidend für den Futterwert ist ein hoher Trockenmassegehalt der Silage. Maissilage hat ein sehr enges Ca-P-Verhältnis, sodass bei Bockkitzen häufig Harnsteine auftreten, wenn nicht durch einen Ca-Ausgleich gegengesteuert wird.

Stroh. Getreidestroh ist geprägt durch den hohen Rohfasergehalt. Bei genügendem Angebot zum Selektieren kann der von den Ziegen aufgenommene Anteil jedoch immerhin noch einem Heu von etwas unterdurchschnittlichem Futterwert entsprechen. Gerstenstroh ist in dieser Hinsicht am wertvollsten. Unkrautbesatz, z. B. bei Stroh aus dem ökologischen Getreidebau, erhöht gerade für Ziegen den Futterwert beträchtlich.

7.6 Handels- und andere Futtermittel

Getreide. Getreidekörner sind gut verdaulich und zeichnen sich durch eine hohe Energiedichte aus. Der Rohproteingehalt ist eher gering und schwankt je nach Getreideart, Sorte und Anbauverhältnissen um 10 bis 12 %. Damit ist Getreide besonders für die gezielte Erhöhung der Energiekonzentration einer Futterration geeignet.

Getreidekörner sind relativ arm an Calcium aber reich an Phosphor. Dieses Ungleichgewicht kann bei intensiv mit Getreide gefütterten Bockkitzen zu Harnsteinen führen, wenn keine ausgleichende Calcium-Fütterung erfolgt. Bei Milchziegen dagegen ist dieser reiche Phosphorbeitrag zur Ration erwünscht.

Ein sehr hoher Anteil von Körnermais in der Ration führt zu öligem Körperfett von Schlachtziegen und zu weicher Butter.

Muffig riechende oder gar sichtbar verschimmelte Getreidepartien sind von der Verfütterung auszuschließen. Zunehmend tritt bereits auf dem Feld ein Befall mit Pilzen, vor allem Fusarien auf, der bei der Verfütterung die Gesundheit der Tiere ernsthaft gefährden kann. Bei Verdacht eines solchen Befalles ist eine Laboruntersuchung angebracht.

Getreidekörner werden von den Ziegen am liebsten gequetscht gefressen und so auch am besten verwertet. Getreideschrot wird wegen der staubigen Konsistenz weniger gern gefressen und führt im Pansen zu einer unerwünscht schnellen Ansäuerung.

Körnerleguminosen. Der Energiegehalt von Ackerbohnen, Erbsen und Süßlupinen entspricht etwa dem von Getreide, der Rohproteingehalt ist dagegen 2- bis 3-mal höher. Damit können diese heimischen Futtermittel den Eiweißgehalt einer Ziegenration vollständig ergänzen. Dies ist besonders wichtig für ökologisch wirtschaftende Betriebe, denen der Zukauf von anderen eiweißergänzenden Futtermitteln, wie z.B, Sojaschrot, nicht möglich ist.

Nebenerzeugnisse. Zur Gewinnung von Speiseöl und -fett wird den Ölfrüchten heute in aller Regel das Fett mit Hilfe eines Lösungsmittels entzogen. Zurück bleibt „Extraktionsschrot“, welches nur noch sehr wenig Fett enthält, während der Anteil des Rohproteins entsprechend angestiegen ist. So enthält Sojaextraktionsschrot weniger als 2 % Fett, aber über 40 % Rohprotein (die verbreitete Bezeichnung „Sojaschrot“ ist irreführend, da dieser Rückstand der Ölgewinnung nicht durch Schroten von Sojabohnen hergestellt wird). Sojaextraktionsschrot ist hervorragend geeignet, ein Eiweißdefizit in der Ration auszugleichen.

Ähnlich gut zur Eiweißergänzung geeignet ist Rapsextraktionsschrot, allerdings ist die Energiekonzentration deutlich geringer. Mit der stark zunehmenden Verbreitung von dezentralen Pflanzenölpressen stehen vermehrt „Expeller“ und „Kuchen“ vor allem von Raps und Sonnenblumen zur Verfügung. Auch diese eignen sich gut zur Eiweißergänzung in der Ziegenfütterung, doch ist ihr Rationsanteil durch den höheren Fettgehalt begrenzt.

Die bei der Mehlherstellung anfallende Kleie hat traditionell eine wichtige Rolle für die Verfütterung an Ziegen gespielt, doch ist der Marktpreis für Kleie häufig zu hoch für einen wirtschaftlichen Einsatz.

Wird bei der Verarbeitung der Zuckerrübe dem zerkleinerten Rübenkörper der Zuckersaft entzogen, verbleiben die noch stark wasserhaltigen Schnitzel, die meist getrocknet in den Handel kommen. Während der Rohproteingehalt gering ist, beruht der Futterwert dieser Trockenschnitzel auf ihrem Gehalt an Zellwandkohlehydraten, die für die Ziege als Wiederkäuer gut verdaulich sind. Dadurch sind sie eine hervorragende Energiequelle in der Ziegenfütterung. Im Pansen erfolgt der Abbau langsamer als bei Zucker und Stärke, sodass die Mikroorganismen eine langsam aber stetig fließende Energiequelle haben, während der Säuregrad kaum zunimmt.

Bei der Kristallisation des Zuckersirups verbleibt am Schluss die Melasse als zähe, schwarze Flüssigkeit. Ihr wichtigster Bestandteil ist Zucker. Melasse und Trockenschnitzel werden meist gemischt und als Melasseschnitzel in den Handel gebracht. Für Ziegen ist das Einweichen von Trocken- und Melasseschnitzeln nicht notwendig.

In zunehmendem Maße werden Pressschnitzel zur Fütterung eingesetzt, insbesondere in Total-Mischrationen. Da sie nicht getrocknet sind, sondern nur ein Teil des Wassers abgepresst wurde, sind sie rasch verderblich. Frisch sind sie sofort zu verfüttern. Sie lassen sich aber auch als Silage konservieren.

Obsttrester haben einen guten bis sehr guten Futterwert und sind für die Ziegenfütterung bestens geeignet. Es sind Energiefuttermittel ähnlich den Preßschnitzeln. Heimischer Apfel- und Birnentrester wie auch Traubentrester ohne Kämme kann im Herbst frisch verfüttert werden, eignet sich aber auch gut zum Silieren. Importierten Citrustrester setzen die Mischfutterhersteller in getrockneter Form ein.

Mischfuttermittel. Unter den im Handel angebotenen Mischfuttermitteln kommen in der Ziegenhaltung vor allem die Ergänzungsfuttermittel und die Mineralfuttermittel in Frage. Alleinfuttermittel, die für den Einsatz ohne Zufütterung weiterer Futtermittel vorgesehen sind, spielen nur als Milchaustauscherfuttermittel zur Kitzaufzucht eine Rolle und vielleicht noch als Futtermittel für die Kitzmast.

Die Ergänzungsfuttermittel dienen zur Aufwertung und Komplettierung betrieblicher Futtermittel, wie z. B. Grundfutter und Getreide mit Energie, Eiweiß, Mineralstoffen und Vitaminen. Durch gezielte Kombination läßt sich eine vollwertige Ernährung der Ziegen erreichen. Auch mit der Fütterung von Mineralfuttermitteln wird das Ziel verfolgt, unzureichende Gehalte in der Ration bedarfsgerecht zu ergänzen.

Mischfuttermittel, die laut Kennzeichnung speziell für Ziegen bestimmt sind, finden sich auf dem Markt eher selten. Mischfuttermittel für Schafe können, wenn der Futterwert dem beabsichtigten Einsatz gerecht wird, bedenkenlos auch für Ziegen eingesetzt werden. Der Einsatz von Mischfuttermitteln für Rinder ist wegen des höheren Kupfergehalts sorgfältig abzuwägen. Ziegen sind zwar weniger empfindlich als Schafe gegenüber zu hohen Kupfergehalten, aber gerade beim Einsatz von Alleinfuttermitteln für Rinder, wie z. B. Milchaustauschern, sind Probleme nicht auszuschließen. Kupferhaltige Mineralfuttermittel für Rinder sollten bei Ziegen nicht eingesetzt werden. Beim Einsatz von Milchleistungsfutter für Milchkühe als Ergänzungsfutter für Ziegen sind keine Probleme bekannt.

8 Haltung und Stallbau

8.1 Die Ansprüche der Ziege an die Haltungsbedingungen

8.1.1 Eigenarten des Ziegenverhaltens

Als besonders neugierige Tiere erkunden Ziegen ihre Umgebung aufs Genaueste und beknabbern alles, was sie nur irgendwie erreichen können. Da Ziegen gerne und mit Geschick auf den Hinterbeinen stehen, ist nichts vor ihnen sicher, das sich nicht mindestens 2,50 m über dem Boden befindet.

Ziegen sind Herdentiere, wobei allerdings die erwachsenen Böcke sich von den weiblichen Tieren und Jungziegen absondern und eigene Gruppen bilden. Die Kitze gehören zum „Ablegetypus“: sie folgen ihrer Mutter nicht beständig, sondern können auch längere Zeit von der Mutter getrennt in einem Versteck verbringen. Einige Wochen nach der Geburt schließen sich die Kitze mehrer Mütter zu einem „Kindergarten“ zusammen.

In einer Ziegenherde besteht normalerweise eine klare Rangordnung. Wird eine Gruppe von Ziegen neu zusammengestellt, so werden die Dominanzverhältnisse durch kämpferische Auseinandersetzung abgeklärt. Gehörnte Tiere haben dabei einen gewissen Vorteil, doch sind in gemischten Herden die ungehörnten Tiere nicht zwingend die rangniedrigsten. Auch wissen manche Ziegen sich durch Beißen durchzusetzen. Ist die Rangordnung etabliert, herrscht wieder Ruhe in der Herde. Können allerdings unterlegene Ziegen aus Platzmangel nicht genügend Abstand von einer ranghöheren Ziege halten, so legt diese die Nähe als Respektlosigkeit aus und hört lange nicht auf, das rangniedere Tier zu drangsalieren.

Ziegen sind tagaktive Tiere. Zum Ruhen und Wiederkauen legen sie sich hin. Sofern nicht ein zu knappes Weidefutterangebot längere Zeiten für die Futtersuche verlangt, ruhen sie täglich bis zu 12 h, vorzugsweise während der Nachtstunden. Aber auch während des Tages werden die Fressphasen durch mehrere längere Liegephasen unterbrochen. Ziegen bevorzugen eine verformbare Liegefläche, wie sie vor allem Stroheinstreu bietet. Doch nehmen Ziegen auch gerne Liegeplätze auf Erde, Holz oder Stein an, insbesondere wenn diese Liegeplätze erhöht sind und eine gute Übersicht bieten. Kitze bevorzugen versteckte, höhlenförmige Liegeplätze. Gerne ruhen Ziegen im engen Körperkontakt mit vertrauten Herdengenossinnen.

Ziegen pflegen Fell und Haut durch Ablecken, Beknabbern und Kratzen mit den Hinterbeinen. Gehörnte Ziegen kratzen sich Rücken und Schultern mit den Hörnern.

Farbtafel 5: Fleischziegen

1 Die Mütterlichkeit der Ziege ist für den Aufzuchterfolg entscheidend.
2 Über einen Durchschlupf erreichen die Lämmer einen Rückzugsbereich mit Zufütterungsmöglichkeiten.
3 Schlachtkörper von Burenziegenlämmern zeigen in der Praxis unterschiedliche Qualitäten.
4 Lämmer nutzen gern eine Rückzugsmöglichkeit, hier unter einfachen Kisten.
5 Weidewagen bieten Schutz, Tränke- und Zufüttermöglichkeiten.

1

2

4

3

5

1

3

4

Baumstämme, Pfosten, Wände usw. werden zum ausgiebigen Scheuern benutzt. Besonders Böcke, aber auch Ziegen bearbeiten mit Stirn und Hornzwischenraum ausdauernd Stämmchen, Zweige und ähnliches. Bei Böcken dient dieses Verhalten sicherlich vor allem der Markierung. Soziale Körperpflege durch gegenseitiges Ablecken wie bei den Rindern betreiben Ziegen nicht. Gegenseitiges Kopfreiben ist wohl eher als Schmusen einzuordnen denn als Körperpflege.

Ziegen setzen Kot und Harn eher beiläufig ab und bevorzugen dazu auch keine besonderen Plätze.

8.1.2 Ansprüche an Klima und Licht

Zu hohe Luftfeuchte und Zugluft stören das Wohlbefinden von Ziegen weit mehr als Kälte. Deshalb müssen Ziegenställe gerade im Winter vor allem trocken und zugfrei sein. Dann werden auch Minusgrade ertragen. Auch mit Hitze kommen Ziegen recht gut zurecht, doch gehen besonders bei hochleistenden Milchziegen mit auf über 20 °C steigenden Temperaturen Futteraufnahme und Milchleistung zurück. Entsprechend wichtig ist eine gute Belüftung des Stalles im Sommer. Dabei darf jedoch die Luftgeschwindigkeit nicht zu stark ansteigen. Im Bereich der Kitze soll sie nicht mehr als 0,2 bis 0,3 m/s betragen und im Bereich der erwachsenen Ziegen nicht mehr als 0,5 m/s.

Als Maß für Schadgase in der Stallluft kann der Ammoniakgehalt dienen. Begibt man sich mit dem Kopf in den Tierbereich und spürt das Beißen des Ammoniaks in den Augen, so ist ein Wert von etwa 5 ppm erreicht, der nicht überschritten werden sollte.

Tab. 37 Optimales Stallklima

Temperatur	10–15 °C
rel. Luftfeuchte	65–75 %
Luftgeschwindigkeit	0,2–0,5 m/s
Ammoniakgehalt	< 5 ppm

Beträgt die lichtdurchlässige Fläche in den Wänden und eventuell im Dach mindestens 5 % der Stallgrundfläche, so ist für genügend natürliches Licht gesorgt. Lichtflächen in der Wand sind solchen im Dach vorzuziehen, da letztere durch ihren Treibhauseffekt eine Aufheizung des Stalles bewirken können.

8.1.3 Raumbedarf

Aus dem Platzbedarf für erwachsene Mutterziegen ergibt sich für die Gestaltung der Buchten eine optimale Tiefe von etwa 4 m, wobei dann die Anzahl der Ziegen die Buchtenlänge bestimmt.

Ist der Fressbereich vom Liegebereich getrennt, so werden pro Ziege zusätzlich 0,4 m² Fressplatz benötigt.

Ist es möglich, den Ziegen mehr Fläche anzubieten, so bietet es wenig Vorteile, diese Fläche zusätzlich als eingestreute Liegefläche zu gestalten. Sinnvoller ist es, diese zusätzliche Fläche als befestigten Laufbereich zu gestalten, der regelmäßig gereinigt wird. Hierfür sind 0,5 m² pro Ziege zu rechnen. Mehr Lauffläche wird von den Ziegen natürlich

Farbtafel 6: Landschaftspflege

1 Eine gemischte Herde (Kreuzungsziegen) halten als kostengünstige Landschaftspfleger einen Magerrasen instand.
2 Auf den Hinterbeinen stehend erreichen die Ziegen Buschwerk bis in eine Höhe von 1,8 m.
3 Eine Burenziegenherde hält die Verbuschung zurück.
4 Fleischziegen verbeißen Buschwerk und Dornengewächse.

Tab. 38 Raumbedarf der Ziegen

	Fressplatzbreite (cm)	Liegefläche (m^2)
Kitze	25	0,6
Jungziegen	30	0,9
Mutterziege mit Kitzen	40	1,8
Mutterziege	40	1,5
Bock	50	2,0
Luftraumbedarf im Stall in m^3		
pro erwachsene Ziege		6–7 m^3
pro Jungziege		3–4 m^3

gerne angenommen, erhöht aber den Arbeitsaufwand für die Sauberhaltung.

Kitze und Jungziegen benötigen zum Fressen und Liegen natürlich weniger Platz. Doch ist zu berücksichtigen, dass bei entsprechend dicht belegten Ställen der enge Tierkontakt und das Kleinklima im Tierbereich die Entstehung und Ausbreitung spezifischer Krankheiten fördern, insbesondere der Kokzidiose.

Bei der Berechnung der sich aus dem Luftraumbedarf ergebenden Stallhöhe ist die Höhe des sich im Laufstall stapelnden Mistes zu berücksichtigen.

8.2 Die Ansprüche des Ziegenhalters

Für die Ziegen optimale Klimaverhältnisse sind auch dem im Stall arbeitenden Menschen zuträglich. Eine gute Übersicht im Stall trägt viel zur wichtigen Tierbeobachtung bei. Hierzu gehört auch genügend Helligkeit im Stall, gewährleistet durch natürlichen Lichteinfall und durch künstliche Beleuchtung. Fangfressgitter, eine Fangbucht oder ein genügend enger Treibgang müssen die Möglichkeit bieten, Tiere ohne Aufregung zu fangen und zu einer Behandlung zu fixieren.

Im Melkstand verbringt der Melker sehr viel mehr Zeit als die einzelne Ziege. Deshalb ist diese Einrichtung vor allem arbeitswirtschaftlich günstig zu gestalten. Aber auch das Klima muss den dort arbeitenden Menschen gerecht werden, was meist auch bedeutet, dass im Winter eine Heizmöglichkeit vorhanden sein sollte.

8.3 Die Stallform

Der Laufstall mit Einstreu hat sich in der Ziegenhaltung bewährt. Das Strohbett kann viele Unzulänglichkeiten des Stallklimas abpuffern und erlaubt den Ziegen, ihren Bewegungsdrang auszuleben. Der erwünschte Klauenabrieb kann natürlich nicht stattfinden, weshalb eine häufige Klauenpflege notwendig ist.

Im Tieflaufstall steigt das Niveau der Lauf- und Liegefläche durch die zunehmende Stroh-Mist-Matratze stetig an, um nach dem Ausmisten auf den Ausgangzustand zurückzufallen. Dies bedingt aber keineswegs aufwendige Vorrichtungen, um die Buchtenabgrenzungen sowie die Fütterungs- und Tränkeeinrichtungen in der Höhe zu verstellen. Alle Einrichtungen sind für die zu erwartende Endhöhe der Stroh-Mist-Matratze vorzusehen. Am Futterplatz und an den Tränken ist dann für die Ziegen lediglich eine Trittstufe oder -leiste vorzusehen, wo sie sich mit den Vorderfüßen aufstellen können, was sie sowieso mit Vorliebe tun.

Vorteilhaft ist es, wenn entlang des Futtertisches eine 100 cm tiefe Fressstandfläche in Form eines Absatzes eingerichtet werden kann, 50 cm unter dem Niveau des Futtertisches und 50 cm über dem Boden der eingestreuten Liegefläche. Diese Fressstandfläche wird nicht eingestreut und ist täglich grob zu reinigen.

Tab. 39 Einstreubedarf und Mistanfall

Bedarf an Stroh für die Einstreu	1 kg / Ziege / Tag
Mistanfall	1,4 t / Ziege / Jahr
Höhe der Stroh-Mist-Matratze	0,4 m nach 3 Monaten

Als Stallboden genügt im Tieflaufstall gestampfter Lehm, sodass auf einen teuren Betonboden verzichtet werden kann, der allerdings die Frontladerarbeiten beim Ausmisten erleichtert.

Der Einstreubedarf von etwa 1 kg Stroh pro Ziege und Tag, kann bei Grünfütterung stark ansteigen, während bei Dürrfütterung auch ein geringerer Strohbedarf möglich ist. Gehäckseltes oder gemahlenes Stroh saugt besser als Langstroh. Weizenstreu eignet sich am besten als Einstreu, während Gerstenstroh zwar gerne gefressen wird, aber als Einstreu wenig Saugkraft hat.

Zusätzlich zum Stroh kann man noch etwas Sägemehl einstreuen zum Saugen. Kohlensaurer Kalk, in kleinen Mengen regelmäßig als feiner Schleier über der Einstreu ausgebracht, fördert die Entwicklung der passenden Mikroorganismenflora in der Stroh-Mist-Matratze, erhöht den Düngewert und sorgt für eine krümelige Struktur des Mistes bei der Ausbringung.

Die Einmischung von desinfizierendem Branntkalk in die Einstreu ist dagegen nicht zu empfehlen. Bei der Ausbringungung besteht die Gefahr von Verätzungen und Selbstentzündungen sind nicht auszuschließen.

Spaltenböden sowie Böden aus Lochblechen oder Drahtgeweben haben sich in der Ziegenhaltung nicht bewähren können. Die durch den Verzicht auf Einstreu erzielten arbeitswirtschaftlichen Vorteile gehen zum Teil bereits dadurch wieder verloren, dass zur Entmistung der Spaltenboden ab- und wieder aufgebaut werden muss. Da Ziegen gegen Zugluft von unten sehr empfindlich sind, sind bei Spaltenböden sehr hohe Ansprüche an die Klimatisierung des Stalles zu stellen. Zwar lernen viele Ziegen, sich auf Spaltenböden vorsichtig zu bewegen und auf entsprechende Sprünge zu verzichten, doch kann dann ein solcher Boden nicht mehr als ziegengerecht bezeichnet werden.

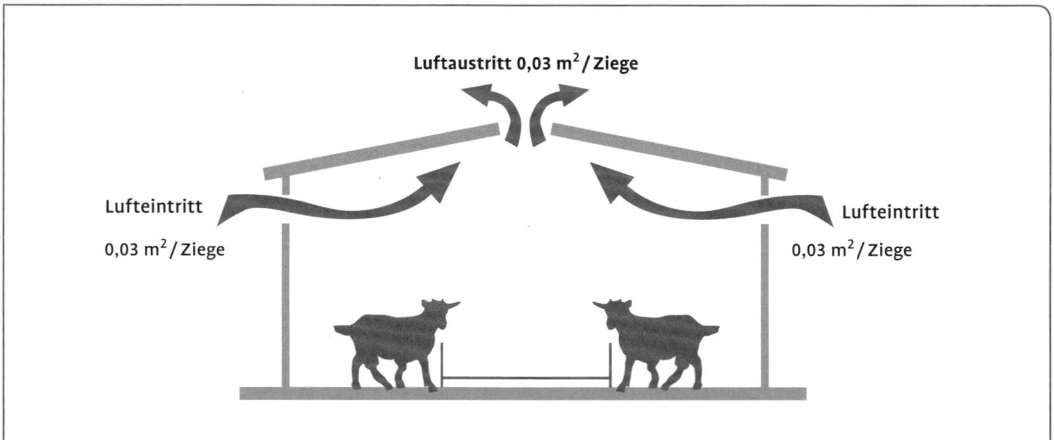

Abb. 24 Trauf-First-Lüftung.

8.4 Belüftung

In Ziegenställen hat sich die Trauf-First-Lüftung bewährt.

Für die optimale Lüftung sollte der Firstschlitz nicht überdacht sein. Für niederschlagsreiche Standorte bieten die Stallbaufirmen belüftete Abdeckungen aus lichtdurchlässigem Material an. Solche Lichtfirste tragen zur Helligkeit im Stall bei und die Belüftung kann je nach Bauart sehr fein gesteuert werden bis hin zur Automatik. Diesen Vorteilen steht der hohe Preis gegenüber. Weit kostengünstiger und an Standorten mit viel Regen bewährt ist die Dachkonstruktion mit in der Höhe versetzten Flächen und damit einem geschützten Luftaustritt am First. Bei der Gefahr von Triebschnee im Winter kann die Öffnung mit Windnetzen geschützt werden.

Die Öffnungen für den Luftzutritt sollen möglichst gleichmäßig entlang des ganzen Gebäudes verteilt sind. Die Öffnungen für den Luftzutritt können ganz frei bleiben. Um Zugluft zu vermeiden, können Windschutznetze angebracht werden oder Spaceboard, eine mit Zwischenabständen angebrachte Bretterverschalung. Um zu gewährleisten, dass der Luftzutritt nicht zu Zugluft im Tierbereich führt, soll sich die Unterkante der Öffnungen mindestens 2 m über der Liegefläche befinden, wobei die maximale Stapelhöhe des Mists zu berücksichtigen ist.

Eine gute Lösung für die Regulierung des Luftzutritts sind Vorhänge oder Jalousien die nach oben oder noch besser nach unten aufgewickelt werden können. An heißen Sommertagen kann die Luft frei eintreten und eine wirksame Querlüftung herstellen. An kalten Wintertagen ist winddichter Verschluss möglich.

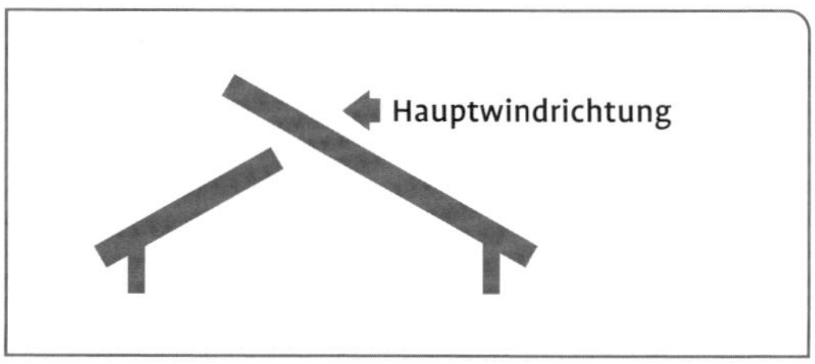

Abb. 25 Hauptwindrichtung.

8.5 Stallhöhe und Stalldecke

Bei waagerechter Decke ergibt sich aus den Ansprüchen an Stallfläche und Luftraum eine Mindesthöhe von 2,50 m. Für das Ausmisten mit dem Frontlader sollte die Stallhöhe mindestens 3,50 m betragen und es dürfen sich dann unterhalb dieser Höhe auch keine Hindernisse wie Querbinder oder Wasserleitungen befinden. Stromleitungen müssen, sofern sie nicht bissfest geschützt sind, in über 2,50 m Höhe verlegt werden, vom Höchstniveau des Miststapels an gemessen!

Insbesondere bei knappem Luftraum im Stall bietet eine Isolierung der Stalldecke bzw. der Dachunterseite Vorteile. Im Sommer heizt sich der Stall nicht so leicht auf und im Winter verhindert die Isolierung, dass sich der Stall in eine Tropfsteinhöhle verwandelt.

8.6 Abtrennungen

Zur Umgrenzung und Abtrennung der Stallabteile eignet sich am besten ein „Lattenzaun“ mit senkrecht angebrachten Latten oder Brettern, die höchstens 5 cm Bodenabstand haben dürfen. Auch ihr Zwischenraum darf nicht größer als 5 cm sein, damit die Kitze nicht durchschlüpfen können. Die Höhe muss mindestens 120 cm betragen. Als oberer Abschluss verhindert eine waagerechte angebrachte Latte, dass Ziegen, die sich an der Abtrennung aufrichten und den Kopf hinüberstrecken, den Hals zwischen die senkrechten Latten bringen und sich dabei strangulieren.

Waagerecht angebrachte Querlatten bzw.

-stangen müssen stabil genug sein, um der Belastung durch die sich darauf abstützenden Ziegen zu widerstehen.

Ziegen nutzen die Abtrennungen auch, um sich zu scheuern. Sehr gerne nehmen sie Scheuerhilfen an, z. B. angeschraubte Bürsten.

8.7 Fütterungseinrichtungen

Herkömmliche **Raufen** eignen sich wenig für die Fütterung von Heu oder gar Grünfutter. Zwar lieben es die Ziegen als Buschfresser aus erhöht angebrachten Raufen zu fressen. Doch ziehen sie durch ihre wählerische Fressweise sehr viel Futter heraus, das dann auf den Boden fällt und verdirbt. Auch steigen sie mit den Vorderfüßen in zu niedrig angebrachte Raufen oder springen gar hinein und verschmutzen das Futter.

Im Liegebereich dagegen können Raufen vorteilhaft genutzt werden, um Stroh oder minderwertiges Heu anzubieten. Die Ziegen suchen sich dann heraus, was davon noch schmeckt und der Rest wird als Einstreu genutzt. Diese Raufen sollten möglichst hoch hängen, damit die Ziegen sie nicht mit den Vorderfüßen erreichen. Der Sprossenabstand der Raufe soll nicht mehr als 5 cm betragen.

Am besten wird der Ziege eine Fressfläche gerecht, auf welcher sie das Futter in bequemer Haltung sortieren und auswählen, aber nicht verderben kann. Ist in Altgebäuden wegen der begrenzten Raumhöhe kein erhöhter Futtergang möglich, wird ein **Futtertisch** in 50 cm Höhe mit dem Fressgitter verschraubt, zusätzlich gestützt durch Konsolen. Auch kleinere Ziegen und Jungziegen kommen mit dieser Höhe gut zurecht, wenn in 25 – 30 cm Höhe eine Trittleiste angebracht ist.

Ein solcher Futtertisch eignet sich kaum für eine mechanische Futterverteilung und von den Ziegen herausgeworfenes Futter muss von Hand wieder eingeräumt werden.

Beim Neubau ist dem **befahrbaren Futtertisch** der Vorzug zu geben, dessen Niveau etwa 50 cm über dem der Fressstandfläche beziehungsweise über dem Stallboden liegt. Eine Trittleiste erlaubt auch hier den Ziegen, die Vorderfüße aufzustellen, solange der Miststapel noch niedrig ist.

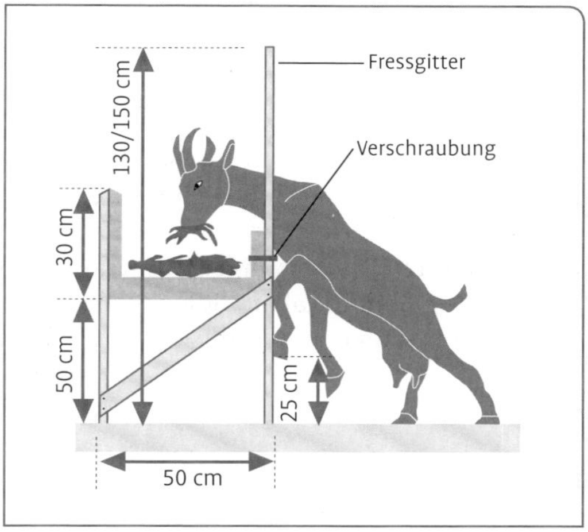

Abb. 26 Futtertisch.

Die Betonfläche wird über die ganze Breite des Futtertisches eben gebaut. Trogschalen haben nur Nachteile. Für den Abschluss gegen die Liegefläche sorgt eine Bohle, deren Oberkante 12–15 cm über der Futtergangfläche liegt. Da durch den Speichel und gärende Futterreste, insbesondere bei Silagefütterung, die Betonoberfläche mit der Zeit angegriffen wird, kann im Fressbereich ein etwa 50 cm breites Band entlang des Fressgitters gefliest werden oder es können auch Steinzeugschalen in L-Form verlegt werden. Billiger ist es, den Beton in diesem Bereich mit Epoxidharz zu beschichten.

Ab einer Mindestbreite von 3 m eignet sich dieser befahrbare Futtertisch hervorragend für die mechanisierte Futterverteilung, z. B. mit dem Futtermischwagen. Geringere Breiten erlauben eventuell noch die Futterbeschickung mit speziellen Stallschleppern.

Für die Futterverteilung mit Handkarren ist eine Mindestbreite von 1.50 m erforderlich.

Es kommt dem Fressverhalten der Ziegen entgegen und fördert die Futteraufnahme, wenn das Futter nicht im Fressbereich der Ziegen angehäuft, sondern flächig verteilt und immer wieder von Hand nachgeschoben wird. Diese leicht und flott durchzuführende Arbeit ermöglicht gleichzeitig eine gute Beobachtung des Ziegenbestandes.

Ein **Futterband** benötigt weniger Platz als der befahrbare Futtertisch und kann in Altgebäuden die einzige Möglichkeit sein, um die Futterverteilung zu mechanisieren. Futterbänder eignen sich gut, um Komplettrationen (TMR) zu verteilen und wenn alle Ziegen dieselbe Ration erhalten. Schwierig wird es, wenn zur selben Mahlzeit verschiedene Futtermittel hintereinander verteilt werden sollen und wenn dasselbe Futterband verschie-

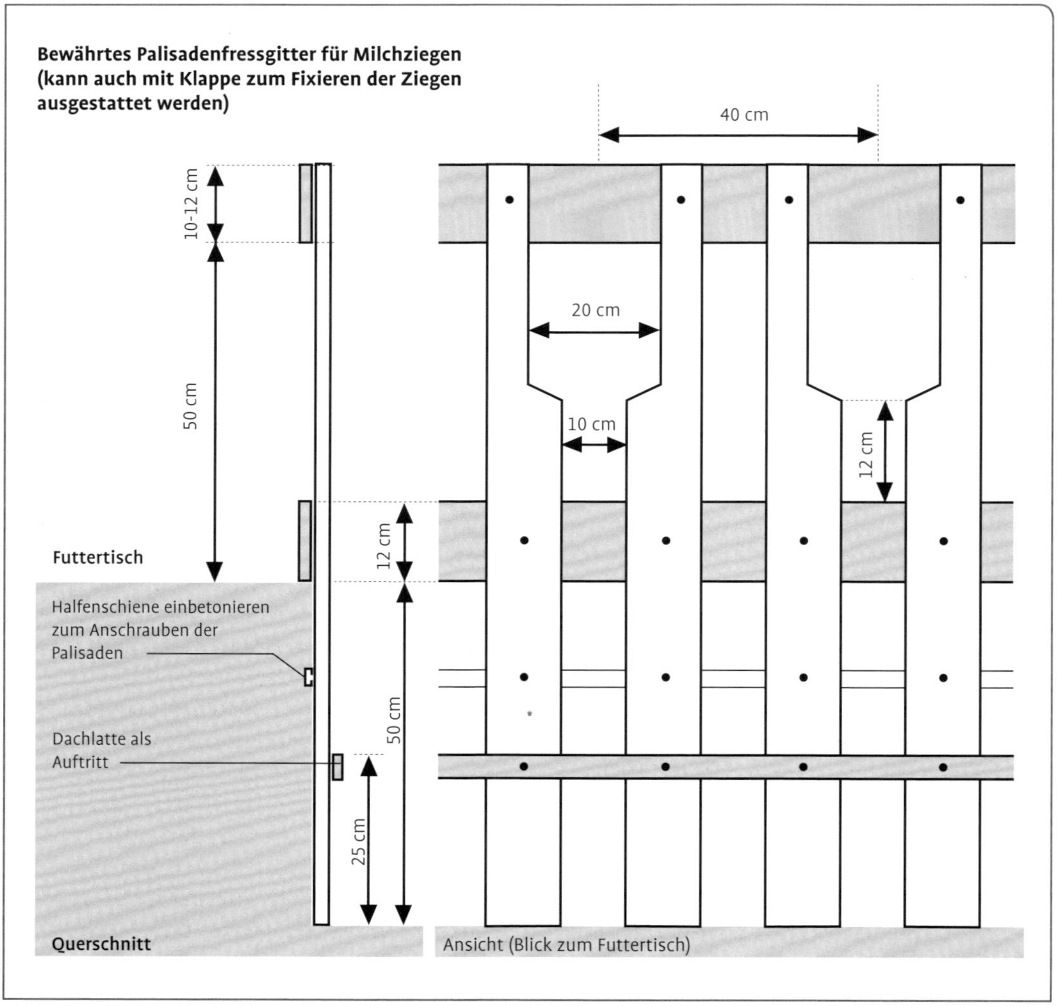

Abb 27 Palisadenfressgitter.

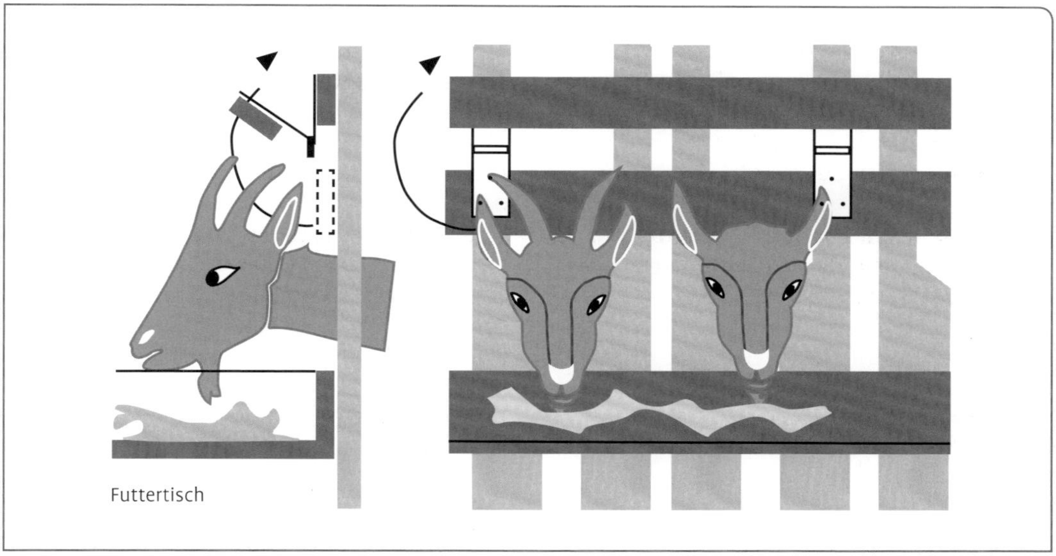

Abb. 28 Klappbrett am Fressgitter.

dene Stallabteile mit verschiedenen Rationen bedient.

Beim Einsatz eines Futterbandes kommt im Gegensatz zum Futtertisch die routinemäßige Tierbeobachtung zu kurz und man kann das Futterband auch nicht zur Not als Treibgang verwenden. Deshalb sollte ein Futterband möglichst immer mit Gängen entlang der Außenwände kombiniert sein. Dann aber ist der Vorteil des Raumsparens wieder hinfällig. Da Futterbänder auch teuer und reparaturanfällig sind, wird zumindest bei einem Neubau meist dem befahrbaren Futtertisch der Vorzug zu geben sein.

Das **Fressgitter** trennt den Futtertisch vom Stallabteil. Es soll grundsätzlich verhindern, dass die Ziegen auf und über den Futtertisch steigen.

Diese Anforderung erfüllt bereits ein einfacher Nackenriegel zum Beispiel aus einer Dachlatte. Es sollten aber entlang der Kante des Futtertisches immer wieder auch senkrechte Abtrennungen vorhanden sein, um zu verhindern, dass eine ranghohe Ziege den ganzen Fressbereich von einer Seite nach der andern aufrollt. Im Aufzuchtbereich kann der Nackenriegel mit Hilfe einer Reihe von vertikal angebrachten Schraubenlöchern einfach in der Höhe verstellt und damit an die wachsende Körpergröße von Jungziegen angepasst werden.

Des weiteren soll das Fressgitter möglichst auch verhindern, dass unnötig Futter herausgezogen und verdorben wird. Durch eine Abgrenzung einzelner Fressplätze kann es außerdem dafür sorgen, dass sich die Ziegen beim Fressen möglichst wenig gegenseitig stören. Häufig hat das Fressgitter noch die Funktion, die Ziegen zu fixieren, wenn man sie individuell füttern oder Behandlungen durchführen will.

Blenden als Sichtschutz zwischen den Fressplätzen sind bei einer Fressplatzbreite von mindestens 40 cm nicht notwendig und arbeitswirtschaftlich nur nachteilig.

Wie bei den Abtrennungen sind Fressgitter aus Holz preisgünstig und reparaturfreundlich. Besonders Hörnerziegen können mit Fressgittern aus Metall auch beträchtlichen Lärm veranstalten.

Ein Selbstfangfressgitter, wie es auch im Melkstand Verwendung findet, ist für die individuelle Futterzuteilung von großem Vorteil und sorgt für ungestörtes Fressen, solange die Ziegen fixiert sind. Da es aber aufwendig und teuer ist, gilt es, gut zu prüfen, ob diese Art Fressgitter am Futtertisch wirklich notwendig ist.

Bei Ziegen bestens bewährt hat sich das Palisadenfressgitter (Abb. 27.), das einfach und preisgünstig herzustellen ist.

Da die Fressschlitze im unteren Bereich schmal sind, müssen die Ziegen den Kopf heben, um ihn zurückzuziehen. So wird weitgehend verhindert, dass sie Futter herausreißen und auf den Boden fallen lassen. Auch Hörnerziegen kommen in der Regel mit diesem Fressgitter klar und lernen schnell, ein- und auszufädeln. Mit Hilfe eines einfachen Klappbretts können die Ziegen in diesem Fressgitter auch fixiert werden.

8.8 Tränkeeinrichtungen

Der tägliche Trinkwasserbedarf einer Ziege schwankt zwischen 3 und 12 Litern, je nach Wassergehalt des Futters und Milchleistung. Selbst bei Hitze ziehen Ziegen temperiertes Wasser kaltem Wasser vor. Verschmutztes Wasser lehnen Ziegen ab und leiden lieber Durst, als dass sie Wasser aufnehmen, das ihnen nicht zusagt. Bei ungenügender Trinkwasserversorgung lässt auch schnell die Futteraufnahme nach. Saufen Bockkitze zu wenig, so neigen sie zur Harnsteinbildung.

Ziegen trinken am liebsten in vollen Zügen. Ideal sind deshalb große Tränkewannen, in welche das Wasser schwimmergesteuert nachläuft und die zur täglichen Reinigung gekippt werden können. Für den eingestreuten Liegebereich eignen sich Selbsttränken mit kleinerem Becken, bei welchen der Wasserzulauf entweder durch Schwimmer gesteuert wird oder durch Pendelventile, welche die Ziegen sehr rasch zu betätigen lernen. Auch diese kleinen Becken sind täglich zu reinigen.

Es hat sich bewährt, am Ausgang des Melkbereiches eine Tränke einzurichten, da viele Ziegen nach dem Melken Durst zeigen.

In 100 cm Höhe angebracht, erreichen die Ziegen das Wasser in den Selbsttränken leicht, ohne mit den Füßen hineinzusteigen. Eine Trittleiste in 60 cm Höhe erleichtert kleineren Ziegen den Zugang. Für jeweils 25 Ziegen ist eine Selbsttränke einzurichten. Für jedes Tränkebecken ist ein Absperrhahn vorzusehen.

Wichtig
Die Tränkeanlage muss durch einen Fachbetrieb gegen Stromschläge gesichert werden!

Beheizbare Tränken erlauben eine ungestörte Wasserversorgung auch bei Minusgraden. Freiliegende Wasserleitungen können auch elektrisch beheizt werden, doch ist darauf zu achten, dass die Ziegen die Heizkabel nicht benagen können.

8.9 Künstliche Beleuchtung

Um genügend Arbeitssicherheit und eine sorgfältige Tierbeobachtung zu gewährleisten, muss der Stall zu jeder Tages- und Jahreszeit genügend zu beleuchten sein. Leuchtstofflampen sind so zu installieren, dass alle Bereiche ausgeleuchtet werden. Alle Leuchten und ihre Zuleitungen müssen außerhalb der Reichweite der Ziegen sein.

Soll zur Produktion von Milch außerhalb der üblichen Saison ein Lichtprogramm zur Brunstinduktion durchgeführt werden, muss die künstliche Beleuchtung so stark dimensioniert werden, dass im Augenbereich der Ziegen eine Beleuchtungsstärke von 200 Lux erreicht wird. Dies gilt auch für den Bockstall!

8.10 Strukturen für den Stallfrieden

Rangniedere Ziegen müssen den ranghöheren Ziegen ausweichen und ihnen Respekt erweisen können, was bei gehörnten Ziegen in verstärktem Maße gilt. Dabei ist dies nicht allein eine Frage der Dimensionen von Liegefläche und Fressplätzen, sondern auch die Strukturierung des Stalles kann Rückzugsbereiche für Rangniedere und Schwache schaffen. Der Fantasie sind hierbei kaum Grenzen gesetzt, wenn auch der Ziegenhalter neben dem Ziegenwohl seine eigene Arbeitswirtschaft nicht ganz aus den Augen verlieren sollte.

Frieden im Stall durch:
- Erhöhte Liegeflächen und Liegenischen, auch in mehreren Etagen, für gehörnte Ziegen mindestens 80 cm hoch.
- Gliederung durch geschlossene Zwischenwände und durch Raufen.
- Vermeiden von Sackgassen.
- Mehrere Durchgänge und Öffnungen zum Auslauf, mit jeweils über 170 cm breit genug, dass sie nicht von einzelnen Ziegen versperrt werden können.
- Fressgitter, in denen die Ziegen zeitweise fixiert werden können.

9 Milchziegenhaltung

9.1 Produktionsformen

In der arbeitsteiligen Gesellschaft der Industrieländer erfolgt die Grundversorgung der Bevölkerung mit Milch und Milchprodukten durch Kuhmilch. Das Preisniveau ist dabei so niedrig, dass Ziegenmilch aufgrund der höheren Produktionskosten nicht mithalten kann. Unter diesen Bedingungen produzieren erwerbsorientierte Milchziegenhaltungen für die Nachfrage nach besonders hochwertigen Lebensmitteln. Im Neben- wie im Vollerwerb verlangt die wirtschaftliche Milchziegenhaltung sorgfältiges Management mit intensiver Fütterung und hohem Arbeitsaufwand. Häufig muss der Erzeuger von Ziegenmilch sich selbst um Verarbeitung und Vermarktung kümmern, da geeignete Strukturen fehlen.

Die Futtergrundlage bildet das Grünland, je nach Standort auch günstig ergänzt durch Ackerfutterbau. Auf extensivem Grünland sind zufrieden stellende Milchleistungen nur möglich, wenn die Ziegen durch großzügige Flächenzuteilung genügend stark selektieren können. Weidehaltung erfordert in aller Regel mindestens eine medikamentöse Bekämpfung von Innenparasiten während der Laktationsperiode, was aufgrund der Wartezeit zu einem empfindlichen Verlust an nutzungsfähiger Milch führt. Durch ganzjährige Stallhaltung lässt sich dieses Problem umgehen. Hieraus haben sich bei Zukauf des Grundfutters sogar flächenunabhängige Haltungen entwickelt, die aber das Problem der Mistverwertung zu lösen haben. Zu bedenken ist, dass solche intensive Haltungsformen nicht dem Bild entsprechen, welches sich der Verbraucher von der naturnahen Erzeugung des Ziegenkäses macht und das für seine Kaufentscheidung große Bedeutung hat.

Bedeutung von Saisonalität und Laktationsdauer

Bedingt durch die saisonale Brunst der Milchziegen, ist die erzeugte Milchmenge starken jahreszeitlichen Schwankungen unterworfen. Bei Frischmilch und bei nur kurz lagerfähigen Käsesorten kann dies eine Versorgungslücke vom Herbst bis zum Spätwinter bedeuten. Für manchen Milchziegenbetrieb ist dies eine erwünschte ruhigere Zeit im Jahresablauf, insbesondere wenn er Stammkunden hat, die Ziegenkäse als saisonales Produkt akzeptieren.

Es kann aber auch ein Anreiz zur Ziegenmilcherzeugung „gegen die Saison“ bestehen, wenn Betriebe auch im Herbst und im Winter am Markt präsent bleiben wollen und wenn Ziegenmilch verarbeitende Molkereien aus demselben Grund und zur besseren Auslastung in dieser Zeit höhere Milchpreise bezahlen.

Der Möglichkeit, Käsebruch tiefgefroren zu lagern und erst im Winter weiter zu verarbeiten sind aus Qualitätsgründen Grenzen gesetzt.

Durch Lichtprogramme oder durch Hormonbehandlungen kann eine Brunst im Frühjahr und damit der erwünschte Laktationshöhepunkt im Spätherbst herbeigeführt werden. Dabei sollte die hormonelle Brunstinduktion im Hinblick auf das Image der Ziegenmilchprodukte mit großer Vorsicht betrachtet werden.

Schon die recht lange Brunstsaison der Ziege erlaubt durch entsprechendes Auseinanderziehen des Deckens eine bessere Verteilung des Milchanfalls. Allerdings zieht sich dann auch die Ablammperiode über einen längeren Zeitraum hin, was nicht in allen Betrieben erwünscht ist. In diesem Fall können zeitlich begrenzte Deckgruppen gebildet werden.

Gut bewährt hat es sich, dass ein Teil der Ziegen nicht gedeckt, sondern bei nur langsam nachlassender, zum Teil sogar wieder ansteigender Milchleistung durchgemolken wird, um erst in der folgenden Brunstsaison wieder gedeckt zu werden. Die Erfahrungen in Praxisbetrieben (Le Jaouen 2001) zeigen, dass bei solchen Lang-Laktationen von über 600 Tagen etwa die gleiche Milchmengenleistung erreicht wird, wie in zwei nacheinander folgenden normalen Laktationen bei jährlicher Ablammung. Die Gehalte an Fett und Eiweiß sind nicht beeinträchtigt. Ziegen, die nicht aufgenommen haben, können über die Lang-Laktation im normalen Produktionsablauf bleiben. Dies gilt besonders in Beständen, in welchen die Künstliche Besamung verbreitet eingesetzt wird und deshalb immer mit einem deutlichen Anteil leerer Ziegen gerechnet werden muss. In diesem Fall ist es hilfreich, eine zuverlässige Trächtigkeitskontrolle (Scanner) durchzuführen, um zu vermeiden, dass die leeren Tiere fälschlicherweise trockengestellt, anstatt gezielt für die Lang-Laktation gefüttert werden. Auch bei Erstlingsziegen, die nach der normalen Saison ablammen, eignet sich die Lang-Laktation, um sie in den Ablammrhythmus des Bestandes einzugliedern. Die Entwicklung, dass die Kitze für viele Milcherzeuger eher eine Belastung darstellen, hat die Tendenz zur Lang-Laktation noch verstärkt.

Tab. 40 Normen für die Fütterung der Milchziegen

Futteraufnahmevermögen:	
TS (kg/Tag)	= kg LM/100 + 0,9 + 0,4 (kg Milch – 1)
TS	= Trockensubstanzaufnahme
LM	= Lebendmasse
Milch	= Milchleistung/Tag
Bedarf für die Erhaltung pro Tag:	
Energie:	9,7 MJ ME bei 60 kg LM + 1,2 MJ ME/10 kg LM
Protein:	80 g nXP bei 60 kg LM + 10 g nXP/ 10 kg LM
Calcium:	3,5 g bei 60 kg LM + 0,5 g/10 kg LM
Phosphor:	2,8 g bei 60 kg LM + 0,5 g/10 kg LM
Der Energiebedarf für die Erhaltung erhöht sich bei Weidegang um etwa 25 %. Er kann bei anstrengender Bewegung z.B. auf Bergweiden auch um über 50 % erhöht sein.	
Bedarf für die Milchleistung pro kg Milch:	
Energie:	4,7 MJ ME bei 3,5 % Fett + 0,06 MJ ME/0,1 % Fett
Protein:	72 g nXP bei 2,9 % Eiweiß + 2,1 g nXP/0,1 % Eiweiß
Calcium:	3,3 g
Phosphor:	1,6 g
Merke: Der errechnete Wert für das Angebot einer Futterration an nutzbarem Rohprotein nXP gilt nur, wenn die ruminale Stickstoffbilanz RNB ausgeglichen ist mit einem Wert zwischen 0 und 5 g.	

Da die Ziegen in Lang-Laktation nicht trockengestellt werden, bleibt dem Euter keine Erholungspause und die Möglichkeit der Mastitisbehandlung mit Langzeitantibiotika fällt weg. Deshalb eignet sich die Lang-Laktation nur für eutergesunde Ziegen. Dann führt die Lang-Laktation auch nicht zwangsläufig zu erhöhten Milchzellgehalten (Charoin u. Cremoux 2012). Praxiserfahrungen weisen darauf hin, dass bei Ziegen in Lang-Laktation vermehrt Scheinträchtigkeiten auftreten.

Für die Züchtung auf Milchleistung stellt sich im Hinblick auf die Saisonalität eine Aufgabe: anzustreben ist eine eher flache Milchleistungskurve mit gutem Durchhaltevermögen, so dass mit mehr Herbst- und vielleicht sogar Wintermilch der Hofkäser eine längere Saison hat bzw. Preiszuschläge der Molkereien genutzt werden können. Auch im Hinblick auf die Fütterung ist ein solcher Laktationsverlauf vorteilhaft: im ersten Laktationsdrittel ist die Ziege einfacher auszufüttern und in der Spätlaktation ist die Verfettungsgefahr eingeschränkt.

9.2 Milchziegenfütterung

9.2.1 Normen für die Fütterung von Milchziegen

Dem in Tabelle 40 angegebenen Energie- und Proteinbedarf liegen neben den Empfehlungen der Gesellschaft für Ernährungsphysiologie (GFE 2003) die in der französischen Fütterungspraxis bewährten Werte (Institut De L'Elevage 1995, Mohrand-Fehr u. a. 1988) zu Grunde. Zusätzlich wurden Bedarfsnormen berücksichtigt, die Bellof (2000) in seinem Fütterungsprogramm für Milchziegen verwendet. Die nicht ohne weiteres zu übernehmenden französischen Proteinbedarfswerte wurden mithilfe von Korrekturfaktoren für den Rohproteinbedarf im Darm umgerechnet. Zur Bewertung von Energie und Protein und den entsprechenden Maßeinheiten siehe Kapitel 7.3. Die Ermittlung der Körperkonditionswerte wird in Kapitel 9.2.3.3 erläutert.

Trotz der Zahlen für Futter- und Bedarfswerte nicht vergessen
Ziegen sind Wiederkäuer!
Nur die wiederkäuergerechte Fütterung erlaubt eine nachhaltig hohe Milchleistung (siehe Kapitel 7.1).

9.2.2 Die Fütterungsphasen der Milchziege

Die Abbildung zeigt den typischen Verlauf von Körpergewicht, Futteraufnahmevermögen und Energiebedarf während des Produktionszyklus einer Milchziege.

Für die erfolgreiche Fütterungsstrategie ergeben sich 4 Phasen:

- die Hochträchtigkeit (4. und 5. Trächtigkeitsmonat),
- der Start in die Laktation,
- von der Laktationsspitze bis zum Decken,
- vom Decken zum Trockenstellen.

Die Hochträchtigkeit (4. und 5. Trächtigkeitsmonat)

Gewicht. Bedingt durch das Wachstum der Früchte steigt das Gewicht um etwa 10 kg.
Futteraufnahme. Die Gebärmutter beansprucht in der Bauchhöhle zunehmend mehr Raum, welcher nun dem Pansen fehlt. Die Futteraufnahme nimmt ab.

Während der Hochträchtigkeit brauchen die Ziegen das beste Futter!

In dieser Phase wird die Geburt vorbereitet und es werden endgültig die Weichen gestellt für eine erfolgreiche Laktation. Mängel während dieser Phase lassen sich später nicht mehr ausgleichen. Die Ziegen brauchen jetzt vor allem Grundfutter bester Qualität, um

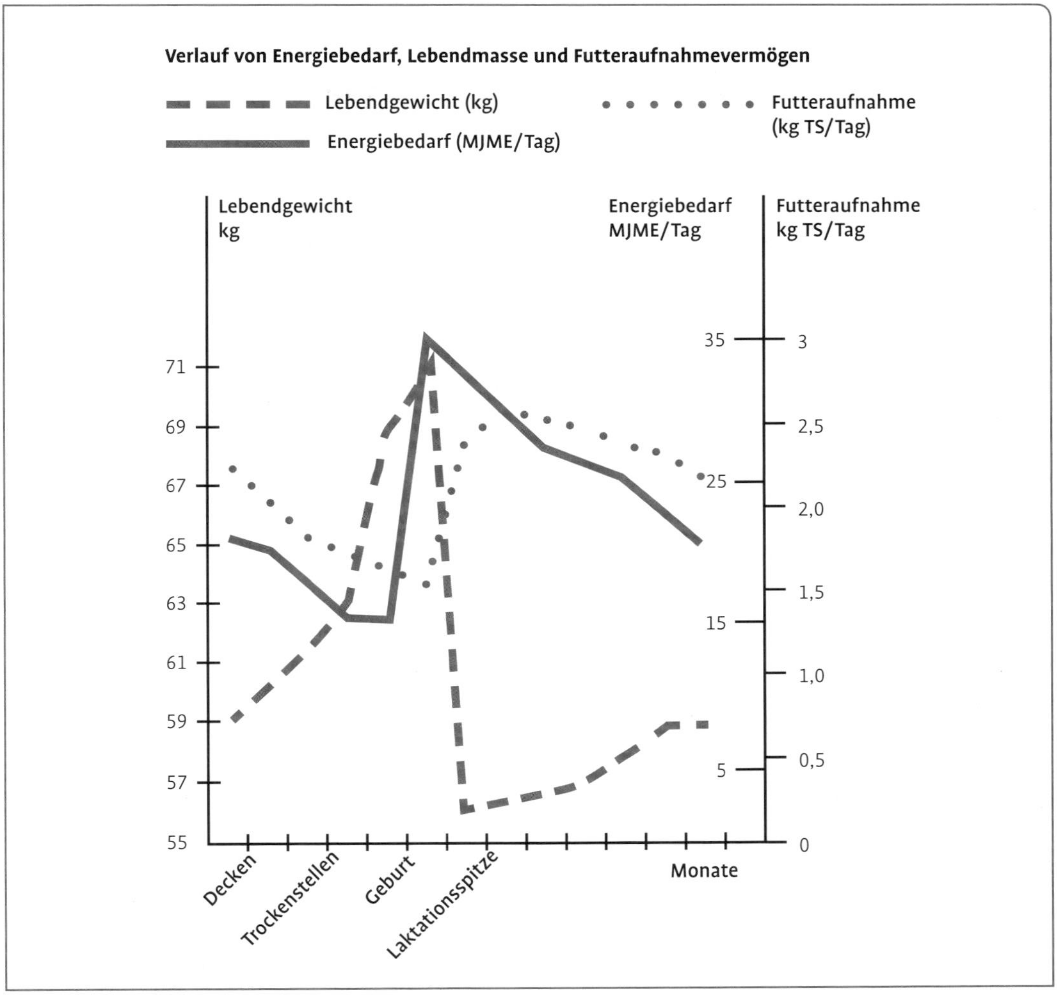

Abb. 29 Verlauf von Energiebedarf, Lebendmasse und Futteraufnahmevermögen.

bezüglich der Futteraufnahme im Training zu bleiben. Während des letzten Trächtigkeitsmonats ist ein Futterwechsel zu vermeiden. Bereits jetzt sollten dieselben Futtermittel verfüttert werden, die für die Laktation vorgesehen sind.

Während der letzten drei Trächtigkeitswochen wird zunehmend Kraftfutter gefüttert, um sowohl der Pansenwand wie auch den Pansenmikroorganismen genügend Zeit zur Anpassung an die Futterration in der Laktation zu geben.

Der Start in die Laktation

Gewicht. Durch die Geburt verliert die Ziege schlagartig an Gewicht, welches sich dann durch die Nutzung von Körperreserven weiter verringert.

Futteraufnahme. Während zum Zeitpunkt der Geburt der Futterbedarf besonders hoch

Tab. 41 Bedarf einer hochträchtigen 60-kg-Ziege pro Tag

	MJ ME	g nXP	g Ca	g P
4. Trächtigkeitsmonat	10,8	126	6,3	3,5
5. Trächtigkeitsmonat	12,2–14,5	171–192	8,4	4,2

Beim Mineralstoffbedarf ist besonders darauf zu achten, dass wegen der Gefahr des Festliegens durch Hypocalcämie nach der Geburt das Ca/P-Verhältnis einen Wert von 2 : 1 in der Ration nicht überschreitet. Insbesondere bei Ca-reichem Grundfutter wie z. B. Luzerne ist ein Mineralfutter mit entsprechend geringerem Ca-Gehalt zu füttern.

Tab. 42 Fütterungskennwerte in der Hochträchtigkeit

Futteraufnahme:	ca. 1,5 kg TS/Ziege/Tag Eine geringere Futteraufnahme weist auf einen zu hohen Kraftfutteranteil oder auf zu schlechte Futterqualität hin.
Energiekonzentration:	10 MJME pro kg TS
Anteil Kraftfutter:	maximal 30 % der TS
Rohfaserangebot:	mindestens 20 % der TS
Körperkondition:	2,75–3,25

ist, ist der Appetit der Ziege auf dem Tiefpunkt angelangt! Die Futteraufnahme steigt in den folgenden acht Wochen wieder an.

Bei frisch laktierenden Ziegen gilt es die Aufnahme besten Grundfutters zu fördern. Die Kraftfuttergaben steigen wöchentlich um 100 bis 150 g, um in der sechsten Laktationswoche ihren Höchststand zu erreichen.

Eine Kontrolle der Grundfutteraufnahme vor der Geburt und zwei Wochen nach der Geburt gibt Aufschluss über die Reaktion der Ziegen auf die zusätzlichen Kraftfuttergaben:

- ist der Grundfutterverzehr zurückgegangen, war die Steigerung der Kraftfuttergabe zu rasch und sie ist etwas zurückzunehmen.
- ist der Grundfutterverzehr gleichgeblieben oder angestiegen, kann auch die Steigerung der Kraftfuttergabe fortgesetzt werden. Die Grundfutteraufnahme ist weiterhin im Auge zu behalten. Das Kraftfutter soll kein Grundfutter verdrängen.

Es ist völlig normal, dass die Ziege zu Beginn der Laktation auf die Mineralstoff-Reserven in ihren Knochen zurückgreift und eine die angegebenen Werte für Ca und P übersteigende Mineralstoffversorgung ist nicht notwendig.

Von der Laktationsspitze bis zum Decken

Gewicht. Weitgehend gleichbleibend. Gegen die Deckzeit hin darf das Gewicht ruhig zunehmen.

Futteraufnahme. Mit der Milchleistung geht auch die Futteraufnahme langsam zurück.

Tab. 43 Bedarf zu Beginn der Laktation

Bedingt durch den hohen Nährstoffgehalt des Kolostrums ist der Nährstoffbedarf zu Beginn der Laktation am höchsten. Ein gewisses Defizit bei der Energieversorgung kann durch die Mobilisierung von Körperreserven gedeckt werden. Ein zu großes Energiedefizit führt zur gefährlichen Ketose. Der Eiweißbedarf muss entsprechend der Milchleistung möglichst rasch gedeckt werden. Damit ergibt sich für eine 60 kg Ziege je nach Milchleistung (bei 3,5 % Fett und 2,9 % Eiweiß):

Milch kg/Tag	MJ ME	g nXP 1. Woche	g nXP 2. Woche	g nXP 3. Woche	G Ca	g P
3	17,0	160	240	296	13,4	7,6
4	21,8	232	328	368	16,7	9,2
5	26,4	304	400	440	20,0	10,8
6	31,1	376	472	512	23,3	12,4

Tab. 44 Kennwerte zu Beginn der Laktation

Futteraufnahme:	Während 4–5 Wochen nimmt der Appetit stetig zu und die Futteraufnahme steigt wöchentlich um 200–250 g TS. Bei einer Laktationspitze von 4 kg Milch steigt die Futter aufnahme von 1,5 kg TS bei der Geburt auf 2,6 kg TS bei der Laktationsspitze
Energiekonzentration:	10,5–12,0 MJ ME pro kg TS
Anteil Kraftfutter:	maximal 60 % der TS
Rohfaserangebot:	mindestens 18 % der TS
Körperkondition:	2,00–2,75

Vom Decken zum Trockenstellen

Gewicht. Das Gewicht kann je nach Körperzustand in drei Monaten um 6 bis 8 kg zunehmen. Eine Verfettung ist jedoch unbedingt zu vermeiden.

Futteraufnahme: Die Futteraufnahme geht stetig zurück, kann aber den Bedarf für Erhaltung und Milchleistung übertreffen. Das geringe Wachstum der Föten schränkt das Pansenvolumen noch nicht ein.

Während der Frühträchtigkeit wird die Grundlage für die kommende Laktation gelegt!

Die Fütterung in dieser Phase bestimmt weitgehend über die Stoffwechselstabilität der Ziege und ihre Fähigkeit zur Futteraufnahme in der nächsten Laktation. Aus der Beurteilung der Körperkondition zu Beginn der Trächtigkeit ergibt sich die richtige Fütterungsstrategie. Die meisten Ziegen sind zu diesem Zeitpunkt noch mager und die Fütterung muss ihnen erlauben, die Körperreserven aufzufüllen. Gleichzeitig soll der Kraftfutteranteil in der Ration zurückgehen, damit die Fähigkeit zur Grundfutteraufnahme nicht nachlässt.

Sobald die Ziegen die erwünschte Kör-

Tab. 45 Bedarf von der Laktationsspitze bis zum Decken

Sowohl der Energie- als auch der Eiweißbedarf müssen jetzt völlig durch das Futter abgedeckt sein. Für eine 60-kg-Ziege ergibt sich je nach Milchleistung (bei 3,5 % Fett und 2,9 % Eiweiß):

Milch (kg/Tag)	kg TS	MJ ME	g nXP	g Ca	g P
1	1,6	13,9	152	6,8	4,4
2	1,9	18,5	224	10,1	6,0
3	2,3	23,2	296	13,4	7,6
4	2,7	27,9	368	16,7	9,2
5	3,1	32,6	440	20,0	10,8
6	3,5	37,2	512	23,3	12,4

Tab. 46 Fütterungskennwerte Laktationsspitze bis zum Decken

Futteraufnahme:	Die in der Bedarfstabelle angegebenen Werte werden nur bei guter Grundfutterqualität erreicht, sonst kann die Futteraufnahme um 1 kg TS oder noch mehr darunter liegen.
Energiekonzentration:	9,5 MJ ME / kg TS bei hoher Futteraufnahme bis 11,0 MJ ME/kg TS bei geringerer Futteraufnahme
Anteil Kraftfutter:	maximal 60 % der TS
Rohfaserangebot:	mindestens 18 % der TS
Körperkondition:	2,50–3,00

perkondition wieder erreicht haben, ist eine weitere Verfettung unbedingt zu vermeiden. Deshalb muss gerade jetzt die Körperkondition sorgfältig überwacht werden.

Trockenstellen

Spätestens zwei Monate vor dem Geburtstermin sind die Ziegen trocken zu stellen, nachdem ihnen während einer Woche die Kraftfutterration zunehmend gekürzt wurde. Belastungen durch abruptes Absetzen des

Farbtafel 7: Krankheiten

1 Starker Befund von Lippengrind am Maul. Lippengrind wird bei der natürlichen Aufzucht auf die Mütter (Euter) übertragen.
2 Extremer Unterbeisser bei einer Milchziege.
3 Pseudotuberkulose – aufgebrochene Abszesse im Kopf- und Halsbereich in Abheilung (Foto: Steng).
4 Blauzungenkrankheit zeigt Rötungen und Blutungen in der Maulschleimhaut (Foto: Messaman).
5 Verdickte Vordergliedmaßen bei CAE (Foto: Winkelmann).
6 Verzupftes Fell bei Haarlingsbefall (Foto: Steng).

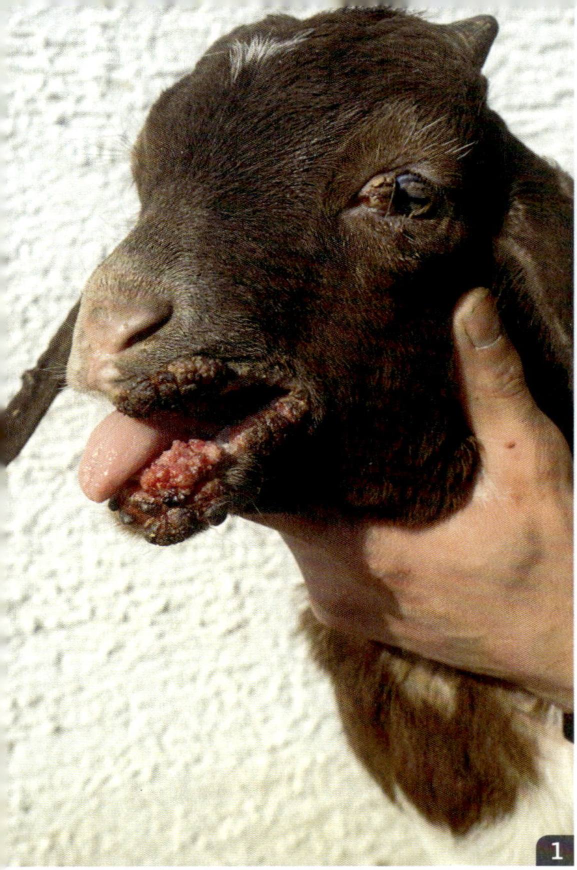
1

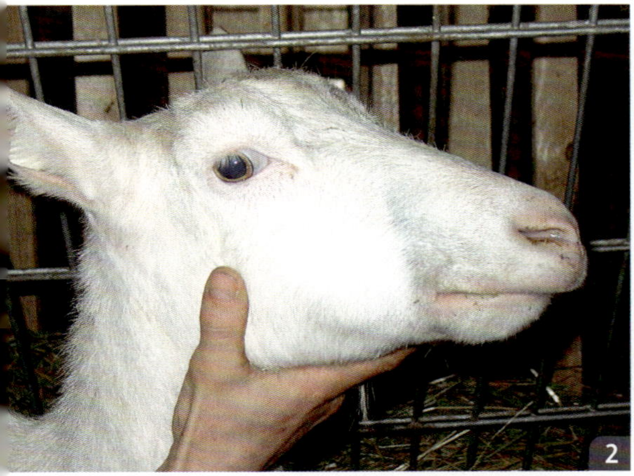
2

3

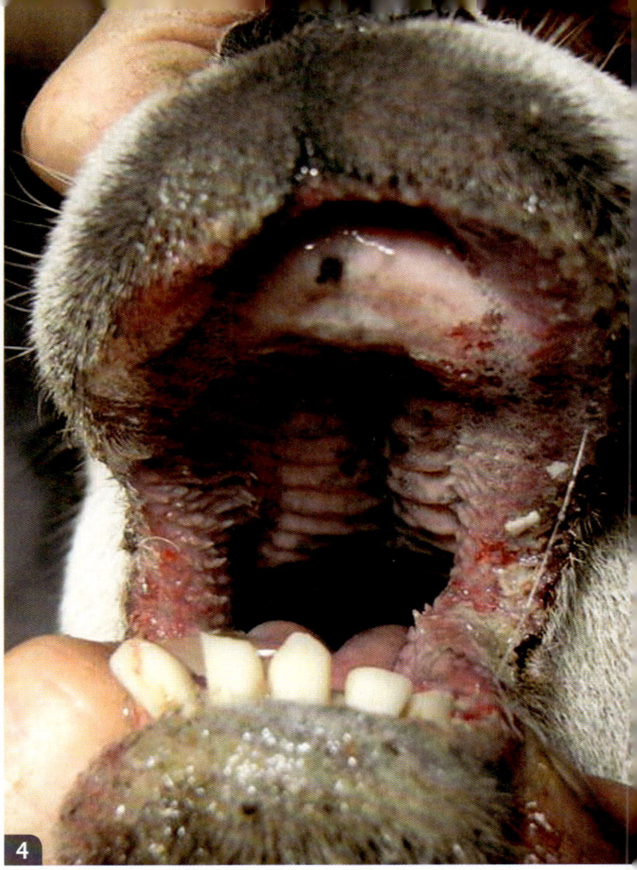
4

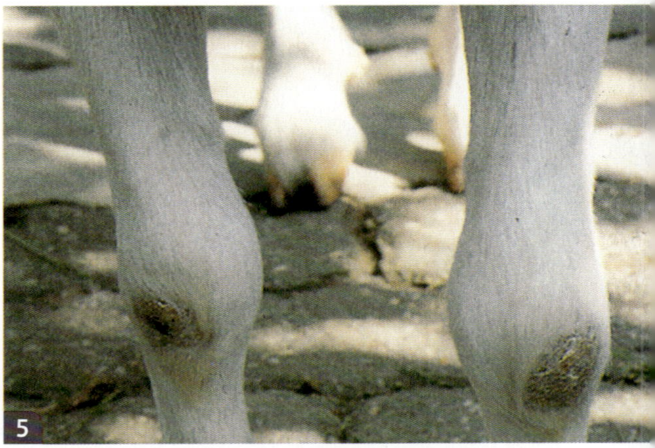
5

6

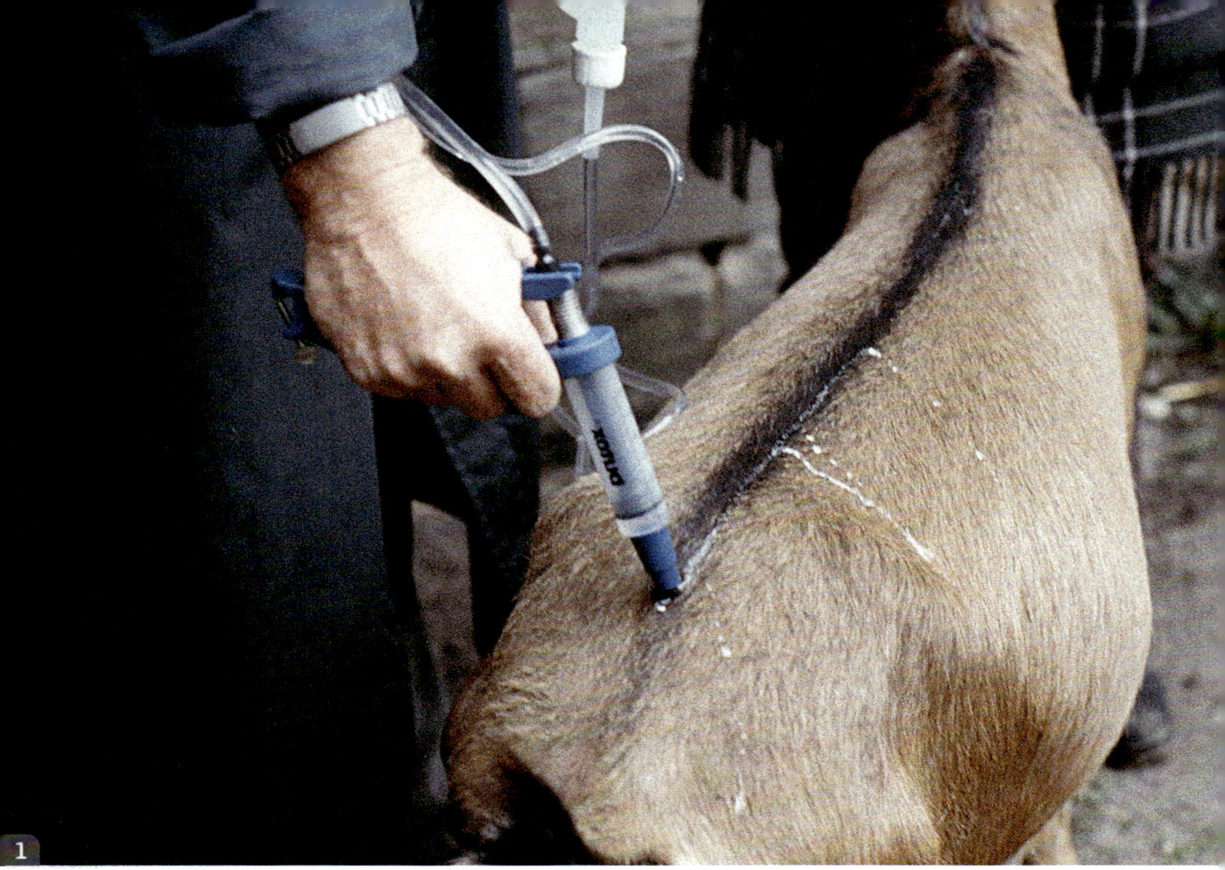
1

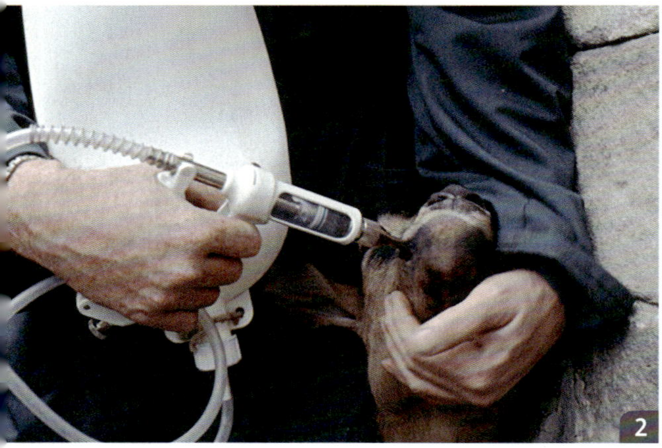
2

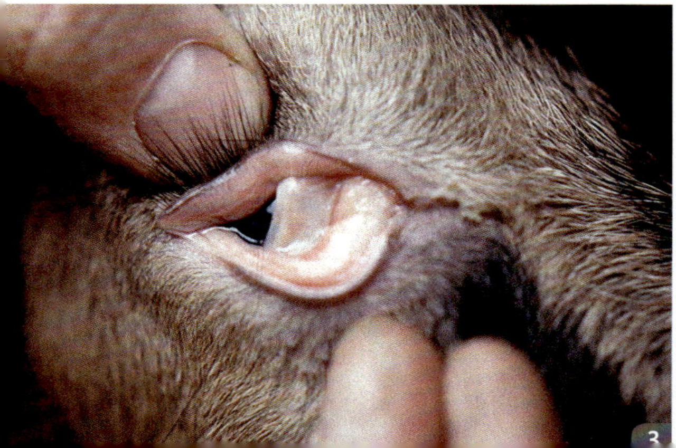
3

4

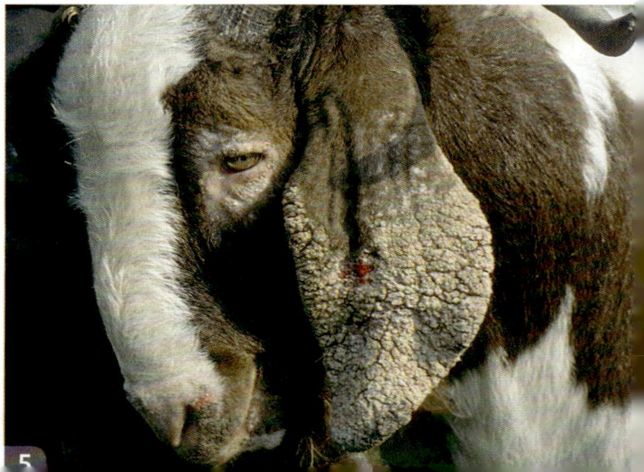
5

Tab. 47 Bedarf vom Decken bis zum Trockenstellen

Soll die Ziege in 3 Monaten um 6 kg zunehmen, braucht sie täglich zusätzlich 2,8–3,0 MJ ME. Der Bedarf für das Wachstum der Föten ist noch zu vernachlässigen.

Milch (kg/Tag)	kg TS	MJ ME	g nXP	g Ca	g P
1	1,9	16,8	152	6,8	4,4
2	2,2	21,4	224	10,1	6,0
3	2,6	26,1	296	13,4	7,6
4	3,0	30,7	368	16,7	9,2

Tab. 48 Fütterungskennwerte vom Decken bis zum Trockenstellen

Futteraufnahme:	die Futteraufnahme sinkt bis zum Trockenstellen auf 1,5–1,7 kg TS ab
Energiekonzentration:	8,3–10,8 MJ ME / kg TS je nachdem, wie stark die Körperkondition zu verbessern ist
Anteil Kraftfutter:	0–50 % je nach Grundfutter
Rohfaserangebot:	18–22 % der TS
Körperkondition:	2,50–3,25

Kraftfutters sind zu vermeiden. Auf keinen Fall darf das Tränkwasser entzogen werden. Das Melken wird dann bei eutergesunden Ziegen weitgehend ohne Übergang eingestellt.

Zur Energieversorgung während der Laktation

In der Fütterungspraxis ist die Energiezufuhr der wichtigste die Milchleistung begrenzende Faktor. Die einfachste Maßnahme, um das Energieangebot der Ration zu steigern ist die Zulage von Kraftfutter. Die Ziegen reagieren darauf rasch mit einer Leistungssteigerung, bis ihr Energiebedarf voll gedeckt ist. Auch wirtschaftlich ist es sinnvoll, das Energiedefizit mit Kraftfutter zu decken, wenn die Energieeinheit im Kraftfutter preisgünstiger ist als im Raufutter.

Farbtafel 8: Krankheiten

1 Applikation eines Pyrethroids über die Rückenlinie gegen Ektoparasiten, wie Haarlinge, Zecken etc. (Foto: Steng).

2 Eingabe eines Wurmmittels mit Drenchpistole (Foto: Steng).

3 Kontrolle auf Blutarmut zwecks Früherkennung von Wurmbefall: Vorverlagern der Lidschleimhaut und des dritten Augenlids (Blinzknorpel), hier rosarot (normal) (Foto: Steng).

4 Bei Magnesiummangel bzw. zu hohem Kaliumgehalt können Ziegen an Weidetetanie verenden (Foto: Steng).

5 Krustöses Ekzem bei Burenziegenbock am Ohr und in der Augenumgebung (tritt auch auf an Hodensack und Klauensaum) – Verdacht auf Photodermatitis (Foto: Steng).

Tab. 49 Auszug aus einer Futterwerttabelle für Wiederkäuer (bezogen auf 1000 g Frischmasse)

Futtermittel	TS g	ME MJ	nXP g	RNB g	Rohfaser g	Ca g	P g
Heu klee- und kräuterreich, 1. Schnitt, Mitte–Ende Blüte	860	7,39	101	−3	284	7,2	2,3
Grassilage 1. Aufwuchs, Beginn der Blüte	350	3,44	46	1	96	2,1	1,3
Futterrüben (gehaltvolle)	150	1,79	22	−2	10	0,3	0,4
Ackerbohnen	880	11,99	172	15	78	1,2	4,8
Wintergerste	880	11,30	144	−5	50	0,6	3,4
Sojaextraktionsschrot (Normtyp)	880	12,10	271	28	59	3,0	6,4

Abkürzungen: TS = Trockensubstanz; ME = Umsetzbare Energie; nXP = nutzbares Rohprotein; RNB = Ruminale Stickstoff-Bilanz

Tab. 50 Berechnung der Beiträge der einzelnen Rationskomponenten und ihrer Summe als Futterwert der Ration (Beispiel 1)

Futtermittel	Menge kg	TS kg	ME MJ	nXP g	RNB g	Rohfaser g	Ca g	P g
Heu	1,8	1,56	13,30	181	−5,4	511	12,3	4,1
Futterrüben	1,5	0,23	2,69	33	−3,0	15	0,5	2,0
Ackerbohnen	0,6	0,53	7,19	103	9,0	47	0,7	2,9
Summe = Futterwert der Ration		2,32	23,18	317	0,6	573	13,5	9,0

Trotzdem sind dem Kraftfuttereinsatz aus physiologischen Gründen Grenzen gesetzt. Werden etwa 50 % der Nettoenergie einer Ration aus Kraftfutter geliefert, so ist die Grenze für eine normale Pansenfunktion erreicht. Für eine Milchleistung von 900 kg/Ziege/Jahr bedeutet dies pro Jahr etwa 320 kg Kraftfutter wie z. B. Wintergerste.

Die andere Möglichkeit zur Erhöhung der Energiedichte in der Ration setzt beim Grundfutter an. Grundfutter geringerer Energiedichte kann durch solches mit höherer Energiedichte ersetzt werden, z. B. Heu durch Maissilage. Beim Heu zeigt sich die große Bedeutung der Qualität, die hohe Nährstoffdichte mit genügender pansenphysiologisch wirksamer Struktur bietet. Eine wichtige, aber häufig vernachlässigte Möglichkeit, die Energiedichte im tatsächlich aufgenommenen Grundfutter zu verbessern, ist ein Überangebot an Futter, damit die Ziegen ihre Selektionsfähigkeit voll ausnützen können. Entsprechend größere Futterreste müssen natürlich akzeptiert werden.

Günstig für eine bedarfsgerechte Energieversorgung ist eine eher flache, aber lang durchhaltende Laktationskurve. Ziegen mit ausgeprägt gipfelförmigen Lakationskurven sind in der Höchstlaktation energetisch schwierig zu versorgen, während in der Spätlaktation die Gefahr von Verfettung durch energetische Überversorgung droht.

9.2.3 Steuerung der Fütterung

9.2.3.1 Beurteilung und Ausgleich einer Milchziegenration

Zur Berechnung des Futterwerts einer Ration werden die Gehaltswerte der einzelnen Futtermittel benötigt. Sie sind in Futterwerttabellen zu finden, z. B. der DLG-Futterwerttabelle für Wiederkäuer, oder als Ergebnis einer Probenanalyse des betreffenden Futtermittels.

Durch den Vergleich des Futterwertes einer Ration mit den Bedarfsnormen kann eine Futterration beurteilt und falls notwendig ausgeglichen werden. Zwei Beispiele sollen dies erläutern:

Beispiel 1:

Eine Ziege von 60 kg und einer aktuellen Tagesleistung von 3 kg Milch mit 3,5 % Fett und 2,9 % Eiweiß nach Überschreiten der Laktationsspitze erhält eine Tagesration von 1,8 kg Heu, 1,5 kg Futterrüben und 0,6 kg Ackerbohnen. Genügt das Nährstoffangebot dieser Ration (s. Tab. 50), um den Nährstoffbedarf dieser Ziege (s. Tab. 51) zu decken?

Beurteilung der Ration

Futteraufnahme: Da mit einer Futteraufnahme von 2,3 kg TS gerechnet werden kann, wird die Ration mit 2,32 kg TS sicherlich gefressen, sofern das Heu von guter Qualität ist.

Energieversorgung: Mit 23,18 MJ NEL in der Ration ist der Bedarf für 3 kg Milch gedeckt.

Tab. 51 Bedarf der Ziege (Beispiel 1)

kg TS	MJ ME	g nXP	g Ca	g P
2,3	23,2	296	13,4	7,6

Energiekonzentration: Aus 23,18 MJ ME in 2,32 kg TS ergibt sich eine Energiekonzentration von 10,0 MJ ME/kg TS und liegt damit im Normbereich.

Eiweißversorgung: Mit 317 g nXP übertrifft das Angebot der Ration leicht den Bedarf von 296 g nXP.

Ruminale Stickstoffbilanz: Mit 0,6 g liegt die RNB der Ration am unteren Ende der Anforderung. Deshalb sollte das Eiweißangebot nicht reduziert werden, auch wenn der günstige nXP-Wert zu diesem Schluss verleiten könnte.

Rohfaserangebot: Mit 573 g Rohfaser in 2320 g TS ergibt sich ein Rohfasergehalt von 24,6 % Rohfaser. Da damit der geforderte Mindestgehalt von 18 % übertroffen wird und zum größten Teil aus Halmfutter stammt, ist die Ration völlig wiederkäuergerecht.

Anteil Kraftfutter: Mit 0,53 kg TS aus Ackerbohnen in insgesamt 2,32 kg TS ergibt sich ein Kraftfutteranteil von 22,8 %. Er liegt damit weit unter dem Maximum von 60 %, was die Wiederkäuergerechtigkeit der Ration weiter betont.

Ergebnis: Diese Ration deckt den Energie- und den Eiweißbedarf der Ziege auf wiederkäuergerechte Weise!

Mineralstoffversorgung: Der Ca- wie der P-Bedarf sind gedeckt. Allerdings ist zu bedenken, dass gerade bei den Mineralstoffgehalten von Grünlandfutter wie Heu und Silage die Tabellenwerte nur Mittelwerte sind und im Einzelfall sehr stark von den tatsächlichen Gehalten abweichen können.

Tab. 52 Berechnung der Beiträge der einzelnen Rationskomponenten und ihrer Summe als Futterwert der Ration (Beispiel 2)

Futtermittel	**Menge kg**	**TS kg**	**ME MJ**	**nXP g**	**RNB g**	**Rohfaser g**	**Ca g**	**P g**
Grassilage	5,0	1,75	17,20	230	5	480	10,5	6,5
Sojaextraktionsschrot	1,5	1,32	18,15	407	42	88	4,5	9,6
Summe = Futterwert der Ration		3,07	35,35	637	47	568	15,0	16,1

Deshalb ist es im vorliegenden Fall sicherlich sinnvoll, der Ziege zwar kein weiteres Mineralfutter in die Ration einzumischen, aber als Leckmasse zur Selbstbedienung anzubieten. Zusätzlich ist ein Salz-Leckstein selbstverständlich.

Beispiel 2:
Eine Ziege von 60 kg und einer aktuellen Tagesleistung von 6 kg Milch mit 3,5 % Fett und 2,9 % Eiweiß in der 4. Laktationswoche erhält eine Tagesration von 5,0 kg Grassilage und 1,5 kg Sojaextraktionsschrot. Genügt das Nährstoffangebot dieser Ration, um den Nährstoffbedarf dieser Ziege zu decken?
Beurteilung der Ration
Futteraufnahme: Es kann erwartet werden, dass die Ziege in der 4. Woche bereits etwas über 3 kg TS aufnimmt. Mit einer Aufnahme von 3,5 kg TS, wie in der Bedarfsnorm angegeben, kann allerdings zu diesem Zeitpunkt noch kaum gerechnet werden.
Energieversorgung: Diese Futterration deckt den Bedarf an ME nicht ganz ab.

Tab. 53 Bedarf der Ziege (Beispiel 2)

kg TS	**MJ ME**	**g nXP**	**g Ca**	**g P**
3,5	37,2	512	23,3	2,4

Die **Energiekonzentration** liegt mit 10,6 MJ ME/kg TS im Normbereich.
Eiweißversorgung: Das Angebot der Ration übertrifft den Bedarf weit.
Ruminale Stickstoff-Bilanz: Mit 47 g ist die RNB viel zu hoch und spiegelt auch das Überangebot an Eiweiß bei gleichzeitigem Energiemangel dieser Ration wieder.
Das **Rohfaserangebot** liegt mit 19 % fast an der unteren Grenze.
Anteil Kraftfutter: 43 % der Trockenmasse.
Ergebnis: Diese Ration ist unausgeglichen. Einem Überangebot an Eiweiß steht ein Mangel an Energie gegenüber. Der hohe RNB-Wert weist darüber hinaus darauf hin, dass der Stoffwechsel der Ziege stark belastet wird und auf die Dauer gesundheitliche Schäden nicht ausgeschlossen werden können.

Ausgleich der Ration nach der RNB unter Beachtung der nXP-Versorung:
→ zuverlässige nXP-Werte
→ keine Verschwendung von Eiweiß
→ gesunde Ziegen

Um die Ration ins Gleichgewicht zu bringen ohne die Futtermenge übermäßig zu erhöhen, wird das eiweißbetonte Sojaextraktionsschrot in der Ration reduziert und zusätzlich energiebetonte Wintergerste gefüttert:

Tab. 54 Berechnung des Futterwerts der korrigierten Ration

Futtermittel	Menge kg	TS kg	ME MJ	nXP g	RNB g	Rohfaser g	Ca g	P g
Grassilage	5,0	1,75	17,20	230	5	480	10,5	6,5
Sojaextraktions-schrot	0,2	0,18	2,42	54	6	12	0,6	1,3
Wintergerste	1,6	1,41	18,08	230	–8	80	1,0	5,4
Summe = Futterwert der Ration		3,34	37,70	514	3	572	12,1	13,2

Damit setzt sich die korrigierte Futterration aus 5,0 kg Grassilage, 0,2 kg Sojaextraktionsschrot und 1,6 kg Wintergerste zusammen.

Der Vergleich mit dem Bedarf der Ziege zeigt: Diese Ration wird in der 4. Laktationswoche sicherlich aufgenommen und deckt den Energie- und Eiweißbedarf der Ziege. Allerdings ist der Rohfaser- gehalt mit knapp 18 % an der unteren Grenze, weshalb durch die Art der Kraftfutterverteilung dafür gesorgt werden muss, dass die Ration wiederkäuergerecht bleibt.

Mineralstoffversorgung: Während der P-Bedarf abgedeckt ist, besteht eine Versorgungslücke beim Ca-Bedarf, die z. B. mit 28 g kohlensaurem Kalk abgedeckt werden kann. Für die Deckung des Natriumbedarfs ist den Ziegen natürlich auch bei dieser Ration Salz als Leckstein zur Verfügung zu stellen. Auf die geringe Zuverlässigkeit der Tabellenwerte für den Mineralstoffgehalt im Grundfutter sei nochmals hingewiesen.

Hinweis: Je nachdem welche Futtermittel zur Verfügung stehen, lässt sich eine Ration auf verschiedenste Weise an den Bedarf anpassen. Um rasch verschiedene Rationszusammensetzungen auf ihre Eignung prüfen und vergleichen zu können, ist es sehr hilfreich über ein entsprechendes EDV-Programm zu verfügen, wie z. B. das Programm zur Rationsgestaltung bei Milchziegen von Bellof (2000).

9.2.3.2 Bedarfsgerechte Fütterung auf der Grundlage der Milchleistungsprüfung

Die Rationsberechnung ist ein wichtiges Instrument der Fütterungsplanung. In der Fütterungspraxis bestehen jedoch meist große Unterschiede zwischen der berechneten und der tatsächlich von der Ziege aufgenommenen Ration:

Die tatsächlich aufgenommene Ration ist natürlich die wichtigste; doch kann sie sich gerade bei der Ziege mit ihrer selektiven Fresweise stark von der zugeteilten Ration unterscheiden. Es ist unter praktischen Fütterungsbedingungen nicht möglich, die tatsächlich gefressene Ration genau genug festzustellen. Dies gilt in ganz besonderem Maße beim Weidegang. Da hierbei die Menge und die Zusammensetzung des aufgenommenen Futters nur sehr grob abgeschätzt werden können, fehlt die notwendige Information, um die Ration zu beurteilen und nötigenfalls korrigieren zu können.

Es gibt drei verschiedene Futterrationen
- die berechnete Ration
- die zugeteilte Ration
- die aufgenommene Ration

Der Weg zur leistungsgerechten Fütterung, ein permanenter Prozess

Berechnung der Futterration
Bedarf der Ziege ←→ Angebot im Futter
↓
Milchleistungsprüfung ← **Anpassung der Futterration**
Menge, Fett, Eiweiß, Harnstoff ↑
↓
Prüfung auf Entwicklungen → **Forschung nach Ursachen bei der Fütterung**

Aber es ist die Ziege selbst, welche die notwendigen Informationen liefert: durch ihre Milchleistung, ihre Stoffwechselwerte und ihren Körperzustand. Deshalb ist eine regelmäßige Milchleistungsprüfung (MLP) unabdingbar. Sie informiert über den Ernährungszustand und die Stoffwechsellage der Ziege und die leistungsgerechte Fütterung stellt sich damit als ein dynamischer, permanenter Prozess dar.

Anpassung der Fütterung an die Milchmengenleistung. Zu Beginn der Laktation versucht man durch ein entsprechendes Futterangebot herauszufinden, zu welcher Leistung die Ziege fähig ist, sofern nicht aus vorhergehenden Laktationen schon auf die zu erwartende Leistung geschlossen werden kann.

Mit fortschreitender Laktation muss die Fütterung dann möglichst rasch an die aktuelle Milchleistung angepasst werden. Werden nur wenige Ziegen gemolken, so ist die Erfassung der individuellen Milchmenge kaum ein Problem. Doch je größer der Ziegenbestand ist, um so wichtiger wird die regelmäßige Milchleistungsprüfung (MLP) zur Erfassung des Laktationsverlaufs bei den einzelnen Ziegen, insbesondere wenn mit der Maschine gemolken wird.

Die Abbildung zeigt, wie die Fütterung im Blindflug während der Hochlaktation in der Regel zu einem Energiedefizit, in der Spätlaktation jedoch zu einem Energieüberschuss führt. Beide Fütterungsfehler führen zu schwerwiegenden Stoffwechselbelastungen, die bei richtiger Fütterung auf der Grundlage regelmäßiger Milchkontrolle vermieden werden können.

Deshalb: Nach jeder Milchkontrolle die Fütterung an die aktuelle Milchleistung anpassen!

Milcheiweißgehalt und Fütterung. Die Betrachtung von Abbau und Umbau des Rohproteins im Pansen zeigt, dass die Eiweißbildung stark von der Versorgung der Pansen-Mikroorganismen mit Energie abhängt.

Eiweißbildung braucht Energie!
Der Milcheiweißgehalt gibt Auskunft über die Energieversorgung der Ziege.

Ergibt sich aus der Milchleistungsprüfung ein unbefriedigender Eiweißgehalt, so ist zuerst die Energieversorgung zu überprüfen. In den meisten Fällen bringt die Verbesserung der Energieversorgung eine Normalisierung der Eiweißgehalte, während in diesen Fällen eine Verbesserung des Proteinangebots zu keiner Steigerung des Milcheiweißgehaltes führt.

Optimierung der Fütterung durch Harnstofftest. Ein niedriger Eiweißgehalt in der Milch kann bei genügender Energieversorgung durch einen absoluten Rohproteinmangel im Futter bedingt sein. Woher weiß nun der Ziegenbetreuer, ob es bei niedrigen Gehalten an Milcheiweiß nun im Futter an Energie oder an Eiweiß fehlt?

Diese Frage lässt sich klären, wenn zusätzlich zum Eiweißgehalt auch noch der Harnstoffgehalt der Milch zu Rate gezogen wird. Dieser Wert wird bei der MLP meist routinemäßig erfasst.

Harnstofftest deckt Fütterungsfehler auf!

Wie kommt der Harnstoff in die Milch? Wird der in der Leber gebildete Harnstoff über das Blut zur Niere und zur Speicheldrüse transportiert, so geht ein sehr kleiner Teil dieses Harnstoffs in den stark durchbluteten Milchdrüsen des Euters auch in die Milch über. Der Harnstoffgehalt der Milch ist zwar mit durchschnittlich 20 mg/dl Milch bzw. 0,02 % sehr klein, spiegelt jedoch den Harnstoffgehalt im Blut wider, der seinerseits vom Zusammenspiel von Energie und Eiweiß im Pansen abhängt.

Die Abbildung 31 zeigt, wie die Gehalte der Milch an Eiweiß und Harnstoff zu kombinieren sind, um die aktuelle Fütterungssituation zu beurteilen. Damit steht dem Ziegenbetreuer ein gutes Instrument zur Verfügung, um die Fütterung an den tatsächlichen Bedarf der Ziege anzupassen.

Allerdings ist zu berücksichtigen
- Harnstoff-Einzelwerte sind wenig aussagekräftig.
- Bei einzelnen Tieren können kurzfristig Schwankungen der Werte auftreten.

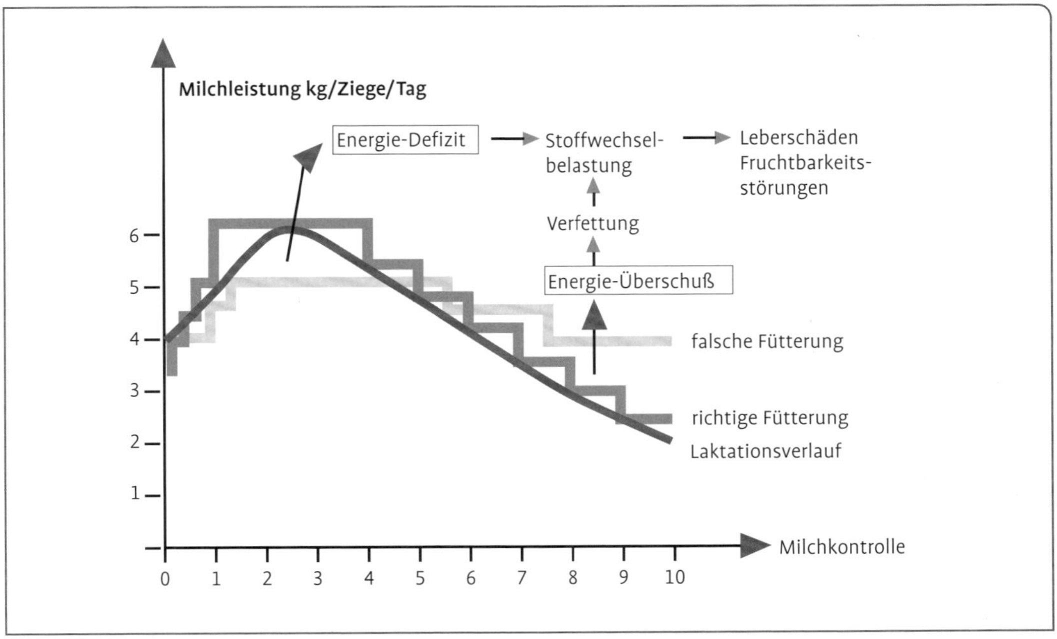

Abb. 30 Laktationsverlauf und die Folgen schlecht angepasster Fütterung.

Deshalb ist es wichtig, die Harnstoffwerte des gesamten Ziegenbestandes regelmäßig zu erfassen und auszuwerten. Besonders informativ sind dabei die Veränderungstendenzen von einer Milchkontrolle zur anderen.

Fettgehalt und Fütterung
Grundsätztlich gilt:

> Niedrige Fettgehalte in der Milch sind Ausdruck eines Mangels an Rohfaser!

Ein Blick in das Synthesegeschehen im Euterdrüsengewebe (Abb. 32) zeigt, dass Milchfett vorwiegend aus der im Pansen von einer ganz bestimmten Gruppe von Bakterien gebildeten Essigsäure aufgebaut wird.

Diese Essigsäurebildner sind in Rationen mit hohem Rohfasergehalt besonders stoffwechselaktiv. Daher ist der Anteil an strukturierter Rohfaser in der Ration zu erhöhen, wenn die Fettgehalte in der Milch zu niedrig sind. Futtermittel wie Grünmehlpellets, die analytisch zwar einen genügenden Rohfasergehalt aufweisen, aber durch starke Zerkleinerung ihre Struktur verloren haben, eignen sich nicht zu diesem Zweck. Gehäckselte Silage weist noch genügend Struktur auf.

> **Zu niedriger Milchfettgehalt?**
> → Mehr strukturierte Rohfaser füttern!

Da energiereiche Futtermittel wie Getreide nur wenig strukturierte Rohfaser aufweisen, können der Bedarf an Energie und der Bedarf an Rohfaser miteinander konkurrieren. Wichtig ist dann vor allem, einzelne hohe Kraftfuttergaben zu vermeiden und die Gesamtmenge an Kraftfutter auf möglichst viele kleine Teilgaben zu verteilen, soweit dies arbeitswirtschaftlich machbar ist.

Durch Fütterung von Fett kann der Milchfettgehalt praktisch kaum gefördert werden.

Mit Eiweiß- und Harnstoffgehalt die Fütterungssituation beurteilen:

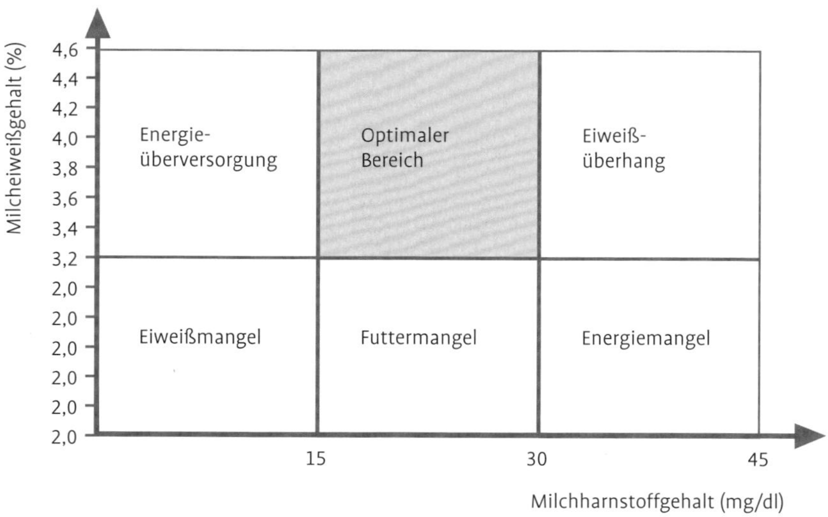

Abb. 31 Mit Eiweiß- und Harnstoffgehalt die Fütterungssituation beurteilen.

Hohe Fettgehalte im Futter stören zudem die mikrobielle Verdauung im Pansen.

Bei Energiemangel baut die Ziege Körperfett ab und der Anstieg der freien Fettsäuren im Blut erhöht den Fettgehalt der Milch. Hohe Milchfettgehalte zu Beginn der Laktation, vor allem bei gleichzeitig niedrigem Eiweißgehalt, weisen auf starken Energiemangel und auf die gefährliche Stoffwechselstörung der Ketose (s. 9.2.6) hin. Diese Information wird noch präzisiert, wenn der Milchfettgehalt ins Verhältnis zum Milcheiweißgehalt gesetzt wird. Der Fett-Eiweiß-Quotient schwankt bei leistungsgerechter Fütterung zwischen 1.0 und 1.5. Höhere Werte warnen vor Ketose, niedrigere vor Pansenacidose.

9.2.3.3 Beurteilung der Körperkondition zur Anpassung der Fütterung

Nimmt eine Ziege über ihren aktuellen Bedarf hinaus Futter auf, legt sie den Überschuss als Körperreserve an. Reicht die Futteraufnahme nicht aus, um den aktuellen Bedarf zu decken, greift die Ziege auf Körperreserven zurück. Diese Körperreserven bestehen vor allem aus Fett. Aber auch Muskelgewebe spielt als Reserve eine Rolle. Es ist völlig normal, dass eine Milchziege während des höchsten Bedarfs zu Laktationsbeginn auf ihre Körperreserven zurückgreift, um dann in der zweiten Laktationshälfte diese Körperreserven wieder anzulegen. Solange diese Schwankungen der Körperkondition nicht zu übermäßiger Abmagerung oder Verfettung führen, wird auch die Gesundheit der Ziege nicht beeinträchtigt.

Mit Hilfe der Körperkonditionsbeurteilung wird abgeschätzt, wie viel Körperreser-

Körperreserven benoten
→ Fütterung überprüfen
→ Milchleistung ausschöpfen
→ Gesundheit und Fruchtbarkeit optimieren

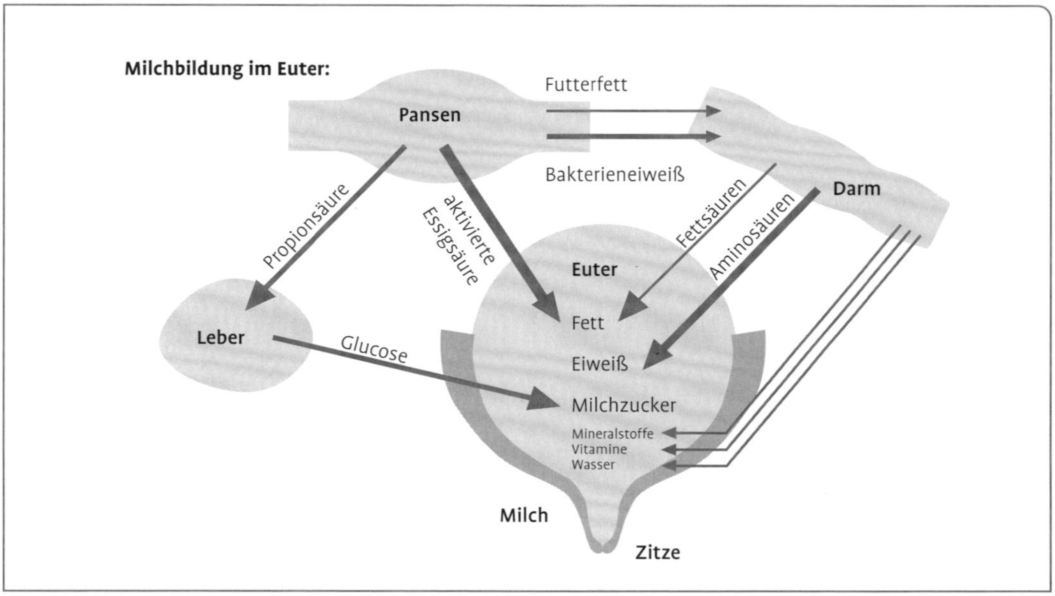

Abb. 32 Milchbildung im Euter.

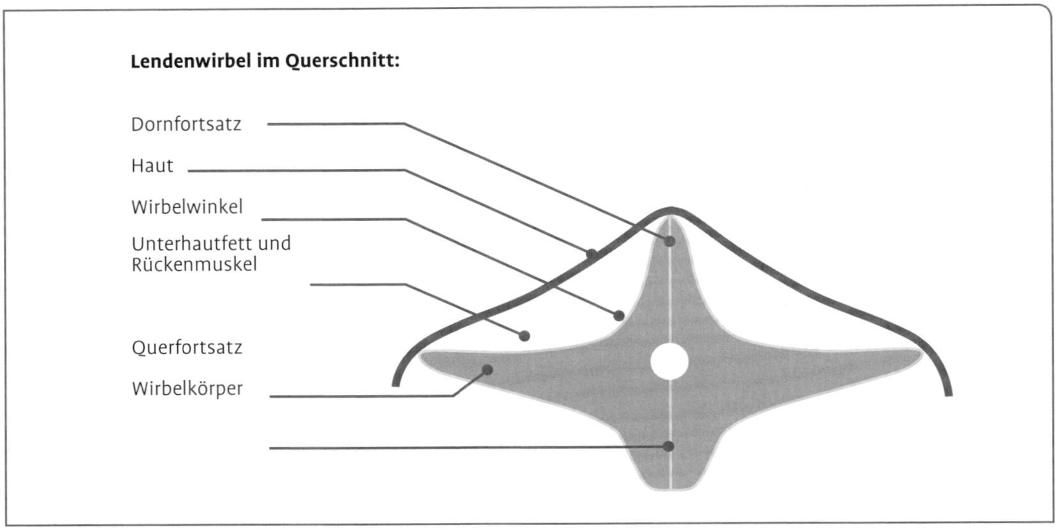

Abb. 33 Lendenwirbel im Querschnitt.

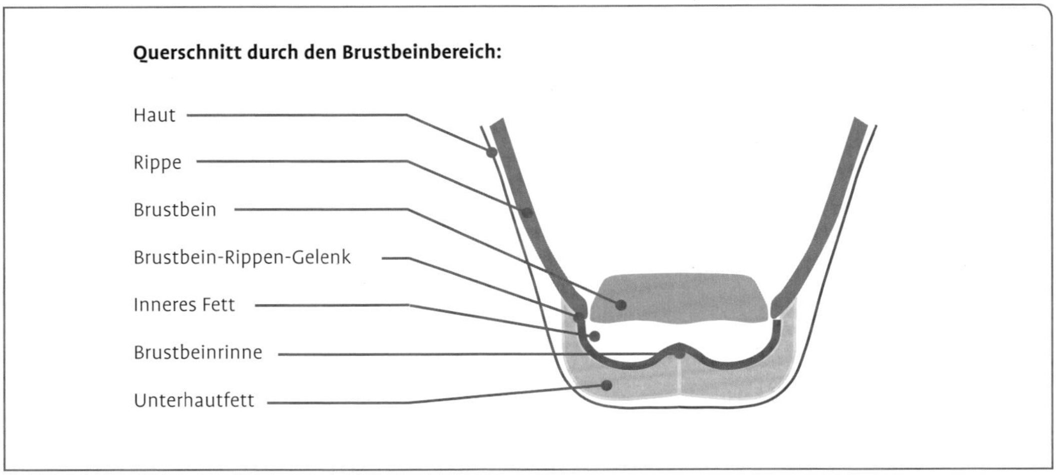

Abb. 34 Querschnitt durch den Brustbeinbereich.

ven die Ziegen haben. Für den Umfang der Reserven werden Noten vergeben und es wird überprüft, ob diese – gemessen am jeweiligen Laktationsstand – optimal sind.

Anhand der Konditionsnoten kann die Fütterung im Laufe der Laktation angepasst werden, wenn die Ziegen zu wenig oder stärker als beabsichtigt anfleischen. Vor allem muss verhindert werden, dass altmelkende und trockenstehende Ziegen zu fett werden und nach dem Ablammen unter Stoffwechselstörungen leiden.

In der Milchkuhfütterung hat sich dieses Verfahren als „BCS“ (Body Condition Sco-

Tabelle zur Bewertung der Körperkondition:
(Die Konditionsnote ergibt sich als Mittelwert aus der Note für die Lendenwirbelsäule und der Note für das Brustbein)

Beurteilung der Lendenwirbelsäule		**Note**
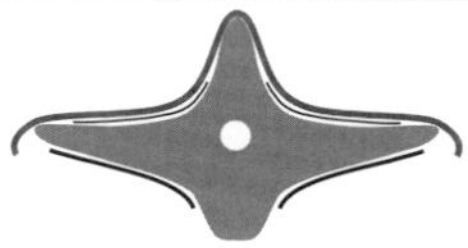	Äußerste Abmagerung. Knochen sehr stark hervorstehend. Die trockene Haut klebt auf den Wirbeln.	0
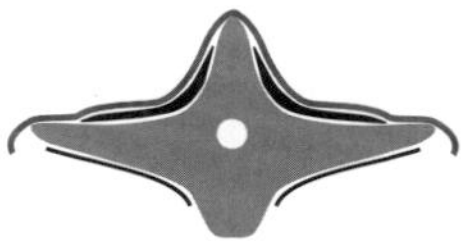	Die Querfortsätze stehen zu 3/4 ihrer Länge hervor, zwischen den Querfortsätzen sind die Einbuchtungen deutlich zu sehen.	1
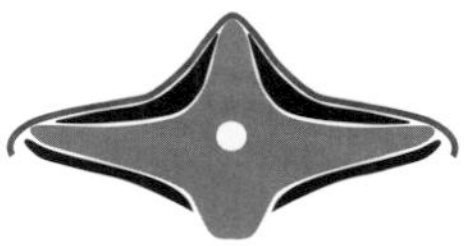	Die Querfortsätze stehen nicht mehr hervor, die Zwischenräume sind nicht mehr eingebuchtet, lassen sich aber noch eindrücken. Der Wirbelwinkel ist über dem Wirbelkörper leicht gefüllt.	2
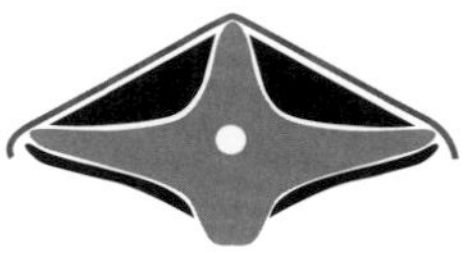	Der Wirbelwinkel ist vollständig ausgefüllt, ohne sich hinauszuwölben. Die Enden der Querfortsätze lassen sich noch ertasten.	3
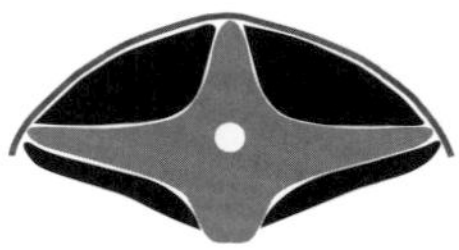	Die Enden der Dornfortsätze sind kaum mehr zu ertasten. Der Rücken zeigt sich breit und flach. Noch keine Rückenrinne.	4
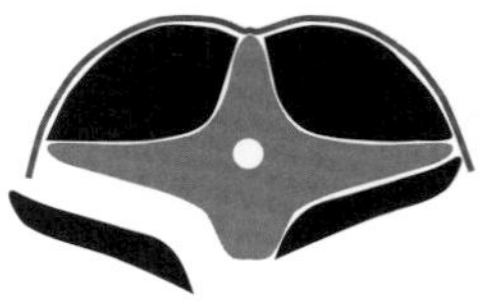	Stark ausgebildete Rückenrinne.	5

Abb. 35 Bewertung der Körperkondition.

ring) weltweit bewährt. Bei der Ziege ist eine solche Körperkonditions-Beurteilung schwieriger, weil sie ihre Fettreserven kaum als sichtbares Unterhautfett, sondern vor allem in der Bauchhöhle anlegt. In Frankreich wurde ein entsprechendes praxisgerechtes Verfahren (Hervieu u. a. 1999) für Milchziegen entwickelt. Dabei wird die Ziege an zwei Körperstellen durch Abtasten untersucht:

- Der Bereich der Lendenwirbelsäule, im rippenfreien Bereich zwischen Brustkorb und Hüfte.
- Der Bereich des Brustbeins:

Tabelle zur Bewertung der Körperkondition:
(Die Konditionsnote ergibt sich als Mittelwert aus der Note für die Lendenwirbelsäule und der Note für das Brustbein)

Beurteilung des Brustbeines		Note
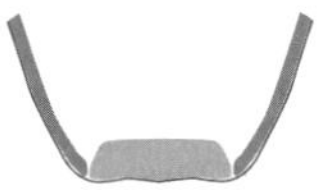	Äußerste Abmagerung. Knochen sehr stark hervorstehend. Die trockene Haut klebt auf den Knochen.	0
	Die Brustbein-Rippen-Gelenke stehen noch deutlich hervor, das Brustbein ohne Abdeckung durch inneres Fett ist leicht zu ertasten.	1
	Die Brustbein-Rippen-Gelenke sind kaum mehr zu ertasten. In der Brustbeinrinne läßt sich eine schmale und kurze Masse an Unterhautfett ertasten.	2
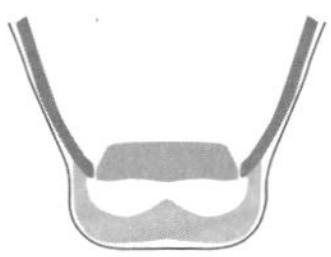	Die Brustbeinrinne ist vollständig gefüllt, das Unterhautfett reicht aber seitlich nicht über das Brustbein hinaus und ist leicht beweglich.	3
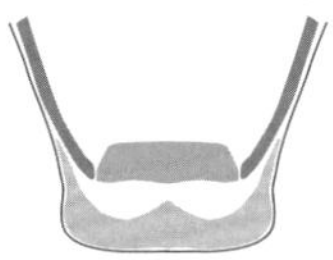	Die Unterhautfettmasse ist sehr dick und kaum mehr beweglich. Sie reicht seitlich über das Brustbein hinaus, sodaß dort parallel zum Brustbein auf jeder Seite eine ausgeprägte Rinne zu ertasten ist.	4
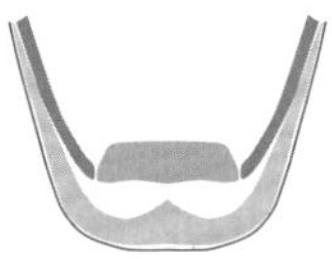	Die überaus dicke Unterhautfettmasse bedeckt unbeweglich das gesamte Brustbein und ist auch seitlich so stark ausgebildet, daß keine Rinnen zu ertasten sind.	5

Zu dieser Körperkonditions-Beurteilung gehört Übung und nur bei regelmäßiger und sorgfältiger Durchführung ergeben sich verlässliche Noten.

Da bei der Ziege die Reserven im Brustbeinbereich etwas verzögert mobilisiert werden, liegen die Noten durchschnittlich etwas höher als im Lendenbereich. Die für die Fütterung entscheidende Konditionsnote ergibt sich als Mittelwert aus der Note für die Lendenwirbelsäule und die Note für das Brustbein.

Um die Fütterung entsprechend anpassen zu können, sollten die Ziegen mindestens zu den in Tab. 55 angegebenen Zeitpunkten bewertet werden.

Tab. 55 Anzustrebende Noten

	Lendenwirbelsäule	**Brustbein**
Trockenstellen	2,50–2,75	3,00–3,25
Nach dem Ablammen	2,00–2,25	2,50–2,75
Vor dem Decken	2,25–2,50	2,75–3,00

Bei großen Herden genügt auch eine repräsentative Stichprobe. Natürlich gibt es Ziegen, die von ihrer individuellen Konstitution mehr zum oberen oder unteren Bereich dieser Normen tendieren.

Vom Trockenstellen bis zum Ablammen soll die Körperkondition gleich bleiben. Konditionsnoten über 3,5 vor dem Ablammen sind unbedingt zu hoch und weisen auf zu erwartende Stoffwechselstörungen hin. Ziegen, die vor dem Ablammen eine Konditionsnote unter 2,25 aufweisen, lassen aufgrund zu geringer Reserven keine befriedigende Milchleistung erwarten. Zu Beginn der Laktation soll die Körperkondition nicht um mehr als 0,5 abfallen. Ein Abfall um einen Punkt oder mehr ist ein deutliches Zeichen für eine ungenügende Futteraufnahme der Ziege beziehungsweise eine ungenügende Energiekonzentration in der Ration.

Die Wiederherstellung der Normalkondition soll zwischen dem 100. und dem 250. Laktationstag erfolgen. Für den Ausgleich eines Konditionsverlustes von 0,5 ist mit mindestens 100 Tagen zu rechnen, bei einer Energiezulage von 2,3 bis 2,5 MJ ME pro Tag.

9.2.4 Die Fütterung im Jahresverlauf

Fütterung im Winter. Die Winterfütterung ist durch konserviertes Futter geprägt. Bedingt durch den Aufwand für Konservierung und Lagerung sowie die dabei auftretenden Nährstoffverluste hat das Winterfutter Kostennachteile. Vorteilhaft bei der Winterfütterung ist die über längere Zeit gleichbleibende Rationszusammensetzung. Sie erlaubt eine zuverlässige Futterplanung und fördert das ausgeglichene Pansenleben. Eine vielseitig zusammengesetzte Futterration fördert die Futteraufnahme der Ziegen.

Fütterung im Frühjahr. Die Zusammensetzung jungen Grünlandfutters entspricht nicht dem Bedarf der Milchziege:

Probleme bei jungem Futter vom Grünland

- Überangebot an Eiweiß und Mangel an Energie
- niedrige nXP-Werte
- zu hohe RNB-Werte
- Mangel an Rohfaser
- Mangel an verfügbarem Magnesium

Das Ungleichgewicht von Eiweiß- und Energieangebot und der Rohfasermangel stören die Pansenverdauung erheblich. Insbesondere der Rohfasermangel führt zu einem sinkendem Milchfettgehalt. Ein Überangebot an Eiweiß und Kalium bindet Magnesium und vermindert seine Verfügbarkeit; Weidetetanie kann die Folge sein.

Da die meisten Milchziegen gerade zu dieser Zeit in der Hochlaktation stehen, ist der Übergang von der Winter- zur Frühjahrsfütterung sehr vorsichtig zu gestalten, um einen Einbruch der Milchleistung zu vermeiden:

Grundregeln der Frühjahrsfütterung
- mindestens drei Wochen Übergangsfütterung
- Rohfaserausgleich
- Energieausgleich
- Magnesiumausgleich

Um dem Pansen Zeit zur Umstellung und Anpassung zu geben, darf der Grünfutteranteil in der Ration nur langsam erhöht werden, z. B. indem anfangs nur stundenweise Weidegang gewährt wird. Es hat sich bewährt, am Anfang große Flächen rasch überweiden zu lassen und damit auch eine bessere Staffelung des Aufwuchses zu erreichen. Die Zufütterung von gutem (!) Heu oder auch von Stroh bester Qualität sorgt für genügend Struktur in der Ration. Der dringend notwendige Energieausgleich wird durch Futtermittel mit Energieüberschuss und negativem RNB erreicht, z. B. Maissilage, Melasseschnitzel, Getreide. Magnesiumreiches Mineralfutter wirkt der Weidetetanie entgegen. Diesem Problem kann durch eine Magnesiumdüngung des Grünlandes bei gleichzeitiger Verminderung der Kaliumdüngung vorgebeugt werden.

Grünfütterung während der Vegetationszeit. Ziegen lieben den **Weidegang**. Licht, Luft und Bewegung fördern Gesundheit und Fruchtbarkeit. Allerdings kann der Weidegang erhebliche Probleme mit Innenparasiten verursachen. Die Weide kommt der selektiven Fressweise der Ziege entgegen und ermöglicht die höchsten Nährstoffaufnahmen. Entsprechend hoch sind jedoch auch die Weidereste und verlangen eine sorgfältige Weidepflege, um die Ertragskraft des Grünlandes auch langfristig zu erhalten. Beim Weidegang lassen die Ziegen gleich einen Teil des Dungs auf der Weide und der Mist im Stall wächst langsamer. Wochen-Umtriebsweiden machen weniger Arbeit und entsprechen dem Fressverhalten der Ziege besser als Tages-Portionsweiden. Der Aufwand für die Einrichtung und die Wartung von ziegensicheren Umzäunungen darf nicht unterschätzt werden. Eine Wasserversorgung auf der Weide ist für Milchziegen nicht unbedingt erforderlich, da sie zweimal täglich zum Melken kommen und dann auch Zugang zur Tränke haben. An heißen Tagen sind sie aber auch auf der Weide für Wasser dankbar.

Der Zeitbedarf für das regelmäßige Aus- und Eintreiben der Milchziegen ist hoch. Voraussetzung für eine wirtschaftliche Weidehaltung sind deshalb hofnahe, arrondierte Flächen.

Während verbuschte Flächen und steile Hanglagen nur durch Beweidung genutzt werden können, bietet sich auf befahrbarem Grünland das „**Eingrasen**“ als arbeitswirtschaftlich günstige Alternative an, vor allem wenn die notwendige Mechanisierung sowieso für die Winterfuttergewinnung vorhanden ist und der Futtertisch befahren werden kann. Auf dem Grünland können durch dieses Verfahren die Verluste besonders gering gehalten werden;

Pflegearbeiten entfallen. Im Stall muss die Grünfuttervorlage den Ziegen jedoch auch eine Selektion ermöglichen; sonst bleibt die Nährstoffaufnahme zu gering, insbesondere wenn der Aufwuchs schon älter ist. Dann aber müssen die Futterreste wieder vom Futtertisch abgeräumt werden, was den arbeitswirtschaftlichen Vorteil der Stallfütterung schmälert. Bei ausschließlicher Stallfütterung stellt sich das große Problem der Weideparasiten überhaupt nicht. Haben die Ziegen genügend Lauffläche im Stall oder in einem Laufhof, so ist auch ohne Weidegang für gesundheitsfördernde Bewegung gesorgt.

Die mechanische Grünfutterernte, vor allem mit Kreiselmähwerken, kann zu erheblichen Futterverschmutzungen führen. Kommt dann noch Regenwetter dazu, wird das nasse, verschmutzte Grünfutter schlimmstenfalls von den Ziegen ganz verschmäht und

Milchleistungseinbrüche sind nicht zu vermeiden.

Ganzjährige Stallfütterung mit Konserven. Der große Nachteil der Grünfütterung ist die häufig wechselnde Qualität. Auch bei geschickter Weideführung ist es im Frühjahr und im Frühsommer nicht möglich, den Ziegen immer Futter in gleichbleibender Qualität anzubieten, da das Weidefutter „davonwächst". Fast unvermeidbar ist dann irgendwann der Wechsel von älterem, wenn nicht gar überaltertem Aufwuchs wieder zu junger Weide mit allen Problemen der Pansenumstellung. Bei der Grünfütterung im Stall kann man versuchen, durch geschicktes Kombinieren von Grünlandaufwuchs und Grünfutter vom Acker für gleichbleibende Qualität zu sorgen, stößt aber besonders während Schlechtwetterperioden auch an Grenzen.

Gleichbleibende, kalkulierbare Qualität liefert die ganzjährige Fütterung von Futterkonserven wie Heu und vor allem Silage. Leistungseinbrüche durch Futterumstellungen unterbleiben. Im Vergleich zum Weidegang ist die arbeitswirtschaftliche Belastung geringer und die Innenparasitenbekämpfung kann entfallen. Die Außenwirtschaft zur Gewinnung von Silage und Heu kann im Lohn vergeben werden. Dies spart Investitionen in Maschinen und macht Arbeitskraft frei.

Trotzdem: Bei allen Vorteilen der ganzjährigen Stallfütterung darf nicht übersehen werden, dass viele Verbraucher gerade die Milchziegenhaltung und ihre Produkte mit einer naturnahen Haltung in Verbindung bringen und hierzu gehört einfach die Ziege auf der grünen Weide. Dies ist sicherlich ein ganz wichtiger Bestimmungsgrund für den Weidegang. Dabei sind natürlich je nach Betriebssituation vielerlei Kombinationen zwischen Weidegang und Stallfütterung mit Grünfutter und Konserven möglich.

Wichtig ist allerdings, dass die Silage für die Fütterung im Sommer perfekt siliert ist, damit sie angebrochen auch bei hohen Temperaturen stabil bleibt.

9.2.5 Verfahren der Kraftfutterzuteilung

Mit der Milchleistung steigt der Kraftfutterbedarf. Große Einzelgaben von Kraftfutter sind schädlich.

Folgen zu großer Einzelgaben von Kraftfutter

- Der Säuregrad im Pansen fährt Berg- und Talbahn,
- Die Grundfutteraufnahme geht überproportional zurück,
- Gefahr der Pansenacidose.

Faustzahl: maximal 300 g Kraftfutter pro Einzelgabe!

Aufgeteilt in kleine Einzelgaben stört Kraftfutter das Pansengleichgewicht nicht, sondern aktiviert das Pansenleben und kann sogar zu einer besseren Grundfutteraufnahme führen.

In einem kleineren Bestand, in welchem die Ziegen in einem Fressgitter fixierbar und identifizierbar sind, ist die individuell angepasste Kraftfutterfütterung in mehreren Einzelgaben von Hand kein Problem.

Die Möglichkeiten der Kraftfutterfütterung im Melkstand sind beschränkt. Der Zeitaufwand für das Melken ist in den meisten Betrieben der arbeitswirtschaftlich begrenzende Faktor. Muss auf einen raschen Durchsatz beim Melken geachtet werden, stört die Kraftfutteraufnahme den Melkprozess, während die Ziegen den Rest des Tages eigentlich jede Menge Zeit zum Fressen haben. Schlecht eignet sich der Melkstand für individuell unterschiedliche, leistungsangepasste Kraftfuttergaben. Hat die eine Ziege ihre kleine Ration schon geschluckt und muss neidisch zusehen, wie ihre Nebenziege ihre große Ration genießt, sind Milchfluss und Milchentzug gestört. Der technische Aufwand für die Kraftfutterfütterung im Melkstand wird deshalb besser eingespart, um an anderer Stelle sinnvoller eingesetzt zu werden.

Automatisierte Kraftfuttervorlage. Wird die Kraftfuttervorlage automatisiert, ist die Aufteilung in genügend kleine Einzelgaben kein Problem mehr. Grundsätzlich gibt es zwei Systeme. Im Aufenthaltsbereich der Ziegen aufgestellte **stationäre Rundfutterautomaten** geben elektronisch gesteuert immer wieder kleinere Mengen Kraftfutter ab. Die Elektronik erlaubt die Einstellung der Zeitpunkte und der Menge der Kraftfutterabgabe. Ein Automat mit 1,35 m Durchmesser bietet 25 Fressplätze. Für jede Ziege muss ein Fressplatz vorhanden sein, damit auch rangniedere Ziegen ihre Ration erhalten. Alle Ziegen, die zum gleichen Automat Zugang haben, müssen derselben Leistungsgruppe mit gleichem Kraftfutterbedarf angehören. Die Beschickung der Vorratsbehälter der Automaten ist von Hand oder mechanisch mit Rohrförderanlagen möglich. Eine Kontrolle der individuellen Kraftfutteraufnahme ist nicht möglich. Selbst die Entdeckung von Tieren, die gar nicht an den Automaten kommen, verlangt viel Aufmerksamkeit.

Als Hängebahn ausgeführte **mobile Kraftfutterautomaten** geben das Kraftfutter auf die Fressfläche des Futtertisches. Das Gleis, an welchem sich die Automaten hängend selbstständig angetrieben bewegen, lässt sich abschnittsweise markieren. Damit kann mit Hilfe der Elektronik eingestellt werden, in welchem Abschnitt der Fressfläche wann wie viel Kraftfutter abgegeben wird. So können mit demselben Automaten verschiedene Leistungsgruppen bedarfsgerecht versorgt werden. Der Automat kann seinen Vorratsbehälter selbstständig an einem Silo füllen. Auch bei diesem Verfahren ist die Kontrolle der Kraftfutteraufnahme schwierig. Um so wichtiger ist deshalb die regelmäßige Kontrolle der Leistungs- und Stoffwechselwerte sowie der Körperkondition

Abruffütterung (Transponderfütterung). Mit Hilfe eines „Transponders“ wird jede Ziege von einer Abrufstation, an welcher in einer Futterschale das Kraftfutter ausgegeben wird, individuell erkannt. Die gesamte Tagesration jeder Ziege ist einprogrammiert, ebenso die maximale Höhe einer Einzelgabe und die Mindestzeit zwischen zwei Einzelgaben. Die Ausgabe des Kraftfutters erfolgt entsprechend der durchschnittlichen Fressgeschwindigkeit. Um die Restmengen in der Futterschale zu minimieren, wird die Futterausgabe eingestellt, wenn die Ziege den Kopf hebt, auch wenn die Höhe einer Einzelgabe noch nicht erreicht ist. Die abgegebenen Portionen werden für jede Ziege registriert und aufsummiert bis die einprogrammierte Tageshöchstmenge erreicht ist. Die Abrufstation muss so konstruiert sein, dass die gerade fressende Ziege nicht von anderen Ziegen abgedrängt werden kann. Bewährt haben sich selbstschließende Fressboxen.

Im Gegensatz zur automatisierten Kraftfuttervorlage brauchen für die Abruffütte-

Automatisierte Kraftfuttervorlage

- wiederkäuergerecht,
- Anpassung der Fütterung nach Leistungsgruppen,
- Kontrolle der Kraftfutteraufnahme der Einzelziege schwierig und ungenau.

Abruffütterung mit Transponder

- wiederkäuergerecht,
- bestmögliche Anpassung an die Leistung der Einzelziege,
- Rückmeldung über Kraftfutteraufnahme der Einzelziege.

rung keine Leistungsgruppen gebildet zu werden. Allerdings kommen in den meisten Ziegenbeständen viele Tiere innerhalb einer kurzen Zeitspanne in Laktation. Dadurch gehört die Mehrzahl der Ziegen laktationsbedingt derselben Leistungsgruppe an, insbesondere wenn die Herde genetisch ausgeglichen ist. Damit relativiert sich der Vorteil der individuellen Kraftfutterzuteilung.

Der entscheidende Vorteil der Abruffütterung ist die Aufzeichnung der abgerufenen Futtermengen. Dadurch erlaubt die Transponderfütterung eine sorgfältige Einzeltierkontrolle. Gesundheitsstörungen können so oft schon im Vorfeld abgefangen werden.

Rechnet man pro Ziege vier Fresszeiten à 3 min, so könnte eine Abrufstation 120 Ziegen versorgen, wenn sie 24 h täglich zugänglich ist. In der Praxis liegen die Werte aber darunter, zwischen 40 und 90 Ziegen pro Abrufstation. Zum einen kommt bedingt durch das Tierverhalten keine lückenlose Nutzung der Abrufstation zustande. Zum andern hat es sich in der Fütterungspraxis bewährt, die Abruffütterung phasenweise ganz zu schließen, um die Ziegen einen Fresszeiten-Ruhezeiten-Rhythmus entwickeln zu lassen, der ihrem natürlichen Verhalten nahe steht. Eine zusätzliche Abrufstation führt nicht zu einer proportionalen Kostensteigerung, da die elektronische Steuereinheit zentral mehrere Abrufstationen verwalten kann.

Total-Misch-Ration (TMR)

- Wiederkäuergerecht bei sehr stabilen Pansenverhältnissen, dadurch
- Steigerung der gesamten Futteraufnahme.
- Anpassung der Fütterung nach Leistungsgruppen.
- Kontrolle der Futteraufnahme der Einzelziege schwierig.
- Notwendige Mechanisierung mit Mischwagen für Einzelbetrieb teuer.

Total-Misch-Ration (TMR). Hierbei werden alle Grund- und Kraftfuttermittel als komplette Mischung vorgelegt, sodass die Futterkomponenten und Nährstoffe in stets gleichbleibendem Verhältnis angeboten werden. Dadurch ergibt sich eine sehr stabile Stoffwechsellage im Pansen, da die Ziegen nicht in der Lage sind, Mischungsbestandteile selektiv aufzunehmen.

Zum Einmischen von wenig beliebten Komponenten eignet sich TMR bei Ziegen nicht, da sie dann doch anfangen zu selektieren.

9.2.6 Fütterungsbedingte Krankheiten

Ketose. In der Hochlaktation wird die beim Kohlenhydratabbau entstehende Propionsäure in großem Umfang zum Aufbau von Milchzucker benötigt und steht entsprechend weniger zur Gewinnung der Energie zur Verfügung. Kann der Energiebedarf durch das Futter nicht gedeckt werden, greift die Ziege auf ihre Fettreserven zurück. Da jedoch gleichzeitig ein Mangel an Propionsäure besteht, kann das Fett nicht vollständig abgebaut werden und die entstehenden Stoffe, die Ketone, vergiften die Ziege.

Eines der ersten Symptome ist Appetitmangel, welcher zu einem Teufelskreis führt, weil durch die sinkende Futteraufnahme die Ziege immer stärker in den Energiemangel gerät. Die Ziege kann zum Festliegen kommen und verenden. Häufiger jedoch bleibt die Stoffwechselstörung subakut. Die Milchleistung fällt ab oder kommt nicht richtig in Gang, wobei in der Regel gerade solche Ziegen betroffen sind, von denen ein hohe Leistung erwartet wird. Immer bleibt den Ziegen dabei auch ein Leberschaden, weshalb die Gefährdung durch die Ketose von Laktation zu Laktation zunimmt.

Vermeidung: Entscheidend ist, den Energiebedarf der Ziege beim Start in die Laktation möglichst weitgehend durch die Fütterung abzudecken, sodass die Ziege in möglichst geringem Umfang auf ihre Fettreserven zurückgreifen muss. In der Spätlaktation ist eine Verfettung zu vermeiden, wofür die regelmäßige Kontrolle der Körperkondition notwendig ist. Nach der Geburt ist der Appetit der Ziege anzuregen. Dabei hat es sich bewährt, bereits vor der Geburt beginnend bis in die Hochlaktation hinein vorbeugend Propionsäurepräparate einzusetzen und damit den Einbruch der Futteraufnahme durch die versteckte Ketose zu vermeiden.

Pansenacidose. Bei zu geringem Gehalt an strukturierter Rohfaser im Futter und zu hohen Einzelmengen leichtverdaulicher Kohlenhydrate, wie z. B. Getreide, Kartoffeln oder Äpfeln, kommt es zu Störungen des Pansenlebens. Die daraus folgende Übersäuerung kann akut lebensbedrohlich werden. Sie tritt insbesondere bei laufend zu hohen Einzelgaben an Kraftfutter häufig auch chronisch auf und ist mit einem entsprechenden Milchleistungsabfall verbunden.

Vermeidung: Wiederkäuergerechte Fütterung, insbesondere die richtige Zuteilung des Kraftfutters, Vorbereitungsfütterung in der Trockenzeit und gleitende Futterumstellungen.

Hypocalcämie. Den mit der Geburt schlagartig einsetzenden Bedarf an Calcium für die Milch kann die Ziege nicht allein aus der Fütterung decken, sondern sie muss auf die Vorräte in den Knochen zurückgreifen. Diese Mobilisierung der Calciumreserven wird durch das „Parathormon" gesteuert. Ist die Ziege jedoch während der Zeit des Trockenstehens über das Futter sehr gut mit Calcium versorgt, stellt der Körper die Produktion von Parathormon ein, das dann beim Start in die Laktation fehlt. Das für die Milchbildung notwendige Calcium wird dann dem Blut entzogen, was zu Störungen der Nerven- und Muskelfunktionen führt – bis hin zum Festliegen, auch als „Milchfieber" bezeichnet. Der Tierarzt kann in diesem Fall durch Calciuminfusionen die Ziege retten, doch bleibt es ein Fehlstart in die Laktation.

Vermeidung: Entscheidend ist die eher knappe Calciumversorgung in der Trockenzeit, wobei besonders auf ein enges Ca-P-Verhältnis zu achten ist. Besondere Aufmerksamkeit ist bei calciumreichem Grundfutter, wie z. B. Luzerneheu, gefordert. Zur Eingabe kurz nach der Geburt gibt es Calciumpräparate, deren Wirksamkeit aber umstritten ist.

9.2.7 Zusammenfassung

Grundregeln der Milchziegenfütterung

In der Spätlaktation
- an die sinkende Leistung angepasst füttern; kein Kraftfutter!
- Verfettung vermeiden.
- Regelmäßige Kontrolle der Körperkondition.

Während des Trockenstehens
- auf die Fütterung zu Beginn der Laktation vorbereiten.
- ab zwei Wochen vor der Geburt Kraftfutter langsam steigern.
- Eine Woche vor der Geburt Futterwechsel abschließen.

Zum Start in die Laktation
- bestes Grundfutter einsetzen.
- Kraftfuttergabe an die Leistung anpassen.
- Eventuell Starthilfe mit Propionsäurepräparat.

9.3 Aufzucht

9.3.1 Aufzucht der Kitze

Im Milchziegenbetrieb fallen durch die saisonale Fortpflanzung die Arbeitsspitzen bei der Milchgewinnung, der Milchverarbeitung und der Vermarktung mit der Kitzaufzucht zusammen. Auch stehen die Kitze mit ihrem Milchbedarf grundsätzlich in Konkurrenz zur Milchgewinnung.

Tab. 56 Tränkeplan

Alter und Entwicklung	**Tägliche Tränkemenge**
bis 5. Tag	3 × 0.5 Liter Biestmilch
5.–7. Tag	3 × 0,5 Liter Vollmilch
2. Woche	2 × 1 Liter Vollmilch bzw. Vollmilch allmählich durch MAT ersetzt.
3.–6. Woche	2 × 1 Liter Vollmilch oder MAT (Bocklämmer bis zu 2.5 Liter/Tag)
7.–8. Woche	Tränkemenge stetig reduzieren (Tränke **nicht** verdünnen!) evtl. nur noch 1 mal tränken
Gewicht: mind. 14 kg Kraftfutteraufnahme: mind. 300 g/Tag	Absetzen
Verbrauch pro Kitz und Aufzuchtperiode:	15 kg MAT-Pulver oder 100 Liter Vollmilch 10 kg Kraftfutter

Herkömmlicherweise werden deshalb Milchziegenkitze oft sehr früh geschlachtet. Das auch bei den Milchziegenkitzen vorhandene Vermögen zur Fleischbildung wird dabei nicht ausgeschöpft. Durch eine Abgabe der Kitze an Mastbetriebe kann dieses Dilemma arbeitsteilig gelöst werden. Auch in diesem Fall erfolgt die Aufzucht der Jungziegen zur Bestandsergänzung meist im Milchziegenbetrieb.

Sollen die Kitze an der Mutter natürlich aufgezogen werden, ist es sinnvoll, die Mütter trotzdem von Anfang an auch zu melken, mindestens einmal pro Tag. Manche Praxisbetriebe haben gute Erfahrungen damit gemacht, diese Ziegen selbst mit Kitzen bei Fuß auch routinemäßig über den Melkstand zu lassen.

Nach der fünften Lebenswoche können die Kitze tagsüber von der Mutter getrennt werden. Abends wird die Mutter gemolken und dann wieder über die Nacht mit den Kitzen zusammengebracht. Auf diese Weise lassen sich die Kitze mit acht Wochen absetzen.

Im Milchziegenbetrieb ist die Verwendung der Ziegenmilch zur Kitzaufzucht unwirtschaftlich. Kuhmilch kann bei der Aufzucht die Ziegenmilch problemlos ersetzen und ist die beste Lösung, wenn sie preisgünstig bezogen werden kann.

Es gibt spezielle Milchaustauscher (MAT) für Ziegen, aber es werden auch Milchaustauscher für Kälber verwendet. Der Fettgehalt darf 3,5 % nicht überschreiten und das MAT-Pulver muss sich ohne Klumpenbildung auflösen lassen. Die übliche Dosierung beträgt 150 g pro Liter.

Warmtränke muss mit 40 °C (Thermometer!)angeboten und von den Kitzen zügig aufgenommen werden. Reste müssen entfernt werden.

Absolute Sauberkeit ist notwendig. Die im Tränkeplan angegebenen Mengen sollen nicht überschritten werden, da sonst vermehrt Verdauungsstörungen auftreten. Kalttränke, auch angesäuert, kann auf Vorrat zur freien Verfügung angeboten werden, hat sich aber in der Praxis nicht durchgesetzt.

Kitze, die nie am Euter gesaugt haben, lernen schnell, an einem Nuckel zu saugen oder aus einem Gefäß zu saufen. Deshalb ist es arbeitswirtschaftlich vorteilhaft, die Kitze sofort nach der Geburt von der Mutter zu trennen und auch die Kolostralmilch schon künstlich zu verabreichen.

Die Tränke kann an der „Lammbar“ verabreicht werden, an der mehrere Saugnuckel über Schläuche mit dem Tränkebehälter verbunden sind. Sofern keine Vorratstränke angeboten wird, benötigt jedes Kitz einer Gruppe einen Nuckel. Schläuche und Nuckel sind mindestens einmal täglich zu säubern und zweimal pro Woche mit einem milden Desinfektionsmittel zu reinigen.

Tränkeautomaten für die Fütterung von MAT wie von Vollmilch haben sich arbeitswirtschaftlich bewährt und erlauben in der Kombination mit Transpondern sowohl eine individuelle Zuteilung als auch eine Überwachung der Kitze.

In der Praxis hat sich die Tränke in einer einfachen Dachrinne aus Kunststoff am stärksten durchgesetzt. Pro Kitz werden 20 cm Rinnenlänge benötigt. Die Gruppen von höchstens 15 Kitzen sollen möglichst ausgeglichen sein. Dieses wirtschaftlich günstige Verfahren erfordert vermehrte Beobachtung der Kitze, da hastiges Saufen zu Aufblähen und Durchfall führen kann.

Die Kitze sollen sich zügig zu Wiederkäuern entwickeln. Deshalb muss ihnen ab der zweiten Woche bestes Heu und Kraftfutter zur freien Aufnahme und immer frisch bereitgestellt werden. Das Getreide im Kraftfutter sollte nicht fein geschrotet sein. Am besten wird es gequetscht verfüttert. Auch pelletiertes Kraftfutter ist gut geeignet. Das Kraftfutter soll mindestens 16 % Rohprotein enthalten und eine Energiekonzentration von 10,5 MJME/kg aufweisen. Lämmermastfutter mit über 20 % Rohprotein sind während der Tränke- oder Säugeperiode nicht geeignet, da bei insgesamt zu hoher Eiweißaufnahme die Gefahr der Enterotoxämie („Breiniere“) zunimmt. Wassermangel hemmt die Futteraufnahme, deshalb muss sauberes Wasser stets frei zur Verfügung stehen. Mit der zunehmenden Aufnahme von fester Nahrung geht die Neigung zu Verdauungsstörungen zurück.

9.3.2 Aufzucht der Jungziegen

Die weiblichen Kitze werden mit 2 Monaten und einem Gewicht von mindestens 14 kg abgesetzt. Zu diesem Zeitpunkt muss das Pansenleben voll entwickelt sein und es müssen 300–400 g Kraftfutter pro Tag aufgenommen werden; neben dem frei zur Verfügung stehenden Heu.

Ziel der Aufzuchtfütterung
- Decken der Jungziegen im Alter von 8 Monaten bei einem Körpergewicht von 35 bis 40 kg („halbes Erwachsenengewicht“)
- Ablammen mit 13 Monaten bei einem Körpergewicht von 45–50 kg

Im 3. und 4. Monat sind tägliche Zunahmen von 170 g anzustreben, um ein Gewicht von 24 kg zu erreichen. Hierfür ist bestes Grundfutter die Voraussetzung mit einer Energiekonzentration von mindestens 8,5 MJME/kg TS. Dabei ist Heu vom Grünland mit einem Kraftfutter mit 16–18 % Rohprotein zu kombinieren bzw. Leguminosenheu oder Silage mit Getreide. Die Heuaufnahme soll bis zum 4. Monat auf 500 g/Tag steigen und die Kraftfutteraufnahme auf 400–600 g/Tag.

Um den Wachstumsverlauf im Griff zu behalten, ist monatlich eine Stichprobe der Jungziegen zu wiegen und die Aufnahme an Grund- und Kraftfutter zu erfassen.

Ab dem 5.Monat kann die Aufzuchtintensität etwas nachlassen. Bei täglichen Zunah-

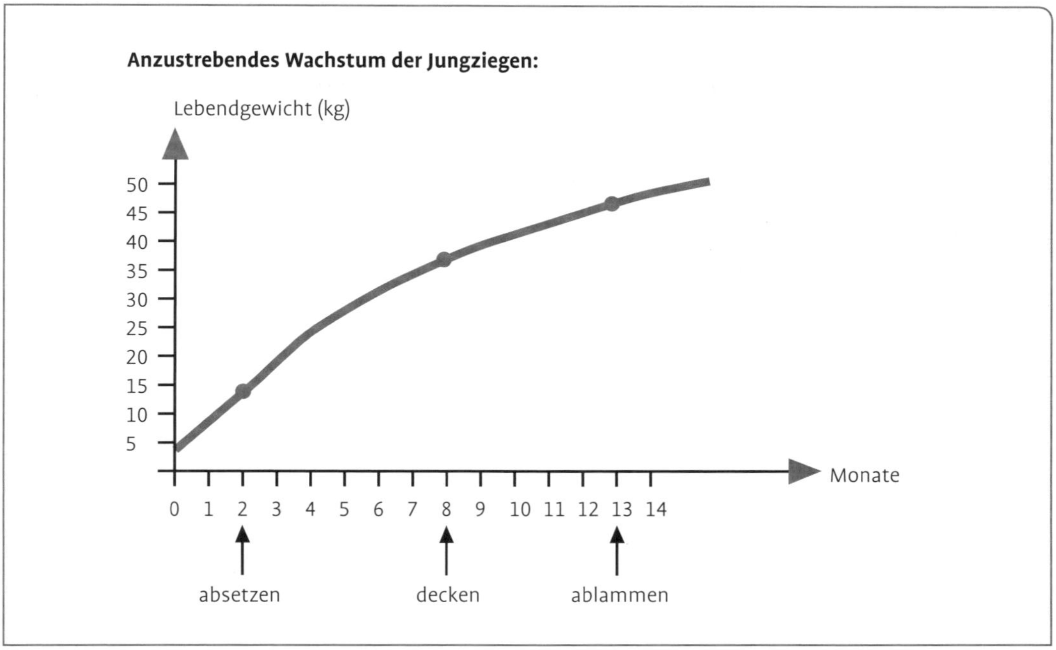

Abb. 37 Anzustrebendes Wachstum der Jungziegen.

men von 100–110 g wird mit 8 Monaten ein Deckgewicht von 37 kg erreicht. Bei freiem Angebot besten Grundfutters genügen in dieser Zeit 300 g Kraftfutter/Tag. Sollte die Energiekonzentration des Grundfutters unter 8,5 MJME liegen, so können bis zu 700 g Kraftfutter pro Tag notwendig werden, um die angestrebte Entwicklung zu erreichen.

Die Kraftfuttergaben werden während der Trächtigkeit bis zum Beginn der Vorbereitungsfütterung beibehalten.

Bei dieser Aufzuchtintensität finden die jungen Milchziegen mit dem Ablammalter von 13 Monaten noch Anschluss an den Ablammrhythmus des Bestandes. Ist eine solche intensive Aufzucht nicht möglich, zum Beispiel weil die Jungziegen extensive Weiden landschaftspflegerisch nutzen sollen, wird eine Belegung meist erst in der folgenden Decksaison im Alter von etwa 18 Monaten möglich sein.

Die Kosten der intensiven Aufzucht werden durch zwei Faktoren besonders stark geprägt:

- hohe Aufnahmen von Grundfutter bester Qualität senken den Kraftfutteraufwand
- geringe Aufzuchtverluste senken die Belastung der überlebenden Tiere mit den bereits entstandenen Kosten der ausgeschiedenen.

Erhebungen in französischen Praxisbetrieben (Hardy 2012) haben für die Aufzucht einer Milchziege Futterkosten von € 126,00 ergeben, während die sonstigen Kosten wie Tierarzt, Hygiene, Einstreu, Belegung und Kennzeichnung zusammen etwa € 30,00 betragen. Hinzu kommen noch die Kosten für die Arbeitswirtschaft und die Gebäude. Die gleiche Erhebung zeigt, dass beim Ansteigen der Kraftfutterpreise die Futterkosten € 150,00 rasch übersteigen können.

Stehen gute Grünlandflächen zur Verfügung, auf denen im Vorjahr weder Ziegen noch Schafe geweidet haben, lässt sich das Grundfutter im Stall vorteilhaft durch Weide mit frischer Luft und Sonne ersetzen. Ansonsten ist die Aufzucht im Stall vorzuziehen, da sonst der Druck der Magen-Darm-Würmer die Entwicklung zu sehr hemmt. Allerdings sollte dabei nicht vergessen werden, dass sich im Stall dafür das Problem der Kokzidien stellt.

9.4 Milchgewinnung

9.4.1 Besonderheiten der Ziegenmilch

Innerhalb der vor allem durch Genetik und Fütterung bedingten Schwankungsbreite kann bei den europäischen Milchziegenrassen mit folgender Zusammensetzung der Milch gerechnet werden:

Tab. 57 Durchschnittliche Gehaltswerte der Ziegenmilch

Fett	3,3 %
Eiweiß	3,1 %
Milchzucker	4,5 %
Mineralstoffe	0,8 %

Damit hat Ziegenmilch entgegen einer weit verbreiteten Ansicht keinen höheren Fettgehalt und einen eher geringeren Eiweißgehalt als Kuhmilch.

Es besteht ein gewisser negativer Zusammenhang zwischen Milchmenge und Gehaltswerten, sodass Rassen mit höherer Milchmengenleistung eher geringere Gehaltswerte aufweisen. Dieser Antagonismus zeigt sich auch im Laktationsverlauf der einzelnen Ziege, wo die Gehaltswerte gegenläufig zu Milchmenge in der ersten Phase bis zur Laktationsspitze zurückgehen, um dann in der Spätlaktation bei sinkender Mengenleistung wieder anzusteigen.

Die vielfältige, weitgehend genetisch bedingte Eiweißzusammensetzung in der Ziegenmilch unterscheidet sich von der in der Kuhmilch. Dieser Unterschied wirkt sich auf die technologischen Eigenschaften aus. So ist die Käseausbeute bei Ziegenmilch geringer. Wissenschaftlich nicht begründet bzw. umstritten sind die ernährungsphysiologischen Vorzüge des Ziegenmilcheiweißes gegenüber dem der Kuhmilch, während allerdings viele Verbraucher in ihrem Ernährungsalltag beste Erfahrungen mit Ziegenmilch gemacht haben.

Das Fett ist in der Milch in kleinen Kügelchen unterschiedlicher Größe fein verteilt. Ziegenmilch enthält einen besonders großen Anteil kleinster Fettkügelchen, was dazu beiträgt, dass Ziegenmilch kaum aufrahmt. Durch die Wirkung des natürlicherweise in der Milch vorhandenen Enzyms Lipase entstehen einige Zeit nach dem Melken freie Fettsäuren, die den Geschmack der Ziegenmilch entscheidend beeinflussen. Eine kleine Menge dieser Fettsäuren sorgt für die gerade im Käse erwünschte leichte Ziegennote. Größere Mengen führen aber rasch zu einem unangenehmen bis seifigen Geschmack und beeinträchtigen die Käsereitauglichkeit der Milch. Diese als „Lipolyse" bezeichnete Freisetzung von Fettsäuren ist bei Ziegenmilch besonders ausgeprägt, wobei wohl auch genetische Unterschiede eine Rolle spielen. Doch weit mehr wird die Lipolyse von der Sorgfalt bei der Milchgewinnung beeinflusst. Mechanische Belastungen der Fettkügelchen beschädigen deren feine Eiweißhülle und geben das Fett dem Angriff der Lipase frei. Deshalb sind gerade in Ziegenmelkanlagen schon durch die Konstruktion Propfenbildungen und Verwirbelungen der Milch zu vermeiden. Lufteinbrüche durch falsche Handhabung der Melkzeuge und durch schadhafte Melkschläuche und Dichtungen sind die Hauptursache der Lipolyse im Melkalltag.

Ziegenmilch ist rein weiß, da sie statt des Provitamins Carotin, welches der Kuhmilch den gelblichen Ton gibt, bereits das fertige Vitamin A enthält. Da Milch leicht Fremdgeruch annimmt, kann der Geschmack der Milch auch durch den Stallgeruch und während der Deckzeit auch durch den Bockgeruch nachteilig beeinflusst werden, was aber durch entsprechende Arbeitsorganisation und Sauberkeit zu vermeidbar ist.

Ziegenmilch weist eine deutlich höhere Zellzahl als Kuhmilch auf. Selbst bei eutergesunden Ziegen können Zellzahlen bis zu 1 Mio. pro ml auftreten. Mit fortschreitender Laktation und mit dem Alter steigen die Zellzahlen an. Die Zellzahlen schwanken auch beim Einzeltier stark und zeigen vor allem unter Stress und während der Brunst sehr hohe Werte. Deshalb haben Einzelwerte der Milchzellgehalte nur eine beschränkte Aussagekraft und es sollten zur Beurteilung der Eutergesundheit mehrere Werte berücksichtigt werden. Für die Praxis haben sich folgende Faustzahlen bewährt (De Cremoux 2012):

Übersteigt der Milchzellgehalt während einer Laktation:

nur einmal 750 000 Zellen/ml:

- Kein Verdacht auf Infektion.
- Keine Behandlungsmaßnahmen.

mindestens zweimal 750 000 Zellen/ml:

- Verdacht auf Infektion mit einem weniger bedeutenden Erreger, wie z.B koagulase-negative Staphylokokken.
- Antibiotische Behandlung beim Trockenstellen.

mindestens dreimal 2 000 000 Zellen/ml:

- Verdacht auf Infektion mit bedeutenden Erregern wie z.B Staphylococcus aureus.
- Entfernung der Ziege aus der Herde.

Die Milchzellgehalte für Einzeltiere werden am besten routinemäßig bei der Milchleistungsprüfung miterfasst. Die Ergebnisse des für Kuhmilch konzipierten Schalm-Tests (California-Mastititis-Test) sind bei Ziegen wegen des auch im gesunden Euter erhöhten Zellgehaltes schwierig zu interpretieren. Deutliche Unterschiede in der Reaktion der beiden Euterhälften geben allerdings einen eindeutigen Hinweis auf eine Eutererkrankung.

9.4.2 Aufbau und Physiologie des Euters

Zwischen den Melkzeiten wird die Milch in den Drüsenzellen gebildet, in den Drüsenbläschen (Alveolen)gesammelt und weiter in die Zisterne abgeleitet. Bei der Ziege geht dabei anders als bei der Kuh ein Teil der Drüsenzellen mit in die Milch, was zur höheren Zellzahl in der Ziegenmilch beiträgt.

Auch haben Ziegen im Gegensatz zur Kuh eine besonders geräumige Zisterne, in welcher zur Melkzeit etwa 80 % der Milchmenge gespeichert ist. Deshalb kann sich in den Alveolen des Ziegeneuters auch mit zunehmender Milchbildung kein so hoher Druck aufbauen, welcher die weitere Milchbildung hemmen würde. Ebenfalls im Gegensatz zur Kuh ist bei der Ziege der Trockenmassegehalt der Alveolarmilch nur wenig erhöht gegenüber dem der Zisternenmilch.

Aus der Zisterne kann die Milch durch Saugen bzw. Melken leicht entfernt werden. Aus den Alveolen dagegen muss die Milch in die Zisterne gepresst werden, indem die muskelartigen Korbzellen, welche die Alveolen umfassen, sich zusammenziehen, gesteuert durch das Hormon Oxytocin. Die Oxytocinausschüttung im Hinterlappen der Hirnanhangsdrüse wird durch die Euterstimulation und ganz allgemein durch die „Melkstimmung“ angeregt. Gegenspieler zum Oxytocin ist das Stresshormon Adrenalin. Deshalb ist eine stressfreie, ruhige Melkatmosphäre wichtig für flottes Melken.

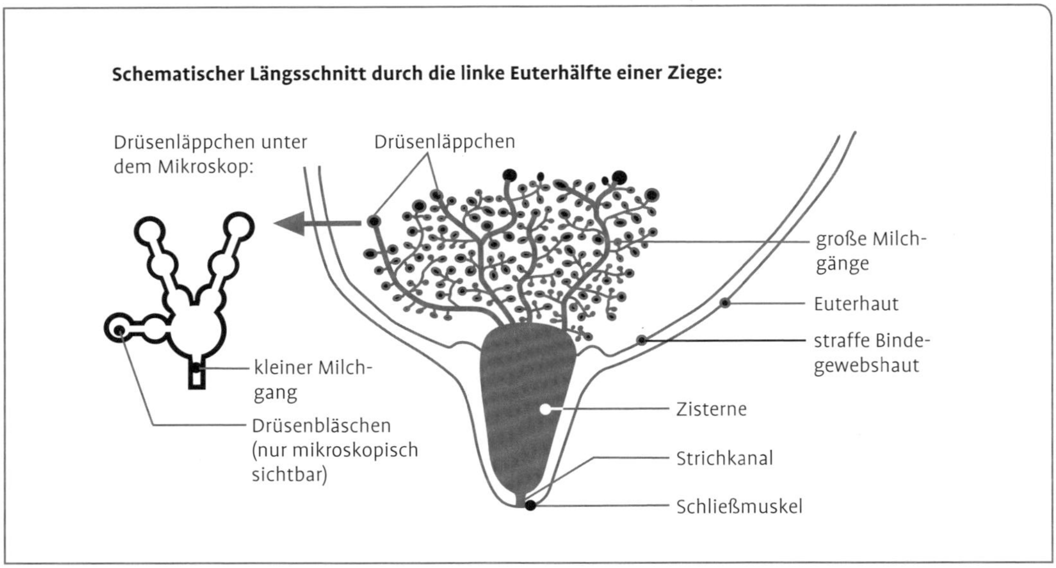

Abb. 38 Ziegeneuter.

Während die zweizitzigen Ziegen nicht das Problem des Stufeneuters haben, das bei den vierzitzigen Kühen nicht selten dazu führt, dass beim Maschinenmelken die Vorderhälfte schneller leer wird als die Hinterhälfte, kommt es bei den Ziegen vor, dass unterschiedliche linke und rechte Euterhälften zu einem ähnlichen Problem führen.

Die Form des Euters trägt viel zur guten Melkbarkeit bei und lässt sich züchterisch beeinflussen. Ein geräumiges, gut aufgehängtes Euter ist vorteilhaft. Doch die in den Augen der Rassezüchter als besonders schön geltenden kurzen Zitzen sind mit der Hand nur mühsam zu melken und führen beim Maschinenmelken zu Dauerschäden, weil die zu kurzen Zitzen beim Entlastungstakt nicht genügend vom Zitzengummi massiert werden und an der Zitzenspitze ein Dauervakuum entsteht. Mittellange, gut angesetzte Zitzen entsprechen den Anforderungen des Hand- wie des Maschinenmelkens. Der Zitzenansatz soll sich an der tiefsten Stelle des Euters befinden. So können sich beim Maschinenmelken keine „Milchsäcke“ bilden, die vermehrtes Nachmelken erfordern.

Der Strichkanal im Ziegeneuter ist kurz und weich, was neben dem hohen Anteil der Zisternenmilch am Gesamtgemelk zur guten Melkbarkeit der Ziegen beiträgt. Es kann mit einer Milchflussmenge von 1 kg pro Minute gerechnet werden, bei hoher Leistung auch etwas mehr. Wichtiger als die Milchflussrate ist beim Maschinenmelken jedoch:

- Keine zweigipflige Milchflusskurve – besonders wichtig bei milchflussgesteuerten Maschinen mit automatischer Melkzeugabnahme.
- Gleichmäßiges Ausmelken beider Euterhälften.
- Vollständiges Ausmelken durch die Maschine – das Euter muss „zusammenfallen“.

9.4.3 Das Melken

Einmal oder mehrmals täglich melken?
Aufgrund des hohen Anteil der Zisternenmilch am Gesamtgemelk hat das Melkintervall bei Ziegen keinen starken Einfluss auf die insgesamt ermolkene Milchmenge. Üblicherweise werden Ziegen zweimal täglich gemolken. Dreimaliges Melken bringt, im Gegensatz zu Kühen, bei Ziegen kaum einen Mehrertrag und wird nicht praktiziert. Dagegen hat das einmalige Melken in den Betrieben an Bedeutung gewonnen, die durch die eigene Milchverarbeitung und Vermarktung in die Arbeitsfalle zu geraten drohen. Allerdings führt das „Monotraite", wie das einmalige Melken auch außerhalb Frankreichs bezeichnet wird, zu einem Rückgang der Milchleistung von immerhin 12–15 %, wenn sie von Beginn der Laktation an praktiziert wird. Bei Erstlingsziegen kann der Ertragsrückgang sogar 25 % erreichen (Lucbert 2012). Der Eiweißgehalt steigt leicht an, aber ohne Auswirkung auf die Käseausbeute, da der Anstieg nur die Molkenproteine betrifft. Der Milchfettgehalt bleibt unbeeinflusst. Der Eutergesundheit ist bei Monotraite vermehrte Aufmerksamkeit zu schenken. Monotraite kann während der gesamten Laktation oder nur phasenweise ausgeübt werden. Auch die Rückkehr vom einmaligen zum zweimaligen Melken ist ohne Nachteil möglich.

Zumindest Ziegenhalter, die ihre Milch an eine Molkerei liefern, sollten sich bei der Entscheidung für Monotraite gut überlegen, ob sie sich diesen „Luxus" leisten und auf die Mehrleistung bei zweimaligem Melken verzichten können. Als weitere Möglichkeit wird dreimaliges Melken in zwei Tagen diskutiert. Bei einem Melkintervall von etwa 16 Stunden scheint das Ziegeneuter noch nicht mit einem Leistungsrückgang zu reagieren. Bei dieser Variante muss am einen Tag zweimal –sehr früh und sehr spät- gemolken werden und am andern Tag einmal zur Tagesmitte. Hieraus ergeben sich Organisationsprobleme, die den Vorteil der Ersparnis einer Melkzeit in zwei Tagen in Frage stellen können.

Unterschiede Ziege – Kuh
- Euter nur zwei Hälften – kein Stufeneuter.
- Hoher Anteil Zisternenmilch.
- Kurzer, weicher Zitzenkanal.
- Ziegen kommen rasch und leicht in Melkstimmung.
- Ziegen lassen sich leicht von Hand melken.
- Geringe Milchmenge pro Tier, deshalb gilt beim Maschinenmelken von Ziegen
  - → Hoher Anteil der Rüstzeit an der Gesamtmelkzeit.
  - → Hoher Zeitaufwand für Reinigung und Wartung.
  - → Hohe Investitionskosten pro kg Milch.

Handmelken oder Maschinenmelken?
Aufgrund der geringeren individuellen Milchmenge haben bei Ziegen das Vorbereiten, Ansetzen, Kontrollieren und Abhängen des Melkzeuges einen größeren Anteil an der Gesamtmelkzeit als bei Kühen.

Der Zeitaufwand für Reinigung und Wartung muss durch Zeitersparnis beim Melken gerechtfertigt werden, die bei Ziegen nicht so leicht erreicht wird wie bei Kühen. Auch muss die Investition für die Melkanlage mit der ermolkenen Milch amortisiert werden. Auch dies ist bei Ziegen schwerer als bei Kühen.

Da sich Ziegen von Hand leicht melken lassen, lohnt sich in kleineren Herden mit Melkzeiten unter einer Stunde die Melkmaschine nicht und erst ab 20 bis 30 Ziegen ist das Maschinenmelken wirtschaftlich.

Da Ziegen leicht in Melkstimmung kommen, einen hohen Anteil Zisternenmilch in nur zwei Euterhälften haben und in der Regel nach dem Maschinenmelken wenig Restmilch im Euter aufweisen, gilt grundsätzlich: Ziegen eignen sich gut für das Maschinenmelken!

Vorbereitung zum Melken. Die Ziege kommt ohne aufwendiges Anrüsten aus. Die Zisternenmilch wird sofort abgegeben und die Stimulierung für die Abgabe der restlichen Alveolarmilch erfolgt während des Melkens. Das Euter ist nur selten deutlich verschmutzt, deshalb eignet sich trockenes Einmalpapier am besten für die Euterreinigung. Euterduschen sind bei Ziegen weder zur Reinigung noch zur Stimulierung notwendig. Durch das Wasser können sich Erreger sogar konzentriert an der Strichkanalöffnung sammeln. Selbstverständlich ist jede Ziege nach gesetzlicher Vorschrift vorzumelken und die Milch zu prüfen.

Maschinenmelken. Kitze gewinnen ihre Milch nach einem „Zweitakt-Verfahren“: 1. Takt: Saugen, 2. Takt: Abschlucken ohne Sog, dafür massieren Zunge und Gaumen beim Abschlucken die Zitze. Genauso arbeitet die Melkmaschine im Wechsel von Saugen und Entlasten mit Massieren, gesteuert vom Pulsator.

Maschinenmelken ist damit grundsätzlich mindestens so tiergerecht wie Handmelken, bei welchem mit mehr oder weniger Gewalt die Milch herausgedrückt wird. Trotzdem hat das Handmelken einen großen **Vorteil**: Niemand melkt von Hand länger, als wie Milch fließt! Damit ist Blindmelken die Achillesferse der Melkmaschine!

Da sich im Ziegeneuter die Milch vor allem in der Zisterne befindet, setzt mit dem Ansetzen des Melkzeugs sofort ein hoher Milchfluss ein, welcher das **Milchsammelstück** „verstopfen“ kann. Im Entlastungstakt führt dies zu Milchrückfluss an die Zitzenspitze und erhöht durch derartiges „Zitzenwaschen“ die Infektionsgefahr. Ein erhöhtes Vakuum kann den Rückstau abbauen, ist aber nicht eutergerecht. Notwendig sind Sammelstücke mit großem Volumen: mindestens 80 ml bei einem Lufteinlass von mindestens 4 bis maximal 10 Liter/Minute.

Für ein zügiges und schonendes Abfließen der Milch ist aber nicht allein die absolute Größe des Sammelstückes ausschlaggebend, sondern auch die strömungstechnisch günstige Gestaltung, sodass beim Vergleich verschiedener Fabrikate nicht unbedingt das Sammelstück mit dem größten Fassungsvermögen das beste ist.

Bei ungleichmäßigen Euterhälften ergeben sich beim Einsatz großer Sammelstücke allerdings auch Probleme. Schon die Positionierung des großen Sammelstückes ist nicht einfach. Ist dann die eine Euterhälfte schon leer, klettert dort der Melkbecher und diese leere Zitze wird belastet, während die andere Euterhälfte nicht entleert wird, weil dort jetzt das Gewicht fehlt. An der leeren Zitze kann es zu Zitzenschäden kommen oder Haftprobleme führen zum Abfallen des Melkzeuges. Deshalb haben sich für Ziegen **Melkzeuge ohne Sammelstück**, dafür mit periodischem Lufteinlass direkt am Melkbecher besonders bewährt. Dies ermöglicht ein geringeres Melkvakuum und damit schonenderes Melken. „Zitzenwaschen“ wird vermieden und ermöglicht ein geringeres und damit schonenderes Vakuum unter der Zitzenspitze im Entlastungstakt. Durch das Fehlen des Sammelstückes können die Melkbecher leicht positioniert werden.

Ventile ermöglichen eine Einzelabsperrung des Melkvakuums und eine automatische Absperrung, wenn z. B. das Melkzeug wegfällt.

Die **Pulszahl**, d. h. die Anzahl Doppeltakte, ist bei Ziegen mit 90 Zyklen/Minute bedeutend höher als bei Kühen! Ist der Takt aber zu schnell, wird die Entlastungsphase zwischen den Saugphasen zu kurz. Andererseits ist ein zu langsamer Pulstakt entgegen einer weit verbreiteten Meinung nicht notwendigerweise euterschonender. Denn eine Verlangsamung des Pulstaktes führt dazu, dass bei gleichbleibendem Saugphasenanteil die Saugphase länger bzw. zu lang wird.

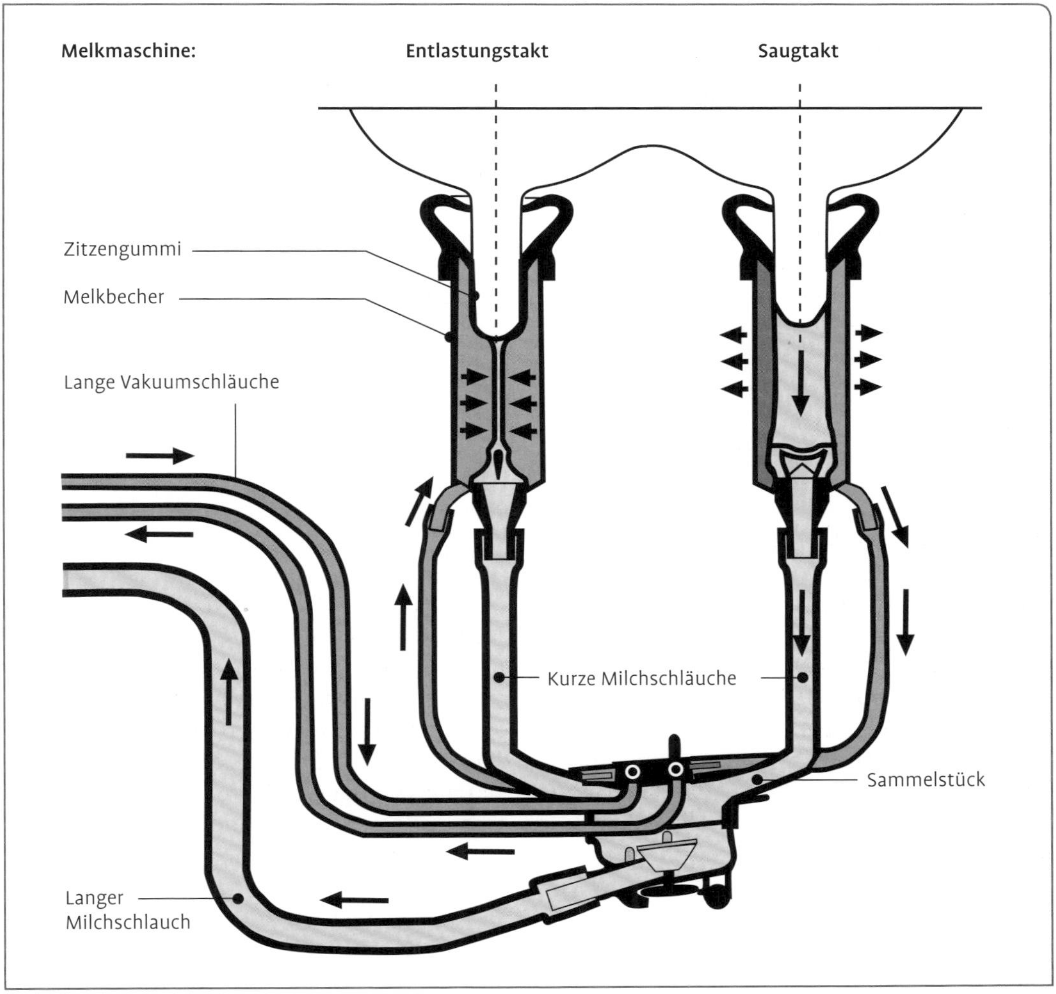

Abb. 39 Melkzeug.

Das **Pulstaktverhältnis** von Saugen: Entlasten liegt für Ziegen üblicherweise bei 60 : 40, es gibt aber auch Melkanlagen bei Ziegen, die mit dem bei Schafen üblichen Verhältnis von 50 : 50 gut fahren. Bei den meisten Herstellern bewegt sich der Saugphasenanteil zwischen 60 und 65 %. Noch höhere Saugphasenanteile haben besonders bei ungleich leer werdenden Eutern und bei langsam melkenden Ziegen stark negative Auswirkungen auf die Eutergesundheit. Ziegen sind empfindlich gegen Veränderungen des Taktes! Günstig ist deshalb ein elektronisch gesteuerter, zentraler Pulsator.

Ziegen lassen sich mit einem **Niedrigvakuum** von 34 bis 40 kPa hervorragend melken. Die Zitzenspitze wird weniger belastet und die Zitzengummis neigen weniger zum Klettern. Tiefliegende Milchleitungen ermöglichen ein solch niedrigeres Vakuum. Für wirksames Spülen der Melkanlage ist ein Vakuum unter 40 kPa zu gering, weshalb für das Spülen eine zusätzliche Vakuumsteuerung mit über 40 kPa sinnvoll ist.

Die **Vakuumpumpe** muss nicht allein die normal arbeitenden Melkanlage versorgen, sondern sie braucht genügend Reserven für die nicht zu vermeidenden Lufteinbrüche beim An- und Abhängen der Melkzeuge wie auch beim Abfallen oder Abschlagen von Melkzeugen. In Folge des Vakuumabfalls wird die Milch schlechter abgesaugt und gerade bei Ziegen können die Melkzeuge abfallen, da das Melkvakuum nur wenig über der Haftgrenze liegt. Das wichtigste der durch den Vakuumabfall verursachten Probleme ist jedoch nicht zu sehen: Fehlt das nötige Vakuum im Zitzengummiinnenraum (siehe Abbildung 39), zieht sich im Entlastungstakt der Zitzengummi unter dem Einfluss des Normaldrucks im Zwischenraum nicht genügend zusammen, um die Zitze zu massieren und es kommt zum schmerzhaftem Flüssigkeitsstau in der Zitze.

Normen für den Luftdurchfluss der Vakuumpumpe in Liter/Minute:
Eimermelkanlage:
50 + 80 × Anzahl Melkeinheiten
Rohrmelkanlage:
150 + 80 × Anzahl Melkeinheiten

Hoher Luftdurchfluss = stabiles Vakuum!

Besonders große Bedeutung haben die **Zitzengummis**, sie werden aber häufig vernachlässigt. Wird beobachtet, dass Ziegen beim Melken unruhig sind und von der Maschine schlecht ausgemolken werden, so ist zuerst die Melkanlage zu überprüfen. Zeigen sich Vakuumeinstellung, Pulsatorfunktion und Melkroutinen in Ordnung, gilt es die Zitzen nach dem Abnehmen anzuschauen. Sind diese gerötet und verhärtet, besonders bei jungen Ziegen? Häufigste Ursache hierfür sind zu große Zitzengummis! Dies kann die Kopföffnung des Zitzengummis betreffen, aber auch die Kopfhöhe sowie den Innendurchmesser des Schafts.

Geht bei zu weitem Schaft Vakuum an der Zitze vorbei, saugt sich der Zitzenbecher am Euterboden fest. Es entwickelt sich ein Ödemring am Zitzenansatz, die Blutzirkulation wird eingeschränkt und die Zitze schwillt an. Die Ziege hat Schmerzen und die Milchabgabe ist gestört. Ziegenzitzen „blähen“ in dieser Situation viel stärker auf als Kuhzitzen, da sie ein schwächeres Bindegewebe aufweisen. Abhilfe bringt ein geringerer Schaftdurchmesser.

Bei Jungziegen mit kurzen Zitzen reicht die Zitze oft gar nicht bis in den Bereich, wo der Zitzengummi sich im Entlastungstakt zum Massieren zusammenzieht. Damit fehlt die entlastende Massagephase. Abhilfe schafft hier eine geringere Kopfhöhe.

Herkömmliche Zitzengummis aus synthetischem Kautschuk sind nach Herstellerangaben nach etwa 800 Betriebsstunden auszuwechseln. Sonst führt der Verlust an Elastizität und Spannkraft zu schlechter Melkarbeit und die durch den Abrieb zu rau werdende Oberfläche hat einen erhöhten Keimbesatz zur Folge. Zitzengummis aus Silikon haben dagegen den Vorteil, dass sie erst nach etwa 3000 Betriebsstunden ausgewechselt werden müssen. Deshalb ist auch der etwa dreifach höhere Preis gerechtfertigt. Allerdings reißen Zitzengummis aus Silikon leichter ein als solche aus Kautschuk. Beschädigungen können vermeiden werden, wenn bei der Montage Gleitmittel (Paste, Spray) verwendet werden. Kann sich Milchfett einlagern, verändert sich die Beschaffenheit des Silikon-Zitzengummis und er wird zu weich und spröde. In der Praxis wird der Silikon-Zitzengummi recht unterschiedlich beurteilt und er kann seine Vorteile nur ausspielen, wenn eine sehr zuverlässige Reinigung auch der Außenseite gewährleistet ist. In der Praxis werden die

Grundregeln für tierschonendes Melken mit hoher Leistung

- Pro Melkkraft maximal 14 bis 16 Melkeinheiten,
- 1 Melkzeug für jeweils 2 Ziegen,
- 32 Ziegen pro Melkstandsatz und Melkkraft.
  → Kein Blindmelken,
  → Rasches Melken,
  → kurzer Aufenthalt der Ziegen im Melkstand
  → Stundenleistung bis zu 160 Ziegen.

Silikonteile zu diesem Zweck häufig ausgekocht. Es werden jedoch auch Reinigungssysteme angeboten, die für eine zuverlässige Außenreinigung sorgen.

Neben den Zitzengummis sind auch alle anderen Gummiteile der Melkanlage von ihrer Funktion her Verschleißteile. Deshalb gehört es zu den grundlegenden Aufgaben im Melkbereich, sie regelmäßig zu kontrollieren und auszuwechseln. Versäumnisse beim rechtzeitigen Wechsel sind in der Melkpraxis häufig die Ursachen für hohe Zell- und Keimzahlen.

Die **Melkleitungsdimension** hat zwei Bedingungen zu erfüllen. Erstens darf das Vakuum während des Melkens, wenn alle Melkzeuge arbeiten, im Melkleitungsbereich um nicht mehr als 2 kPa schwanken. Zweitens darf die Milch während des Melkens in der Leitung keine Pfropfen bilden und nicht schubweise in den Milchabscheider gelangen. Sonst mindert die dadurch verursachte Lipolyse die Käsereitauglichkeit der Milch. Notwendig ist der „geschichtete Abfluss", bei dem sich über der fließenden Milch immer eine Schicht Luft befindet.

Für Melkanlagen mit bis zu zehn Melkzeugen erfüllt eine 50-mm-Leitung die Anforderungen. Ist ein Gefälle von 1,5 % möglich, reicht eine 50-mm-Melkleitung auch für bis zu 20 Melkzeuge!

Sind hochverlegte Melkleitungen nicht zu vermeiden, ist besonders darauf zu achten, dass deren großen Durchmesser groß genug ist und die Vakuumpumpe eine hohe Luftdurchlassrate hat.

Das Beenden des Melkens. Um das euterschädigende Blindmelken zu vermeiden, wird sofort mit Ende des Milchflusses das Melkzeug abgenommen. Dabei wird das Euter mit der Hand kontrolliert, aber nicht nachgemolken. Ziegen können sich sonst an das Nachmelken gewöhnen, sodass mit der Zeit die Nachgemelksmenge zunimmt. Zur Abnahme ist das Vakuum an diesem Melkzeug abzustellen. Die oft zu beobachtende Melkzeugabnahme unter Vakuum belastet das Euter und führt zu unnötig starken Lufteinbrüchen. Nach dem Abhängen des Melkzeuges sind die Zitzen zu kontrollieren, ihr Zustand gibt nämlich Auskunft über die Qualität der Melkarbeit.

Zitzenkontrolle nach Abnahme des Melkzeuges

sind die Zitzen:

- nass?
- rot?
- geschwollen?
- hart?
- mit Ringen?

Technik der Melkanlage und Melkroutinen überprüfen!

Ziegen eignen sich für die automatische Melkzeugabnahme, doch ist auch dann eine manuelle Euterkontrolle durchzuführen. Die Zitzendesinfektion mit einer Dipp-Lösung schließt das Melken ab.

Nach Abschluss des Maschinenmelkens ist die Anlage zu **reinigen und zu desinfizieren.** Hierfür eignen sich nach der äußeren Reinigung der Anlage – vor allem auch der Zitzenbecherköpfe – die automatischen Reinigungsprogramme am besten. Es hat sich bewährt, die übliche alkalische Reinigung regelmäßig (wöchentlich bis täglich je nach Wasserhärte) durch eine saure Reinigung zu unterbrechen.

Die Melkleistung. Grundsätzlich gilt: Nur durch die Erhöhung der Anzahl der Melkeinheiten lässt sich die Melkleistung erhöhen!

Die durchschnittliche Milchflussgeschwindigkeit von gut 1 kg Milch pro Minute ergibt 2 bis 3 min Maschinenmelkzeit pro Ziege. Beanspruchen die Vorbereitung und Kontrolle des Euters sowie An-, Um- und Abhängen des Melkzeugs 10 s Melkerzeit pro Ziege, kann ein Melker 12 bis 18 Melkzeuge bedienen. Wenn diese 10 s nicht ausreichen, ist die Anzahl Melkzeuge pro Melker zu reduzieren. Mehr Melkzeuge bedeuten Blindmelken!

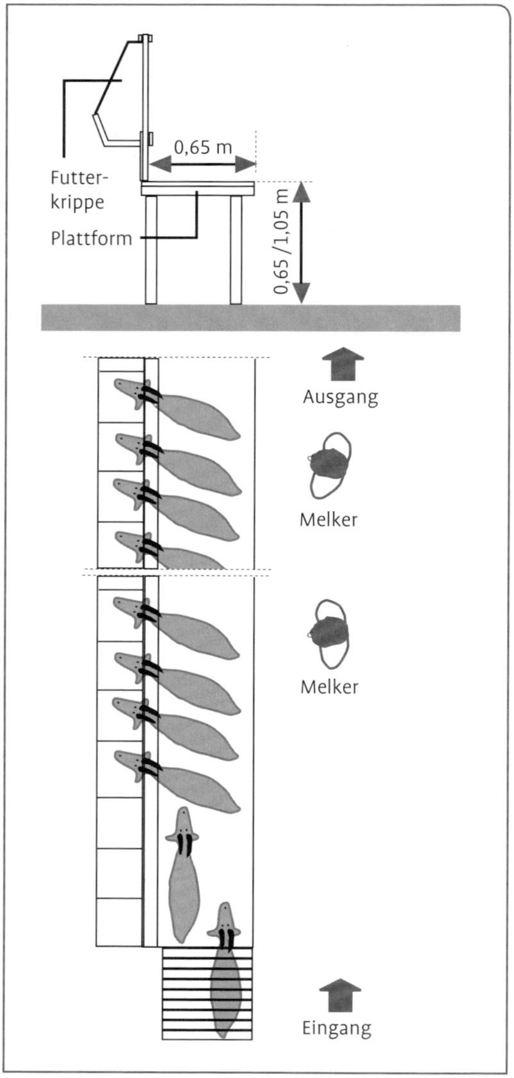

Abb. 40 Melkstand mit Fressgitter, einfach.

Überschreitet in einem Melkstand mit einem Melkzeug pro zwei Ziegen die gesamte Maschinenmelkzeit (d. h. vom Anhängen der ersten Ziege bis zum Abhängen der letzten Ziege) die Zeit von 6 bis 9 min, ist dem Verdacht auf Blindmelken nachzugehen! Zur Vermeidung dieses Problems ist entweder eine zweite Melkkraft einzusetzen oder für automatische Melkzeugabnahme zu sorgen, für welche sich Ziegen gut eignen.

Rechnet man pro Melkstand-Satz 12 min (für Austrieb und Zutrieb jeweils 2 min und für das Melken 8 min), ergeben sich als maximale Stundenleistung für eine Melkkraft:

$$60\,\text{min}/12\,\text{min} \times 32\ \text{Ziegen} = 160\ \text{Ziegen.}$$

Gute **Melkbarkeit** trägt zur hohen Melkleistung bei. Doch nicht die Milchflussgeschwindigkeit ist entscheidend, sondern die gleichmäßige Entleerung beider Euterhälften, eine Milchabgabekurve ohne zweiten Gipfel und die möglichst vollständige Abgabe der Milch an die Maschine, ohne Nachgemelk mit der Maschine oder gar von Hand.

Eutergesundheit als Indikator für richtiges Melken. Mastitis ist eine Faktorenkrankheit. Große Bedeutung haben dabei Faktoren der Melktechnik wie Vakuumhöhe, Pulszahl und der Zustand der Zitzengummis wie auch Faktoren der Melkroutinen insbesondere das Blindmelken. Mängel in diesen Bereichen können zu Schädigungen des Eutergewebes und nachfolgenden Infektionen führen. Kritische Zellzahlen müssen deshalb immer auch zu einer Überprüfung der Melkanlage und -routinen führen.

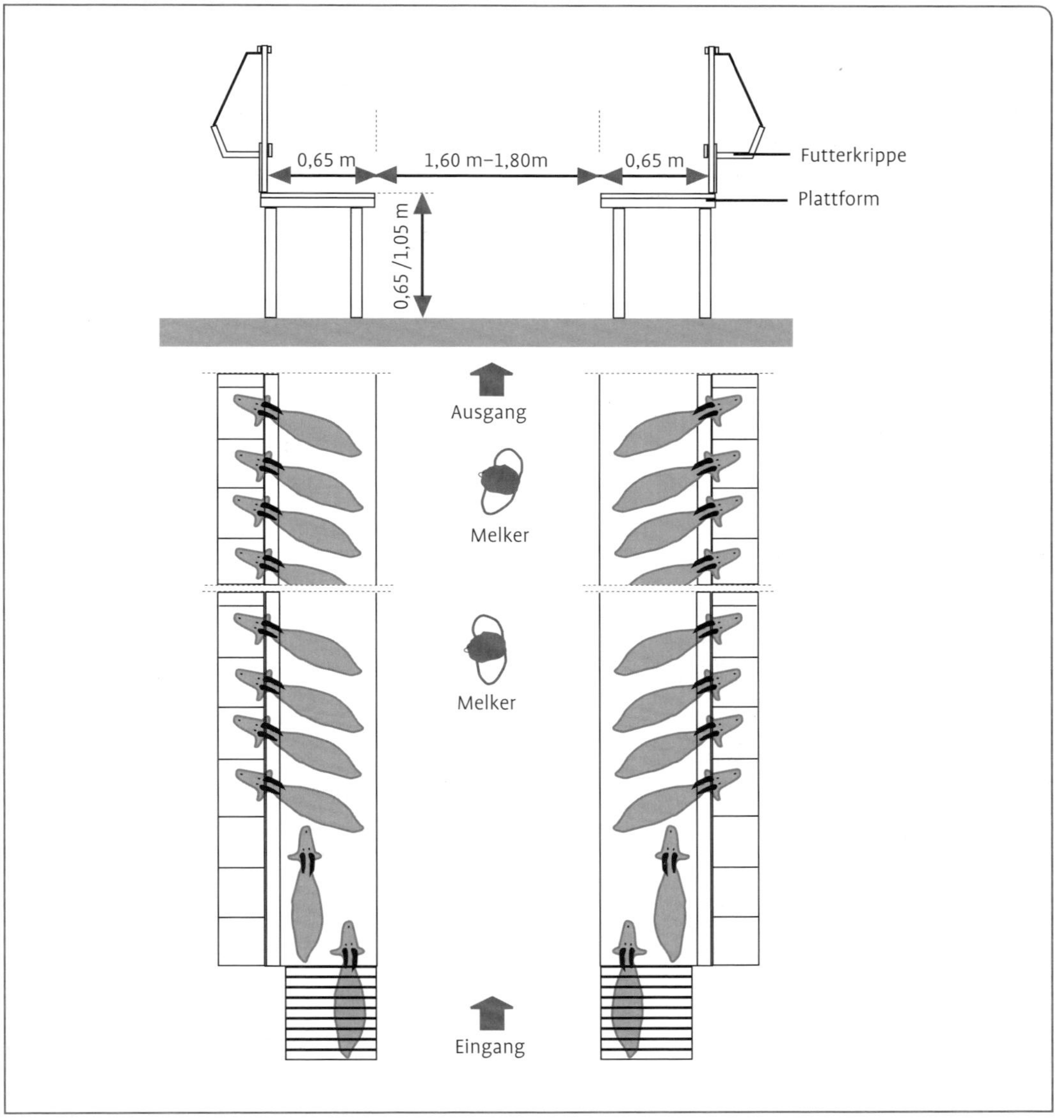

Abb. 41 Melkstand mit Fressgitter, doppelt.

9.4.4 Melksysteme

Zum Melken im Melkstand oder Karussell gibt es keine Alternative. Pluspunkte sind kurze Wege bei der Melkarbeit, bessere hygienische Bedingungen, gute Übersicht, ergonomisch bessere Körperhaltung und vakuumtechnische Vorteile.

Unabhängig von der Art des Melkstands ist der reibungslose **Zu- und Abtrieb** für die Melkleistung von Bedeutung. Die Triebwege sollen genügend breit sein (1,5 bis 2 m) und möglichst ebenerdig verlaufen. Starkes Gefälle oder Stufen sind für Ziegen zwar grund-

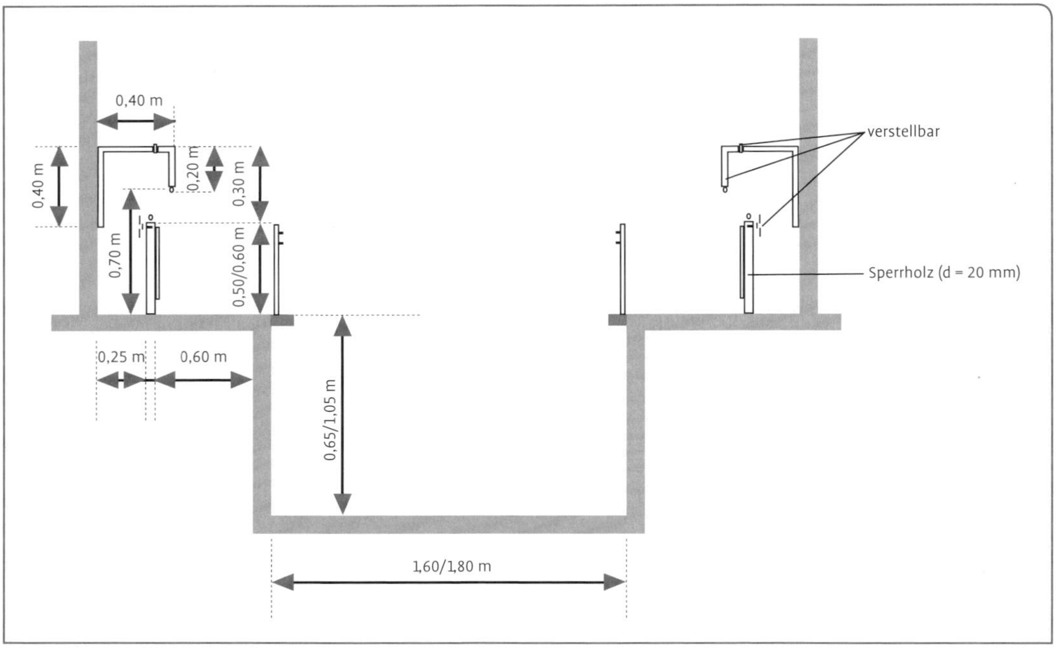

Abb. 42 Fischgrätmelkstand im Querschnitt.

sätzlich kein Problem, doch hemmen die Sätze, mit denen die Ziegen diese Stellen überwinden, den zügigen Ablauf und können auch zu Verletzungen führen.

Der Futtertisch ist kein Triebweg! Eine Querung lässt sich allerdings häufig nicht vermeiden. Hilfreich ist ein Wartebereich, der bei 4 Ziegen pro m² einen Melkstandsatz an Ziegen fasst. Falls aus dem Wartebereich kein ebenerdiger Zugang zum Melkstand möglich ist, muss ein möglichst flacher, rutschfester Schräganstieg eingerichtet werden. Eine mechanisch bewegte Barriere, eventuell mit Weidezaunspannung aufgeladen als „elektrischer Hund", kann den Zutrieb zum Melkstand wirksam unterstützen. Ein gut ausgebildeter, echter Hund kann diese Arbeit aber auch übernehmen. **Kraftfutter im Melkstand** hat sich wenig bewährt (s. Kapitel 9.2.5). Sind die Ziegen an eine kleine Menge Lockfutter im Melkstand gewohnt, spricht natürlich nichts dagegen. Besser ist es jedoch, den Melkverkehr so zu organisieren, dass die Ziegen nach dem Melken Zugang zum gut bestückten Futtertisch bekommen.

Am ehesten noch sinnvoll ist die Kraftfutterfütterung in Melkkarussels mit langer Laufzeit oder in Reihenmelkständen mit nur einem Melkzeug für zwei Plätze.

Aus dem Melken der im Fressgitter fixierten Ziegen mit einer Eimermelkmaschine in kleinen Beständen hat sich der **Melkstand mit Fressgitter** und Melken von hinten entwickelt, der heute am weitesten verbreiteten Form und oft als Side-by-Side-Melkstand bezeichnet. Das Ansetzen und die Kontrolle der Melkzeuge durch die Hinterbeine ist gerade bei Ziegen kein Problem, da sie im Gegensatz zu Kühen nur zwei, nebeneinanderliegende Zitzen haben.

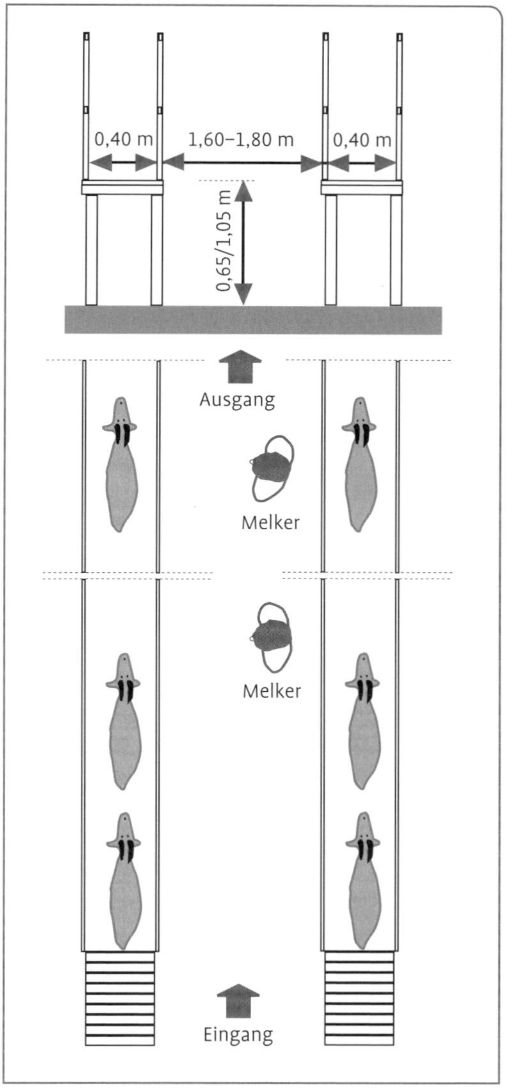

Abb. 43 Tunnelmelkstand.

Eigenschaften:

- Das Fressgitter ist üblicherweise als Kaskaden-Selbstfangfressgitter eingerichtet, bei welchem sich die Ziegen korrekt der Reihe nach fixieren. Dabei kann das Klappern jedoch zu störendem Lärm ausarten.
- Die Kombination mit der Kraftfuttervorlage ist möglich, aber ernährungsphysiologisch wenig sinnvoll.
- Langsamer Ein- und Austrieb!

Diese Art von Melkstand ist derzeit am weitesten verbreitet, wird aber vor allem in Frankreich nicht mehr als die beste Lösung angesehen (Hardy 2006).

Beim **Fischgrätmelkstand** gibt es keine Fixierung an einem vorgegebenen Platz: Die Ziegen fädeln sich mit Kopf und Hals zwischen zwei Führungsrohren an Nacken und Hals ein und stehen dann leicht schräg nebeneinander am Melkplatz. Zum leichteren Austreiben kann das Nackenrohr beweglich sein. Pro Meter Melkstandlänge finden etwa drei Ziegen Platz. Die deutsche Bezeichnung für diese Melkstandform, in Frankreich als „Ährenmelkstand" bezeichnet, ist etwas irreführend, da dieser Ziegenmelkstand nicht mit dem Fischgrätmelkstand bei Kühen identisch ist. Eigenschaften:

- Keine störende Kraftfuttervorlage,
- flotter Ein- und Austrieb,
- preisgünstig.

Sehr gut geeignetes System!

Der **Tunnelmelkstand** ist eine Weiterentwicklung des Tandemmelkstandes. Letzterer spielt höchstens in kleineren Haltungen eine Rolle, weil er sehr aufwendig und damit teuer ist. Eigenschaften:

- Keine Kraftfuttervorlage
- Ein- und Austrieb recht flott
- Entweder häufiger Schichtwechsel oder sehr lange Melkstände, wobei aber mehr als 5 bis 6 Ziegen pro Seite nicht sinnvoll sind, da sonst die Melkarbeit zur Langstrecken-Wanderung wird.

Gutes System für maximal 100 bis 120 Ziegen. Für größere Bestände nicht geeignet.

Bei allen Reihenmelkständen nehmen mit der Länge die Wege beim Melken zu, weshalb

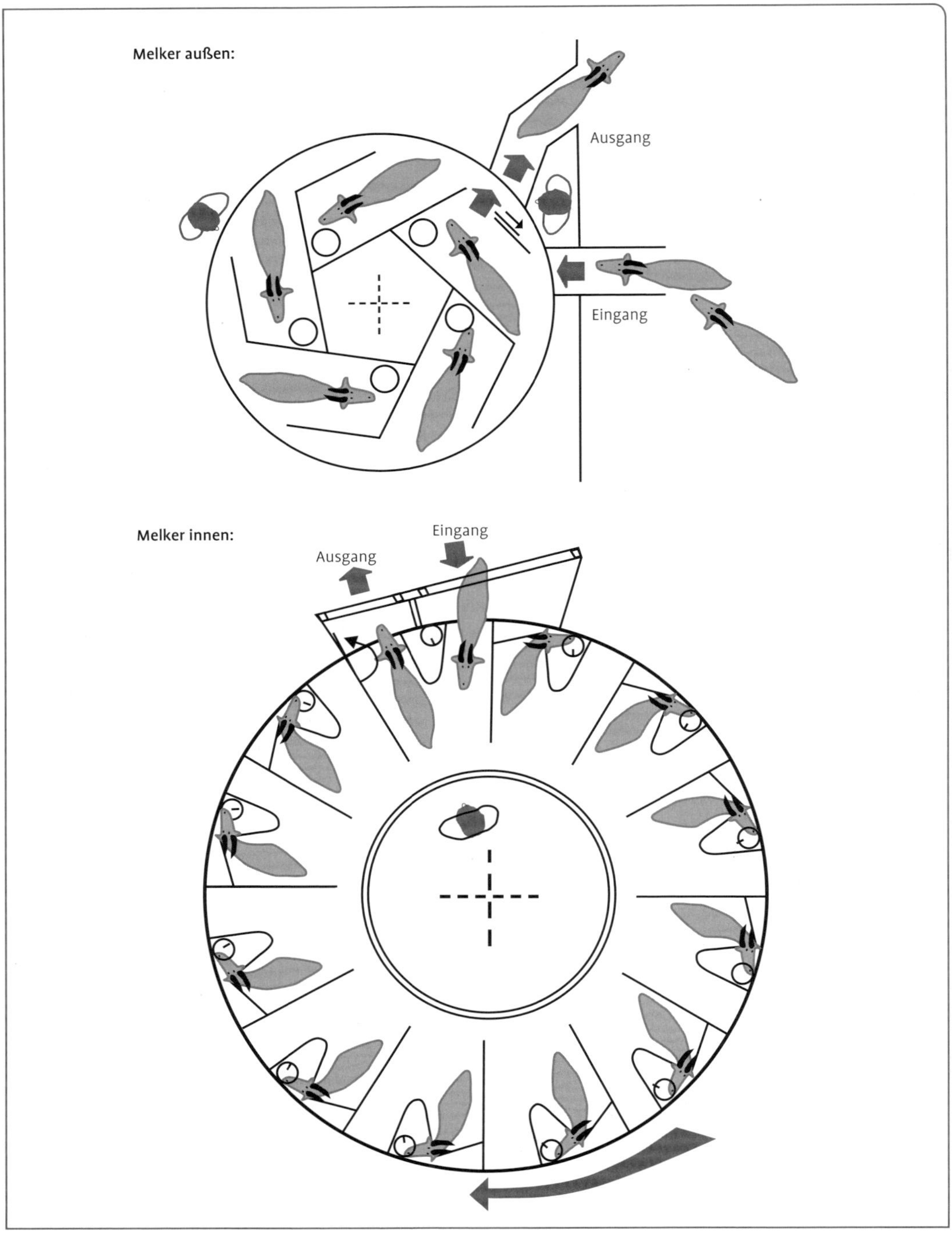

Abb. 44 Melkkarussell.

Tab. 58 Vergleich der verschiedenen Melksysteme (HARDY 2006)

	Fischgrät	Fressgitter	Karussel	Tunnel
Leistung	+++	++	+++	+
Ein-/Austrieb	++	+	++	++
Kosten	+++	++	+	+++

+++ = sehr günstig; ++ = günstig; + = weniger günstig

in der Regel dem sehr langen einreihigen der halb so lange doppelreihige Melkstand vorzuziehen ist. Sofern es die Gebäudebedingungen erlauben, sind Reihenmelkstände vergleichsweise einfach zu erweitern.

Im Gegensatz zu den absätzigen Melkständen, bei welchen der Schichtwechsel relativ viel Zeit erfordern kann, ist bei den **Melkkarussells** (Rotolaktoren) ein permanenter Betrieb möglich.

Die Melkperson bleibt am Platz, innen oder außen, je nach System. Da die Ziegen permanent kommen und gehen, ist eine Hilfsperson notwendig oder eine Einrichtung für den Zutrieb.

Es gibt unterschiedliche Möglichkeiten zur Anordnung der Tiere im Melkkarussell: Hintereinander, als Tandem, schräg oder auch radial zum Melken von hinten. Zu kleine Rotolaktoren bringen keine Verbesserung bei der Melkleistung, da eine Ziege nach einer Runde leer sein sollte. Sonst muss das Karussell entweder angehalten werden oder die Ziege muss eine zweite Runde absolvieren. Eigenschaften:

- Effiziente und komfortable Melkanlage, falls genügend groß: mindestens 24 Plätze ermöglichen eine Stundenleistung von 250 bis 300 gemolkenen Ziegen.
- Sinnvolle Kombination mit automatischer Melkzeugabnahme.
- Hohe Investitions- und Unterhaltskosten.
- Kapazität nicht erweiterbar.

Leistungsfähig, aber teuer!

Mit allen Systemen kann eine Melkleistung von 200 Ziegen pro Stunde erreicht werden, vorausgesetzt, dass die Melkstände richtig dimensioniert sind und der Ein- und Austrieb richtig organisiert ist. Ausnahme ist der Tunnelmelkstand, der sich eher für Herden mit nicht viel mehr als 100 Ziegen eignet. Sollen 200 Ziegen pro Stunde gemolken werden, bringt der Fischgrätmelkstand genügend Leistung zum günstigsten Preis!

9.4.5 Lagerung und Kühlung der Milch

Vor der Lagerung ist die ermolkene Milch von Haaren, Strohteilchen, Fliegen usw. zu reinigen, indem sie durch Siebtrichter mit Wattescheiben oder bei Absauganlagen durch Durchflussfilter gefiltert wird.

Besonders im Herbst, wenn die tägliche Milchmenge stark zurückgeht, ist es arbeits-

Tab. 59 Erforderliche Kühltemperaturen in Abhängigkeit von Lagerdauer und Verwendung der Milch (nach ALBRECHT-SEIDEL u. MERTZ, 2006)

Lagerdauer	Kühltemperatur
frische Milch	keine Kühlung erforderlich
12 h	10 °C (Käse) 8 °C (Konsummilch, Milcherzeugnisse)
24 h	8 °C
48 h	6 °C

Tab. 60 Anschluss- und Verbrauchswerte der Milchkühlung je 100 Liter Milch

	Direktkühlung	**Eiswasserkühlung**
Anschlusswert	ca. 0,5 kW	ca. 0,3 kW
Energieverbrauch	ca. 1,6 kWh	ca. 2,0 kWh

wirtschaftlich verlockend, die Milch über mehrere Melkzeiten anzusammeln. Dabei verschlechtert sich aber beim Sammeln der Milch von mehr als zwei Melkzeiten rasch die Qualität der Rohmilch auch wenn sie gekühlt wird. Nach Albrecht-Seidel und Mertz (2006) können aus länger gelagerter Milch keine hochwertigen Produkte mehr hergestellt werden. Bewährt hat sich die gemeinsame Verarbeitung von gekühlter Abend- und frischer Morgenmilch.

Auch bei sorgfältigster Milchgewinnung sind Keime in der Milch nicht zu vermeiden. Gelagerte Milch muss deshalb gekühlt werden, um die Vermehrung dieser Keime zu hemmen. Andererseits kann die Milch durch das Kühlen auch Schaden nehmen. Deshalb soll die Anlage die Milch rasch und schonend herunterkühlen, wobei die Milch aber nicht gefrieren darf. Zu heftiges Rühren der Milch beim Kühlen führt zur Lipolyse. Die niedrigen Lagertemperaturen können zur Fettschädigung und zur Festlegung von Calcium führen. Kälteliebende Bakterien vermehren sich einseitig in der gekühlten Milch und können durch Fett- und Eiweißabbau Geschmacksfehler verursachen. Für die Käserei bestimmte Milch sollte nicht unter 8 °C abgekühlt werden.

Wo es die räumliche Zuordnung erlaubt, wird die ermolkene Milch in einen Lagerbehälter ausgeschleust, der sich so hoch befindet, dass die Milch selbständig in die Käserei fließen kann. Dadurch werden zusätzliche Qualitätseinbußen der Milch durch die mechanische Belastung beim Pumpen vermieden. Natürlich kann Milch auch direkt im Käsekessel gelagert werden, wobei sich Kupferkessel für eine längere Lagerung nicht eignen.

Zur Lagerung kleiner Milchmengen eignen sich Hofbehälter mit Tauchkühler, die gebraucht oft günstig angeboten werden. Der Rührpropeller dieser Geräte darf aber nicht zu schnell laufen.

Milchmengen über 100 Liter werden besser in Kühlwannen gelagert. Bei der weit verbreiteten Direktkühlung ist das Kühlaggregat kompakt mit der Kühlwanne verbunden. Um die zur Melkzeit anfallende Milch rasch herunterzukühlen, wird dem Kühlaggregat eine hohe Leistung abverlangt. Bei der indirekten Kühlung kann mit geringerer Leistung zwischen den Melkzeiten ein Eiswasservorrat aufgebaut werden, der bei Bedarf an die Flächen der Kühlwanne gepumpt wird.

9.5 Wirtschaftlichkeit der Milchziegenhaltung

Die Milchziegenhaltung wird in Deutschland unter sehr unterschiedlichen Bedingungen betrieben. So werden nachfolgend beispielhaft zwei erwerbsorientierte Betriebstypen kalkuliert:

- Betrieb mit 60 Ziegen und Direktvermarktung von Käse
- Betrieb mit 300 Ziegen und Milchabgabe an eine Molkerei

Für diese Betriebstypen werden die wichtigsten betriebswirtschaftlichen Kennwerte, wie Geldrohertrag, Kosten, Deckungsbeitrag

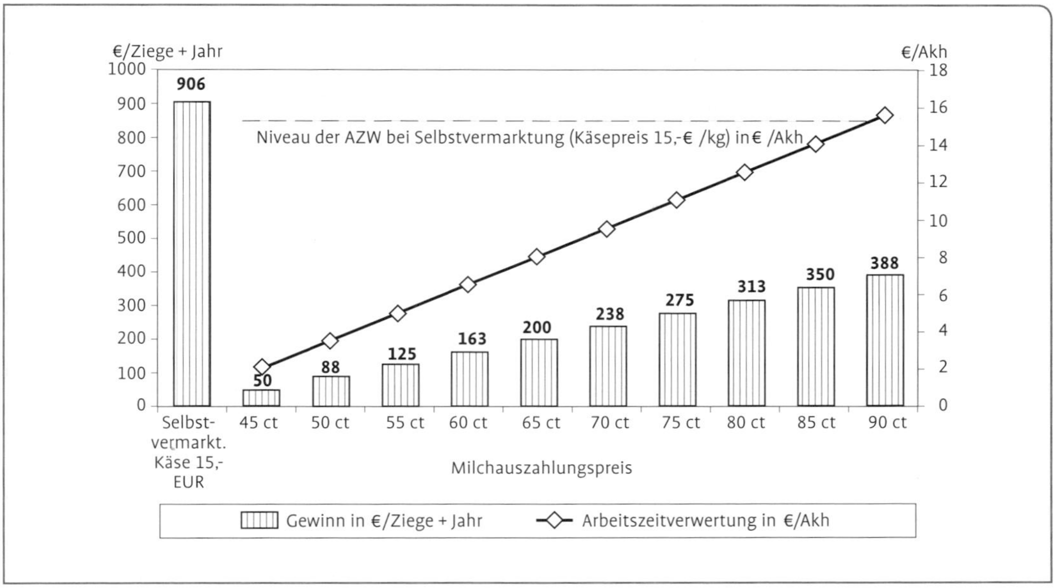

Abb. 45 Gewinne je Ziege und Arbeitszeitverwertung (AZW).

(beurteilt inwieweit die Produktionskosten abgedeckt werden), Gewinne je Ziege, je Arbeitsstunde und je kg Milch sowie der Betriebsgewinn (siehe Tabelle 60a+b) ermittelt.

Bis auf die Kostenseite zeigt der selbstvermarktende Betrieb hier in allen Parametern deutliche Überlegenheiten. So ist der Deckungsbeitrag je Ziege und Jahr etwa um den Faktor 3, der Gewinn je Ziege und Jahr etwa um den Faktor 4, die Arbeitswirtschaftlichkeit (Gewinn/Akh) fast um das zweifache und der Gewinn je kg Milch um das vierfache gegenüber der Abgabe an eine Molkerei erhöht (siehe Tabelle 61b). Grund dafür ist der hohe Veredelungs- und Aufwertungseffekt der Milch, wenn diese zu Käse verarbeitet und dann zu hohen Preisen verkauft wird. Während jeder Liter Milch durch die Verkäsung einen durchschnittlichen Wert von 1,65 € einbringt, liegt der vergleichbare Wert bei Milchabgabe an eine Molkerei nur beim jeweiligen Auszahlungspreis von 0,50 bis 0,80 €/kg Milch. Bei Produktionskosten von 0,50 €/kg Milch ist damit jedoch der Milchverkauf an eine Molkerei betriebswirtschaftlich kaum lohnenswert. Diener und Klemm (2005), die noch höhere Produktionskosten von 0,71 €/kg Milch kalkulieren, kommen zu der gleichen Aussage für die sächsische Milchziegenhaltung.

Wie aus Abbildung 45 zu erkennen, wird der hohe Gewinn pro Ziege aber auch wegen der guten Arbeitszeitverwertung eines selbstvermarktenden Betriebs praktisch nie von einem Betrieb mit Milchverkauf erreicht – auch nicht bei sehr hohen Milchabgabepreisen (> 0,80 €/kg werden von einer Molkerei in der Regel nicht bezahlt).

Trotz dieser geringeren wirtschaftlichen Erträge bei Milchabgabe an eine Molkerei praktizieren einige Betriebe diese Milchvermarktung, vor allem aus folgenden Gründen (siehe auch Kapitel 2.3):

- zusätzliche Kenntnisse und betriebliche Voraussetzungen für Verarbeitung und Vermarktungen sind nicht erforderlich.

Tab. 61a Wirtschaftlichkeit der Milchziegenhaltung

Rahmendaten: 750 kg Milchleistung, 5 Jahre Nutzungsdauer, 1,7 aufgezogene Lämmer	**€/Einheit**	**Betrieb 1** 60 Ziegen, Käseerzeugung und -verkauf **€**	**Betrieb 2** 300 Ziegen Milchabgabe an Molkerei **€**
Marktleistung :			
Frischkäse 50 kg (375 kg Milch : 7,5)	12,– €/kg	600,–	–
Schnittkäse 37,5 kg (375 kg Milch : 10)	17,– €/kg	637,50	–
Milchverkauf (750 kg)	0,65 €/kg	–	487,50
1,5 Schlachtlämmer, 12 kg LG, 6 kg SG	9,– €/kg SG	81,–	81,–
0,2 Altziegen, 60 kg (Wurstverarbeitung)	40,– €/Ziege	8,–	8,–
Summe Geldrohertrag		1326,50	576,50
Variable Kosten:			
Futter: Grundfutter: 3500 MJ	0,02 €/MJ	70,–	70,–
Kraftfutter: 1 kg × 280 Tage	20,– €/dt	56,–	56,–
Mineralfutter: 0,02 kg/Tag × 365 Tage	50,– €/dt	3,70	3,70
Milchaustauscher (10 Wo.) 22 kg	120,– €/dt	26,40	26,40
Lämmer-Kraftfutter (6 Wo.) 15 kg	20,– €/dt	3,–	3,–
Stroh 120 kg/100 kg	5,– €/dt	6,–	5,–
Bockhaltung (1 Bock/40 MZ)		6,–	4,–
Tierarzt, Medikamente		12,–	12,–
Wasser, Strom		7,–	6,–
Beiträge (MLP, Verband, Schauen ...)		35,–	35,–
Risiko, Verlustausgleich		6,–	5,–
Käseproduktion u. Vermarktung		70,–	–
Milchanlieferung Molkerei, 2tägig, 20 km		–	3,40
Schlachtung u. Vermarktung (1,5 Lämmer)		35,–	35,–
Kleingeräte u. Material		4,–	3,–
Zinsansatz für Tier- und Umlaufvermögen		8,–	8,–
Summe variable Kosten		348,10	275,50
Deckungsbeitrag/MZ u. Jahr		978,40	301,–

- Große Betriebe können allein über die Direktvermarktung meistens nicht die großen Milch- bzw. Käsemengen vermarkten.

Milchverarbeitung und Vermarktung kosten viel Arbeitszeit: 50 bis 65 % des gesamten Ak-Bedarfs (siehe Tabelle 61b: 25–30 Akh von insgesamt 55 Akh). In der Praxis werden Betriebe mit 60 Ziegen und Selbstvermarktung, die etwa 1,5 Ak erfordern, als Familienbetriebe geführt. Betriebe mit 300 Ziegen müssen Lohnkräfte beschäftigen, auch wenn die Milch mit geringerem Arbeitsaufwand

Tab. 61b Wirtschaftlichkeit der Milchziegenhaltung

Rahmendaten: 750 kg Milchleistung, 5 Jahre Nutzungsdauer, 1,7 aufgezogene Lämmer	**€/Einheit**	**Betrieb 1** 60 Ziegen, Käseerzeugung und -verkauf **€**	**Betrieb 2** 300 Ziegen Milchabgabe an Molkerei **€**
Feste Kosten:			
Stallkosten bei 15 Jahre Abschreibung			
– Umbau, 60 Ziegen: 40 000 €		44,40	–
– Neu- und Umbau, 300 Ziegen: 250 000 €		–	55,50
Melktechnik + Tank, Abschreibung 12 Jahre:			
– für 60 Ziegen: 10 000 €		13,80	–
– für 300 Ziegen: 45 000 €			12,50
Käserei: 40 000 €; Abschreibung, 12 Jahre		55,50	–
Fahrzeug Milchanlieferung: 15 000 €, 8 Jahre		–	6,30
Zinsanspruch für Investitionen (5 %)		37,50	25,–
Summe Festkosten		151,20	99,30
Gesamtkosten je Ziege (ohne Lohnkosten)		499,30	374,80
Gesamtkosten je kg Milch (ohne Lohnkosten)		0,67	0,50
Gesamtkosten je kg Käse (ohne Lohnkosten)		5,82	–
Gewinn/MZ u. Jahr		827,20	201,70
Gewinn/Akh bei einem Arbeitszeitbedarf:			
Betrieb 1: 55 Akh/Ziege: 3300 Akh/Jahr (1,5 Ak)		15,–	–
Betrieb 2: 25 Akh/Ziege: 7500 Akh/Jahr (3,4 Ak)		–	8,10
Gewinn/kg Milch		1,10	0,27
Gewinn: 60 Ziegen		49 632,–	
300 Ziegen			60 510,–

(ca. 25–30 Akh/Ziege+Jahr) erzeugt und an eine Molkerei abgegeben wird.

Die Arbeitswirtschaftlichkeit und der Betriebsgewinn sind für den selbstvermarktenden Betrieb mit 60 Ziegen als hinreichend und gut zu bewerten, während der Beispielbetrieb mit Milchverkauf und 300 Ziegen mit 8 € eine sehr geringe Arbeitszeitverwertung und mit etwa 60 000 € einen zu geringen Gewinn erzielt.

Begründung: Eine stabile betriebswirtschaftliche Existenz eines Familienbetriebs ist dann gegeben, wenn neben einem jährlichen Gewinn von 25 000 bis 30 000 € für den Haushaltsaufwand einer Familie (Wohnen, Konsum, Steuern usw.) auch eine hinreichende Eigenkapitalbildung (u. a. für spätere Investitionen) gewährleistet ist. Diese sollte dafür

- mindestens 10 000 €/Jahr Rücklagen oder
- 30 % vom Gewinn oder
- 5 % vom Fremdkapital (soweit eingesetzt) betragen.

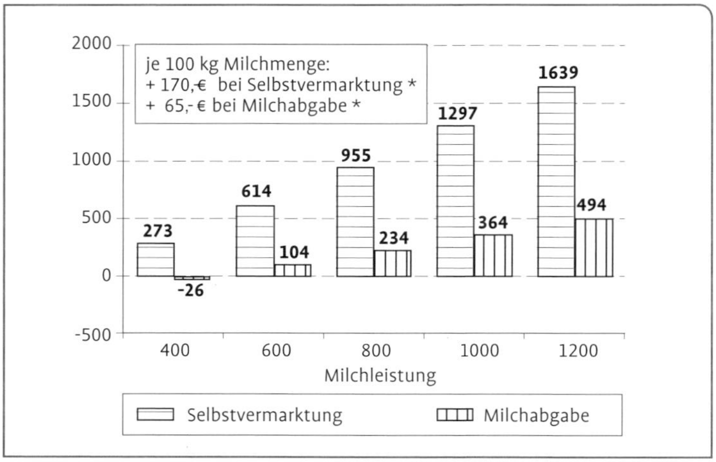

Abb. 46 Einfluss der Milchleistung auf den Gewinn/Milchziege.

Von diesen drei Kennziffern sollte immer der maximale Wert erreicht werden.

Demnach ist der Betrieb 1 mit 60 Ziegen und Selbstvermarktung wirtschaftlich gut gestellt. Neben dem o. g. Haushaltsaufwand kann Eigenkapital in Höhe von 30 % des Gewinns (hier maximaler Wert) aufgebaut werden.

Der Betrieb 2 mit 300 Ziegen und Milchverkauf dagegen verzeichnet zwar insgesamt einen höheren Betriebsgewinn, jedoch müssen hier noch Lohnkosten für mindestens 1,5 Fremd-Ak in Ansatz gebracht werden, die je nach Qualifikation und Anstellungsverhältnis 15 000 bis 30 000 € pro Arbeitskraft und Jahr kosten. Somit kann dieser Beispielbetrieb zwar knapp den Haushaltsaufwand für eine Familie erwirtschaften, jedoch keine Eigenkapitalbildung aufbauen. In der Praxis wird diese Situation oft zumindest anteilig durch hohen Arbeitseinsatz der Betriebsleiter kompensiert. Eventuell können insbesondere bei größeren Herden auch noch Rationalisierungseffekte genutzt werden.

Die Betriebsvariante „Vermarktung von Käse an den Einzel- oder Großhandel" nimmt in der betriebswirtschaftlichen Bewertung eine Mittelstellung zwischen den beiden kalkulierten Betriebstypen ein.

Grundsätzlich sei an dieser Stelle daraufhin gewiesen, dass es sich bei den hier betrachteten Kennwerten um durchschnittliche Kalkulationszahlen handelt, die in der Praxis auch deutlich davon abweichen können.

Tab. 62 Einfluss der Milchleistung auf die Arbeitszeitverwertung bei Selbstvermarktung und Milchabgabe an eine Molkerei (0,65 €/kg)

	Milchleistung (kg)				
	400	**600**	**800**	**1000**	**1200**
Selbstvermarktung 15,– €/kg Käse	5,0	11,2	17,4	23,6	29,8
Milchabgabe an Molkerei 0,65 €/kg	−1,2	4,2	9,4	14,6	19,8

Tab. 63 Arbeitszeitverwertung in Abhängigkeit von Milchleistung, Produktpreis und Vermarktungsform

Selbstvermarktung Käse, 60 Ziegen – mittlere Käseausbeute 1 : 8,6 (Frisch- u. Schnittkäse)

	Milchleistung je Ziege + Jahr (kg)								
Käsepreise €	**400**	**500**	**600**	**700**	**800**	**900**	**1000**	**1100**	**1200**
10,–	1,0	3,1	5,2	7,3	9,4	11,5	13,7	15,8	17,9
12,5	3,1	5,8	8,4	11,0	13,6	16,3	18,9	21,6	24,2
15,–	5,2	8,4	11,5	14,7	17,9	21,0	24,2	27,4	30,5
17,5	7,4	11,1	14,7	18,4	22,1	25,8	29,5	33,2	36,9
20,–	9,5	13,7	17,9	22,1	26,3	30,5	34,8	39,0	43,2

Milchabgabe an Molkerei, 300 Ziegen

	Milchleistung je Ziege + Jahr (kg)								
Milchpreise €	**400**	**500**	**600**	**700**	**800**	**900**	**1000**	**1100**	**1200**
0,45	– 4,2	– 2,4	– 0,6	1,2	3,0	4,7	6,6	8,4	10,2
0,55	– 2,6	– 0,4	1,8	4,0	6,2	8,5	10,6	12,8	15,0
0,65	– 1,1	1,6	4,2	6,8	9,4	12,0	14,6	17,2	19,8
0,75	0,6	3,6	6,6	9,6	12,6	15,6	18,6	21,6	24,6
0,85	2,2	5,6	9,0	12,4	15,8	19,2	22,6	26,0	29,4

< 10,– € ☐ = 10–14,90 € ☐ > 15,– €

Welche Faktoren bestimmen die Wirtschaftlichkeit der Milchziegenhaltung?

In der Milchziegenhaltung, wie auch anderen landwirtschaftlichen Betriebszweigen, bestehen große Unterschiede in der Rentabilität, die vor allem auf die jeweiligen betrieblichen Verhältnisse, externe Vorgaben (z. B. Milchpreis), aber zu einem erheblichen Teil auch auf Management und Betriebsleiterfähigkeiten zurückzuführen sind. Hier bestehen wesentliche Ansatzpunkte zur Verbesserung der Betriebsergebnisse.

Konkret sind die drei wichtigsten Einflussgrößen auf die Wirtschaftlichkeit die Milchleistung, der erzielte Milch- bzw. Käsepreise sowie die Betriebskosten.

Milchleistung. Beide Betriebstypen (Selbstvermarktung und Milchabgabe an Molkerei) profitieren deutlich von einer Milchleistungssteigerung. Je 100 kg Milchleistung steigt der Gewinn je Ziege und Jahr um 170 € bei Selbstvermarktung bzw. 65 € bei Milchabgabe (siehe Abbildung 46). Entsprechend steigt auch die Arbeitszeitverwertung je 100 kg höhere Milchleistung um 3,10 €/Akh bzw. 2,60 €/Akh (siehe Tabelle 62)

Milch- bzw. Käsepreis. Der Milchpreis bestimmt alle betriebswirtschaftlich relevanten Parameter der Milchziegenhaltung maßgebend. Beispielsweise erhöht sich der Gewinn/Ziege um 75 €, wenn der Milchauszahlungspreis um 10 Cent steigt.

Tabelle 63 zeigt welche Milchleistung sowie Milch- und Käsepreise vorliegen müssen, um eine hinreichende Arbeitswirtschaftlichkeit zu erzielen. Geringe Milchleistungen und geringer Produktpreis erlauben bei keinem Betriebstyp eine rentable Produktion.

Grundsätzlich gilt: Die Gewinnschwelle ist dann erreicht, wenn der Erlöse aus 1 kg Milch (0,50 bis 0,80 €) bzw. aus 1 kg Käse (12 bis 17 €) über den Produktionskosten für diese Produkteinheiten liegen. Dabei sind in den aufgeführten Beispielen (siehe Tabelle 61a+b) jedoch noch keine Lohnkosten berücksichtigt.

Kostenreduzierung. Wesentliche Voraussetzung für eine betriebswirtschaftlich erfolgreiche Milchziegenhaltung sind geringe Kosten. Dabei sollten gerade die Futterkosten beachtet werden, die etwa 45 bis 55 % der variablen Kosten ausmachen.

Die Produktionskosten können gesenkt und das Betriebsergebnis aufgewertet werden, indem kostengünstige Futtermittel, wie z. B. Grundfutter (Weide, Gras, Heu, Silage) oder Futterrüben genutzt werden oder einfache, kostengünstige aber praktikable Technik eingesetzt wird.

Geschicktes und auf Fachkenntnissen basierendes Management führt auch zu einem gesunden und leistungsfähigen Tierbestand (Milchleistung, Kosten) sowie zu einem effektiven Einsatz von Technik und Arbeit (Rationalisierung, Arbeitswirtschaftlichkeit). Management und Betriebsleiterfähigkeiten sind ein wesentlicher Schlüssel zum Erfolg!

Langfristig kann die Milchziegenhaltung gemäß Agrarreform 2005 ab dem Jahr 2013 auch eine Grünlandprämie (derzeitiger Zielbetrag 300 €/ha) beanspruchen. Betriebe, die bereits eine Mutterziegenprämie bezogen hatten, erhalten bis 2013 eine bis zu diesem Zielbetrag langsam anwachsende Prämie je Hektar eigenem oder gepachtetem Grünland.

Die Wirtschaftlichkeitszahlen weisen die Milchziegenhaltung als eine **mehr oder weniger wettbewerbsfähige Betriebsalternative** aus, wobei der Familienbetrieb mit 60 Ziegen und Direktvermarktung die höchsten Gewinne je Ziege und Arbeitsstunde realisiert.

In der Praxis darf aber der damit verbundene **Aufwand** nicht unterschätzt werden. So sind Kenntnisse und Fähigkeiten in sehr unterschiedlichen Bereichen erforderlich, denn neben der Außenwirtschaft, der täglichen Tierversorgung und dem Melken muss auch das Käsen und Marketing professionell beherrscht werden. Diese Funktionen verlangen Vorleistungen und zusätzliche Arbeitszeit, die in den Wirtschaftlichkeitskalkulationen nur schwer zu berücksichtigen sind.

Preislich sind die selbsterzeugten und selbstvermarkteten Produkte am Markt kaum konkurrenzfähig, da im Einzelhandel, also auch in Supermarktketten, vermehrt **Ziegenkäse zu Niedrigpreisen**, vor allem aus Frankreich und Holland, angeboten wird. Eine wirtschaftliche sinnvolle und zukunftsfähige Alternative scheint in der Bildung von **Produktionsgemeinschaften** zu liegen (siehe auch Kapitel 2.1).

10 Fleischziegenhaltung

Die Fleischziegenbestände sind in Deutschland in den vergangenen 10 bis 15 Jahren erheblich angewachsen. Vor allem durch die Nutzung freigewordener (Rest-) Flächen, die erfolgreiche Pflege verbuschter Standorte sowie durch die gute Einbindung in die Nebenerwerbs- und Hobbylandwirtschaft haben Fleischziegen eine zunehmende Verbreitung gefunden. Am deutlichsten sind diese Entwicklungen in den süddeutschen Bundesländern festzustellen. In Baden-Württemberg, Bayern und Rheinland-Pfalz werden fast 60 % aller Buren-Herdbuchziegen gehalten (siehe Abbildung 47).

Weltweit werden Fleischziegen vor allem in ariden Gebieten und in Ländern mit extensiven Weidegebieten gehalten, so z. B. im südlichen Afrika, der Stammheimat der Burenziegen, in Australien und inzwischen auch in den USA, Kanada und China.

10.1 Das Produktionsverfahren

Die Fleischziegenhaltung ist eine extensive Form der Ziegenhaltung, wo die Lämmer über 2 bis 4 Monate an der Mutter aufgezogen werden und anschließend ihrer Verwendung als Schlacht-, Nutz- oder Zuchttier zugeführt werden. Charakteristisch für die Fleischziegenhaltung ist ein ausgedehnter Weidegang. Als kapital- und arbeitsextensives Verfahren ist die Fleischziegenhaltung, ähnlich der Koppelschafhaltung, besonders für den Nebenerwerbsbetrieb oder die Freizeithaltung geeignet. Aber auch in Schäfereien, Gemeinschaftsbetrieben sowie im Rahmen von Naturschutzinitiativen haben Fleischziegen Eingang gefunden. Ein allein auf Fleischziegenhaltung ausgerichteter Vollerwerbsbetrieb wird selten angestrebt, da für ein hinreichendes Einkommen sehr große Herden (> 400 Tiere) gehalten werden müssen, so große Lämmerzahlen aber im Rahmen der Direktvermarktung nur schwer abzusetzen sind und der Handel Ziegenlämmer (noch) nicht aufnimmt.

Somit ist das Produktionsverfahren geprägt durch

- kleine Herden, oft im Nebenerwerb.
- extensive Wirtschaftsweise; geringer Einsatz von Arbeit und Kapital.
- Weidegang auch im Rahmen der Landschaftspflege.
- Direktvermarktung.
- Burenziegen als verbreitetste Fleischziegenrasse und deren Kreuzungen.

10.1.1 Produktionsablauf und Management

Der Produktionsablauf wird durch die Phasen Deckperiode, Ablammung und Aufzucht, Absetzen und Vermarktung bestimmt.

Der Produktionszyklus findet meist mit **einer Ablammung im Jahr** in einem festen jahreszeitlichem Rhythmus statt. Startphase des Produktionsablaufes ist die Deckperiode, die im Spätsommer/Herbst gelegen, folgende Vorteile bietet:

- gute Bedeckungs- und Ablammerfolge mit abnehmender Tageslichtdauer im Spätsommer/Herbst. Auch bei den weitgehend asaisonalen Burenziegen werden verbesserte Fruchtbarkeitsleistungen bei Anpaarung in der zweiten Jahreshälfte erzielt.
- ein guter Absatzmarkt um das Oster- und Pfingstfest, der durch die im Frühwinter geborenen Lämmer (Deckzeit im August, September) bedient werden kann.

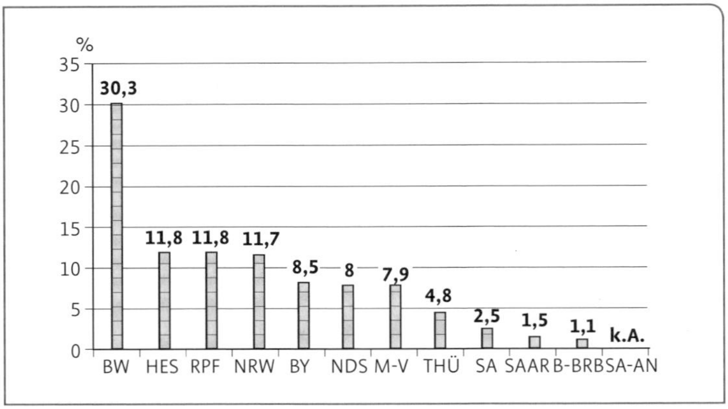

Abb. 47 Anteil der Buren-Herdbuchziegen am Gesamtbestand in den Bundesländern 2010 (BDZ 2012).

- häufig geringere Arbeitsbelastungen in den anderen (landwirtschaftlichen) Bereichen im Winterhalbjahr, um sich der Ablamm- und Aufzuchtperiode vermehrt widmen zu können.
- im Frühwinter geborene Lämmer sind konditionell fitter und zeigen i. d. R. eine bessere Gewichtsentwicklung als solche, die im Spätwinter/Frühjahr geboren wurden.

Bei größeren Herden können mit mehreren Herdengruppen versetzte Lammperioden organisiert werden, um so den Absatzmarkt längere Zeit bedienen zu können. Ein saisonal festgelegter Jahresablauf ist mit seinen entsprechenden Managementmaßnahmen in Tabelle 64 dargestellt.

Davon abweichend kann das Herdenmanagement bei Rassen mit wenig saisonalem Fortpflanzungsverhalten (z. B. die Burenziege) auch jahreszeitlich unabhängig organisiert werden; das heißt **kontinuierliche Ablammungen** in kürzeren aufeinander folgenden Zeitabständen. Nach Trächtigkeit und Ablammung werden die Lämmer nur 6 bis 8 Wochen an der Mutter aufgezogen, sodass die nächste Bedeckung bereits etwa 10 bis 12 Wochen nach der letzten Lammung erfolgt.

Dabei dauert ein Zyklusabschnitt etwa 220 bis 230 Tage, sodass in zwei Jahren i. d. R. drei Ablammungen erreicht werden. Dieser Verfahrensablauf hat den Vorteil, dass eine größere Anzahl Lämmer erzeugt wird und mit diesen der Markt fast ganzjährig beliefert werden kann. Die kürzere Säugephase wirkt sich schonend auf die Euter aus.

Neben diesen Vorteilen müssen aber auch nachteilige Aspekte bedacht werden:

- hohe Betreuungsintensität bei kontinuierlicher Ablammung (ständiges Beobachten der Brunsten und laufende Bockzuteilung, weniger Zeiten mit geringem Arbeitseinsatz).
- verminderte Konzeptionsraten bei Anpaarung in den Monaten April und Mai, selbst bei der Burenziege, die als weitestgehend asaisonal gilt.
- meist schwieriger Landschaftspflegeeinsatz aufgrund der höheren Futteransprüche in den Leistungsphasen (Hochträchtigkeit und Lämmeraufzucht) sowie des erhöhten Betreuungsanspruchs.
- die Kondition der Mutterziegen ist durch die schnelle Ablammfolge beeinträchtigt, da nur kurze Regenerationszeiten bestehen. Dieser Umstand zeigt sich oft in einem beeinträchtigten Erscheinungsbild sowie durch eine kürzere Nutzungsdauer und geringere Lebensleistung.

10.1.2 Aufzucht der Lämmer

Die Lämmeraufzucht stellt in der Fleischziegenhaltung eine der wichtigsten Phasen dar, die der Betriebshalter durch richtiges Handeln maßgeblich beeinflussen kann.

Für eine erfolgreiche und arbeitswirtschaftliche Lämmeraufzucht sind die Kriterien **Mütterlichkeit** und **Milchleistung** der Mutterziege von herausragender Bedeutung und sollten als Selektions- bzw. Merzparameter herangezogen werden. Eine gute Mütterlichkeit zeigt sich vor allem durch Trockenlecken, Verteidigung und Saugenlassen der Lämmer. Dabei nimmt die Mutter den Geruch und die Stimme des Lammes auf, um es stets identifizieren und wiederfinden zu können. Die Milchleistung bestimmt als zentrale Nährstoffquelle das Wachstum und die Entwicklung der Lämmer. Damit gibt die Gewichtsentwicklung der Lämmer in den ersten sechs Wochen Auskunft über die Milchleistung der Mutter.

Biestmilchaufnahme und Verhalten

Die Neugeborenen zeigen meist nach 5 bis 15 min erste Aufstehversuche, um alsbald das Euter aufzusuchen. Entscheidend ist die möglichst **frühe Aufnahme einer ausreichenden Menge Biestmilch** (siehe auch Kapitel 6.1.8.

Probleme bei der Lämmeraufzucht

In den ersten Stunden und Tagen können verschiedene Aufzuchtprobleme auftreten. Es ist immer wieder zu beoachten, dass Einzelziegen ihre Lämmer nicht annehmen. Dieses Verhalten kann verschiedene Ursachen haben, wie Unerfahrenheit bei Jungziegen, Störeffekte von außen vor, während und nach der Lammung, eine geringe Rangposition der Ziege oder einfach ein nicht zu tolerierendes Verhaltensmuster der Ziege selbst. In vielen Fällen kann die so zwingend erforderliche mütterliche Annahme der Lämmer herbeigeführt werden, indem die Ziege wiederholt so lange fixiert wird, bis das Saugen der Lämmer geduldet wird. Bleiben diese Versuche erfolglos, muss die Ziege von der weiteren Zucht ausgeschlossen werden. Die Lämmer können dann Müttern untergestoßen werden, die etwa zur gleichen Zeit gelammt haben und nur ein oder auch kein Lamm (z. B. bei Totgeburten) aufziehen. Dazu wird das Adoptivlamm mit dem verendeten Lamm der Mutterziege oder mit deren Nachgeburt eingerieben (Geruchsübertragung), die Mütterlichkeit gegenüber neuem Lamm beobachtet und bei Bedarf Hilfestellung durch Festhalten der Ziege geleistet.

Auch **Drillings- oder Vierlingslämmer**, die von der eigenen Mutter nur unzureichend ernährt werden, können im Rahmen eines Wurfausgleiches laktierenden Ammenziegen, denen die Aufzucht eines (zusätzlichen) Lammes zuzumuten ist, zugestellt werden. Dabei wird empfohlen, stets die schwächeren Lämmer bei der eigenen Mutter zu belassen und die Kräftigeren zu versetzen.

In Einzelfällen müssen nicht angenommene **Lämmer mutterlos aufgezogen** werden, was mit vermehrter Arbeit verbunden ist. Das Umstellen von Problemlämmern vom Euter auf die Versorgung per Flasche (z. B. wenn in den ersten Tagen festgestellt wird, dass Mütterlichkeit und Milchleistung für die Aufzucht nicht ausreichen), erweist sich meist als schwierig, da die Lämmer den Tränkenuckel als unbekannte Nährstoffquelle bestenfalls nach langen geduldigen Versuchen annehmen. Zu bedenken ist auch, dass fehlerhafte Zubereitung und Verabreichung der Tränke zu Komplikationen führt.

Weitere Ausführungen zur Lämmeraufzucht siehe auch Kapitel. 6.1.8.

Die Mutter-Lamm-Bindung. Die so wichtige Bindung zwischen Mutter und Lamm erfolgt in den ersten Stunden nach der Geburt und wird in den Folgetagen und -wochen gefestigt. Während der ersten Tage ist die Bindung

Tab. 64 Der Produktionsablauf bei einer Fleischziegenhaltung im Jahresverlauf (bei einer Ablammung/Mutterziege/Jahr)

	Maßnahmen im Jahresablauf	
Jahreszeit	**Mutterziege (MZ)**	**Lämmer**
August–November	**Bedeckung:** – 25–35 MZ / Bock – Deckkissen zur Deckkontrolle anlegen – Bock mind. 4 Wochen den MZ zustellen – vorwiegend Weidegang, ggf. mit Landschaftspflegefunktion	
Dezember–März	**Ablammung:** – Jungziegen: meist Einlinge, – Altziegen: meist Zwillinge, – Haltung i. d.R. im Stall	
Januar–Juni	Laktation und Lämmeraufzucht	**Lämmeraufzucht:** Natürlich an der Mutter
März–August	– Regeneration der Mutterziegen, – Merzung der kranken/unproduktiven Ziegen	**Absetzen:** im 3. bis 4. Lebensmonat oder Frühabsetzen nach 6–8 Wo. (bei kontinuierlicher Lammung)
Mai–August	Weidegang der Mutterziegenherde, ggf. mit Landschaftspflegefunktion	**Selektion:** der weibl. u. männl. Zuchttiere für die Herdenremonte
Vorrangig März–Juni		**Schlachtung + Vermarktung:** Bei einem Zielgewicht von 23–32 kg bzw. 3–5 Monaten
August–November	– Bedeckung: (s.o.) – Zulassung der Jungziegen später (Nov.–Jan.) mit 8–10 Mon. (mind. 32 kg) – Vorwiegend Weidegang, ggf. mit Landschaftspflegefunktion	

vorrangig durch den Geruch geprägt. Später erkennen sich Muttertier und Lamm auch an der Lautgebung. Frühestens ab dem vierten Lebenstag scheint die Mutterziege ihren Nachwuchs visuell von fremden Lämmern unterscheiden zu können.

Zur Förderung einer stabilen Bindung von Mutter und Lamm ist zu empfehlen, die Mutterziege kurz vor dem Ablammtermin in eine Einzelbucht (siehe Kapitel 10.2.1) zu versetzen und hier anschließend mit den Lämmern noch 3 bis 5 Tage zu belassen. Vor allem bei Problemlämmern, Drillings- oder Vierlingswürfen, schlechter Mütterlichkeit (auch gegenüber Adoptivlämmern) ist die **Aufzucht in Einzelbuchten** anzuraten.

Die Ablammung und **Aufzucht im Herdenverband** ist im Normalfall zwar durchaus

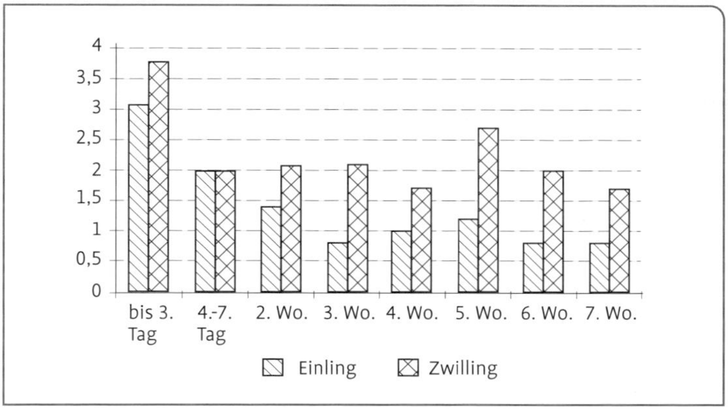

Abb. 48 Entwicklung der Saughäufigkeit bei Ziegenlämmern (nach SAMBRAUS und WITTMANN, 1990).

auch praktikabel und arbeitswirtschaftlich sinnvoll, jedoch kann es in großen Herden – gerade bei mehreren gleichzeitig stattfindenden Geburten – zu einer Situation kommen, wo weder der Betriebsleiter noch die Mutterziegen ihre Lämmer zuordnen bzw. erkennen können. Hat sich ein erstgeborenes Lamm aus einem Mehrlingswurf schon frühzeitig auf eigene Beine gestellt und vom Geburtsort entfernt, wird es meist schon nach wenigen Stunden von der Mutter nicht mehr freiwillig angenommen, da die entscheidende Prägephase (Lecken, Geruchsaufnahme) fehlte.

Saugverhalten und SauginterValle. Das Saugverhalten der Lämmer verändert sich mit fortschreitender Zeit insofern, dass die Anzahl der Saugakte und die Saugdauer in den ersten sieben Wochen deutlich abnehmen (siehe Abbildung 48). Im Mittel ist aber während der ersten zwei Monate mindestens ein Saugakt pro Stunde zu beobachten.

Da die Ziege nach LICKLITER (1984) als sogenannter Ableger eingestuft wird (Mutter legt Lämmer ab und entfernt sich für einige Zeit), sind den Ziegenlämmern auch längere Saugpausen zuzumuten. Die Ziegenlämmer können also auch **einige Stunden von den Muttern abgetrennt** werden, was auch produktionstechnische Vorteile bietet:

- Die Mutterziegen haben vorübergehend Ruhe vor ihren Lämmern.
- Der Ziegenhalter kann beim Zulassen der Lämmer zu den Müttern deren Fitness an Saugaktivität und Milchaufnahme beurteilen.
- Durch den längeren Aufenthalt im Lämmerschlupf während der Abtrennzeit nehmen die Jungtiere früh das hier angebotene Kraftfutter und Heu auf, was sich förderlich auf die Entwicklung der Vormägen und das Wachstum auswirkt.
- Die Mutterziegen können tagsüber für einige Stunden auf die Weide (konditionsfördernd), wenn der Weidegang für die Lämmer ungeeignet ist (Lage, Entfernung, Wetter). In der südafrikanischen Heimat der Burenziegen wird so seit Jahrzehnten verfahren.

Die zumutbare Dauer der Lämmerabtrennung scheint zwischen 3 bis 6 h zu liegen. Eine längere Trennung scheint zumindest in den ersten 4 bis 5 Tagen ungeeignet.

Soweit arbeitswirtschaftlich durchführbar, ist eine Abtrennung der Lämmer während der Fütterungsphase der Mutterziegen sinnvoll. Denn vor allem bei der Kraftfuttervorgabe sind die Mütter so stark mit der Futteraufnahme beschäftigt, dass die Lämmer vermehrt die Gelegenheit zum Milchräubern nutzen. Auf diese Weise können infektiöse Eutererkrankungen (z. B. Lippengrind) rasch von Ziege zu Ziege getragen werden. Jedoch haben Lämmer, deren Mütter nur eine geringe Milchleistung aufweisen, so auch die Möglichkeit bei anderen Müttern ihren Bedarf auszugleichen.

Sowie die Lämmer gelernt haben, dass ihnen im Lämmerschlupf zu bestimmten Zeiten ein schmackhaftes Konzentratfutter (z. B. Lämmerstarter zum Angewöhnen) geboten wird und sich hier bevorzugte Haltungseinrichtungen befinden (siehe unten: Lämmerschlupf), ist das Eintreiben der Lämmer in den Lämmerschlupf meist unproblematisch.

Euterkontrolle und Euterqualität. Die Euter- und Strichqualität ist vor allem für eine frühe Biestmilchaufnahme entscheidend. Extrem **tief hängende Euter** (z. B. Altziegen) können vom unerfahrenen Lamm schlecht gefunden und gegriffen werden, so dass meist ein Merzen solcher Ziegen empfohlen wird. Auch **dicke pralle Striche** (oft nach dem Einschiessen der Milch), können von den Lämmern in den ersten Tagen nur schwierig aufgenommen werden. Hier kann der Strich aber durch Abmelken in eine weichere und dünnere Form gebracht werden.

In der fortgeschrittenen Aufzuchtphase konkurrieren Mehrlinge immer stärker um die versiegende Milchquelle. Die Konkurrenz um den Euterstrich tritt auf, wenn eine Euterhälfte weniger Milch gibt oder Drillings-/Vierlingslämmer um die vorhandenen Striche und die Milch kämpfen. Dabei halten sich die Lämmer mit starkem Biss an den Strichen fest, um nicht vom Geschwisterlamm abgedrängt zu werden, was häufig **Verletzungen am Strichansatz** zur Folge hat. So gesetzte Verletzungen führen häufig zu folgenden Komplikationen:

- bakterielle Entzündungen,
- das Saugen der Lämmer wird nicht mehr geduldet,
- Milchstau und
- gegebenenfalls Euterentzündungen.

In solchen Fällen kann der Ziegenhalter durch einzelnes Säugen der Lämmer, eine äußerliche Behandlung der Wunden (z. B. mit Eutersalbe) und bei hohem Milchdruck durch vorsichtiges Ausmelken des verletzten Striches ein baldiges Abheilen unterstützen. In schweren Fällen muss eine vom Tierarzt begleitete (Antibiotika-) Behandlung erfolgen.

Wenn eine Konkurrenzsituation beobachtet wird, können die Strichansätze vorbeugend mit Eutersalbe eingerieben werden, um das Gewebe geschmeidig zu halten. Unbedingt ratsam sind regelmäßige Euterkontrollen, um durch frühzeitiges Erkennen einen raschen Ausheilprozess herbeizuführen.

Eine Zucht auf drei oder vier Striche ist abzulehnen, da die kleineren Beistriche meist nicht ausreichend Milch liefern und die Konkurrenz um die größeren begehrten Striche anhält. Auch ist das Risiko einer Euterentzündung höher einzuschätzen, da drei oder vier Striche mehrere Eintrittspforten in das Euter bieten und diese meist nur unregelmäßig besaugt werden.

Eine Euterschonung kann letztlich auch durch eine frühe Fremdfutteraufnahme der Lämmer erzielt werden.

Haltungsansprüche der Lämmer (siehe auch Kapitel 8.1). Für eine erfolgreiche und gesunde Lämmeraufzucht ist ein **zugfreies und trockenes Stallklima** erforderlich. Darüber hinaus müssen gerade im Lämmerbereich **saubere Einstreu** und ausreichender Luftaustausch für eine geringe Keim- bzw. Schadgaskonzentration sorgen, da andernfalls vermehrt mit Durchfällen und Atemwegserkrankungen zu rechnen ist. Trockene Kälte macht gesunden und von der Mutter gut umsorgten Lämmern im Allgemeinen nichts aus. Schwache und sehr kleine Lämmer hingegen sollten bei geringen Temperaturen am ersten Tag mit einer Wärmequelle (Rotlichtlampe) unterstützt werden.

Durch sogenannte **Lämmerkisten** und einen **Lämmerschlupf** werden die Haltungsansprüche der Lämmer gut erfüllt (siehe auch Kapitel 10.2.1).

Eine einfache **Kennzeichnung** von Mutterziege und ihren Lämmern mit gleichen Zeichen (Striche, Kreise, Ziffern usw.) mittels Farbstift oder Farbspray auf dem Fell lässt schon von weitem erkennen, welche Lämmer zu welchen Müttern gehören. So ist schnell auszumachen, welche Mütter ihre Lämmer problemlos aufziehen und ob die Ursache für schwächelnde Lämmer auch bei der Mutter zu suchen ist.

Weidegang mit Lämmern, Auslauf. Stallnahe Weiden bieten für Mutterziegen mit Lämmern eine gute Alternative zur permanenten Stallhaltung. Frische Luft, Klimareize (Sonne, Temperatur) geringe Schadgas- und Keimkonzentration, Abwechslung und Bewegung fördern die Entwicklung der Lämmer. Bei ungünstigen Witterungsverhältnissen, wie Regen, Kälte oder Wind sollten Lämmer jedoch im Stall bleiben. Die dauerhafte Draußenhaltung einer Ziegen-Lämmer-Herde birgt hingegen auch Risiken, vor allem, wenn auf abgelegenen Weiden und geringer Kontrollmöglichkeit mit Fremdeinwirkungen (z. B. Diebstahl, Hunde, Fuchs usw.) zu rechnen ist.

Nährstoffarme (Pflege-)Flächen eignen sich in der Regel nicht für einen längeren Weidegang lämmerführender Mütter, da hier die Futtergrundlage für eine ausreichende Milchleistung zur Versorgung der Lämmer nicht gegeben ist und eine Zufütterung auf nährstoffarmen Biotopen meist untersagt ist. Gegebenenfalls können hier aber robuste Rassen mit guter Milchleistung (zum Beispiel Nera-Verzasca-Ziege) eine bessere Lämmerversorgung mit Milch garantieren.

10.1.3 Absetzen der Lämmer

Der Absetzzeitpunkt richtet sich in der Fleischziegenhaltung nach dem Alter bzw. der Entwicklung der Lämmer, dem Vermarktungszeitpunkt und dem Produktionszyklus (natürliche Aufzucht oder Frühabsetzen).

Das Absetzen von der Mutter stellt für die Lämmer eine gravierende Umstellung dar, die sich aus der fehlenden Mutternähe und Muttermilch erklärt. Je mehr die Lämmer aber mit fortschreitendem Aufzuchtsalter und vermehrter Rau- und Kraftfutteraufnahme von der Muttermilch unabhängig werden, desto unproblematischer ist das Absetzen für die Jungtiere. Im Rahmen der natürlichen Aufzucht werden die Lämmer gewöhnlich mit 10 bis 12 Wochen von ihren Müttern getrennt, was in diesem Alter von den Lämmern gut vertragen wird. Beim Frühabsetzen mit 6 bis 8 Wochen ist durch frühzeitig gebotenes Ergänzungsfutter auf eine schnelle Vormagenentwicklung zu achten, da andernfalls der umstellungsbedingte Wachstumseinbruch nach dem Absetzen zu groß ist. Die Gewichtsentwicklung zeigt also nach dem Absetzen einen umso größeren Knick, je früher abgesetzt wird (siehe auch Tabelle 65). Folglich ist es unsinnig, Lämmer kurz vor einem Vermarktungs- bzw. Schlachttermin von ihren Müttern zu trennen, da diese vorerst Gewicht verlieren. Vielmehr ist zu empfehlen, entweder direkt nach dem Absetzen zu schlachten oder die Lämmer nach dem Absetzen noch mind. 6 bis 8 Wochen zu mästen, bis der Wachstumsknick durchlaufen und durch hohe Zunahmen sogar wieder kompensiert ist. Eine Vitamingabe (Vitamine A, D, E) scheint die Lämmer bei der Umstellung konditionell zu unterstützen.

Praktisch sollte das Absetzen so erfolgen, dass die Lämmer außer Hör- und Sichtweite von ihren Müttern untergebracht werden, da so die Jungtiere und Mutterziegen schneller ihren Verlust verschmerzen. Vorteilhaft ist

Tab. 65 Gewichtsentwicklungen von Ziegenlämmern bei unterschiedlichem Absetzregime

Absetzen	Gewicht beim Absetzen	Zunahmen bis Absetzen	Gewicht 10 Tage nach Absetzen in % des Absetzgewichtes	Gewicht 5 Wochen nach Absetzen in % des Absetzgewichtes
10–12 Wochen	17–19,5 kg	190 g	95	118
6– 8 Wochen	12–15 kg	200 g	90	112

es, die Lämmer beim Absetzen gleich nach Geschlechtern zu trennen und einen ausreichenden Laufbereich sowie Erkundungselemente (Kletter- und Steigmöglichkeiten, Reifen, Ketten usw.) anzubieten.

Mit dem Absetzen der Lämmer bleibt der Saugreiz am Euter der Mutterziegen aus, sodass die Milch in den Folgewochen bald versiegt. Je geringer die Milchleistung zum Zeitpunkt des Absetzens, desto komplikationsloser ist im Allgemeinen das Absetzen für die Mutterziege. Bei noch anhaltend hohen Milchleistungen (beim Frühabsetzen oder bei milchbetonten Rassen) muss das nun praller werdende Euter beobachtet werden. Gegebenenfalls ist ein leichtes Abmelken ratsam, da durch einen anhaltend hohen Milchdruck Euterentzündungen begünstigt werden.

Für eine reduzierte Milchleistung beim Absetzen muss auch die Fütterung der Mutterziegen zurückgefahren werden. Empfohlen wird eine allmähliche Rücknahme der Kraftfutterversorgung beginnend etwa zwei Wochen vor dem Absetztermin.

Mit dem Absetzen beginnt die Regenerations- und Trockenstehphase für die Mutterziege. Dieser Zeitpunkt muss genutzt werden, um die meist abgesäugten Euter auf Veränderungen zu überprüfen. Sind in einer Euterhälfte Verhärtungen und eine nur geringe Milchleistung festzustellen, so kann es sich um ein sogenanntes Steineuter handeln – ein irreparabler Schaden – so dass die Ziege zu merzen ist. Auch Ziegen, deren Euter im Laufe der Laktation starke Formveränderungen zeigten, sind für die nächste Aufzuchtphase häufig nicht mehr heranzuziehen. Gelegentlich ist damit zu rechnen, dass sich in die Euterdrüse aufgestiegene Erreger in der Trockenstehphase passiv verhalten und erst in der Folgelaktation zu Euterentzündungen führen. Im Allgemeinen ist bei Fleischziegen aber von einem unproblematischen Trockenstellen ohne Euterinjektate auszugehen.

10.2 Spezielle Aspekte der Haltung von Fleischziegen

10.2.1 Haltung im Stall

Neben den grundsätzlichen Aspekten der Ziegenhaltung (siehe Kapitel 8) sollen nachfolgend speziell die Fleischziegenhaltung betreffende Haltungsaspekte beschrieben werden.

Grundsatz: Kostengünstige, arbeitswirtschaftliche und ziegengerechte Haltung

Aus betriebswirtschaftlicher Sicht sind in der Fleischziegenhaltung zum einen zur Vermeidung hoher Fixkosten kostengünstige Unterbringungen, z. B. in abgeschriebenen Altgebäuden, zu empfehlen und zum anderen möglichst arbeitswirtschaftliche Aufstallungs- und Haltungsformen anzustreben, um die zeitlichen Aufwendungen gering zu halten. Zur zwingend gebotenen Kosten-

Foto 7 Liege- und Kletteretagen sind einfach zu erstellen und werden von den Ziegen gern genutzt.

und Arbeitszeiteinsparung sind einfache aber zweckmäßige Techniken zu nutzen. Eine auf die Ansprüche der Ziegen und Lämmer abgestimmte Haltung ist selbstverständlich.

Laufstall. Bei der Gruppenhaltung im Laufstall ist eine **Strukturierung der Lauffläche** vorteilhaft. So können Rückzugsbereiche geschaffen werden, wo rangniederen Tieren ein ruhigerer Aufenthalt gewährleistet wird. Einfache, in der Lauffläche aufgestellte Horden, Abtrennungen oder Futterraufen bieten Rückzugsorte und Sichtschutz vor den Artgenossen. Jedoch dürfen dabei keine engen Sackgassen geschaffen werden. Liege- und Steigetagen (siehe Foto 7) vergrößern die Liegefläche um 80 % der Etagenflächen (BVET 2003), sind Beschäftigungsort und helfen die Rangordnungshierachie zu entspannen. Während sich ranghohe Tiere gerne erhöht ablegen, können rangniedere Ziegen dann im Laufbereich mehr Ruhe finden. Vor allem die Jungtiere nehmen Kletter- und Spielmöglichkeiten im Laufbereich gerne an. Autoreifen, einfache Kisten oder Bretter mit Steigungswinkel müssen dabei nur so gestaltet und aufgebaut sein, dass keine Unfall- oder Verletzungsgefahr besteht.

Vorratsraufen. Vor allem die sich täglich wiederholenden Arbeiten, wie das Füttern, müssen in einem extensiven Verfahren wie der Fleischziegenhaltung leicht und arbeitszeitsparend erledigt werden können. Hier sind Vorratsraufen für Heu und Silage hilfreich, die jedoch speziell für Ziegen (noch) nicht im Handel erhältlich sind. Daher muss der Ziegenhalter auf Schafraufen für Rund- oder Rechteck-Großballen zurückgreifen, die je nach Ausführung und Hersteller zwischen

Foto 8 Vorratsraufen bringen zwar eine Arbeitsentlastung, führen jedoch auch zu Futterverlusten.

130,00 bis 500,00 € kosten. Problematisch sind hier jedoch die bei der Ziegenfütterung noch recht hohen Futterverluste von über 30 % (Foto 8). Grund dafür ist das andersartige Futteraufnahmeverhalten der Ziege im Vergleich zum Schaf. Bedingt durch klare Rangordnungsdifferenzen, selektives Fressen und Neugierverhalten ist die Raufutteraufnahme bei der Ziege recht unruhig. Ziegen bleiben nicht, wie das Schaf, längerer Zeit an einem Fressplatz stehen, sondern wechseln diesen häufig. Dabei fallen von dem herausgezogenen Futter große Mengen auf den Boden, wo es nicht mehr aufgenommen wird.

Auch neigen Ziegen dazu, mit den Vorderbeinen in oder auf den Raufentrog bzw. -rand zu steigen, um mit dem z. T. bis über die Schultern vorgeschobenen Körper die begehrten Futterteile zu erreichen. Ziegenlämmer klettern gern ganz in die Raufe hinein. Je stärker die damit verbundenen Futterbeeinträchtigungen (Schmutz, Geruch), desto weniger gern wird das Futter aufgenommen.

Futterverluste können bei der Verwendung von Vorratsraufen gemindert werden, wenn

- der Futterballen eine homogene hohe Qualität aufweist (möglichst feinstängelig, sauber, aromatisch),
- das Raufutter ausschließlich in der Raufe angeboten wird (keine weitere Zufütterung),
- das Raufutter nicht als Loseschüttung, sondern in gepresster Form vorliegt,
- das Futter nicht zu lange in der Futterraufe der Stallluft ausgesetzt ist.

Darüber hinaus kann der Ziegenhalter durch eigene Konstruktionsverbesserungen an den Schafraufen, wie Verengung der Strebenabstände oder Anbringung eines Nackenriegels, die Futterbeeinträchtigung und -verluste minimieren. Allerdings muss gewährleistet sein, dass die Ziegen das Futter gut erreichen können und in der veränderten Raufe nicht hängen bleiben.

Für Eigenkonstruktionen bieten sich auch verzinkte Zaunelemente mit einem Sprossenabstand von 5 bis 8 cm als Vorratsraufe an.

Gruppengröße. Die optimale Gruppengröße (Laufstall) hängt vorrangig von den betrieblichen Gegebenheiten (Stall, Management) ab. Zu berücksichtigen ist aber auch, dass in kleinen Gruppen rangniedere Ziegen weniger ausweichen können. Zwar muss sich das rangniedere Tier in kleineren Gruppen mit weniger Artgenossen auseinandersetzen, jedoch bieten große Haltungseinheiten auch mehr Rückzugsmöglichkeiten. In diesem Zusammenhang haben sich in der Praxis Gruppengrößen von 15 bis 30 Ziegen, aber auch größere Einheiten bewährt. Auf der weitläufigeren Weide spielen Rangordnungsunterschiede der Ziegen eine geringere Rolle. Hier sind aus arbeitswirtschaftlichen Gründen eher größere Gruppen zu empfehlen.

Besatzdichte und Stallklima. Bei zu wenig Stallfläche je Tier werden Rangordnungsdifferenzen und Stallklima ungünstig beeinflusst. Trotz des vergleichsweise ruhigen Temperamentes der Burenziegen ist auch bei dieser Rasse eine Liege- und Lauffläche von 1,5 m^2/Ziege anzustreben. Lämmerführende Mutterziegen sollten 0,5 bis 0,7 m^2/Lamm zusätzliche Stallfläche zur Verfügung haben. Wird den Lämmern ein Lämmerschlupf geboten, so reichen 0,3 bis 0,5 m^2/Lamm. Für eine Mutterziege mit Zwillingen wird also eine Stallfläche von etwa 2,7 m^2 bzw. 2,3 m^2 angeraten.

Bei entsprechendem Stallbesatz und regelmäßigem Einstreuen kann auch den Lämmern eine hygienisch saubere Umwelt geboten werden. Unsaubere Einstreu, z. B. wegen Überbelegung, beeinträchtigt dagegen die Lämmergesundheit infolge hoher Keim- und Schadgaskonzentrationen. Bei enger Aufstallung kommen rangniedere Tiere stärker unter Druck.

Laufhof. Vor allem bei beengten Stallverhältnissen bietet ein an den Stall angrenzender Laufhof wertvolle zusätzliche Lauffläche. Lämmer und Mutterziegen profitieren hier von der vermehrten Bewegung, Abwechslung, frischen Luft und Klimareizen (Sonnenlicht, Temperatur). Aus Reinigungsgründen und zur Förderung des Klauenabriebs sollte der Laufhof befestigt sein. Das Belaufen eines festen Untergrundes wirkt sich auch stabilisierend auf die Fußstellung und das gesamte Fundament aus. Wird mittels überdachter Vorratsraufe im Laufhof Raufutter angeboten, setzen die Ziegen hier vermehrt Kot ab, sodass die Liegefläche im Stall sauberer bleibt. Bei ständiger Nutzung begrünter Auslauffläche sind Maßnahmen gegen Parasiteninfektionen zu unternehmen.

Lämmerschlupf. Die Einrichtung eines Lämmerschlupfes bietet den Lämmern Rückzugsmöglichkeiten und Zufutter und ist grundsätzlich zu empfehlen. Der Durchschlupf ist stets so groß zu wählen, dass die größten Lämmer gerade noch hindurch schlüpfen können, kleinere Mutterziegen aber nicht. Höhe und Breite des Durchschlupfes können einfach mittels versetzbarer Latten der Lämmergröße angepasst werden. Sinnvoll ist auch eine Absperrmöglichkeit, sodass die Lämmer längere Zeit im Lämmerschlupfbereich gehalten werden können. Dadurch können die Mutterziegen z. B. während der Fütterungszeiten ohne die Belästigung durch die Lämmer fressen. Durch Zufütterung von frischem Heu und Konzentratfutter sowie Anreizen wie Kletter- und Steigmöglichkeiten,

Foto 9 Ein Litzenzaun wird in der Regel von Lämmern und Ziegen gut akzeptiert.

Rückzugsnischen oder Lämmerkisten wird ein Lämmerschlupf besonders attraktiv. Dabei ist auch die Bildung sozialer Gruppen bei den Lämmern zu beobachten. Die vergleichsweise saubere Eintreu im Lämmerschlupf und der geringere Kontakt mit den Ausscheidungen der Mutter (Kokzidien im Kot der Mutterziegen) sprechen auch aus hygienischer Sicht für die Einrichtung eines Lämmerschlupfes, der schon durch einfache Abtrennungen erstellt werden kann.

Einzelbuchten. Mutterziege und Lämmer können zur Ablammung für 3 bis 5 Tage in eine Einzelbucht gesetzt werden, um vor allem die Mutter-Kind-Beziehung zu fördern (siehe 10.1.2). Die Buchten können durch einfache Abtrennungen hergerichtet werden und sollten Maße von etwa 1,5 × 1,2 m aufweisen. Zu bedenken ist, dass im Bereich der Einzelbuchten keine Zugluft besteht, welche der Lämmergesundheit schadet.

Lämmeraufzuchtkisten. Lämmer haben im Verhältnis zu ihrem Gewicht eine größere Hautoberfläche als ihre Mütter. Daraus erklärt sich ein grundsätzlich höherer Wärmeanspruch der Jungtiere. Muss das Lamm viele der über die Milch aufgenommenen Energie- und Nährstoffeinheiten für den Wärmehaushalt aufbringen (z. B. bei winterlichen Temperaturen), so stehen ihm bei begrenzter Milchleistung weniger Nährstoffe für Wachstum zur Verfügung. Bei schwächelnden, sehr kleinen und unzureichend versorgten Lämmern kommt hinzu, dass diese aufgrund ihrer reduzierten Stoffwechselaktivität einen deutlich höheren Temperaturanspruch zeigen.

In sogenannten Lämmeraufzuchtkisten

finden die Lämmer einen geschützten Bereich vor, in dem sich durch ihre Körperwärme (Sozialwärme) eine Behaglichkeitstemperatur aufbaut. Diese schon ab dem zweiten Lebenstag genutzten Rückzugskisten, werden umso häufiger und länger aufgesucht, je geringer die Temperaturen im Stall sind.

Jeder Ziegenhalter kann solche Lämmeraufzuchtkisten selbst herstellen. Wichtig ist, dass die Höhen- und Tiefenmaße jeweils bei 40 bis 50 cm liegen. Bei tieferen Kisten besteht die Gefahr, dass die weit hinten liegenden Lämmer die Kiste nicht jederzeit verlassen können oder gar zu Schaden kommen. Die Länge einer solchen Kiste richtet sich nach der Lämmerzahl. Bei o. g. Höhen- und Tiefenmaßen und 2 m Länge finden bis zur 3. Lebenswoche etwa 20 Lämmer und bis zur 6. Lebenswoche 12 bis 15 Lämmer darin Platz.

Am einfachsten sind dreiseitig geschlossene Holzkonstruktionen, gegebenenfalls mit transparenten Kunststofflamellen an der offenen Seite. Diese können im Laufbereich, im Lämmerschlupf oder in kleiner Ausführung auch in der Ablammbucht aufgestellt werden. Bei den im Lämmerschlupf positionierten Kisten ist darauf zu achten, dass die Mutterziegen zumindest Rufkontakt zu ihren Lämmern aufnehmen können.

10.2.2 Haltung auf der Weide

Fleischziegenhaltung ist i. d. R. mit ausgedehntem Weidegang verbunden. Dabei ist grundsätzlich eine **Umtriebsweide** zu empfehlen, um eine gute Futterausnutzung zu erzielen und der Verwurmungsgefahr durch regelmäßigen Weidewechsel entgegen zu wirken.

In der **Zauntechnik** stehen verschiedene Systeme zur Verfügung: Fünf-litzige Festzaunanlagen bieten für Mutter- und Jungziegen eine gute Hütesicherheit. Aber auch mobile Litzenzäune sind für Ziegen geeignet, sollten in Gefahrenbereichen (Straßennähe) hingegen nicht eingesetzt werden.

Größte Hütesicherheit bieten elektrifizierbare Kunststoffnetze, die folgende Kriterien erfüllen sollen, um als ziegengeeignet eingestuft zu werden:

- Mindesthöhe 1,0 m, besser 1,1 m,
- Knotengeflechte, entweder kleinmaschig vor allem in der unteren Zaunhälfte (z. B. Renco-Geflügelnetz) oder mit möglichst langer Rechteckform.

Solche Netzformen mindern die Gefahr, dass Ziegen sich mit dem Kopf in dem Netz verhängen und strangulieren.

Auch, wenn sich die vergleichsweise witterungsempfindlichen Ziegen im Laufe der Weideperiode an Witterungsunbilden immer mehr gewöhnen, ist bei längerem Weidegang ein **Witterungsschutz** dringend anzuraten. Bei anhaltendem Regen und Wind zeigen die Ziegen ohne Unterstand schon am nächsten Tag deutliches Unwohlsein (Ausdruck, Verhalten, Körperstellung), sodass damit auch deren Leistungsfähigkeit beeinträchtigt ist.

Im Einzelfall können sehr dichte Busch- und Baumbestände ausreichenden Schutz bieten. Meist muss jedoch ein Unterstand vorhanden sein oder einfach gefertigt werden. Dabei bieten fahrbare Varianten Vorteile. Durch die Beweglichkeit des Schutzwagens kann dieser auf den Umtriebsweiden mit der Herde mitgezogen oder auch auf der Fläche fortbewegt werden, um die um den Schutzwagen herum besonders beanspruchte Grasnarbe zu schonen.

Ein solcher Wagen bietet Schutz unter, auf bzw. in dem Wagen und kann als Versorgungseinheit für Futter und Wasser sowie als Aufbewahrungsort für Bestandteile des Elektrozauns dienen. Der Schutzwagen kann je nach Bedarf an den Seiten geschlossen werden.

10.3 Spezielle Aspekte der Fütterung von Fleischziegen

In einem extensiven Verfahren, wie der Fleischziegenhaltung, ist es oberstes Gebot möglichst preiswürdige Futtermittel einzusetzen. Die Kosten je Nährstoffeinheit steigen bei den Futtermitteln in folgender Reihenfolge:

Weide/Grünfutter < Grassilage < Heu < eigene Kraftfuttermischung < Fertigfutter

10.3.1 Fütterung der Mutterziegen

Die Versorgung der Fleischziegen entspricht weitgehend der Fütterung der Milchziegen (siehe Kapitel 7 und 9). Folgende Unterschiede müssen jedoch berücksichtigt werden:

- Fleischziegen haben im Sommerhalbjahr meist ausgedehnten Weidegang auf häufig unwegsamen Hanglagen. Daraus ergibt sich ein höherer Energiebedarf für Bewegung von 20 bis 30 % gegenüber Milchziegen, die vorwiegend im Stall oder auf arrondierten Weiden gehalten werden.
- Bei Fleischziegen ist der Nährstoffanspruch während der Laktationsphase geringer, da die hier gehaltenen Rassen ein geringeres Milchleistungsvermögen haben. Bei Burenziegen und deren Kreuzungen sollte das Fütterungsniveau auf etwa 1,0 bis 2,5 kg Milch/Tag eingestellt werden (je nach Laktationsphase und Lämmerzahl). Mehrlingsführende Mutterziegen brauchen gegenüber einlingsführenden Ziegen eine um 30 bis 40 % höhere Nährstoffversorgung.
- Bei der Verfütterung von Silage wird der Kot der Mutterziegen weicher. Dieses kann zu einer stärkeren Verschmutzung von Einstreu sowie Lämmern und damit zu einer erhöhten Keimbelastung führen, wenn die regelmäßige Einstreu nicht erhöht wird.

10.3.2 Fütterung der Aufzuchtlämmer

In den ersten Wochen der natürlichen Aufzucht an der Mutter sind die Lämmer vollständig auf die Nährstoffe aus der Muttermilch angewiesen. Mit fortschreitender Aufzuchtdauer wächst der Nährstoffanspruch der Lämmer, während die Milchleistung bei der Fleischziege bereits wieder nachzulassen beginnt. Folglich ist eine möglichst frühe Fremdfutteraufnahme der Lämmer für eine schnelle Pansen- und Wachstumsentwicklung wichtig. Daher sollte den Lämmern ab einem Alter von 10 bis 14 Tagen **Ergänzungsfutter** (Kraftfutter und gutes Heu) im Lämmerschlupf angeboten werden.

Aufgrund des zunehmenden Nährstoffbedarfs der wachsenden Lämmer sowie der begrenzten Laktationsleistung und -dauer werden die Lämmer in der zweiten Aufzuchthälfte (etwa ab 5. bis 6. Woche) allein über die Muttermilch nicht mehr ausreichend ernährt. Auch aus ökonomischen Gründen ist eine frühe Fremdfutteraufnahme der Lämmer wünschenswert. Vor allem dann, wenn die Milch bei den Mutterziegen durch Einsatz von teurem Kraftfutter erzeugt werden muss, sollten die Lämmer baldmöglichst wesentliche Anteile ihres Nährstoffbedarfes aus dem Kraftfutter decken. Steht hingegen ausreichend gutes und kostengünstiges Grundfutter für die Mutterziegen zur Verfügung, ist die Versorgung der Lämmer über die Muttermilch billiger.

Das Konzentratfutter für die Lämmer kann auf Getreidebasis durch eigene Mischung hergestellt oder als Fertigfutter (z. B. Lämmerkorn) zugekauft werden.

Eine frühe und ausreichende Aufnahme ist durch Schmackhaftigkeit (z. B. durch begrenzte Anteile melassierter Rübenschnitzel) und strukturhaltiges Ergänzungsfutter zu fördern. Da mehliges Kraftfutter ungern gefressen wird sowie die Pansenzotten verkleben kann und ganze Getreidekörner bei Ziegenlämmern bis zu 50 % unverdaut wieder ausgeschieden werden (Beck 2000), ist bei Eigenmischungen das gequetschte Futter am besten geeignet. Besonders gern wird pelletiertes Zukauffutter aufgenommen.

Mit dem Absetzen sollten die Lämmer weitestgehend von der Milchversorgung unabhängig sein, um nach Trennung von den Müttern keinen zu starken Wachstumseinbruch zu erleiden (siehe auch Kapitel 10.1.3).

10.4 Das Fleisch von Ziegenlämmern und Ziegen

10.4.1 Schlachtung und Fleischbehandlung

Soweit nicht bereits ein eigenes Schlachthaus besteht, sollte die Schlachtung von einem ortsansässigen Metzger oder in einem nahen Gemeindeschlachthaus erfolgen. Die Einrichtung eines eigenen Schlachthauses ist aufgrund der hohen Erst- und Folgeinvestitionen kaum zu empfehlen, da aus betriebswirtschaftlicher Sicht die damit verbundenen Kosten von der Fleischziegenhaltung nicht getragen werden können und dauerhaft steigende hygienerechtliche Anforderungen zu erwarten sind. Jedoch ist die Einrichtung einer deutlich kostengünstigeren Kühleinheit (je nach Größe 5000 bis 18 000 €) auf dem Betrieb zweckmäßig, um eine hygienisch einwandfreie Zwischenlagerung und Vermarktung garantieren zu können.

Die Schlachtkörper sollten etwa 4 bis 7 Tage bei etwa 4 bis 7 °C abhängen (Zwischenlagerung), um das Fleisch reifen zu lassen. Die nicht sofort verkaufte Ware kann mit einem Vakuumiergerät in eine Plastikhaut eingeschweißt werden, so dass eine längere und hygienisch einwandfreie Lagerung (auch tiefgefroren) möglich ist. Frisch gekühlt hält sich Ziegenfleisch etwa 14 Tage, tiefgefroren 6 bis 9 Monate.

10.4.2 Qualität von Ziegen- und Ziegenlammfleisch

In der Fleischziegenhaltung stammt das Ziegenlammfleisch von Jungtieren, die bei der Schlachtung etwa 20 bis 32 kg schwer und etwa 3 bis 4 Monate alt sind (siehe Foto 10). **Lämmer aus der Milchziegenhaltung** werden i. d. R. früher geschlachtet (8 bis 14 kg, 3 bis 8 Wochen), sodass sich die Fleischqualitäten deutlich unterscheiden.

Während die jungen Lämmer aus der Milchziegenhaltung auch aufgrund der fast ausschließlichen Milchfütterung ein helles und zartes, aber geschmack- und strukturarmes Fleisch liefern, ist das Fleisch von älteren, auch mit Raufutter ernährten **Lämmern aus der Fleischziegenhaltung** dunkler, von festerer Struktur mit fein aromatischem Geschmack.

Gegenüber Schaflämmern ist das Fleisch von vergleichbaren Ziegenlämmern von etwas geringerer **Zartheit**. Dieses ist durch folgende Eigenschaften des Ziegenlammfleisches zu erklären:

- etwas höherer Kollagengehalt im Bindegewebe,
- recht geringer Fettanteil, vor allem wenig intramuskuläres Fett, welches u. a. zu einer Auflockerung zwischen den Muskelfasern führt,
- vergleichsweise hohe pH-Werte im Fleisch, die eine nur geringe Fleischreife ermöglichen.

Langes Abhängen der Schlachtkörper (etwa 4 bis 7 Tage bei 4 bis 7 °C), langes Garen (90 min und länger, möglichst im Römertopf), langsames Auftauen des gefrorenen Ziegenlammfleisches, aber auch das sogenannte Beizen (Einlage in Buttermilch für etwa 24 h) kann die Zartheit erheblich verbessern.

Das Körperfett ist beim Ziegenlamm und auch bei älteren Ziegen ungünstig verteilt: wenig wünschenswerte Marmorierung (intramuskuläres Fett), begrenztes Subkutanfett,

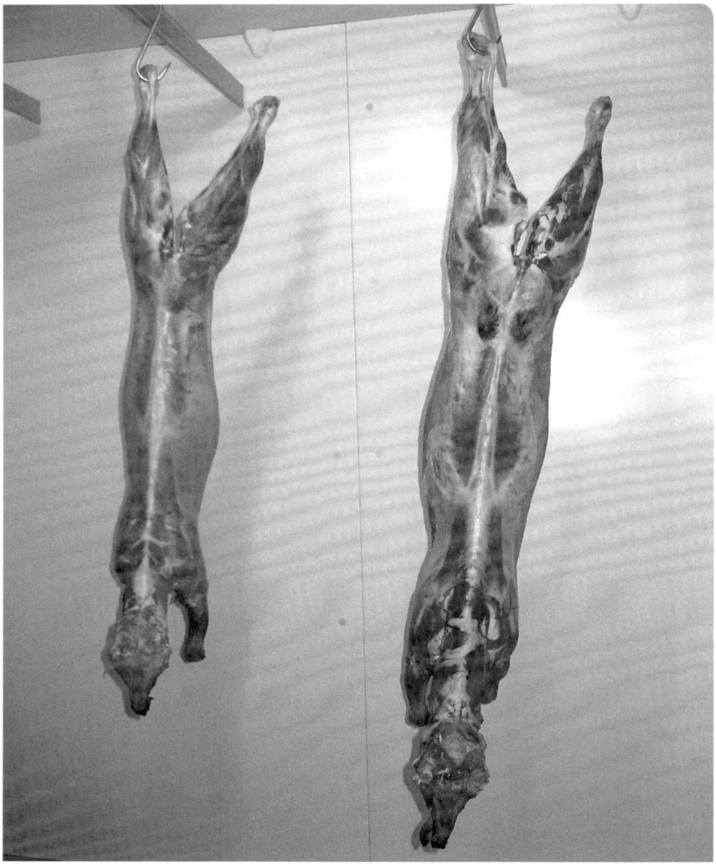

Foto 10 Schlachtkörper von Buren-Ziegenlämmern mit 17 kg und 28 kg Lebendgewicht.

aber vermehrte Fettansammlung im Nieren-Beckenraum, also in der Körperhöhle.

Ernährungsphysiologisch gilt Ziegenlammfleisch als besonders hochwertig, sodass auch Diätküchen gern darauf zurückgreifen. Es ist fett- und somit kalorienarm und weist hohe Anteile ungesättigter Fettsäuren auf. Hervorzuheben ist dabei besonders der hohe Anteil an konjugierter Linolsäure (internationale Abkürzung CLA), für die eine antikanzerogene sowie fettabbauende und muskelaufbauende Wirkung nachgewiesen wurde (KÜHNE 1999). Dabei ist offenbar erst die wiederkäuende Ziege mit Hilfe ihrer Pansenmikroorganismen in der Lage, so hohe Anteile dieser Fettsäuren zu synthetisieren. Auch eine Grünfütterung wirkt hier förderlich.

Auffallend sind beim Ziegenfleisch auch vergleichsweise hohe Gehalte wertvoller Mineralstoffe wie Eisen, Kalzium, Zink, Magnesium und Kalium.

Der **Nährwert** von Ziegenlammfleisch wird wie folgt eingeschätzt (v. SOMMERFELD 1995)

Wasser	76 %
Eiweiß	21 %
Fett	2 %
Mineralien	1,3 %
Energie	450 KJ

Das teilweise noch bestehende Vorurteil, Ziegenlammfleisch habe einen unangenehmen Geschmack und Geruch, kann eindeutig widerlegt werden, solange die Tiere bei gutem Stallklima gehalten und folgende Gewichtsgrenzen nicht überschritten werden:

- männliche Ziegenlämmer max. 32 kg,
- weibliche bis gut 40 kg.

Ältere Ziegen sollten wegen des stärkeren ziegentypischen Geruches vorrangig der Wurstherstellung dienen. Die Vermarktung von Ziegenlammfleisch ist in Kapitel 2 beschrieben.

10.5 Wirtschaftlichkeit der Fleischziegenhaltung

Ähnlich der Koppelschafhaltung stellt die Fleischziegenhaltung nur geringe Ansprüche an die Produktionsfaktoren Arbeit und Kapital. Damit lassen sich solche extensiven Verfahren flexibel in die verschiedensten Betriebstypen einpassen. Vollerwerbsbetriebe sind bisher kaum in der Lage, ein hinreichendes Einkommen mit der Fleischziegenhaltung zu erwirtschaften (Gründe: geringer Gewinn/Ziege; große Herden erforderlich, Mengenabsatz jedoch schwierig). Es sind vor allem Nebenerwerbs- und Hobbybetriebe, die bei begrenztem Zeit- und Kapitaleinsatz mit der Fleischziege Restressourcen (Grünland, Altgebäude usw.) nutzen. In Schäfereien und Gemeinschaftshaltungen sind es weniger betriebswirtschaftliche Anreize, die zur Haltung von Fleischziegen geführt haben, sondern vielmehr die starken Verbissleistungen der Ziegen in der Landschaftspflege.

In Tabelle 66 werden die Verfahren der Fleischziegenhaltung mit 60 Mutterziegen betriebswirtschaftlich kalkuliert. Je nach Herdengröße, Vermarktung und Aufzuchtserfolg können in der Praxis abweichende Ergebnisse erzielt werden.

Im Gegensatz zur Milchziegenhaltung ist die Fleischziegenhaltung deutlich arbeitsextensiver und erbringt nur ein geringeres Einkommen. Der wirtschaftliche Erfolg der Fleischziegenhaltung ist vorrangig abhängig von

- dem erzielten Verkaufspreis (8 bis 11 €/kg),
- der Ablamm- und Aufzuchtrate (1,3/1,1 bis 1,8/1,7 Lämmer/MZ+Jahr)
- dem Verkaufsgewicht (20 bis 32 kg) und
- den geleisteten Aufwendungen (Kosten und Arbeit, große Schwankungsbreite in der Praxis).

Ein um 0,50 €/kg Schlachtgewicht (SG) höherer Verkaufspreis verbessert bei einmaliger Lammung pro Jahr den Gewinn um gut 9,00 €/MZ+Jahr und die Arbeitszeitverwertung um 0,60 €/Akh bzw. um 12,80 €/MZ+Jahr und 0,70 €/Akh bei kontinuierlicher Lammung (3 Lammungen in 2 Jahren). Hier führt die höhere Ablammrate zwar zu fast 80 % höheren Gewinnen, erfordert aber stets ein wachsames Auge und lässt weniger Ruhephasen im Jahresablauf zu.

Ein möglichst hohes Verkaufsgewicht (bis etwa 32 kg) kann ebenso die Betriebsergebnisse beachtlich aufbessern. Werden die Schlachtlämmer statt mit 25 kg erst mit 28 kg vermarktet, so erhöht sich der Gewinn um etwa 20 €/Mutterziege und Jahr.

Maßgebliche betriebswirtschaftliche Bedeutung kommt den zu tätigenden Aufwendungen zu. Dabei muss der Fleischziegenhalter darauf achten, dass Stallhaltung und Weideführung eine rationelle Arbeitserledigung zulassen – vor allem bei der regelmäßig erforderlichen Fütterung. Darüber hinaus hilft der Einsatz kostenfreier oder günstiger Futtermittel und Geräte Kosten zu sparen. Wenn nicht selbst geschlachtet wird, fallen Kosten für die Schlachtung und Fleischbeschau um etwa 15 € je Tier an.

Entscheidend ist in der Fleischziegenhaltung jedoch auch, ob und wie viele

Tab. 66 Wirtschaftlichkeit der Fleischziegenhaltung bei einmaliger und kontinuierlicher Lammung

Rahmendaten: 60 Mutterziegen	
Aufzuchtergebnis (Lä. /MZ+Jahr):	einmalige Lammung: 1,65 / kontinuierliche Lammung: 2,3
Nutzungsdauer:	einmalige Lammung: 5 Jahre / kontinuierl. Lammung: 4 Jahre
Schlacht-/Verkaufsalter:	100–110 Tage (Lämmer)
tägl. Zunahmen:	200 g/Tag, Verkaufsgewicht 25 kg, Ausschlachtung: 50 %
Verkaufspreis:	10,00 €/kg SG, eigene Schlachtung

	€/Mutterziege + Jahr bei einmaliger Lammung/Jahr	**€/Mutterziege + Jahr bei kontinuierlicher Lammung**
Marktleistung:		
– Lämmer:		
1,45 × 12,50 kg × 10,00 €	181,25	
2,05 × 12,50 kg × 10,00 €		256,25
– Altziegen:		
0,2 × 45,00 €	9,00	
0,25 × 45,00 €		11,30
Summe Geldrohertrag	190,25	267,55
Variable Kosten :		
Futter: GF: Winter- und Sommerfutter	26,00	32,00
KF: 70 bzw. 95 kg × 16,00 €	11,20	15,20
Mineralfutter 8 kg	5,00	5,50
Stroh 0,8 dt	2,00	3,00
Fleischbeschau (11,00 €/SK)	17,60	24,20
Bockhaltung (1 Bock/25 MZ)	2,50	3,00
Tierarzt, Medikamente	5,50	6,50
Wasser, Strom, Geräte	4,00	4,50
Beiträge (Versicherung, Verband, ...)	5,00	5,00
Risiko, Verlustausgleich	3,00	3,00
Zinsansatz für Tier- und Umlaufkapital	6,00	7,00
Summe variable Kosten	**87,80**	**108,90**
Deckungsbeitrag/MZ u. Jahr	**102,45**	**158,65**
Feste Kosten:		
Stall, Einrichtungen,	15,00	15,00
Verkaufsraum, Kühlzelle [1]	13,00	13,00
Verzinsung	3,00	3,00
Summe Festkosten	31,00	31,00
Gewinn/MZ u. Jahr	71,45	127,65
Arbeitszeitbedarf je MZ + NZ und Jahr	14 Akh	18 Akh
Gewinn je Akh	5,10	7,10
Gewinn bei 60 Mutterziegen	4287,00	7659,00

MZ = Mutterziege; NZ=Nachzucht; AKh= Arbeitskräftestunden; AK= Arbeitskraft

[1] Kühlzelle 8000,– €, Vakuumiergerät: 1500,– €, Raum und Kleingeräte: 2500,– €

Tab. 67 Wirtschaftlichkeitsvergleich extensiver Grünlandnutzungsverfahren (ohne Berücksichtigung von Prämienzahlungen)

	Fleischziegenhaltung Herdengröße: 60 MZ Einmalige Ablammung Aufzuchtergebnis: 1,65 Vermarktung (25 kg LG): Selbstvermarktung: 10,00 €/kg SG	**Koppelschafhaltung** Herdengröße: 60 MS Einmalige Lammung Aufzuchtergebnis: 1,65 Vermarktung (42 kg LG): a) Handel 4,50 € /kg SG b) Selbstverm. 8,00 €/ kg SG	**Mutterkuhhaltung** Herdengröße: 25 MK Baby Beef, Mastbullen Vermarktung: Selbst-vermarktung und Handel, mittlerer Preis: 2,90 €/kg SG
Geldrohertrag (€/MT)	190,25	a) 170,00 b) 292,70	1098,00
Variable Kosten (€/MT)	87,30	a) 82,90 b) 87,50	495,00
Deckungsbeitrag (€/MT)	102,45	a) 871,00 b) 205,20	603,00
Festkosten (€/MT)	31,00	a) 29,00 b) 38,00	330,00
Gewinn je MT (€/MT)	71,45	a) 58,10 b) 167,20	273,00
Arbeitszeitbedarf (Akh/MT+J)	14	a) 12 b) 14	28
Gewinn je Akh (€/Akh)	5,10	a) 4,80 b) 11,90	9,70
Flächenbedarf (ha/ MT+NZ)	0,125	0,125	1,0
Gewinn je ha (€/ha)	571,60	a) 464,80 b) 1337,60	273,00

Schlachtlämmer der selbst aufgebaute Markt abnimmt. Zahlreiche Betriebe können eine Einkommensverbesserung über eine Herdenaufstockung oft nicht realisieren, da die Absatzmöglichkeiten zu wenig entwickelt wurden (siehe auch Kapitel 2.3 Direktvermarktung).

Die **Wettbewerbsfähigkeit der Fleischziegenhaltung** ist aus der Gegenüberstellung vergleichbarer Verfahren, wie Koppelschaf- und Mutterkuhhaltung, abzulesen. Demnach ist die Koppelschafhaltung der Fleischziegenhaltung unterlegen, wenn die Schaflämmer über den Handel zu vergleichsweise geringeren Preisen (4,50 €/kg SG) vermarktet werden (Tab. 67).

Bei gleicher Vermarktung (Selbstvermarktung) und realistischen Preisunterschieden (Ziegenlämmer 10 €/kg SG; Schaflämmer 8 €/kg SG) ist jedoch die Koppelschafhaltung wirtschaftlich überlegen, da Schaflämmer bei höherem Gewicht verkauft werden, schneller wachsen und die Schafhaltung bisher stärker durch Prämien gestützt wurde.

Die Mutterkuhhaltung ist in den Wirtschaftlichkeitskennwerten je Tier erwartungsgemäß der Ziegen- und Schafhaltung überlegen. In der Flächenverwertung (Gewinn/ha) sind die Verfahren der Fleischziegen- und Schafhaltung jedoch der Mutterkuhhaltung überlegen.

Seit der Entkoppelung der Direktzahlungen an landwirtschaftliche Betriebe von der Produktion durch die EU-Agrarreform im Jahr 2005 können alle beihilfefähigen Flächen (i. d. R. landwirtschaftliche Nutzflächen) gefördert werden, sofern die Antragsteller Zahlungsansprüche erworben haben oder Flächen mit Zahlungsansprüchen gepachtet wurden. Dabei sind Förderungen bis zu ca. 300 €/ha vorgesehen. Bisher haben Fleischziegenhalter aber eher selten Zahlungsansprüche erworben bzw. erwerben können. Oft werden mit den Fleischziegen Naturschutz-, Brach- und Sukzessionsflächen genutzt, die ohnehin nicht beihilfefähig sind. In diesem Fall bieten jedoch naturschutzbezogene Förderprogramme der einzelnen Bundesländer (MEKA; KULAP; ...), der Naturschutzverbände oder auch die Kommunen Unterstützungsgelder für Landschaftspflegeleistungen an.

Es ist davon auszugehen, dass sich die o. g. Regelungen der Zahlungsansprüche für die Flächenprämie im Zuge der anstehenden Agrarreform ab 2014/15 nicht wesentlich ändern werden. Weitere Informationen zu Fördermodalitäten sind bei den Landwirtschaftsämtern bzw. Landwirtschaftskammern zu erhalten.

11 Landschaftspflege mit Ziegen

Agrar- und umweltpolitisch bedingte Extensivierungen und Nutzungsaufgaben haben in den vergangenen 20 Jahren an vielen Standorten zu mehr oder weniger starken Sukzessionen geführt. Infolge dessen müssen sich zahlreiche Gemeinden, Kreise sowie Naturschutzbehörden und -organisationen vermehrt für den Erhalt des regionalen Landschaftsbildes einsetzen. Da jedoch manuelle und maschinelle Pflegemaßnahmen, insbesondere Entbuschungsarbeiten, so aufwendig sind, dass sie immer weniger von den öffentlichen Haushalten gezahlt werden können, müssen kostengünstigere Pflegeformen gesucht werden.

So wird den traditionellen Beweidungsverfahren mit Rindern, Schafen oder Ziegen, die ursprünglich auch zur Entstehung unserer Kulturlandschaften beigetragen haben, heute wieder stärkere Beachtung geschenkt.

11.1 Bedeutung von Ziegen in der Landschaftspflege

Wie kaum ein anderes Nutztier, vermag die Ziege gerade an zugewachsenen und zur Verbuschung neigenden Standorten einen erheblichen Beitrag zur Öffnung bzw. Offenhaltung von Flächen zu leisten. Schafe und Rinder stellen demgegenüber mancherorts

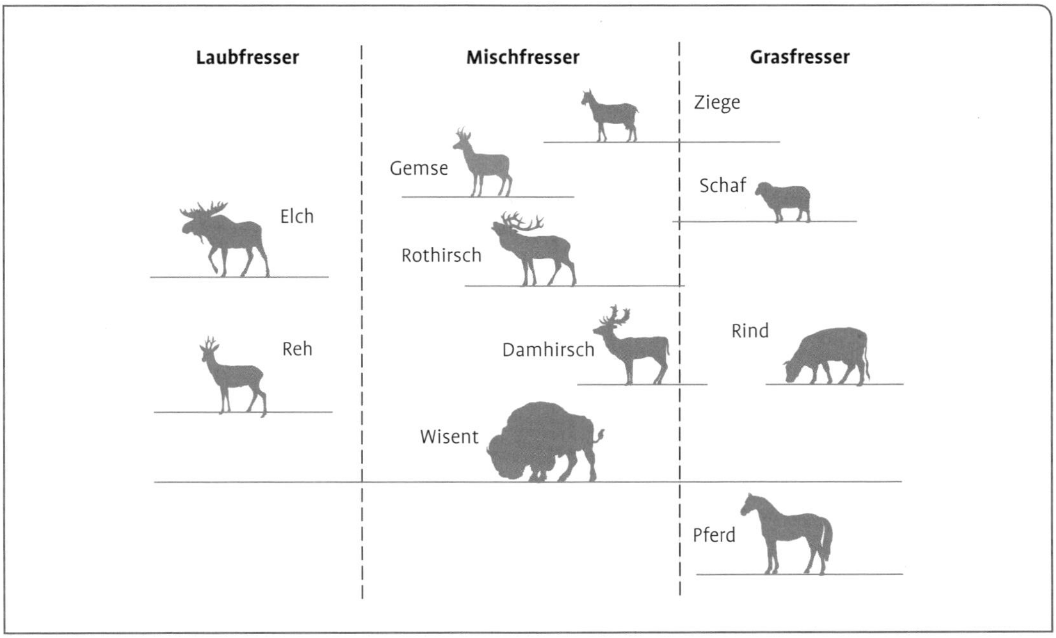

Abb. 49 Gliederung pflanzenfressender Weidetiere nach ihrem bevorzugten Nahrungsspektrum (nach KÖNIG 1994).

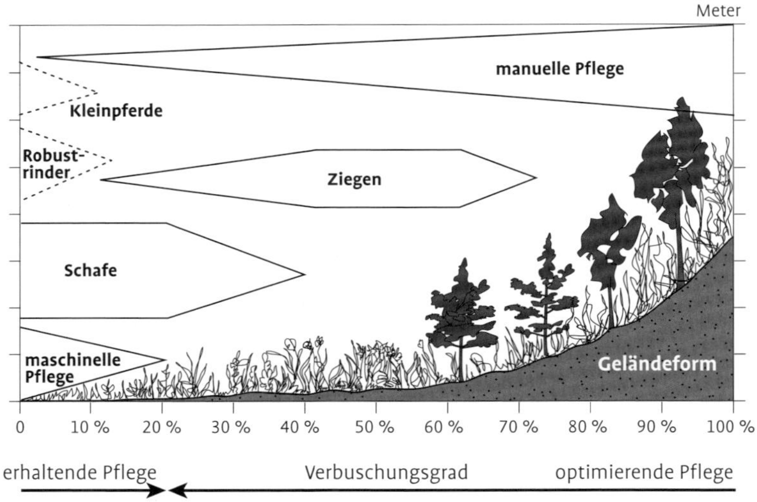

Abb. 50 Bevorzugte Pflegeformen in Abhängigkeit von Verbuschungsgrad und Geländeform (nach RAHMANN 1997).

keine befriedigende Lösung dar, da sie sich als typische Grasfresser vorwiegend von Gräsern und Kräutern ernähren und eine fortgeschrittene Verbuschung zu wenig verbeißen. Die Ziege, die zur Gruppe der Mischfresser gehört, nimmt aber mit Vorliebe auch Busch-, Strauch- und Laubwerk auf (siehe Abbildung 49).

Je nach Verfügbarkeit machen diese Futterstoffe z. T. mehr als 40 % der Futterration aus. Die hier enthaltene Gerbsäure und andere wertvolle Inhaltsstoffe wirken sich dabei auch förderlich auf die Verdauung aus und einer Parasitenentwicklung im Magen- und Darmtrakt entgegen.

Im einzelnen zeichnet sich die Ziege in

Tab. 68 Direkt landschaftspflegerelevante Merkmale von Ziegen, Schafen und Rindern

	Ziege	**Schaf**	**Rind**
Futteraufnahme			
Typ	Mischfresser	Grasfresser	Grasfresser
Verbisshöhe	tief bis 1,8 m	tief	mittlere Grashöhe
Futterspektrum	sehr breit	breit	begrenzt
Trittwirkung	schonend	z. T. sehr schonend	weniger schonend
Verhalten			
Kletterfähigkeit	sehr hoch	bedingt	kaum
Schälen von Gehölzen	stark	mittel	selten
Fegen an Gehölzen	z. T. stark	nein	nein
Bewegungsaktivität	hoch	mittel	mittel–gering

Tab. 69 Beispielstandorte mit erfolgreicher Pflegebeweidung durch Ziegen

Standort	spezielle Beispiele
Magere Standorte in Mittelgebirgen	Kalkmagerrasen: Schwäbische Alb, Rhön, Fränkische Schweiz. Flügelginsterheiden, Borstgrasrasen: Süd-Schwarzwald, Murgtal, Bayerischer Wald, Rhön
Alpiner Raum	Wald- und Steilflächen: Mittenwald
Brachgefallene Weinberge	Süddeutsche Weinbaugebiete: entlang des Rheingrabens bei Koblenz
Abbaugebiete	aufgegebene Lehm-, Sand- oder Kiesgruben Abbauflächen von Stahlunternehmen
Pflege von Objekten	Waldschneisen: Offenhaltung von Strom- u. Brandschutzschneisen (Energieversorgung Hessen) Anlagen: Freihalten von Munitions- und Lagerbunkern Kulturdenkmäler: Historische Wehranlagen

Tab. 70 Indirekte landschaftspflegerelevante Merkmale der Ziegen-, Schaf- und Mutterkuhhaltung

	Ziegenhaltung	Schafhaltung	Mutterkuhhaltung
Verbreitung 2010 Anzahl ca.	gering 220 000	mittel 2,3 Mio.	mittel–hoch 620 000
Herdengröße	gering	gering[1]/groß[2]	gering–mittel
Flächenwirksamkeit	gering	mittel ca. 260 000 ha	mittel–höher ca. 4–500 000 ha
Betriebstyp	NE[3]	NE/VE[3]	VE/NE[3]
Haltung	Koppelhaltung halb stationär	Hüte-/Koppelhaltung mobil/halb stationär	Koppelhaltung streng stationär
Produktionsrichtungen nach Bedeutung	Milch Fleisch	Fleisch Milch	Fleisch
Rassenvielfalt	mittel	groß	groß
Mögliche Probleme Parasitenempfindlichkeit Witterungsempfindlichk. Know-How (Prod-technik) Betriebseinkommen Absatzmarkt vorhanden	 hoch hoch gering gering nur DV[4]	 mittel gering z. T. gut gering – mittel DV + Markt	 geringer gering bedingt gering–mittel DV + Markt

1) Koppelschafhaltung 2) Hüteschafhaltung 3) Neben-/Vollerwerb 4) Direktvermarktung

der Landschaftspflege durch einen ausgeprägten Neugierde- und Abwechslungsfraß, einen scharfen Verbiss der Vegetation bis in Höhen von 1,8 m sowie durch starke Neigung zum Schälen von Gehölzen aus (siehe Tabelle 68). Bei schonendem Tritt, hoher Kletterfähigkeit und Wendigkeit ist die Ziege in der Lage, auch dort den Aufwuchs kurz zu halten, wo Rind und Schaf keinen Zugang mehr haben. Das heißt, je höher der Verbuschungsgrad und je schwieriger die Fläche (z. B. steil, felsig), desto prädestinierter sind Ziegen für den Pflegeeinsatz (siehe Abbildung 50). Ziegen zeigen jedoch auf der Weide auch eine höhere Bewegungsaktivität, sodass vergleichsweise viel Futter niedergetreten wird.

In Deutschland haben sich Ziegen bis heute an den verschiedensten Standorten als tatkräftige Landschaftspfleger bewiesen. Häufig handelt es sich um Magerrasen, wo im Sinne des Naturschutzes Sukzessionskontrolle betrieben wird.

In vielen Teilen der Welt hat die Ziege aufgrund ihres Fressverhaltens auch den Ruf eines Landschaftsschädigers. Dieses Urteil darf jedoch nicht allein der Ziege selbst angelastet werden, sondern ist vielmehr durch dauerhaft zu hohe Beweidungsintensitäten (meist aufgrund von Futterknappheit) auf empfindlichen Standorten zu erklären.

Neben den hervorragenden Pflegeleistungen müssen in der Praxis auch Faktoren berücksichtigt werden, die den Pflegeeinsatz der Ziege relativieren (siehe Tabelle 70):

- geringe Verbreitung, insbesondere der zur Landschaftspflege prädestinierten Fleischziegenhaltung,
- geringe Schlagkraft infolge geringer Herdengrößen und kaum entwickelter Märkte für die Ziegenprodukte,
- höhere Parasiten- und Witterungsempfindlichkeiten der Ziege bei freiem Weidegang.

11.2 Bewertung der ökologischen Pflegeleistung durch Ziegen

Bei dem vorrangigen Ziel der Sukzessionsbekämpfung zeigen Ziegen bei verschiedenen Gehölzarten unterschiedliche Pflegeeffekte (siehe Tabelle 71).

Bedingt durch die langen Dornen (schwieriger Verbiss), geringe Blattmasse und wüchsige vegetative Ausläufer wird der Schwarzdorn (Schlehe) vergleichsweise gering geschädigt trotz recht gutem Verbiss. Eigene Versuche haben gezeigt, dass erst

Tab. 71 Pflegeeffekte einer Ziegenbeweidung bei verschiedenen Gehölz- und Dornbuscharten (v. Korn, Lamprecht 2000)

Gehölzart	**Pflegewirkung**		
	hoch	**mittel**	**gering**
Laubgehölze	Fast alle Laubbäume, Schwarzer Holunder, Liguster, Hasel, Pfaffenhütchen	Hartriegel, Esche	–
Dornengewächse	Rosen, Brombeere, Himbeere	Weißdorn, (Schwarzdorn)	Schwarzdorn
Nadelgehölze	Kiefern, Latschen, Fichten, Tannen	Wacholder	Eibe

nach dreijähriger Ziegenbeweidung ein deutlicher Rückgang von 50 bis 100 cm hohen und dichten Schlehenbestände zu verzeichnen war. Bei höher gewachsenen Schlehenbüschen werden meist schnellere Pflegeeffekte erzielt, da hier die Ziegen auch durch Schälen und Fegen der Rinde die Schlehen schädigen. Durch Freischneiden (Öffnen) von großen Schwarzdorngruppen haben die Ziegen noch mehr Angriffsfläche.

Andere Dornengewächse wie Brombeere oder Heckenrose werden problemlos verbissen und zurückgedrängt.

Die Laubgehölze werden insgesamt mit großer Vorliebe aufgesucht und gern im Blatt- und Sprossbereich verbissen. Hohe Bitterstoffanteile (z. B. beim Wallnussbaum) mindern hingegen das Interesse an solchen Gehölzarten. Hinzuweisen ist auch auf die sehr wuchskräftige Esche: Auch wenn Stamm und Astwerk durch Verbiss und Schälen bereits abgestorben sind, treibt sie insbesondere im Alter von 1 bis 3 Jahren, am unteren Stammfuß häufig wieder aus – wenn auch nur noch mit verminderter Kraft.

Bei der grundsätzlichen Frage, ob Landschaftspflege mechanisch oder durch Weidetiere erfolgen soll, weist RAHMANN (1997) darauf hin, dass insbesondere bei Gehölzen der Tierverbiss einen geringeren Wachstumsimpuls induziert und somit nachhaltiger wirkt. Zahlreiche Versuche belegen zudem, dass sich die Ziegenbeweidung positiv auf Flora und Fauna auswirkt, weil sie eine größere Strukturvielfalt auf der Weidefläche schafft.

Während der Beweidung kommt es vorübergehend zur Auswanderung von einzelnen Insekten wie z. B. Heuschrecken und Tagfaltern. Aber bereits wenige Tage nach der Beweidung sind diese wieder auf den Flächen zu finden. Daher sollte darauf geachtet werden, dass sich angrenzende Flächen als Rückzugsgebiet für diese Arten eignen. Als Umtriebsweide bietet die Pflegebeweidung den meisten Tierarten die Möglichkeit, vorübergehend auf nahe Bereiche auszuweichen. Die abgeweideten und entfilzten Flächen werden beispielsweise von wärmeliebenden Heuschreckenarten aufgesucht, während die benachbarten, nicht beweideten Bereiche anderen schutzbedürftigeren Arten einen höheren Aufwuchs und ein reicheres Blütenangebot bieten.

Vögel sind durch die Beweidung kaum beeinflusst, da sie einen großen über die Flächen hinausragenden Aktionsradius haben. Lediglich bei starker Busch- und Gehölzreduktion weichen einige Vogelarten auf Nachbarbereiche aus.

Durch die Kürzung der Gras- und Krautschicht (Entfilzung) und die Öffnung der Grasnarbe an einigen wenigen Stellen werden Habitate für weitere Arten geschaffen (z. B. wärmeliebende Laufkäfer). In gleicher Weise liefert Totholz infolge der oben beschriebenen Gehölzschädigung Lebensraum für weitere Insektenarten.

11.3 Betriebsformen der Ziegenhaltung in der Landschaftspflege

Grundsätzlich ist kein ziegenhaltender Betriebstyp für den Landschaftspflegeeinsatz auszuklammern. Jedoch sind die extensiven Fleischziegenhaltungen für Pflegeaufgaben prädestiniert (siehe Tabelle 72). Am häufigsten kommen Ziegen in folgenden Betriebsformen zum Pflegeeinsatz:

- Fleischziegenhaltung im Nebenerwerb,
- Ziegenhaltung integriert in Schafherde und
- Fleischziegenhaltung als Gemeinschaftsinitiative.

Für einen erfolgreichen Pflegeeinsatz mit Fleischziegen sollte eine möglichst große Herde (> 20 Tiere) vorhanden sein. Der Status als Nebenerwerbs- oder Hobbybetrieb

Tab. 72 Die Bedeutung unterschiedlicher ziegenhaltender Betriebstypen für den Pflegeeinsatz

	Bedenken und Einschränkungen	**Vorzüge und Einsatzbereiche**
Milchziegenhaltung	Pflegeeinsatz für laktierende Ziegen nur als Ergänzung auf arrondierten Flächen.	Weibliche Jungtiere bis zur Zuchtreife bzw. im niedertragenden Stadium.
(Fleisch)Ziegenhaltung ... ... integriert in eine Schäferei	Herde ist schwieriger zu hüten, Obstwiesen können nicht beweidet werden (Baumverbiss), geringere Witterungstoleranz der Ziegen, zusätzlicher Aufwand für Kitzvermarktung.	Verbesserte Sukzessionskontrolle auf großen Flächen, bessere Erfüllung von Pflegeaufträgen ⇒ Pflegegelder.
Fleischziegenhaltung ... ... im Hobby/ Nebenerwerbsbetrieb	Die häufig kleinen Herden haben nur begrenzte Flächenwirksamkeit.	Viele Kleinbestände, zunehmend größere Herdenbestände, Ziegenhalter zeigen großes Engagement für Ziegen und Pflegeeinsätze.
Fleischziegenhaltung ... ... im Vollwerbsbetrieb	Sehr selten, meist nur geringes Einkommen aus Fleischziegenhaltung.	Große Herden pflegen große Flächengebiete.
Fleischziegenhaltung ... ... als Gemeinschaftsinitiative	Ggf. Abstimmungsprobleme zwischen beteiligten Personen.	Große Herden pflegen große Flächen, Arbeit und Kosten werden auf mehrere Personen verteilt, Gemeinschaftssinn und -ziel: Landschaftspflege.
Kitzaufzucht mit Pflegeeinsatz	Kompetente Betreuung während der ersten Aufzuchtmonate erforderlich, Vermarktung (Herbst) muss aufgebaut werden.	Keine Ganzjahreshaltung u. -fütterung erforderlich, nur geringer Stallplatzbedarf, geringer Arbeitszeit- und Kapitalbedarf, gute Verbissleistungen der etwa 4–8 Monate alten Jungtiere.

kann Schwierigkeiten bei der Genehmigung von Stallungen im Außenbereich mit sich bringen.

Sinn und Zweck der Eingliederung von Ziegen in eine bestehende Schafherde liegen in dem stärkeren Verbiss von Gehölzen. Der Anteil von Ziegen in einer Schafherde sollte dem Verbuschungsgrad angepasst werden und bei 5 bis 10 Ziegen je 100 Mutterschafe liegen.

Die Haltung von Fleischziegen als Gemeinschaftsinitiative wird meist als Selbsthilfemaßnahme zur Erhaltung der heimatlichen Kulturlandschaft organisiert. Diese bereits an verschiedenen Orten (Schwarzwald, Schwäbische Alb, Rhön usw.) praktizierte Betriebsform zeigt gegenüber der allein betriebenen Ziegenhaltung verschiedene Vorteile:

- Mehrere Personen tragen Verantwortung

sowie Arbeit und ergänzen sich in Fachwissen, Kontakten und Kapitalvermögen.
- Gemeinschaftlich kann eine stabile Motivation für die Ziegenhaltung und die damit verbundenen Landschaftspflege aufgebaut werden (starke Identifikation mit dem Projekt).
- Aus der Gemeinschaft kann eine starke Lobby aufgebaut werden, die einer Bürgerinitiative gleichkommt.

11.4 Der erfolgreiche Pflegeeinsatz von Ziegen

Der Einsatz von Ziegen in der Landschaftspflege ist letztlich dann als erfolgreich zu werten, wenn
- die Vegetation (insbesondere Gehölze) durch Verbiss hinreichend begrenzt wird und
- die ziegengebundene Pflege geringe bzw. weniger Kosten verursacht, als alternative Verfahren.

Im Hinblick auf diese beiden Ziele sind stets zahlreiche situations- und standortbezogene Fragen (Verbuschungsgrad und -art, Naturschutzrichtlinien, Pflegeziel, weitere Ziegenhalter am Ort, mögliche Unterstützung des Ziegenhalters usw.) zu bedenken. Folgende grundsätzliche praktische Hinweise sollten für einen erfolgreichen Pflegeeinsatz berücksichtigt werden:

Rassen. Alle Rassen sind geeignet, wenn Pflegeeinsatz und Produktionsziel mit einander vereinbar sind. Größte Bedeutung hat die Burenziege und deren Kreuzungen, da diese Tiere im Rahmen der extensiven Fleischziegenhaltung lange Zeit bei nur geringerem Futteranspruch gehalten werden können (nach dem Absetzen der Lämmer: Güstzeit, niedertragend). Das etwas ruhigere Temperament und die geringere Springfreudigkeit der Burenziegen erleichtern deren Haltung im Stall und auf der Weide im Vergleich zu Milchziegenrassen. Neuzüchtungen, wie die Landschaftspflegeziege (Kreuzung aus Bunter Dt. Edelziege, Burenziege und Kaschmirziege) kommen wenig zum Einsatz, da die Entwicklung einer neuen Rasse einen sehr breiten Zuchtansatz erfordert, der kaum vorhanden ist.

Alpine Rassen, wie die Walliser Schwarzhalsziege oder die Nera-Verzasca-Ziege, zeigen den Vorteil geringerer Witterungsempfindlichkeit, sind aber in Deutschland nur wenig verbreitet. Die gegenüber Burenziegen höhere Milchleistung begünstigt gegebenenfalls den Pflegeeinsatz lämmerführender Mutterziegen.

Alters- und Leistungsgruppen. Auf Pflegeflächen sind güste oder niedertragende Ziegen vorrangig geeignet, da diese (fast) nur für ihren Erhaltungsbedarf zu sorgen haben. So können selbst futterarme Flächen mit einem gewissen Beweidungsdruck stark verbissen werden. Nach dieser begrenzten Nährstoffversorgung auf den Pflegeflächen sollte den Ziegen etwa drei Wochen vor der Deckperiode wieder ein besserer Futterstandort geboten werden. Bedingt durch diese sogenannte Flushing-Fütterung ist mit ausgeprägten Brunstsymptomen, einer hohen Eierstockaktivität und folglich mit einer guten Fruchtbarkeit zu rechnen. Laktierende Mutterziegen geben auf futterarmen Pflegeflächen zu wenig Milch, sodass sich die mitgeführten Lämmer häufig nicht optimal entwickeln. Ausnahmen:

a) Es findet eine Zufütterung statt (am Pflegestandort meist nicht erlaubt, da keine Nährstoffe eingetragen werden sollen),
b) die Herde wird tagsüber nur zum Beifraß auf die Pflegefläche getrieben und erhält im Stall Ergänzungsfutter,
c) gilt für alpine Rassen nur begrenzt (s. o.).

Pflegeflächen. Bei längerer Beweidung sollte die Fläche neben Busch- und Strauchwerk mind. 30 % Grasfläche bieten. Durch den Abwechslungsfraß werden sowohl der Pflegeef-

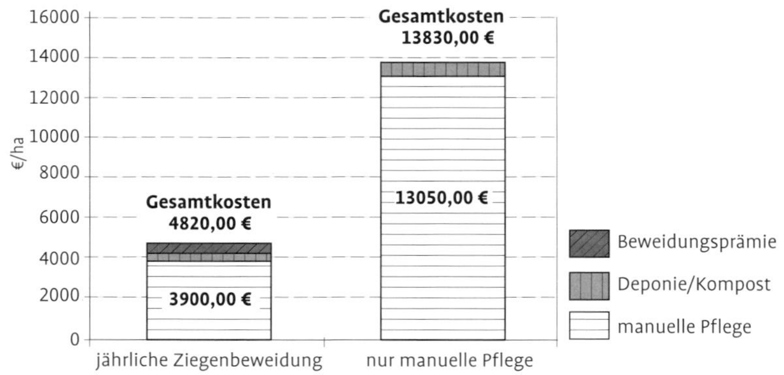

Abb. 51 Pflegekosten für Entbuschung und Entsorgung bei 3-jährigem Pflegezeitraum (nach RAHMANN 1997).

fekt als auch die Kondition der Ziegen positiv beeinflusst. Auf Flächen mit Dornengewächsen besteht ein erhöhtes Risiko, dass sich die Ziegen Dornen eintreten (Behandlungsaufwand, gegebenenfalls Komplikationen). Dieses ist häufiger zu beobachten, wenn die Flächen im Rahmen der Erstpflege kurze Zeit zuvor gemulcht wurden. Ratsam ist es daher, die Erstpflege durch Ziegen zu organisieren und eine eventuelle erforderliche maschinelle Zweitpflege nachzuschalten. Die nach Regen aufgeweichten Klauen sind dabei besonders gefährdet. Einen gewissen Dornenschutz scheint der überlappende Tragrand einer nicht geschnittenen Klaue zu bieten.

Witterungsschutz. Vor allem auf Flächen, die keinen natürlichen Witterungsschutz bieten (Wald, dichtes Buschwerk) ist ein Unterstand oder Weidewagen unerlässlich – auch wenn Ziegen im Laufe der Weideperiode eine zunehmende Witterungsunempfindlichkeit entwickeln. Während anhaltenden Schlechtwetterperioden (Regen, Wind, Kälte) zeigen Ziegen aller Kategorien auf offenen Weideflächen ohne Schutzmöglichkeit deutliches Unwohlsein und eine z. T. beklagenswerte Kondition (siehe auch Kapitel 10.2.2).

Weideführung. Nach dem Prinzip der Umtriebs- und Portionsweide sollen je nach Bedarf neue Flächen zugeteilt werden. Dabei bewirkt eine kurze Beweidung mit hohem Besatz einen hohen Pflegeeffekt (starker Verbiss) und versetzt die Ziegen immer nur kurzzeitig unter Hungerdruck. Bei schnellem Flächenwechsel wird häufig frischer Futteraufwuchs geboten. Demgegenüber bleibt bei langen Weidephasen wegen des ausgeprägten Selektivverbisses der Ziege ein hoher Weiderest stehen. Ein häufiger Weidewechsel ist auch für eine Verminderung der Parasiteninfektionen vorteilhaft (Entwicklungszyklus der Magen- und Darmwürmer wird unterbrochen).

Auch das Hüten von Ziegen kann im Rahmen der Pflege praktiziert werden.

Zäunung. Zur Minderung des Arbeitszeitbedarfes beim Zaunbau ist die Zäunung der Gesamtfläche und anschließende Unterteilung in Umtriebs- bzw. Ergänzungsparzellen zu empfehlen.

Festzäune werden teilweise nur in Ausnahmefällen genehmigt, bieten aber oft höhere Hütesicherheit und bedürfen keiner wiederkehrenden Aufbauarbeit. Mobile elektrifizierte Litzenzäune (3 bis 4 Litzen), die sich schnell und einfach aufbauen lassen, haben sich auch in der Ziegenhaltung bewährt. Mobile elektrifizierte Netze bieten eine größere Hütesicherheit. Ein Verhängen von Ziegen im Netz ist nur in Ausnahmefällen festgestellt worden, z. B. beim Treiben der Tiere durch wildernde Hunde. Empfehlenswert sind kombinierte Zaunsysteme, die aus festen Zaunpfosten und abnehmbaren Litzen bestehen. Der Arbeitsaufwand wird so reduziert und nach der Weidephase bleibt der freie Zugang zur Landschaft erhalten.

Wenn von Seiten des Naturschutzes oder der Gemeinden eine maschinelle Vor- oder Nachpflege vorgenommen wird, so können in diesem Zusammenhang auch Trassen für den Zaunaufbau freigehalten werden – eine erhebliche Erleichterung für den Tierhalter.

Gewichtsverluste. Durch die Umstellung auf nährstoffarme Futtergrundlagen im Pflegegebiet und den z. T. ausgeübten Hungerdruck verlieren die güsten und niedertragenden Ziegen Gewicht. Ein Gewichtsverlust von 10 bis 12 % sollte nicht wesentlich überschritten werden. Diese vorübergehende Läuferung der Mutterziegen wirkt sich insgesamt positiv auf die Gesamtfitness aus. Werden die Ziegen vor Beginn der Deckzeit wieder auf nährstoffreicherer Weide gehalten, so sind beste Fruchtbarkeiten zu erwarten (**Flushing-effekt**).

Herdengröße. Je größer die Herde, desto größer die flächenmäßige Pflegeleistung und umso weniger Arbeit wird pro Hektar bzw. pro Ziege benötigt. Daher sollten möglichst große Herden gebildet werden. Besonders effektiv erscheint hier die traditionelle Allmendeweide, wo Ziegen verschiedener Besitzer zu einer Weidegemeinschaft zusammen gefasst werden. Allerdings muss dabei heute auch das Problem der Krankheitsübertragung bedacht werden, sodass die Ziegenhalter gegebenenfalls nicht für eine Herdenzusammenführung zu gewinnen sind.

Kontrollen. Die Ziegenherde darf auf abgelegenen Flächen nicht dauerhaft sich selbst überlassen werden. Wird die Herde alle 2 bis 3 Tage kontrolliert, so können etwaige Dispositionen (z. B. eingetretene Dornen) erkannt und Abhilfe geschaffen werden. Außerdem sollten regelmäßig der Pflegeerfolg und die Futterverfügbarkeit geprüft werden.

Kontakte. Gemeinden, Naturschutzbehörde und Ziegenhalter haben häufig wenig Kontakt zu einander, sodass manche Möglichkeit zur Pflegebeweidung bisher nicht genutzt wird. Daher sollten Ziegenhalter auf Gemeinden und Naturschutzbehörden zugehen, um mögliche Pflegeeinsätze in ihrer Region abzuklären.

11.5 Kosten und Aufwendungen eines Pflegeeinsatzes von Ziegen

Da die Landschaftspflege mit Ziegen meist auf Pacht- bzw. kommunalen Flächen stattfindet, sind i. d. R. mehrere Seiten daran beteiligt: Ziegenhalter, Gemeinde und/oder Naturschutzbehörde.

Für den Ziegenhalter ist der Pflegeeinsatz häufig mit zusätzlichen Aufwendungen oder gar Schwierigkeiten verbunden, wie z. B. Herdenbetreuung auf abgelegenen Standorten, aufwendiger Zaunbau auf zugewachsenen und flachgründigen Flächen usw. Dem stehen aber auch Vorteile gegenüber, die den Ziegenhalter zur Übernahme von Pflegeaufgaben auch motivieren: Nutzung zusätzlicher (kostenloser) Futterflächen, Erhalt von Pflegegeldern und/oder Erstattung von Zaunmaterial, gegebenenfalls auch Unterstützung bei der Vermarktung durch Zugewinn an Image, Bekanntheit und Kooperation mit dem Naturschutz.

Zur Kalkulation des Pflegeeinsatzes müssen nun Ziegenhalter und Gemeinde/Naturschutzbehörde die damit verbundenen Kosten und Aufwendungen bemessen (siehe Tabelle 73).

Tab. 73 Kosten eines Pflegeeinsatzes von Ziegen – grundsätzlich und anhand eines Beispiels*

Kostenfaktor	**Kosten allgemein**	**Beispiel***		
Weidezaun				
Festzaun, verstromt 4 Litzen	1,60–2,40 €/lfd. m	2,– € × 600 m	1200,– €	
Mobiler Litzenzaun 3 Litzen	0,70–1,20 €/lfd. m	1,– € × 300 m	300,– €	
Elektroknotennetz	1,80–2,80 €/lfd. m			
Weidezaungerät				
12 V-Batteriegerät	250–500 €		400,– €	
ergänzendes Solarmodul	200–300 €		200,– €	
Witterungsschutzhütte	200–1000 €		300,– €	
Fahrtkosten	0,15–0,24 €/km	39 Kontr. à 10 km	78,– €	
Arbeitseinsatz	10–15 €/Std.	39 Kontr. à 1,5 Std. × 12,– €	702,– €	
Gesamtkosten im 1. Jahr			3180,– €	(1590,– €/ha)
Durchschnittliche Kosten/Jahr 10 Jahre inkl. Reparaturen			1050,– €	(525,– €/ha)

*) Beispiel: 40 % Verbuschungsgrad, Größe 2 ha, Zaunaußenlänge 600 m, Festzaunanlage mit mobilen Unterteilungen (ohne Weidetore), Entfernung zu Pflegeflächen 5 km, Kontrollbesuche 3×/Woche, Beweidungsdauer: 3 Mon., Arbeitszeit für Tiertransport, Fahrten, Kontrollgänge, Tierbetreuung, Wasserversorgung, 30 Mutterziegen

Eigenschaften der Festzäune:

- Höhere Anfangsinvestition, jedoch geringere laufende Kosten (kein ständiges Auf- und Abbauen, also geringere Arbeitszeit).
- Längere Haltbarkeit, geringerer Verschleiß.
- Höhere Hütesicherheit.
- Zugang zur Fläche/Landschaft eingeschränkt, sodass Festzäune in Schutzgebieten meist abgelehnt werden

Unberücksichtigt bei den in Tabelle 73 genannten Kosten sind die Gegenleistungen, die ein Ziegenhalter mit dem Pflegeeinsatz meist erhält, wie den Futterertrag der Pflegeflächen und regionale Beweidungs- oder Pflegeprämien.

Im Rahmen praktischer Versuche kalkulierte Rahmann (1997) die Pflegekosten für Ziegenbeweidung gegenüber der manuellen Pflege (siehe Abbildung 51). Dabei war es das Ziel, die monetären Aufwendungen für eine völlige Entbuschung einer Fläche mit einem Verbuschungsgrad von 30 bis 40 % im Laufe eines dreijährigen Pflegezeitraums zu bewerten. Die Ergebnisse zeigen, dass eine Ziegenbeweidung erheblich weniger Kosten verursacht als die manuelle Pflege. Herausragende Kostenpunkte sind stets die Arbeitseinsätze: bei der Ziegenhaltung bedingt durch Herdenbetreuung und Nachpflege; bei der manuellen Pflegemaßnahme bedingt durch den jährlich wiederholten aufwendigen Arbeitskräfteeinsatz.

12 Die gesunde und die kranke Ziege

12.1 Gesundheitsbegriff und Verhalten

Der Begriff „gesund“ ist kein absoluter Begriff. Verschiedenste Definitionen sind hierfür geprägt worden. Die einfachste und vielleicht auch prägnanteste Interpretation ist wohl die folgende Formulierung: „Ein harmonisches Tier ist ein gesundes Tier“. Man kann davon ausgehen, dass bei einem gesunden Tier die Lebenserscheinungen wie Ernährung, Stoffwechsel, Bewegung und Empfindung regelmäßig ablaufen, alle Organe normal gebaut sind und das Tier ein Gefühl des Wohlbefindens hat.

Die Ziege ist ein soziales Tier und lebt gern im Herdenverbund. In einer Herde wird eine Rangordnung insbesondere durch kämpferische Auseinandersetzungen gebildet. Die Ziege hat ein überdurchschnittlich großes Bewegungsbedürfnis und ist sehr kletterfreudig. Die Tiere haben deshalb einen starken Drang, Objekte zu ersteigen, sich aufzurichten (d. h. auf die Hinterbeine zu stellen) oder Gegenstände zu überwinden. Sie sind ausgesprochen neugierig und kontaktfreudig. Ihr Ohren- und Augenspiel ist lebhaft. Bei näherer Besichtigung versucht die Ziege alles mit dem Maul zu erfassen. Im Gegensatz zum Schaf ist die Ziege ein weniger ausgeprägtes Fluchttier. Jungtiere gehören zum Ablegetyp. Dies bedeutet, dass die Lämmer in den ersten

Tab. 74 Wesentliche Merkmale gesunder Ziegen

Kriterien	Normalwerte
Allgemeinverhalten	lebhaftes, aufmerksames und neugieriges Verhalten, zutraulich, straffe Körperhaltung, Ohren- und Augenspiel lebhaft, Haarkleid glatt und glänzend, Haut elastisch, kein Leistungsabfall, keine entzündlichen Veränderungen an den Körperöffnungen
Körpertemperatur	38 bis 40 °C
Pulsfrequenz	70 bis 90 Schläge pro Minute
Atmungsfrequenz	12 bis 25 Bewegungen pro Minute
Wiederkauschläge	30 bis 90 Schläge pro Minute
Verhältnis Fress- zu Wiederkauzeit:	1 : 3 bis 1 : 6 je nach Futterqualität
Pansenbewegung	7 Bewegungen pro Minute
Trinkwasseraufnahme	0,5 bis 1 l tgl. (bis 20 l bei hoher Milchleistung)
Harnabsatz	0,5 bis 1 l tgl., klar und hellgelb
Kotabsatz	trocken, geformt

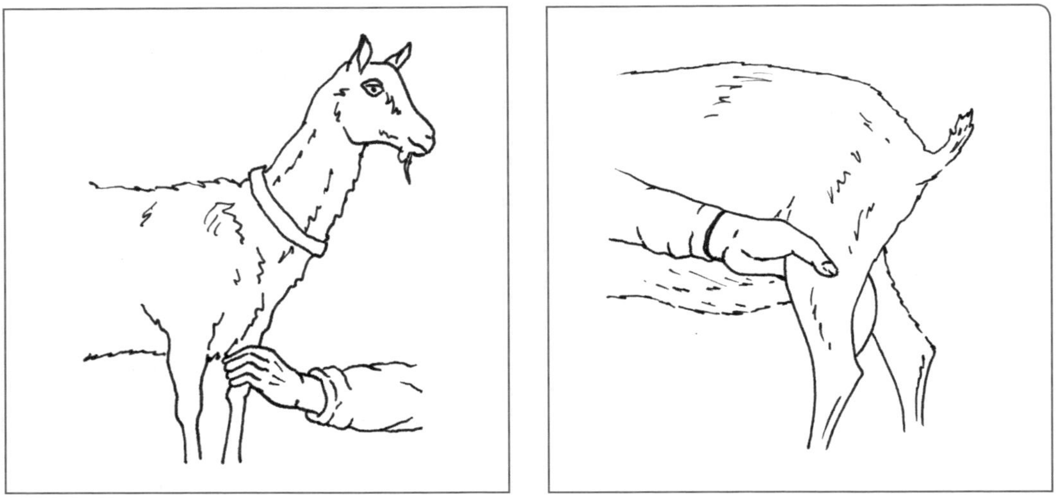

Abb. 52 a, b Puls fühlen (nach GALL 2001).

Lebenstagen längere Zeit am Platz verweilen können, ohne dem Muttertier zu folgen oder Verlassenheitsrufe zu äußern.

Die Individualität der Ziegen ist besonders charakteristisch und ausgeprägt. Der Laufstall wird den artspezifischen Verhaltensbedürfnissen der Ziege am besten gerecht und beeinträchtigt die natürlichen Bewegungsabläufe am wenigsten. Die empfohlenen Abmessungen für Laufställe sollten daher großzügig ausgelegt werden, um auch der sogenannten Individualdistanz des einzelnen Tieres Rechnung zu tragen. Diese Individualdistanz zwischen den einzelnen Tieren ist der Raumbereich, der, wenn er verletzt wird, zu Auseinandersetzungen führt. Dieser Abstand ist aber keine Konstante, da es Unterschiede zwischen „sympathischen" und „antipathischen" Begegnungen gibt. Genaue Werte können hierzu nicht angegeben werden, da einschlägige Forschungsergebnisse fehlen. Sicher ist jedenfalls, dass es mit zunehmender Dichte des Tierbesatzes vermehrt zu Auseinandersetzungen kommt, die das Wohlbefinden der Tiere und ihre Leistung beeinträchtigen.

Die wichtigsten Merkmale einer gesunden Ziege sind in Tabelle 74 dargestellt.

Abweichungen von diesen Werten können die ersten Zeichen einer beginnenden Krankheit sein; solche Tiere müssen daher besonders aufmerksam beobachtet werden.

Bei Jungtieren können diese Werte etwas erhöht, bei Alttieren etwas erniedrigt sein. Die Pansenbewegungen lassen sich an der linken Körperseite hinter der letzten Rippe beobachten und sind mit der aufgelegten Hand fühlbar. Die Pulsfrequenz lässt sich am besten an der Innenseite des Oberschenkels (Oberschenkelarterie) oder an der Innenseite des Vorderbeins ertasten.

Ziegen sind, ebenso wie andere Tierarten, empfänglich für verschiedene Krankheiten. Die angebliche Widerstandskraft der Ziegen gibt es nicht.

12.2 Krankheiten – allgemein

In diesem Buch können nur die wichtigsten Krankheiten behandelt werden. So wird u. a. auf die Beschreibung von anzeigepflichtigen Tierseuchen wie Maul- und Klauenseuche,

Milzbrand, Tuberkulose, Brucellose und Tollwut verzichtet. Wer sich intensiver mit diesen Krankheiten befassen will, sollte zu einem einschlägigen Fachbuch greifen.

12.2.1 Krankheitsbegriff

Die Krankheitsbereitschaft ist abhängig von der körperlichen Verfassung (Konstitution) und der Veranlagung (Disposition). Innere Krankheitsursachen sind zurückzuführen auf die Artdisposition, die Organdisposition, das Geschlecht, das Alter oder auf eine allgemein mangelhafte Abwehrbereitschaft (Resistenz). Äußere Krankheitsursachen sind Krankheitserreger wie Viren, Bakterien, Parasiten, Pilze, Gifte oder sonstige Umweltfaktoren.

12.2.2 Verhalten der kranken Ziege

Nachfolgend sollen allgemeine Krankheitszeichen aufgeführt werden. Ein ungewöhnliches Verhalten von kranken Einzeltieren kann man am leichtesten bei ruhiger Betrachtung einer Herde beobachten. Hier lassen sich die Unterschiede besonders deutlich erkennen. Kranke Tiere sondern sich ab und werden von den übrigen Tieren gemieden. Sie nehmen meist nicht an der allgemeinen Fütterung teil, sondern suchen später ihr Futter auf. Eine tägliche Beobachtung der ganzen Herde ist dringend zu empfehlen. Auch hier gilt: „Das Auge des Herrn mästet das Vieh".

Kranke Tiere machen vielfach einen müden, matten und teilnahmslosen Eindruck, sind oft verkrampft oder stehen gekrümmt mit gesenktem Kopf da. Die Tiere legen sich auch öfters hin. Die Futter- und Wasseraufnahme ist vermindert oder wird völlig verweigert, der Kotabsatz setzt aus oder es zeigt sich Durchfall (verschmutztes After). Die Pansenbewegungen und das Wiederkauen können völlig aufhören. Die Körperöffnungen zeigen oft entzündliche Veränderungen und eine starke Sekretausscheidung. Die Schleimhäute der Augen, der Maulhöhle und der Nase können gerötet, blass, verwaschen oder gelblich verfärbt sein. Die Atmungsfrequenz kann erhöht oder auch vermindert, unregelmäßig und flach sein. Bei einem verstärkten Atmen ist die Bauchdecke beteiligt (Flankenschläge). Auch kann die Pulsfrequenz verändert sein. Gewöhnlich ist die Temperatur erhöht, Abweichungen nach unten sind besonders bedenklich, da davon ausgegangen werden kann, dass die Abwehrkräfte im Schwinden begriffen sind.

Meist sind die Symptome unklar und wenig auffällig, was die Diagnosestellung erschwert. Dies ist vor allem bei langsam verlaufenden, sogenannten **chronischen Krankheiten** der Fall, während sich die schnell verlaufenden, **akuten Krankheiten** allgemein deutlicher präsentieren. Wichtig ist die laufende Kontrolle des gesamten Tierbestandes und der einzelnen Tiere. Nur bei einer frühzeitigen Erkennung einer Krankheit ist eine rechtzeitige Behandlung (Therapie) und damit die erfolgversprechende Heilung eines Tieres möglich.

12.2.3 Infektionskrankheiten – allgemein

Unter **Infektion** oder Ansteckung wird das Eindringen, Haften und die Vermehrung von krankmachenden Mikroorganismen verstanden. Die Zeit von der Infektion bis zum Ausbruch der ersten äußerlich erkennbaren Symptome ist die Inkubationszeit. Sie ist bei den einzelnen Krankheiten unterschiedlich lang. Infektionskrankheiten werden durch Bakterien, Viren, Prionen, Mykoplasmen oder Pilze ausgelöst.

Bakterien. Einzeller in verschiedenen Formen (z. B. kugel- oder stäbchenförmig) mit eigenem Stoffwechsel. Zu ihrer Vermehrung benötigen sie günstige Umweltbedingungen, wie ausreichend Nährstoffe, optimale Temperatur, Wasser und meist auch Sauerstoff. Viele Arten sind auch außerhalb eines Organismus überlebens- und vermehrungsfähig.

Mykoplasmen. Wesentlich kleiner als Bakte-

rien. Äußere Begrenzung keine feste Zellwand, sondern verformbare Membran.
Viren. Kleiner als Mykoplasmen, bestehen aus formbestimmender Hülle mit darin eingepacktem Erbmaterial. Viren sind nur in lebenden Zellen vermehrungsfähig. Medikamentöse Behandlung kaum möglich, da Viren keinen Stoffwechsel besitzen.
Erreger der schwammartigen Gehirnerkrankungen. Modifizierte Eiweißmoleküle (Prionen), noch kleiner als Viren, überdurchschnittlich widerstandsfähig, überstehen problemlos Temperaturen bis zu 130 °C.
Pilze (Myzeten). Mehrzellige Organismen mit Zellulose- bzw. Chitinmembran.

12.2.4 Bakterielle Krankheiten

12.2.4.1 Euterentzündung (Mastitis)

Ursache. Euterentzündungen werden gewöhnlich durch eine Infektion mit Krankheitserregern ausgelöst. Meist handelt es sich um Mischinfektionen. Die wichtigsten Krankheitserreger sind neben *Staphylococcus aureus* und *Pasteurella mastitis* u.a. Colibakterien, Streptokokken und *Corynebacterium pyogenes*.
Symptome. Bei plötzlich auftretenden akuten Fällen ist die betroffene Euterhälfte vergrößert, vermehrt warm, gerötet und schmerzhaft. In der Regel ist die Milch verändert (Flockenbildung, Wässrigkeit u. a.). Das Allgemeinbefinden kann sich sehr schnell verändern – verminderte Fresslust, Mattigkeit und Fieber sind deutliche Anzeichen.
Allgemeines: Die Mikroorganismen gelangen über den Strichkanal, in seltenen Fällen über die Blutbahn ins Euter. Wird der Strichkanal durch Verletzungen oder durch unsachgemäßes Melken geschädigt, so gelingt es den Erregern, rasch in das Euter einzudringen.
Es wird empfohlen, unverzügliche einen Tierarzt hinzu zu ziehen, da bei Ziegen der Krankheitsverlauf sehr schnell und schwer ist und vielfach tödlich endet. Bei chronischen Eutererkrankungen fehlen oft äußerlich erkennbare Anzeichen am Euter oder sinnfällige Veränderungen der Milch. Die Erkrankung wird daher leicht übersehen und erst im Laufe der Zeit aufgrund von Verhärtungen des Eutergewebes, einer nachlassenden Milchleistung oder auch an geringen Veränderungen der Milch erkannt. Hier kann die Entzündung oft nur mittels des Schalmtests nachgewiesen werden.
Diagnose. Für eine genaue Diagnose und die Erstellung eines Antibiogramms, welches die Empfindlichkeit von Bakterien gegenüber Arzneimitteln bestimmt, ist die Einsendung von Milchproben zur näheren Untersuchung immer zweckmäßig. Nur so ist der gezielte Einsatz von Arzneimitteln gewährleistet.
Behandlung und Vorbeugung. Bei einer Antibiotikabehandlung ist aus lebensmittelrechtlichen Gründen auf die Wartezeit bei der Milchablieferung zu achten. Aus diesem Grund wenden Tierärzte heute oft homöopathische Arzneimittel an. Besonders wichtig ist die laufende Vorbeugung durch gute Euter- und Melkhygiene, richtige Melktechnik, gute Stallhygiene und eine regelmäßige Kontrolle mit dem Schalmtest (siehe auch Kapitel 9.4). Bei dem Schalmtest ist darauf zu achten, dass die Ziegenmilch stärker reagiert als Kuhmilch. „Positive" Ergebnisse können besonders am Ende der Laktation bedeutungslos sein.

Vorbeugende Maßnahmen zur Verhütung einer Euterentzündung sind

- beim Melkvorgang:
  - Säuberung der Zitzengegend mit zugelassenen desinfizierenden Lösungen.
  - Saubere Hände (keine Wunden oder Ekzeme) beim Melken.
  - Gereinigtes Melkzeug, Qualitätsüberwachung der nur begrenzt haltbaren Gummiteile.
  - Richtig eingestellte Frequenzen und Vakuum der Melkmaschine.
  - Abschließende Zitzendesinfektion nach dem Melken (Dippen).

  - Soweit erforderlich eine vorbeugende Euterbehandlung, gegebenenfalls auch beim Trockenstellen.
- Nachhaltige Stall- und Weidehygiene.
- Behandlung von Erkrankungen an der Euteroberfläche.
- Absonderung erkrankter Tiere.

12.2.4.2 Chlamydienabort (Enzootischer Abort)

Ursache. Dieser Abort wird durch *Chlamydoophila abortus*, ein sehr kleines Bakterium, verursacht. Die Verbreitung erfolgt über das Fruchtwasser, die Nachgeburt und das Scheidensekret bis drei Wochen nach der Geburt. Darüber hinaus wird der Erreger in geringer Zahl über Milch, Harn und Kot ausgeschieden. Die Aufnahme erfolgt oral. Die Krankheit ist auf den Menschen nicht übertragbar.

Symptome: Die Inkubationszeit beträgt etwa fünf Wochen. Der Chlamydienabort tritt meist gegen Ende der Trächtigkeit auf. Es kann auch zu Frühaborten und zur Geburt von lebensschwachen Lämmern kommen. Der Mutterkuchen (Placenta) ist verdickt und mit gelblich flockigen Belägen bedeckt. Eine nach dem Verlammen auftretende Brunst führt wieder zur Trächtigkeit. Bei den Tieren bildet sich meist eine gute Immunitätslage aus, so dass sie bei nachfolgenden Trächtigkeiten nicht mehr abortieren.

Behandlung und Vorbeugung: Abortierte Früchte, Nachgeburten usw. sind unschädlich zu beseitigen. Tiere, die abortiert haben, sind abzusondern. Die Notimpfung aller trächtigen Ziegen sowie der Einsatz von Antibiotika sind die wirkungsvollste Behandlung. Weibliche Tiere, die erstmals gedeckt werden sollen, sollten geimpft werden. Allgemeine Hygienemaßnahmen müssen besonders bei der Geburtshilfe beachtet werden. Evtl. Behandlung mit Langzeittetrazyklinen (siehe Anhang S. 224, Ziff. 2.5 und 2.7).

Chlamydienabort ist meldepflichtig!

12.2.4.3 Clostridien

Allgemeines. Clostridien sind Sporenbildner und kommen weltweit vor. Die sehr widerstandsfähigen Sporen sind Bodenbewohner, die vegetative Form kann als unschädlicher Kommensale (Mitbewohner) im Darm der Ziegen vorkommen. Bei Störungen der Immunabwehr kommt es zum Ausbruch von spezifischen Krankheiten, die auf der Tabelle 75 einzeln aufgeführt sind. Krankheitsauslösend sind besonders Toxine, die von den Clostridien ausgeschieden werden. Die Aufnahme der Sporen erfolgt über die Nahrung. Im Darm erfolgt die Umwandlung in die vegetative Form (siehe S. 222 u. S. 226, Ziff. 2.1).

12.2.4.4 Listeriose

Ursache. Listeriose ist eine akute Erkrankung, die weltweit vorkommt. Der Erreger (*Listeria monocytogenes*) bleibt jahrelang lebensfähig und ist in der Lage, sich bei einem pH-Wert von über 5,6 zu vermehren (z. B. in Gras- oder Maissilage!). Die Infektion erfolgt über die Luft, vor allem aber über die Nahrung (schlechte Silage). Die Inkubationszeit kann bis zu drei Wochen dauern.

Symptome. Bei der sogenannten Gehirnlisteriose (Erkrankung der Gehirnhaut) stehen Symptome zentralnervöser Art wie Bewegungsstörungen, Kreisbewegungen, Festliegen und Lähmungen im Vordergrund. Es kann zu Lidbindehautentzündungen kommen, auch Tränen- und Nasenausfluss sind zu beobachten. Verlammungen sind nicht selten und bei Sauglämmern kommen fieberhaften Erkrankungen (Septikämie) vor. Meist verenden die Tiere nach einer Krankheitsdauer von etwa 10 Tagen.

Behandlung und Vorbeugung: Nur eine frühzeitige Behandlung mit Antibiotika hat Erfolgschancen. Eine Impfung mit einer herdenspezifischen Totvakzine kann als Notimpfung oder vorbeugend in Problembeständen eingesetzt werden.

Die beste Prophylaxe sind einwandfreie

Tab. 75 Clostridieninfektionen und ihre Symptome (aus WINKELMANN 2004)

Krankheit	Krankheitserscheinung/Vorbeugung, Behandlung
Wundinfektionen	
Wundstarrkrampf (*Clostridium tetani*)	– Muskelzuckungen, Streckkrämpfe, sägebockartige Haltung des Körpers; oft nach schlechter Nabeldesinfektion bei Neugeborenen, nach Kastration und Schwanzkupieren – Impfung mit Kombinationsvakzine (Tetanus und Enterotoxämie) der Muttertier und der Lämmer im Alter von 4 Wochen – Behandlung: aussichtslos
Rauschbrand (*Clostridium chauvoei*)	– blutige Muskelenzündung mit Gasbildung – schmerzhafte Muskelschwellung, z. B. Geburtsweg, Unterbauch, Beckenmuskulatur – nur örtlich auftretende Erkrankung: Norddeutschland, Voralpen – anzeigepflichtige Erkrankung – Behandlung: keine
Pararauschbrand Bradsot (*Clostridium septicum, Clostridium novyi* Typ A)	– oft Scheiden- und Gebärmutterbrand, hochgradige Schwellung im Wundbereich, Fieber, Sekret oft mit Gasblasen durchmischt, übelriechend – Vorbeugend: Sauberkeit in der Umgebung der Schafe, Wundbehandlung mit antibiotischen Pudern und Salben, Wunddesinfektion (Jodtinktur); Impfung mit Kombinationsvakzinen – Behandlung: frühzeitige hochdosierte Gabe von Antibiotika
Enterotoxämien	
Lämmerdysenterie, bösartige Lämmeruhr (*Clostridium perfringens* Typ B)	– Todesfälle bei 1 bis 3 Tage alten Lämmern, kurze Krankheit mit schmerzempfindlichem Bauch, gelblicher, danach brauner und blutiger Durchfall – Vorbeugung: Immunisierung der Muttertiere 2-mal bis 3 Wochen vor dem Ablammen, Sauberkeit und Desinfektion im Ablammstall – Behandlung: Antibiotika, hochdosiert mit Flüssigkeit, meist zu spät
so genannte „Milchkolik“, Enteroxämie (*Clostridium perfringens* Typ D)	– plötzliche Todesfälle bei gut genährten Einzellämmern, Tod in 1 bis 12 Stunden, wird oft nicht gleich erkannt – Vorbeugung: s. o.
„Breinierenerkrankung“ (*Clostridium perfringens* Typ D)	– Erkrankung mit plötzlichen Todesfällen bei Sauglämmern im Alter von 1 bis 2 Monaten und bei 6 bis 12 Monate alten Mastlämmern sowie bei erwachsenen Schafen und Ziegen; erkrankte Tiere zeigen Speicheln, angestrengte Atmung, Krämpfe, Zusammen stürzen, Festliegen meist in Verbindung mit reichlich Fütterung: hoher Stärkeanteil, eiweißreiches Grünfutter, übermäßige Milchaufnahme, wenig Raufaser, fast immer sind besonders wohlgenährte Tiere betroffen – Vorbeugung: Immunisierung der Muttertiere 2-mal, Immunisierung der Lämmer im Alter von etwa 4 Wochen, rohfaserreiche Fütterung, langsame Futterumstellung – Behandlung: fast immer aussichtslos

Silagen ohne Schimmel, Fehlgärungen oder Schmutz- und Erdteilen.
Listeriose ist meldepflichtig und der Schlachttierkörper erkrankter Tiere untauglich.

12.2.4.5 Moderhinke

Ursache. Moderhinke ist eine chronische Klauenkrankheit, die durch das Zusammenwirken von zwei Bakterien (*Dichelobacter nodosus* und *Fusobacterium necrophorum*) verursacht wird.
Allgemeines. Sie ist weltweit verbreitet und die wirtschaftlichen Verluste sind erheblich. Die Verbreitung erfolgt durch Tiere, deren Klauen infiziert sind. Die Ansteckung erfolgt im Stall, auf der Weide, in Transportfahrzeugen usw. Ein feuchtwarmes Milieu und schlechte Klauenpflege fördern die Infektion, weshalb die Moderhinke vor allem im Frühjahr und Herbst auftritt. Die Inkubationszeit beträgt etwa 10 bis 20 Tage.
Symptome. Aufgrund entzündlicher Prozesse an der Haut kommt es zur Lösung des Saumbandes und fortschreitender Unterminierung des Klauenhorns. Unter dem Horn befindet sich eine schmierige, übel riechende Flüssigkeit. Eine evtl. hinzukommende Eiterinfektion kann sich auf Sehnen, Gelenke und Knochen ausdehnen. Hochgradige Schmerzen verursachen eine deutliche Lahmheit.
Im schlimmsten Fall kommt es zum „Ausschuhen", wenn sich der Hornschuh zur Gänze ablöst.
Behandlung und Vorbeugung. Antibiotikainjektionen. Nachhaltiges Ausschneiden der Klauen, Entfernen des unterminierten Herds und behandeln mit antibakterizidem Wundspray und Entzündungshemmern. Das entfernte Horn ist unschädlich zu entsorgen, Gerätschaften sind zu desinfizieren. Für eine Sanierung des gesamten Bestandes sind vorbeugende Maßnahmen unerlässlich wie z. B. Baden in desinfizierenden Lösungen etc. Eine Impfung mit dem Impfstoff Footvax kann eine wirkungsvolle Maßnahme sein. Die beste Bekämpfung dürfte wohl eine absolute

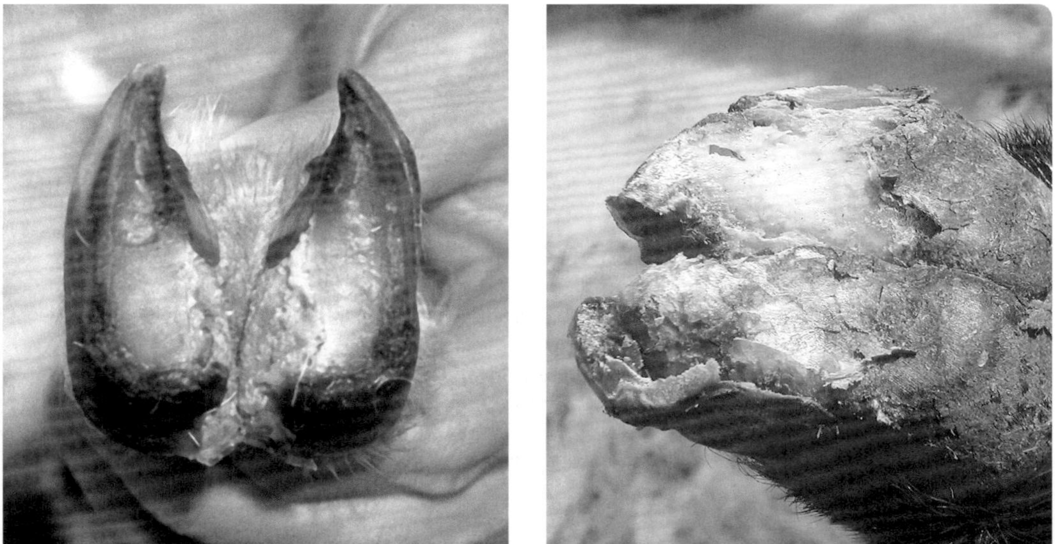

Foto 11 Moderhinke. Links: beginnende Moderhinke, rechts: chronische Moderhinke (Quelle: Ganter/Lottner, TiHo-Hannover).

Trennung der gesunden von den kranken Tieren sein (siehe S. 222, Ziff. 2; S. 226, Ziff. 2.1).

12.2.4.6 Paratuberkulose (Johne'sche Krankheit)

Ursache. Ursache ist *Mycobacterium avium* sp. *paratuberculosis*.

Allgemeines. Paratuberkulose ist eine selten auftretende, chronisch schleichend verlaufende Erkrankung des Dickdarmes. Die Inkubationszeit kann bis zu 7 Jahre betragen. Der Erreger wird über den Darm ausgeschieden und von anderen Tieren meist über das Futter aufgenommen. Die Lämmer werden unter Umständen schon in der Gebärmutter angesteckt. Ein Zusammenhang mit dem beim Mensch auftretenden Morbus Crohn ist weder bewiesen noch eindeutig widerlegt. Die wirtschaftlichen Schäden können in den betroffenen Beständen beträchtlich sein.

Symptome. Typisch ist eine allmähliche, allgemeine Abmagerung bei gutem Appetit. Der Kot ist nur bei etwa 20 % der befallenen Tiere verändert und weich. Der Verlauf der Krankheit ist chronisch und geht über viele Monate. Vorübergehende Besserungen sind möglich. Da die Inkubationszeit sehr lange ist, treten die Symptome meist erst ab dem zweiten Lebensjahr auf. Das Vorliegen einer Infektion kann, besonders bei einem symptomlosen Verlauf, durch Blut- und /oder Kotuntersuchung gesichert werden.

Vorbeugung. Behandlungsmöglichkeiten gibt es nicht. Erkrankte Tiere sind möglichst bald zu töten. Weiden, die von infizierten Tieren begangen wurden, sollten mindestens ein Jahr nicht beweidet werden, da der Erreger äußerst resistent ist. Insbesondere muss die Neuinfektion der Lämmer durch eine Verschmutzung des Umfeldes insbesondere durch den Kot verhindert werden. Sofortige Separierung der Lämmer von den Muttertieren nach der Geburt. Keine Biestmilch von kranken Muttertieren an die Lämmer! Leider ist in Deutschland noch kein Impfstoff allgemein zugelassen (siehe S. 223, Ziff. 2.3.3).

12.2.4.7 Pasteurellose

Ursache. Die Krankheit ist auch als hämorrhagische Septikämie bekannt, weltweit verbreitet und wird durch *Pasteurella Mannheimia haemolytica* oft zusammen mit *Pasteurella multocida* ausgelöst.

Symptome. Die Tiere zeigen Fieber, Teilnahmslosigkeit, Festliegen und verstärkte Atmung. Plötzliche Todesfälle oder auch Tod nach wenigen Stunden, besonders bei Lämmern, sind sehr häufig. In vielen Fällen ist die Lunge von dem Krankheitsgeschehen betroffen. Dabei sind seröser Nasen- und Augenausfluss, erhöhte Atemfrequenz, vereinzeltes Husten und kurz vor dem Verenden Schaum vor dem Maul zu beobachten. In chronischen Fällen sind diese Symptome weniger ausgeprägt, die Tiere kümmern und magern ab. Eine eindeutige Diagnose ist nur auf Basis des Sektionsbefundes und des Erregernachweises möglich. Typisch ist, dass meist der gesamte Bestand betroffen ist.

Allgemeines. Zunehmende Verluste bei Lämmern machen die Krankheit in vielen Beständen zu einem großen Problem. Die Infektion erfolgt über den Luftweg. Dauerausscheider sind vielfach ältere Ziegen. Die Pasteurellose tritt vor allem bei ungünstigen Umweltfaktoren auf, zum Beispiel bei Futterumstellung, schlechter Stallhygiene, Transporten oder plötzlichem Wetterwechsel. Wegbereiter sind andere Krankheitserreger wie Viren und Mykoplasmen. Die Inkubationszeit beträgt nur wenige Tage.

Behandlung. Eine Behandlung mit Antibiotika ist nur bedingt in akuten Fällen möglich. Dabei sollte ein Resistenztest (Antibiogramm) vorausgehen, um mit einem möglichst wirksamen Antibiotikum behandeln zu können. Prophylaktische Impfungen sind nicht immer wirksam. Wichtig ist eine Verbesserung des Umfeldes und der Haltungsbedingungen (siehe S. 226, Ziff. 2.1).

12.2.4.8 Pseudotuberkulose

Ursache. Der Erreger ist *Corynebacterium pseudotuberculosis.* Die Ansteckung erfolgt meistens über Verletzungen und über die Schleimhäute (Futter) und kann sich in wenigen Monaten in der Herde ausbreiten. Die Krankheit hat besonders in Ländern mit intensiver Ziegenzucht eine zunehmende Bedeutung.

Symptome. Typisch sind eitrige Entzündungen der Haut- und Organlymphknoten, die sich als strangartige Schwellungen mit aufbrechenden Entzündungsherden besonders im Kopf-, Hals und Nackenbereich, aber auch am Rumpf, Knie und Euter zeigen. Aus den aufgebrochenen Entzündungsherden ergießt sich ein grünlich-eitriges, dickflüssiges bis mörtelartiges Sekret. Sind Lymphknoten der inneren Organe betroffen, so kann sich dies in schweren Fällen mit Husten, Atembeschwerden, Durchfall und allgemeiner Abmagerung zeigen. Todesfälle sind nicht ausgeschlossen.

Behandlung und Vorbeugung. Ansteckungsquellen sind das Sekret der aufgebrochenen Lymphknoten und der Kot. Das Sekret enthält den Erreger massenweise. Daher sollte die Verletzungsgefahr durch eine Verbesserung der Haltung minimiert werden. Sinnvoll ist nur eine Behandlung der oberflächlichen Lymphknoten im Anfangsstadium mit Antibiotika oder Desinfektionsmittel. Möglich ist auch eine Injektion in den noch geschlossenen Abszess. Das Öffnen der Abszesse hat an einem besonderen Platz zu erfolgen, der ausreichend gereinigt und desinfiziert werden kann. Erkrankte Tiere müssen isoliert, bereits abgemagerte Tiere getötet werden. Bei einer Herdenbehandlung sind die Kanülen bei jedem Tier zu wechseln. Impfung mit bestandspezifischer Vakzine ist möglich (siehe S. 223, Ziff. 2.3.4).

12.2.4.9 Q-Fieber

Ursache. Der Erreger ist eine Rickettsie *Coxiella Burnetti.*

Allgemeines. Die Infektion verläuft meist ohne besondere Krankheitserscheinungen. Eine Übertragung auf den Menschen ist möglich (Zoonose). Die Ziegen werden gewöhnlich von Zecken infiziert und zwar nicht durch den Biss, sondern über den Kot der Zecken. Weiterhin scheint die Übertragung von infizierten Tieren und erregerhaltigen Stäuben eine zunehmende Rolle zu spielen. Im Kot sind die Coxiellen monatelang überlebensfähig, Auch die Infektion des Menschen erfolgt meist über die Inhalation des kontaminierten Staubs.

Symptome. Die Infektion verläuft nach einer Inkubationszeit von 1 bis 3 Monaten oft symptomlos und kann durch den Nachweis von Antikörpern im Blut oder in der Milch diagnostiziert werden. Während einer Dauer von 5–7 Wochen werden zahllose Coxiellen mit den Sekreten und Exkreten sowie der Milch ausgeschieden. Krankheitserreger werden auch bei der Geburt in großem Umfang ausgeschieden. Bei einer Q-Fieber-Infektion verlammen Ziegen relativ häufig. Andere Symptome wie Lungenentzündung, Fieber oder Leistungsabfall verlaufen nur unterschwellig und werden daher meist kaum bemerkt.

Behandlung und Vorbeugung: Eine Behandlung mit Antibiotika ist zwar möglich, verhindert aber nicht das Verlammen oder die Ausscheidung von Coxiellen. Wichtig ist, die verlammenden Tiere und auch die normal ablammenden Tiere in einen gesonderten, leicht zu desinfizierenden Raum zu verbringen, um dadurch eine Weiterverbreitung der Seuche möglichst zu verhindern. Durchseuchte, nicht tragende Ziegen bilden erst wieder eine Gefahr bei der folgenden Geburt, bei der dann wieder große Mengen an Coxiellen ausgestoßen werden. Hier kann sehr gut der Erreger mittels Vaginaltupfer und einer Laboruntersuchung nachgewiesen werden. Milch von infizierten Tieren ist zu pasteurisieren. Eine Schutzimpfung mit Coxevac ist für Ziegen zugelassen.

Beim Menschen äußert sich diese Infektion als eine grippeähnliche Erkrankung oft mit Kopf- und Gliederschmerzen oder verbunden mit einer atypischen Lungenentzündung.

Q-Fieber ist meldepflichtig und auf den Mensch übertragbar!

12.2.5 Viruskrankheiten

12.2.5.1 Gelenk- und Gehirnentzündung der Ziegen – Caprine Arthritis-Encephalomyelitis (CAE)

Ursache. Der Erreger gehört zur Gruppe der Lentiviren, zu der auch das Maedivirus des Schafes gehört. CAE ist weltweit verbreitet, besonders in den Ländern, in denen eine intensive Milchwirtschaft betrieben wird. In Deutschland spielt sie eine große Rolle.

Symptome. Die CAE ist eine schleichend verlaufende chronische Viruskrankheit. Die Gehirnform kommt vor allem bei Lämmern im Alter von 2 bis 4 Monaten vor, selten bei erwachsenen Tieren. Die Tiere zeigen Bewegungsstörungen wie Schrittverkürzungen, klammen Gang, Gleichgewichtsstörungen und Lähmungen. Neben diesen Störungen können Zeichen einer Lungenentzündung auftreten.

Die Gelenksform kommt bei erwachsenen Tieren in Form von Schwellungen der Vorderfußwurzelgelenke vor. Im weiteren Verlauf führt dies zu einer zunehmenden Lahmheit. Zuletzt bewegen sich die Tiere auf den Gelenken der Vorderbeine. Die Ziegen magern ab, haben ein struppiges Haarkleid und die Milchleistung geht deutlich zurück (30 % und mehr).

Allgemeines. Das Virus wird hauptsächlich über das Kolostrum und die Milch infizierter Tiere sowie durch engen Kontakt direkt von Tier zu Tier übertragen. Die Inkubationszeit ist sehr lange und kann mehrere Monate, ja sogar Jahre dauern. Typisch für die CAE ist eine allgemeine Immunschwäche, die eine Anfälligkeit der Tiere gegenüber anderen Krankheiten bewirkt.

Diagnose. Diese kann nur durch eine Blutuntersuchung gesichert werden. Eine Behandlung ist nicht möglich, aber durch eine Optimierung der Futter und Stallverhältnisse kann der Allgemeinzustand verbessert werden.

Vorbeugung. In den meisten Bundesländern existieren Bekämpfungsprogramme mit dem Ziel, die Seuche zu tilgen und unverdächtige Bestände zu schaffen. Dies gelingt nur durch die Ausmerzung aller serologisch positiven Tiere. Besonders zu beachten ist, dass eine Ansteckung vom Schaf auf die Ziege und umgekehrt möglich ist, wie neuere Untersuchungen zeigen (siehe S. 223, Ziff. 2.3.2).

Foto 12 Schwellung der Bug-Lymphknoten bei Pseudotuberkulose (aus GALL 1999).

12.2.5.2 Lippen- oder Maulgrind (Ecthyma contagiosum – Parapoxinfektion)

Ursache. Lippengrind wird durch ein Virus der Parapoxvirusgruppe verursacht. Nach einer Inkubationszeit von 2 bis 4 Tagen entstehen Bläschen im Bereich von Maul und Nase, die sich dann in gelbliche, braunrote Krusten und Borken verwandeln und nach etwa 4 bis 5 Wochen abfallen. Im Bereich des Zahnfleisches bilden sich blumenkohlartige Entzündungsprozesse und auf der Zunge gelblichgraue Beläge

Allgemeines. Die Übertragung erfolgt von Tier zu Tier, über Futter und Trinkwasser, z. B. auch durch die künstliche Zitze bei der Aufzucht mit Milchaustauscher. Verletzungen in der Maulhöhle, verursacht durch einen Zahndurchbruch oder raue Futterstruktur, sind eine besondere Gefahrenquelle. Die Entzündungsprozesse können in schwereren Fällen in der Speiseröhre, an den Klauen im Bereich des Kronsaums, am Euter, der Innenseite der Schenkel und dem Geschlechtsapparat auftreten. Todesfälle sind in Einzelfällen zu verzeichnen Die Hautveränderungen heilen ab und die Krankheit hinterlässt eine nur sechs Monate anhaltende und nicht stark belastbare Immunität. Trotzdem bleibt die Herde ansteckungsfähig und die Lämmer können regelmäßig infiziert werden.

Behandlung und Vorbeugung. Eine Behandlung der Sekundärinfektionen mit Antibiotikaspray, Jod oder Jodglyzerin ist angezeigt. Bei schweren Krankheitsfällen ist eine Behandlung mit Antibiotikainjektionen oder -spray empfehlenswert. Sofern das Virus im Bestand ist, ist eine Durchseuchung des Bestandes meist nicht zu verhindern. Andererseits gibt es prophylaktische Behandlungsmöglichkeiten in den ersten Lebenstagen (siehe S. 184, Ziff. 1.1).

Lippengrind ist auf den Menschen übertragbar!

12.2.5.3 Blauzungenkrankheit (Bluetongue)

Ursache. Blauzungenkrankheit wird durch ein Orbivirus der Familie der Reoviren ausgelöst. Sie kommt vor allem in wärmeren Ländern in den Tropen und Subtropen vor. Erstmals ist sie jetzt in Deutschland (August 2006) mit einer starken Ausbreitungstendenz aufgetreten.

Allgemeines. Das Virus wird durch Insekten, die Stechgnitze (*Culicoides*), übertragen. Die Mücken werden vor allem zwischen Abend- und Morgendämmerung aktiv. Unter 12 °C reduzieren sie ihre Aktivitäten beträchtlich. Eine direkte Übertragung von Tier zu Tier ist nicht möglich. Betroffen sind vor allem Schafe, Rinder und Ziegen. Fleisch und Milch können verzehrt werden, da die Blauzungenkrankheit auf den Menschen nicht übertragbar ist.

Symptome. Am häufigsten treten klinische Symptome bei Schafen auf. Bei Rind und Ziege verläuft die Krankheit in aller Regel nur in Form einer stillen Infektion ohne sichtbare Krankheitszeichen. Diese Tiere bilden das Reservoir für das Blauzungenvirus, da die Viren im Körper sehr lange überleben können. Etwa 8 Tage nach der Infektion ist eine erhöhte Körpertemperatur (40 °C) und Apathie feststellbar. Die Mundschleimhaut rötet sich, die Tiere speicheln, die Zunge schwillt und wird blau. Der Kronsaum an den Klauen rötet sich, tragende Tiere können abortieren. Dazu können Geschwüre der Mundschleimhaut mit Ausfluss und Ödemen der Haut auftreten. Die Sterblichkeit ist vor allem bei Lämmern hoch, die Erholphase ist sehr lange. Bei männlichen Tieren kann es – zumindest vorübergehend – zu einer Unfruchtbarkeit (spermatologischen Abweichungen) kommen.

Behandlung und Vorbeugung: Es gibt derzeit keine nachhaltige Behandlungsmöglichkeit. Durch die in den Jahren 2008, 2009 und 2010 erfolgte obligatorische Impfung der

Rinder-, Schaf- und Ziegenbestände wurde diese Seuche getilgt. Die BRD ist seit 15.2.2012 frei von Blauzungenkrankheit. Derzeit ist es in das Ermessen der Tierbesitzer gestellt, seine Tiere impfen zu lassen. In der Regel werden die Kosten von der Tierseuchenkasse bzw. dem Land übernommen.

Die Blauzungenkrankheit ist anzeigepflichtig und auf den Menschen nicht übertragbar.

12.2.5.4 Schmallenberg-Virus (SBV)

Ursache. Erreger dieser Krankheit ist das Schmallenberg-Virus, ein Erreger der Gattung der Orthobunyaviren. Diese Gattung umfasst vor allem Viren, die durch Insekten übertragen werden. Ihr Hauptverbreitungsgebiet ist Afrika, Asien und Ozeanien. In Europa waren diese Viren bisher nur selten zu beobachten. SBV ist in Deutschland erstmals im Herbst 2011 bei drei Kühen in der Nähe der Stadt Schmallenberg aufgetreten. Die Krankheit zeigt eine Verbreitungstendenz von Nordwest nach Südost. Auch in Holland, Belgien und Frankreich konnte SHB im Herbst 2011 nachgewiesen werden. Für den Menschen ist SBV nach dem derzeitigen Kenntnisstand nicht gefährlich.

Allgemeines: Nach dem heutigen Kenntnisstand wird angenommen, dass blutsaugende Insekten (Vektoren) das SHB auf Ziegen, Schafe und Rinder übertragen. In der kühlen Jahreszeit ist daher kaum mit Neuinfektionen zu rechnen. Direkte Übertragungen von Tier zu Tier scheinen nicht möglich zu sein. Infiziert werden vor allem Wiederkäuer wie Rinder, Schafe, und Ziegen. Bisher sind in der Mehrzahl Schafe infiziert worden. Inwieweit Rehe und Hirsche erkranken ist bis jetzt nicht bekannt. Fleisch und Milch können bedenkenlos verzehrt werden, da die Krankheit nicht auf den Menschen übertragbar ist.

Symptome: Das Wissen über die Krankheit ist derzeit noch lückenhaft. Bei einer Infektion der Ziege in der 4. bis 7. Trächtigkeitswoche kommt es meist zu einer ausgeprägten Virämie und in deren Folge zu Missbildungen beim Fötus oder gar zum Absterben desselben. Im Vordergrund steht eine Lückenbildung im Gehirn bis zum völligen Verlust des Großhirns. Diese Veränderungen lösen unterschiedliche pathologische Veränderungen wie Missbildungen, Gelenkversteifung der Extremitäten in Beugestellung, fixierte Kopffehlstellung u. Ä. aus. Früh- oder Totgeburten sowie die Geburt lebensschwacher missgebildeter Lämmer sind häufig zu beobachten. Auffällig ist, dass es meist zu einer Häufung dieser Symptome innerhalb einer Herde kommt. Erfolgt die Infektion dagegen vor oder nach dieser kritischen Phase so sind im Allgemeinen keine oder nur unauffällige Symptome (Virämie), wie Fieber, Durchfall oder geringgradiger Milchrückgang zu beobachten.

Behandlung und Vorbeugung: Irgendwelche Behandlungsmöglichkeiten gibt es derzeit nicht. In der Zwischenzeit wurde festgestellt, dass bei infizierten Tieren eine Immunreaktion ausgelöst wird. Damit besteht die Aussicht, einen inaktiven Impfstoff herzustellen. Entsprechende Vorbereitungen sind bereits angelaufen. Ein Impfstoff dürfte aber im Sommer 2012 noch nicht zur Verfügung stehen. Es besteht die Hoffnung, dass mit diesem neuen Impfstoff in absehbarer Zeit diese Krankheit, ähnlich wie die Blauzungenkrankheit, wirksam bekämpft werden kann. Die Einstufung der SBV zur meldepflichtigen Tierseuche ist ein erster Schritt.

Diagnostik: Der direkte Nachweis des SBV geschieht mittels PCR im Serum von akut infizierten adulten Tieren. Die Proben sollten von klinisch kranken Tieren, also während der Vektorensaison, entnommen werden. Erste direkte Nachweise des Erregers in Gnitzen (Culicoides ssp.) sind in Belgien und Dänemark gelungen.

Das Schmallenberg-Virus (SBV) ist meldepflichtig.

12.2.6 Traberkrankheit (Scrapie)

Ursache. Die Traberkrankheit gehört wie die BSE (Rinderwahnsinn) beim Rind und die CJD (Creutzfeldt-Jakob-Disease) beim Menschen zu den übertragbaren schwammartigen Gehirnerkrankungen (spongiforme Enzephalopathien). Wie bei der BSE wird auch hier als Krankheitsursache ein modifiziertes Prion-Eiweiß angenommen.

Symptome. Es wird in eine klassische und eine atypische Traberkrankheit unterschieden. Die atypische Form verläuft in der Regel symptomlos. Die Inkubationszeit kann sich über Jahre erstrecken. In der Regel erkranken nur wenige Tiere im Bestand. Im Frühstadium sondern sich die Tiere ab, sind ängstlich, speicheln und zeigen einen schwankenden Gang. Im Spätstadium zeigen die Tiere Aggressivität, Trancezustände, Festliegen und Juckreiz.

Allgemeines. Erstmals wurde diese Krankheit bei Schafen 1732 in Großbritannien beschrieben, heute ist sie weltweit verbreitet. Bisher sind nur wenige Fälle von Scrapie bei Ziegen in der EU bekannt geworden. Die Übertragung kann von Tier zu Tier, maternal, besonders aber durch Aufnahme des Erregers mit dem Futter erfolgen.

Vorbeugung. Die Krankheit kann nur durch die Labordiagnostik (histologische Untersuchung) bestätigt werden. Die Traberkrankheit ist unheilbar und klinisch erkrankte Tiere verenden ausnahmslos. Der Ausbruch der Erkrankung selbst bei nur einem Tier im Bestand hat umfangreiche veterinärpolizeiliche Maßnahmen zur Folge, die bis zur Tötung des gesamten Bestandes gehen können. Eine Zucht auf Resistenzgene und eine daraus folgende Einteilung in Risikoklassen, wie es beim Schaf praktiziert wurde, ist bei der Ziege nicht möglich. Dies gilt allerdings nicht für die atypische Scrapie (siehe S. 224, Ziff. 2.4).

Scrapie ist anzeigepflichtig!

12.2.7 Parasitäre Krankheiten (Invasionskrankheiten)

12.2.7.1 Erkrankungen durch einzellige Parasiten (Kokzidien)

Allgemeines. Darmkokzidien sind Schleimhautschmarotzer im Dick- und Dünndarm. Die Dauerstadien, die sogenannten Oozysten, werden mit dem Kot ausgeschieden und sind sehr widerstandsfähig. Von den Lämmern werden sie über kotverschmutztes Futter, Gegenstände u. dgl. aufgenommen. Aus den Oozysten werden die Sporozoite frei, welche die Zellen der Darmschleimhaut befallen und sich durch Zellteilung vermehren. Durch eine geschlechtliche Vermehrung entstehen wieder die Oozysten. Die Eimerien sind tierartspezifisch und die Lämmer sind meist ab der 10. Woche zu > 90 % befallen. Mit zunehmendem Alter nimmt die Befallsintensität ab, da sich eine gewisse Immunität bildet.

Symptome. Diese zeigen sich vor allem dann, wenn die Haltungs- und Fütterungsbedingungen schlecht sind. Typisch sind Appetitmangel, weicher bis breiiger Kot, der blutig, gelbgrün bis teerartig und übel riechend sein kann, und mitunter leichtes Fieber. Infolge der Entwässerung durch den ständigen Durchfall werden die Tiere schwach und liegen häufig, in vielen Fällen endet die Erkrankung tödlich. Die Lämmer erkranken etwa im Alter zwischen vier Wochen und vier Monaten. Der Verdacht auf Kokzidiose muss durch eine Kotuntersuchung gesichert werden.

Behandlung und Vorbeugung. Eine wirksame Behandlung kann mehrtägig oder einmalig mit einem spezifischen Kokzidiosemittel erfolgen. Die besonders gefährdeten Lämmer sind prophylaktisch zu behandeln. Die Behandlung muss von konsequenten Hygienemaßnahmen begleitet werden, um eine Reinfektion zu verhindern. Dazu gehören eine gute Stallhygiene – saubere, trockene Umgebung der Tränkestellen, reichlich Einstreu und laufende Kontrolle (siehe S. 227, Ziff. 2.2).

12.2.7.2 Erkrankungen durch mehrzellige Parasiten

Milben

Man unterscheidet: *Psoroptes* (Ohrräude), *Sarcoptes* (Kopfräude) und *Chorioptes* (Fußräude).
Symptome bei den einzelnen Arten.

- Die **Psoroptesmilbe** ist eine Saugmilbe und verursacht entzündliche Veränderungen auf der Haut, vornehmlich im Gehörgang. Es entstehen Verdickungen und eine Verstopfung des Gehörganges mit eitrigem Ausfluss. Die Tiere haben starken Juckreiz.
- Die **Sarcoptesmilbe** ist eine Grabmilbe und die Haut zeigt bei einem Befall schwerwiegende entzündliche Veränderungen in Form von Verdickungen und Verkrustungen im Kopfbereich, mitunter auch am ganzen Körper.
- Die **Chorioptesräude** ist eine schuppenfressende Milbe, die auf der Haut die geringsten Veränderungen auslöst. Es können auf der Beugeseite der Vordergliedmaßen Bläschen und Krusten entstehen, die einen geringen Juckreiz auslösen können.

Nur der mikroskopische Nachweis der Milben kann die Diagnose absichern.
Behandlung und Vorbeugung. Für die Räudebekämpfung stehen heute wirksame Mittel zur Verfügung. Mit der Behandlung der Tiere muss eine nachhaltige Stalldesinfektion mit milbentötenden Mitteln einhergehen (siehe S. 222, Ziff. 1 u. 2.1).

Befall mit Zecken, Läusen und Haarlingen

Zecken sind vorübergehende Blutsauger, besonders an Körpergegenden mit weicher Haut wie Kopf, Ohren, Euter und Schenkelinnenflächen.
Läuse sind reine Blutsauger und nur sehr selten zu finden. **Haarlinge** verzehren Schuppen und Haarteile

Behandlung. Die Behandlung erfolgt bei den Ziegen meist durch eine Sprüh- oder Waschbehandlung, bzw. durch Aufguss- oder Injektionsbehandlung.

Lungenwürmer

Ursache. Bei Ziegen kommen der große (*Dictyocaulus filaria*) und vier kleine (*Protostrongylus-Ar*ten) Lungenwürmer vor.
Allgemeines. Der Kreislauf beim großen Lungenwurm läuft direkt ab, d. h. ohne Zwischenwirt. Die Larven entwickeln sich noch im Darm aus den Eiern und werden mit dem Kot ausgeschieden. Nach zwei Häutungen sind sie ansteckungsfähig und werden von anderen Tieren aufgenommen. Bei kleinen Lungenwürmern verläuft der Zyklus über Landschnecken, die als Zwischenwirte dienen.
Symptome. Etwa drei Wochen nach der Aufnahme des großen Lungenwurms kommt es zu einer Bronchitis und Lungenentzündung. Die Folge davon ist eine beschleunigte Atmung, Husten mit Nasenausfluss, fallweise Fieber. Sekundär entwickelt sich eine chronische Allgemeinerkrankung, die Tiere kümmern, sind blutarm und zeigen eine verringerte Futteraufnahme. Bei dem kleinen Lungenwurm sind die Symptome weniger deutlich. Die Tiere haben vereinzelt Hustenanfälle, aber sonst keine erkennbaren Erkrankungen.
Vorbeugung und Behandlung. Eine regelmäßige Behandlung gegen Endoparasiten mit einem breit wirksamen Wurmmittel ist auch gegen die Lungenwürmer wirksam. Allerdings ist die Bekämpfung der kleinen Lungenwürmer problematischer, da die verschiedenen Arten unterschiedlich auf die Medikamente reagieren. Der große Lungenwurm ist immer und jederzeit behandlungsbedürftig, während die kleinen Lungenwürmer nur ausnahmsweise eine Therapie benötigen, z. B. wenn eine Wegbereiterrolle bei Atemwegsinfektionen vermutet wird.

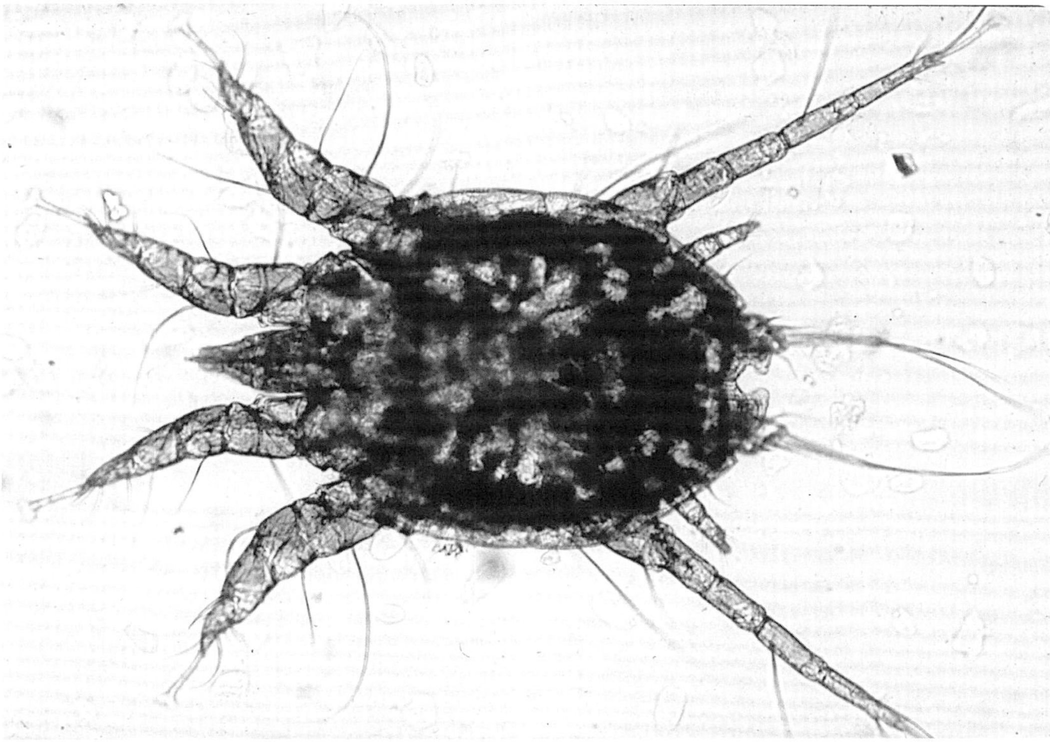

Foto 13 Psoroptes-Männchen (Quelle: GANTER, TiHo-Hannover).

Magen-, Darm- und Rundwürmer (Nematoden)

Allgemeines. Die verschiedenen Arten haben einen unterschiedlichen Sitz und sind alle von erheblicher wirtschaftlicher Bedeutung. Die Entwicklung verläuft bei allen Arten ähnlich. Aus den mit dem Kot ausgeschiedenen Eiern schlüpfen die Larven. Innerhalb von 2 bis 3 Wochen werden sie invasionstüchtig, klettern an den Pflanzen hoch und werden von den Ziegen mit dem Futter aufgenommen. Im Darmkanal entwickeln sie sich zu geschlechtsreifen Würmern und scheiden nach etwa drei Wochen wieder Eier mit dem Kot aus. Die Rundwürmer schädigen die Magen- und Darmschleimhaut, entziehen dem Wirtstier Blut und Nährstoffe und bilden Toxine.

Symptome. Die befallenen Tiere (vornehmlich Lämmer) haben blasse Schleimhäute, dünnbreiigen Kot, ein Kehlgangödem und magern ab. Es kann zu Todesfällen kommen. Bei erwachsenen Tieren bildet sich eine gewisse Immunität aus. Vielfach ist ein deutlicher Abfall der Milchleistung zu beobachten.

Vorbeugung und Behandlung. Zur Behandlung stehen verschiedene Medikamente zur Verfügung. Es wird empfohlen, sich mit dem Tierarzt in Verbindung zu setzen und dessen Rat bezüglich

- des geeigneten Mittels,
- der taktisch bestmöglichen Behandlungstermine,
- der zunehmenden Gefahr wurmmittelresistenter Parasiten und
- des Hygieneregimes zu beachten.

Ziegen benötigen andere, meist höhere Dosierungen als Schafe. Wichtig ist eine Erfolgskontrolle über die Kotuntersuchung eine Woche nach der Kur (siehe S. 223, Ziff. 2.1 u. 2.2; S. 227, Ziff. 2.2).

Bandwürmer (Cestoden)

Allgemeines. Im Dünndarm halten sich meist nur ein bis zwei Bandwurmarten auf, hauptsächlich *Moniezia expansa*. Die in den Bandwurmgliedern befindlichen Eier werden über dem Kot ausgeschieden. Anschließend werden sie von Moosmilben aufgenommen, die der Zwischenwirt sind. In der Milbe schlüpfen aus den Eiern die Finnen. Im weiteren Verlauf werden die Milben auf der Weide oder auch mit dem gemähten Gras von den Ziegen gefressen. Innerhalb weniger Wochen entwickelt sich im Darm der Ziege der bis zu 10 m lange Bandwurm.

Symptome. Klinische Erscheinungen treten bei starkem Bandwurmbefall nur im Alter von 2 bis 4 Monaten auf. Die Tiere magern dabei ab, zeigen einen geblähten Bauch und kolikartige Schmerzen. Ältere Tiere sind weniger empfindlich, bleiben aber Bandwurmträger.

Behandlung und Vorbeugung. Die einer Bekämpfung nicht zugänglichen Moosmilben sorgen für die Fortdauer der Weidekontamination. Eine Behandlung ist erst dann sinnvoll, wenn Cestodenglieder ausgeschieden werden und sich erste klinische Erscheinungen zeigen. Je nach Befall müssen mehrere Behandlungen erfolgen. Es ist zu empfehlen, einen Tierarzt hinzu zu ziehen, da wirksame Arzneimittel rezeptpflichtig sind (siehe S. 223, Ziff. 2.1 u. 2.2; S. 227, Ziff. 2.2).

Großer Leberegel (Fasciola hepatica) und Kleiner Leberegel (Dicrocoelium dendriticum)

Allgemeines. Der **große Leberegel** schmarotzt in den Gallengängen, die dann meist starke entzündliche Veränderungen zeigen. Er ist ein etwa 3 cm langer und halb so breiter grauer Plattwurm. Aus den über den Darm mit dem Kot ausgeschiedenen Eiern entwickelt sich eine Flimmerlarve, die dann eine komplizierte Entwicklung über eine Zwergschlammschnecke durchmacht. Diese Schnecke lebt besonders auf feuchten Wiesen. Die ansteckungsfähige Dauerform, Zyste genannt, wird mit dem frischen Gras oder Heu von der Ziege gefressen. In der Grassilage jedoch wird die Zyste abgetötet. Im Darm schlüpfen die jungen Egel aus, die dann die Darmwand durchbohren, in die Leber eindringen, dort einige Zeit verweilen, bevor sie sich schließlich in den Gallengängen ansiedeln.

Symptome. Die Tiere magern besonders in dieser Wanderphase schnell ab, werden blutarm und zeigen manchmal Ikterus (Gelbfärbung). Die Anzahl und das Geburtsgewicht der Lämmer gehen zurück, teilweise kommt es zum Verlammen. Die Krankheitserscheinungen treten vor allem im Spätsommer und Herbst auf. Der Befall kann durch den Schlachtbefund, bei der Zerlegung oder durch den Nachweis der Eier in Kotproben festgestellt werden.

Behandlung und Vorbeugung. Eine medikamentöse Behandlung nach Anweisung des Tierarztes ist angezeigt. Weitere Kontrollen und Wiederholung der Behandlung sind häufig nötig. Weidewechsel und eine Ausgrenzung der feuchten Wiesen oder wenigstens ein Silieren des Grases sind empfehlenswert. Eine Schneckenbekämpfung auf den Wiesen ist problematisch. Weitere Kontrollen (Kotproben) und eine Wiederholung der Behandlung sind häufig nötig (siehe S. 223, Ziff. 2.2).

Der **kleine Leberegel** (1 cm lang und 0,2 cm breit) kommt vor allem auf Kalkböden vor, da der komplizierte Entwicklungszyklus über zwei Zwischenwirte, eine Schnecke, die in trockenen Gebieten vorkommt, und die Ameise erfolgt. Die Krankheiterscheinungen sind in der Regel unerheblich und werden meist nicht bemerkt.

12.2.8 Sonstige Krankheiten

12.2.8.1 Stoffwechselkrankheiten

Kalzinose

Ursache. Verursacht wird die Krankheit durch übermäßige Fütterung von Goldhafer, der einen Vitamin D-Metaboliten enthält. Dieser löst eine übermäßige Resorption von Kalzium und Phosphor aus.
Allgemeines. Die Kalzinose ist eine chronische Erkrankung bei der es zu erhöhten Ablagerungen von Kalzium in den Gefäßen, Sehnen und Organgeweben kommt. Die Prognose ist ungünstig, da die Verkalkung nicht mehr abgebaut wird.
Symptome. Das Krankheitsbild ist gekennzeichnet durch häufiges Liegen, mühevolles Aufstehen, Trippeln, Abmagerung und eine reduzierte Milchleistung.
Vorbeugung. Das Futter von Wiesen mit hohem Goldhaferanteil sollte nicht gefüttert werden. Zumindest sollten sie erst sehr spät gemäht und als Heu verwendet werden, da mit zunehmendem Reifezustand und bei der Trocknung die kalzinogene Aktivität zurückgeht.

Milchfieber (Hypocalcämie, Gebärparese)

Ursache und Symptome. Während und nach der Geburt, aber auch in hochtragendem Zustand, kann der Blutcalciumspiegel deutlich abfallen, da eine hohe Milchleistung sowie die ungeborenen Lämmer für den Knochenaufbau viel Calcium benötigen. Das Muttertier ist nicht mehr in der Lage (mangelhafte Fütterung, Stresssituationen usw.), ausreichend Calcium zu mobilisieren und steht nur noch wenig auf.
Weiteres und Vorbeugung. Siehe Kapitel 9.2.6

Pansenazidose

Ursache und Symptome. Pansenazidose ist die Folge eines Übersäuerungszustandes (pH < 6), der nach der Aufnahme größere Mengen leichtverdaulicher Kohlenhydrate auftritt. So kommt es zu einer erhöhten Milchsäurebildung im Pansen und zur Zerstörung der normalen Pansenflora. Die Symptome reichen je nach Schweregrad von Appetitmangel bis hin zu stark gestörtem Allgemeinbefinden (schaumiger Durchfall, Fieber).
Weiteres und Vorbeugung. Siehe Kapitel 9.2.6

Trächtigkeitskrankheit (Ketose)

Ursache und Symptome. Störungen des Kohlehydrat- und Fettstoffwechsels besonders bei hochtragenden älteren Milchziegen oder auch kurz nach der Geburt. Meist sind Fütterungsfehler in Zusammenhang mit Mehrlingsträchtigkeit die Ursache. Geringer Appetit und nervöse Erscheinungen sind typische Symptome.
Weiteres und Vorbeugung. Siehe Kapitel 9.2.6

Weidetetanie (Hypomagnesämie)

Ursache. Nach dem Auftrieb auf zu schnell gewachsenen Grasweiden kommt es zu einem Magnesiummangel und damit einer Störung des vegetativen Systems.
Symptome. Die Tiere zeigen wenig Appetit und die Milchleistung geht zurück. In fort geschrittenem Stadium kommt es zu Schreckhaftigkeit und Krampfbereitschaft, mitunter auch zum Festliegen. Die Verluste können erheblich sein.
Vorbeugung. Mehrere Wochen vor dem Weideaustrieb sollen Mineralstoffmischungen mit erhöhtem MgO-Anteil gegeben werden.

12.2.8.2 Mangelkrankheiten

Kupfermangelkrankheit

Ursache. Primär tritt weltweit Kupfermangel nur in Regionen mit kupferarmen Böden auf.
Symptome. Meist erkranken neugeborene Lämmer an Kupfermangel, da sie bereits auf-

grund dieses Mangels Gehirnschäden im Mutterleib erlitten haben. Solche Lämmer sind lebensschwach, knicken an der Nachhand ein (hundesitzige Stellung) oder liegen fest. Bei einem schleichenden Verlauf erleiden ältere Lämmer Lähmungserscheinungen, die sich in einem schwankenden Gang oder unkoordinierten Bewegungen äußern. Bei erwachsenen Tieren zeigt sich eine Blutarmut (Kupfer ist für die Bereitstellung von Eisen notwendig) und zunehmende Abmagerung.
Behandlung und Vorbeugung. Die Behandlung erkrankter Tiere ist wenig erfolgreich. Wichtig ist die Vorbeugung durch Lecksteine mit Kupfergehalt. Schafmineralfutter ist ungeeignet, da es kupferfrei ist. Das Mineralfutter für Rinder hat dagegen einen etwas zu hohen Kupfergehalt für Ziegen.

Weißmuskelkrankheit (Muskeldystrophie)

Ursache. Mangel an Vitamin E und/oder Selen. Die Weißmuskelkrankheit kann in Regionen, in denen zu wenig Selen im Boden enthalten ist und auch bei schlechten Futterverhältnissen auftreten.
Symptome. Die Tiere zeigen eine zunehmende Steifheit, Muskelschwäche und einen aufgekrümmten Rücken. Wenn der Herzmuskel angegriffen wird, können neugeborene Lämmer verenden. Die Muskulatur sieht bei der Schlachtung sehr hell, wie gekocht aus.
Behandlung und Vorbeugung. Zusätzliche Gaben von Vitamin E und Selen oder auch eine Vitamin-E-reiche Fütterung mit Getreidekeimlingen, Getreideölen oder gutem Grünfutter.

Vitamin-D-Mangel (Rachitis)

Ursache. Beruht meist auf einem Vitamin-D-Mangel, der einen Kalk- und Phosphormangel auslöst.
Allgemeines. Die Folge davon ist eine Störung des Knochenwachstums vor allem bei schnell wachsenden Tieren.
Symptome. Die Tiere gehen plötzlich lahm, die Vorderbeine können sich verbiegen und manchmal sind die Gelenke schmerzhaft und geschwollen.
Behandlung. Mäßige Gabe von Vitamin D3 in Form von Injektionen und Fütterung von Mineralstoffen.

13 Gesetzliche Rahmenbedingungen

Die vorliegenden Darstellungen stellen den derzeitigen Stand (Oktober 2012) der allgemeinen Rechtssituation dar. Da die Rechtsbestimmungen einem fortlaufenden Änderungsprozess unterworfen sind, ist es ratsam, sich in allen Zweifelsfällen bei den zuständigen Landwirtschaftlichen Verwaltungsbehörden oder Veterinärämtern über den aktuellen Stand der Gesetzgebung zu informieren.

13.1 Tierzuchtgesetz

Das Tierzuchtgesetz regelt die Zuchtmaßnahmen mit dem Ziel (§ 1)

- die Leistungsfähigkeit der Tiere unter Berücksichtigung der Tiergesundheit zu erhalten und zu verbessern,
- die Wettbewerbsfähigkeit der tierischen Erzeugung zu verbessern,
- dass die von Tieren gewonnenen Erzeugnisse den an sie gestellten qualitativen Anforderungen entsprechen und
- eine genetische Vielfalt zu erhalten.

Gemäß des Gesetzes zur Neuordnung des Tierzuchtrechts vom Dezember 2012 sind für den Ziegenzüchter insbesondere folgende Bestimmungen von Bedeutung:

- Ein **Zuchttier** ist gemäß § 2 definiert als ein Tier, das in einem Zuchtbuch bzw. Zuchtregister eines Zuchtverbandes eingetragen ist.
- Jeder Züchter, der zur Mitwirkung an der züchterischen Arbeit bereit ist, hat im jeweiligen Tätigkeitsbereich eines Zuchtverbandes das **Recht auf Mitgliedschaft.** Dabei ist jedes reinrassige Tier eines Mitglieds in die Hauptabteilung des Zuchtbuches einzutragen – soweit die gestellten Anforderungen an das Zuchttier erfüllt sind (§ 6).
- Ein **Zuchttier** darf nach § 12 zur Erzeugung von Nachkommen nur
  - **angeboten oder abgegeben** werden, wenn es dauerhaft so gekennzeichnet ist, dass seine Identität festgestellt werden kann;
  - **abgegeben** werden, wenn es von einer Zucht- oder Herkunftsbescheinigung der Zuchtorganisation begleitet ist. Letztere Bestimmung ist nicht erforderlich, wenn bei weiblichen Tieren der Abnehmer auf eine Zucht- und Herkunftsbescheinigung verzichtet. D. h. selbst nachgezogene Ziegen oder Böcke dürfen im eigenen Bestand zur Erzeugung von Nachkommen eingesetzt werden ohne dass sie gekennzeichnet und in einem Zuchtbuch eingetragen sind.
- **Samen darf nur abgegeben werden** von Besamungsstationen oder Samendepots unter der Berücksichtigung tierseuchenrechtlicher Bestimmungen an Tierhalter oder Besamungsstationen/Samendepots (§ 13).
- **Samen darf zur Besamung nur verwendet** werden durch Tierärzte, Fachagrarwirte für Besamungswesen, Besamungsbeauftragte oder Tierhalter. Tierhalter dürfen den Samen nur im eigenen Bestand einsetzen und müssen mit Erfolg an einem Kurzlehrgang für künstliche Besamung teilgenommen haben (§ 14).

Hervorzuheben ist, dass

- die Durchführung der Leistungsprüfungen und Zuchtwertschätzung heute in der Hand der Zuchtorganisationen (Zuchtverbänden) liegt (§ 7). Damit sollen insgesamt die Rechte und die Verantwortung der Zuchtorganisationen gestärkt werden, um so die Entwicklung leistungsfähiger und wettbewerbsfähiger Zuchtprogramme zu unterstützen.

- Maßnahmen zur Erhaltung tiergenetischer Ressourcen werden eingeführt, insbesondere die Einführung eines Monitoring über die genetische Vielfalt (§ 9); z. B. von Ziegenrassen und die Gefährdung kleiner Ziegenbestände.
- Die Ermächtigung an die Länder, die Gemeinden zur Vatertierhaltung zu verpflichten, entfällt.
- Die Ermächtigung an die Länder, vorzuschreiben, dass Böcke zur Erzeugung von Nachkommen Zuchttiere (Kennzeichnung und Eintrag im Zuchtbuch) sein müssen, entfällt.

13.2 Tierschutzrechtliche Vorschriften

Gerade die Unwissenheit mancher Tierhalter hinsichtlich der biologischen Grundbedürfnisse der von ihnen betreuten Tiere ist häufig Grund für das Eingreifen der für den Tierschutz zuständigen Behörden, in der Regel sind dies die unteren Veterinärbehörden der Stadt- und Landkreise.

Bei der Haltung von Ziegen sind die allgemeinen tierschutzrechtlichen Vorschriften einzuhalten. Besonders betont wird im **Tierschutzgesetz** die Verantwortung des Menschen für das Tier als Mitgeschöpf, dessen Leben und Wohlbefinden es zu schützen gilt.

Es sind drei **Grundsätze** einzuhalten:
„Wer ein Tier hält, betreut oder zu betreuen hat,

1. muss das Tier seiner Art und seinen Bedürfnissen entsprechend angemessen ernähren, pflegen und verhaltensgerecht unterbringen,
2. darf die Möglichkeit des Tieres zu artgemäßer Bewegung nicht so einschränken, dass ihm Schmerzen oder vermeidbare Leiden oder Schäden zugefügt werden,
3. muss über die für eine angemessene Ernährung, Pflege und verhaltensgerechte Unterbringung des Tieres erforderlichen Kenntnisse und Fähigkeiten verfügen."

Das **Tierschutzgesetz** geht nur in wenigen Fällen konkret auf die Ziege ein.

Mit § 5 dieses Gesetzes (Eingriffe an Tieren) wird ausdrücklich zugelassen, dass „... für das Kastrieren von unter vier Wochen alten männlichen Ziegen, sofern kein von der normalen anatomischen Beschaffenheit abweichender Befund vorliegt, eine Betäubung nicht erforderlich ist".

Aufgrund neuer Erkenntnisse über die Schmerzempfindung Neugeborener sollte jedoch eine Betäubung bzw. die Anwendung schmerzlindernder Mittel erfolgen!

Eine Betäubung ist weiter ausdrücklich nicht erforderlich „für die Kennzeichnung von Ziegen durch Ohrtätowierung sowie durch Ohrmarke und injektierten Mikrochip".

In der **Tierschutz-Nutztierhaltungsverordnung** werden zwar einige allgemeine Anforderungen genannt (z. B. Beschaffenheit von Haltungseinrichtungen, Fütterungs- und Tränkeinrichtungen, Witterungsschutz bei Weidehaltung, Aufzeichnungspflichten über die täglichen Kontrollen, die tierärztliche Behandlung und die Verluste), es fehlen jedoch konkrete Vorgaben für die Haltung von Ziegen.

Diese finden sich, allerdings nur als Empfehlungen, jedoch über das **Europäische Übereinkommen zum Schutz von Tieren in landwirtschaftlichen Tierhaltungen** dennoch rechtsverbindlich in einer Veröffentlichung des Europarates:

Dessen Ständiger Ausschuss hat bereits 1992 eine **Empfehlung für das Halten von Ziegen** herausgegeben. Darin werden neben der **Betreuung** und **Kontrolle** der Ziegen (Klauenpflege, Parasitenbehandlung, Erkrankungen usw.) auch Mindestanforderungen an **Gebäude, Einfriedungen und Einrichtungen** sowie das **Management** im Zusammenhang mit der Ziegenhaltung rechtsverbindlich festgeschrieben.

Weiter konkretisiert werden die allgemeinen Halterpflichten, u. a. durch die ständige Rechtssprechung sowie durch gutachterliche Stellungnahmen, zu denen auch die Merkblätter der Tierärztlichen Vereinigung für Tierschutz e.V. (TVT) gezählt werden (Nr. 93: „Artgerechte Ziegenhaltung"). Hier findet sich beispielsweise die verbreitete Forderung hinsichtlich des Platzbedarfes von 2,0 m^2 pro Tier für hornlose Ziegen und 2,5 m^2 für gehörnte Tiere. Weitere tierschutzrechtliche Vorschriften regeln den Transport und das Schlachten von Tieren.

Verordnungen zum Schutz von Tieren beim Transport:
Grundsätzlich ist es verboten, kranke oder verletzte Tiere zu befördern. Eine Ausnahme stellt der **Transport zur tierärztlichen Behandlung** dar oder wenn der Transport keine zusätzlichen Leiden verursacht; in Zweifelsfällen ist ein Tierarzt hinzuzuziehen.

Ziegen in fortgeschrittenen Trächtigkeitsstadien (über 135 Tage) sowie Tiere, die vor weniger als 7 Tagen geboren haben, dürfen ebenfalls nicht transportiert werden. Das gleiche gilt für Jungtiere, deren Nabelwunde noch nicht vollständig verheilt ist.

Laktierende Ziegen, die ohne Nachkommen transportiert werden, müssen spätestens nach jeweils 12 Stunden gemolken werden.

Während des Transports erkrankte oder verletzte Tiere sind unverzüglich abzusondern. Sie müssen von einem Tierarzt untersucht und behandelt und unter Vermeidung unnötiger Leiden erforderlichenfalls notgeschlachtet oder getötet werden.

Für den Transportvorgang selber gibt es Bestimmungen zur Verladedichte (alle Tiere müssen stehen, sich jedoch auch hinlegen können), zum Verladevorgang (nicht an den Ohren, an den Beinen, am Schwanz usw. ziehen), zu den Verladeeinrichtungen (z. B. Vermeidung von Verletzungen), zur Versorgung der Tiere (je nach Transportdauer) und zu den Transportmitteln (Lüftung, rutschfester Boden, Einstreu usw.).

Für **gewerbliche Transporteure** gelten zusätzliche Bestimmungen.

Bei grenzüberschreitenden Transporten (EU-Mitgliedsstaaten oder Drittländer) sind entsprechende Bescheinigungen mitzuführen. Näheres erfährt man bei der zuständigen Veterinärbehörde der jeweiligen Stadt- und Landkreise.

Auf jeden Fall muss das transportierende Personal entsprechend sachkundig sein. Gewerbliche Beförderer benötigen zusätzlich eine förmliche Zulassung durch die zuständige Behörde. Beim Transport haben sie außerdem eine Transporterklärung mit Angaben über Herkunft, Versand- und Bestimmungsort sowie Verladezeitpunkt mitzuführen.

Transporte zu Schlachtstätten im Inland dürfen nicht länger als 8 Stunden dauern, sofern keine unvorhersehbaren Umstände eintreten.

Transporte von mehr als 8 Stunden Dauer dürfen nur mit eigens dafür zugelassenen Transportfahrzeugen durchgeführt werden.

Tierschutz-Schlachtverordnung:
Grundsätzlich gilt, dass Tiere so zu betreuen, ruhig zu stellen, zu betäuben, zu schlachten oder zu töten sind, dass bei ihnen nicht mehr als unvermeidbare Aufregung, Schmerzen, Leiden oder Schäden verursacht werden.

Die Betäubungs- oder Tötungsverfahren müssen für die jeweilige Tierart und Altersgruppe zugelassen sein. Für Ziegen sind ausschließlich Bolzenschuss und elektrische Durchströmung, für Tiere unter 10 kg Lebendgewicht auch der Kopfschlag als Betäubungsverfahren zugelassen.

Die Vorschriften gelten in vollem Umfang auch bei Hausschlachtungen.

Personen, die Tiere im Zusammenhang mit ihrer beruflichen Tätigkeit schlachten, sowie vor der Schlachtung betäuben, müssen im Besitz einer gültigen **Sachkundebescheinigung** sein. Diese wird auf Antrag erteilt, wenn die Sachkunde im Rahmen einer erfolgreichen Prüfung nachgewiesen worden ist oder wenn ein entsprechendes berufliches Abschlusszeugnis vorgelegt wird (z. B. Fleischer/Fleischerin, Tierwirt/Tierwirtin, Tierpfleger/Tierpflegerin, Landwirt/Landwirtin).

- Unter **Schlachten** versteht man das Töten von Tieren durch Blutentzug.
- **Schächten,** also Schlachten ohne vorherige Betäubung, ist nur mit Ausnahmegenehmigung erlaubt.

Dies gilt vor allem auch beim jährlich stattfindenden islamischen Opferfest:

Nach dem Tierschutzgesetz muss jedes Tier vor der Schlachtung betäubt werden, um dessen Schmerzempfinden auszuschalten. Für ein betäubungsloses Schlachten muss das jeweils zuständige Veterinäramt eine Ausnahmegenehmigung erteilen. Grundsätzlich darf nur für und von solchen Personen geschächtet werden, denen zwingende religiöse Vorschriften den Verzehr von Fleisch nicht geschächteter Tiere verbieten. Nach der Rechtssprechung des Bundesverfassungsgerichts vom 15.01.2002 (1 BvR 1783/99) muss dies „substantiiert und nachvollziehbar“ dargelegt werden. Außerdem muss die hierfür notwendige Sachkunde nachgewiesen werden. Die Schlachtstätten müssen außerdem speziell dafür zugelassen worden sein. Alle genehmigten Schlachtungen sind vom zuständigen Veterinäramt zu überwachen.

Von einzelnen islamischen Gruppierungen werden Betäubungsarten wie die Elektrokurzzeitbetäubung der Schlachttiere vor dem Entbluten als mit den religiösen Vorschriften vereinbar akzeptiert.

Fundstellen:

- Tierschutzgesetz (**TierSchG**) in der Fassung der Bekanntmachung vom 18. Mai 2006 (BGBl. I, S. 1206, 1313), zuletzt geändert durch Artikel 20 des Gesetzes vom 09. Dezember 2010 (BGBl. I. S. 1934)
- Verordnung zum Schutz landwirtschaftlicher Nutztiere und anderer zur Erzeugung tierischer Produkte gehaltener Tiere bei ihrer Haltung (Tierschutz-Nutztierhaltungsverordnung- **TierSchNutztV**) vom 25. Oktober 2001, zuletzt geändert durch die vierte Verordnung zur Änderung der Tierschutz-Nutztierhaltungsverordnung vom 01. Oktober 2009 (BGBl. I S. 2759) Europaratsempfehlung für das Halten von Ziegen (Ständiger Ausschuss des Europäischen Übereinkommens zum Schutz von Tieren in landwirtschaftlichen Tierhaltungen) angenommen am 06.11.1992 (Erste Bekanntmachung der deutschen Übersetzung vom 07.02.2000, BAnz. Nr. 89a vom 11.05.2000)
  Merkblatt Nr. 93 der Tierärztlichen Vereinigung für Tierschutz e.V. (TVT) „Artgerechte Ziegenhaltung“
  Verordnung (EG) Nr. 1/2005 des Rates vom 22. Dezember 2004 über den Schutz von Tieren beim Transport und damit zusammenhängenden Vorgängen sowie zur Änderung der Richtlinien 64/432/EWG und 93/119/EWG und der Verordnung (EG) Nr. 1255/97 (ABl. EU L 3 S. 1), berichtigt am 27. April 2006 (ABl. EU L 113 S. 26)
  Verordnung zum Schutz von Tieren beim Transport und zur Durchführung der Verordnung (EG) Nr. 1/2005 des Rates

(Tierschutztransportverordnung – TierSchTrV) vom 11. Februar 2009 (BGBl. I S. 375)
Verordnung zum Schutz von Tieren im Zusammenhang mit der Schlachtung oder Tötung (Tierschutz-Schlachtverordnung – TierSchlV) vom 3. März 1997 (BGBl. I S. 405), geändert mit Verordnung vom 4. Februar 2004 (BGBl. I S. 214), zuletzt geändert durch BMELVBerG vom 13. April 2006 (BGBl. I S. 855)

13.3 Viehverkehrsverordnung

Die Viehverkehrsverordnung ist eine tierseuchenrechtliche Vorschrift. Sie wurde erlassen, um der ständigen Seuchengefahr entgegenzuwirken. Das Zusammenbringen und Befördern von Tieren unterschiedlicher Herkunft birgt die Gefahr in sich, dass durch unerkannt erkrankte Tiere solche Krankheiten weiterverbreitet werden. Im Seuchenfall ist es entscheidend, den Standort der entsprechenden Tiere rasch eruieren zu können, um alle Maßnahmen ergreifen zu können, um die Ausbreitung einer Seuche zu verhindern. Es ist deshalb unerheblich, ob die Tiere nur als so genannte „Hobbytiere“ oder vorrangig gewerbsmäßig als landwirtschaftliche Nutztiere gehalten werden.

Ziegenhalter sind von der Verordnung betroffen im Zusammenhang mit:

1. **Anzeige und Betriebsregistrierung:**
   Wer bestimmte Tiere u. a. Ziegen halten will, hat seinen Betrieb spätestens bei Beginn der Tätigkeit der zuständigen Behörde (Veterinäramt) anzuzeigen. Ein entsprechendes Formular ist bei jedem Veterinäramt erhältlich.
   Es ist folgendes anzugeben:
   - Name, Anschrift,
   - Zahl der durchschnittlich gehaltenen Tiere,
   - ihre Nutzung und ihr Standort.

   Änderungen sind unverzüglich mitzuteilen. Jeder Betrieb erhält eine Registriernummer unter Verwendung des vom statistischen Bundesamt herausgegebenen Gemeindeschlüsselverzeichnisses und wird in eine bundesweite Datenbank (HI-Tier) eingetragen. Diese Registrier-/Unternehmens-Nummer ist Grundvoraussetzung für die Beantragung von Ohrmarken und die vorgeschriebenen Meldungen an die zentrale Datenbank (HI-Tier).

2. **Stichtagsmeldung:** Jeder Ziegenhalter hat bis zum 15. Januar eines jeden Jahres die Anzahl der jeweils am 1. Januar (Stichtag) im Bestand vorhandenen Ziegen bei der zuständigen Stelle anzuzeigen. Dabei sind Ziegen getrennt und unter Angabe der Produktionsrichtung (Zucht, Mast, Milch) sowie nach Altersgruppen bis einschließlich 9 Monate, von 10 bis 18 Monaten und ab 19 Monaten zu melden.
   Diese Meldung kann per Post oder Fax an die zuständige Stelle im jeweiligen Bundesland oder elektronisch über die HIT-Datenbank (**www.hi-tier.de**) erfolgen. In Baden-Württemberg ist die zuständige Stelle der Landesverband Baden-Württemberg für Leistungsprüfung in der Tierzucht e.V. (**LKV**).

3. **Kennzeichnung:** Ziegen sind innerhalb von 9 Monaten nach der Geburt bzw. falls das Tier vor dieser Zeit aus dem Geburtsbetrieb verbracht wird (dann vor dem Verbringen), zu kennzeichnen. Hätte es diese Kennzeichnungspflicht bereits 2001 gegeben, wäre im Verlauf des Maul- und Klauenseuchegeschehens in Großbritannien Tausenden von gesunden Schafen und Ziegen die Tötung erspart geblieben. Eine gezielte Verhinderung der Seuchenverschleppung durch Verfolgung von Tierbewegungen war damals nur sehr schwer möglich.

- **Tiere, die ab dem 09. Juli 2005 geboren wurden:** Kennzeichnung mit zwei gelben Ohrmarken mit tierindividuellen Ohrmarkennummer („gelbe Doppelohrmarken").
- **Für Tiere, die vor dem 09. Juli 2005 geboren wurden** sowie für Mastlämmer unter 12 Monaten Schlachtalter, die nicht in andere Mitgliedstaaten verbracht oder in Drittländer exportiert werden, gelten die bisherigen Kennzeichnungsvorschriften (eine weiße Bestandsohrmarke).
- **Für Tiere, die ab dem 01. Januar 2010 geboren werden:** Tiere, die **älter** als 12 Monate sind und/ oder ins Ausland verbracht werden, müssen wie folgt gekennzeichnet werden:
  - Kennzeichen: gelbe Ohrmarke mit individueller Ohrmarkennummer (s. o.).
  - Kennzeichen: elektronisches Kennzeichen (derzeit **elektronische** Ohrmarken).
- **Tiere, die ab dem 01.Januar 2010 geboren wurden** und **innerhalb** von 12 Monaten nach der Geburt in Deutschland zur Schlachtung kommen, können wie bisher mit einer einfachen, weißen Bestandsohrmarke gekennzeichnet werden.
- Verliert eine Ziege eines oder beide Kennzeichen oder ist ein Kennzeichen unlesbar geworden, so sind unverzüglich neue Ohrmarken zu beantragen und die Ziege unverzüglich erneut zu kennzeichnen. Ein Tierhalter darf eine Ziege nur dann in seinen Bestand übernehmen, wenn das Schaf oder die Ziege gemäß der Viehverkehrsverordnung gekennzeichnet ist.
- Zugekaufte **Tiere aus Drittländern** (nicht EU-Länder) müssen spätestens 14 Tage nach dem Passieren der Grenzkontrollstelle umgekennzeichnet werden. Auch dies ist umgehend in das Bestandregister einzutragen.
- Die Ohrmarken sind in Baden-Württemberg beim Landesverband Baden-Württemberg für Leistungsprüfung in der Tierzucht e.V. (LKV) unter Angabe der Adresse und der Betriebsnummer zu beziehen.

4. **Bestandsregister:** Jeder Ziegenhalter hat ein Register zu führen. Dabei sind die Gesamtzahl der am 1. Januar eines jeden Jahres im Bestand vorhandenen Ziegen sowie die Zu- und Abgänge unter Angabe der jeweils vorgeschriebenen Kennzeichnung (z. B. Ohrmarke) einzutragen. Die Eintragungen sind **unverzüglich** und in dauerhafter Weise vorzunehmen. Das Bestandsregister ist chronologisch, mit fortlaufenden Seitenzahlen, in gebundener oder elektronischer Form zu führen. Beim Zugang muss Name und Anschrift des früheren Besitzers sowie das Zugangsdatum angegeben werden, bei der Abgabe Name und Anschrift des Erwerbers und das Abgangsdatum. Nach dem letzten Eintrag ist das Bestandsregister mindestens 3 Jahre lang aufzubewahren. Die Aufbewahrungspflicht gilt auch, wenn die Ziegenhaltung aufgegeben wurde. Entsprechende Formulare können bei der zuständigen Veterinärbehörde angefragt werden.

5. **Begleitpapier:** Verlassen Ziegen den Bestand, so hat der abgebende Tierhalter ein Begleitdokument auszustellen. Das vollständig ausgefüllte Begleitpapier begleitet die Tiere bis zum Empfängerbetrieb und ist dem Empfänger bei der Übergabe auszuhändigen. Der Empfänger hat das Begleitpapier vom Tage der Aushändigung an mindestens 3 Jahre aufzubewahren. Entsprechende Formulare können bei der zuständigen Veterinärbehörde angefragt werden.

6. **Bestandsveränderungen / Tierübernahme:** Wer Ziegen in seinen Bestand übernimmt, hat dies der von der zuständigen Behörde beauftragten Stelle innerhalb von 7 Tagen nach der Übernahme anzuzeigen. Dies muss per Meldekarte/Internet unter Angabe der Anzahl der in den Bestand verbrachten Tiere, der Registriernummer des Betriebs, des Datums des Verbringens, der Registriernummer des abgebenden Betriebs, des Datums des Zugangs – falls abweichend vom Datum des Verbringens – erfolgen.
   In Baden-Württemberg ist die zuständige Stelle ebenfalls der Landesverband Baden-Württemberg für Leistungsprüfung in der Tierzucht e.V. (**LKV**).

7. **Transport und Ausstellungen:** Weitere Bestimmungen regeln die Beschaffenheit sowie die Reinigung und Desinfektion von **Viehtransportfahrzeugen**, das Abhalten von **Ziegenausstellungen**, Ziegenmärkten und Veranstaltungen ähnlicher Art sowie Regelungen für **Viehhandelsunternehmen**, **Transportunternehmen** und **Sammelstellen**.
   Grundsätzlich gilt es, bestimmte Anzeige- und Genehmigungspflichten zu beachten. Beispielsweise sind Viehausstellungen, Viehmärkte und Veranstaltungen ähnlicher Art vom Veranstalter mindestens 4 Wochen vor Beginn bei der zuständigen Behörde (Veterinäramt) anzuzeigen. Diese prüft dann, ob wegen des Auftretens oder der Gefahr des Auftretens einer Tierseuche die Veranstaltung nur mit Auflagen (beispielsweise Mitführen von Gesundheitsbescheinigungen) durchgeführt werden kann oder sogar verboten werden muss.

8. **Reinigung und Desinfektion:** Viehtransportfahrzeuge sind nach jedem **Transport** zu reinigen und zu desinfizieren. Dies gilt nicht für nichtgewerbliche bestandseigene Fahrzeuge, mit denen nur Vieh aus dem eigenen Bestand transportiert wird. Werden die Tiere allerdings auf Sammelstellen oder Schlachthöfe transportiert, müssen die Fahrzeuge, bevor sie diese wieder verlassen, auf jeden Fall gereinigt und desinfiziert werden. Dies ist in ein **Desinfektionskontrollbuch** einzutragen. Jeder, der Ziegen zum Schlachthof transportiert, muss daher ein Desinfektionskontrollbuch führen, auch wenn er kein gewerblicher Transporteur oder Viehhändler ist.

9. **Prämienrechtliche Regelungen:** Eine nicht ordnungsgemäße Kennzeichnung, evtl. nicht durchgeführte Meldungen, kein ordnungsgemäß geführtes Bestandsregister können sich neben den ordnungs- und strafrechtlichen Maßnahmen auch auf die Höhe der beantragten **Prämienzahlungen** bei antragstellenden Betrieben auswirken. Die Gewährung von Direktzahlungen wird im Zuge der Agrarreform ab 2005 auch von der Einhaltung anderweitiger fachrechtlicher Vorschriften aus den Bereichen Umwelt, Futtermittel- und Lebensmittelsicherheit, Tiergesundheit (einschließlich Tierkennzeichnung) und Tierschutz abhängig gemacht. Die Einhaltung anderweitiger Verpflichtungen wird auch als **Cross Compliance** bezeichnet.

10. **Kontrollmaßnahmen:** Es werden basierend auf einer Risikoanalyse bestimmte Betriebe ausgewählt und systematisch kontrolliert. Hierzu kommen noch anlassbezogene Kontrollen (Cross-Checks). Geprüft werden die Kennzeichnung der Tiere, die Meldungen und das Bestandsregister.

Prüfkriterien:
1. Stimmt die Anzahl der im Betrieb vorhandenen Ziegen mit der Zahl der Tiere im Bestandsregister überein?
2. Sind alle Tiere im Bestand rechtskonform gekennzeichnet?
3. Sind die abgelesenen Kennzeichnungselemente im Bestandsregister verzeichnet?
4. Ist überhaupt ein Bestandsregister vorhanden? Wird es vollständig, aktuell und chronologisch geführt?
5. Sind die Stichtagsmeldungen und Tierübernahmemeldungen durchgeführt worden?

Falls Ohrmarken verloren gehen oder unleserlich geworden sind, wird geprüft, ob die erforderliche **Nachkennzeichnung** veranlasst wurde bzw. ob eine schuldhafte Verzögerung eingetreten ist.

Werden **Verstöße** festgestellt, sind diese als leicht, mittel und schwer zu bewerten.
- Leichte Verstöße: Bis 12 % der Ziegen haben Kennzeichnungsmängel (keine oder unzulässige Ohrmarken), das Bestandsregister ist unvollständig, keine Stichtagsmeldung, kein Begleitpapier vorhanden oder keine Übernahmemeldung durchgeführt.
- Mittlere Verstöße: 12 bis 35 % der Tiere weisen Kennzeichnungsmängel auf oder das Bestandsregister wird nicht aktuell geführt.
- Schwere Verstöße: Mehr als 35 % der Tiere mit Kennzeichnungsmängeln oder fehlendes Bestandsregister.

Rechtsgrundlagen:
- Verordnung (EG) Nr. 21/2004 vom 17.12.2003 zur Einführung eines Systems zur Kennzeichnung und Registrierung von Schafen und Ziegen und zur Änderung der VO (EG) Nr. 1782/2003 sowie der RL 92/102/EWG und 64/432/EW (ABl. EU Nr. L 5 S. 8)
- Viehverkehrsverordnung – in der Fassung der Bekanntmachung vom 3. März 2010 (BGBl. I S. 230) in der jeweils geltenden Fassung

13.4 Lebensmittelrecht bei der Vermarktung

Seit 01.01.2006 gilt in allen Mitgliedsstaaten das neue Lebensmittelrecht der EU. Es besteht aus der lebensmittelrechtlichen **Basisverordnung 178/2002**, der **Verordnung 852/2004 über Lebensmittelhygiene** und der **Verordnung 853/2004 mit speziellen Hygienevorschriften für Lebensmittel tierischer Herkunft.** Diese Vorschriften richten sich an die entsprechenden Lebensmittelunternehmer.

Ergänzt wird das Hygienepaket durch die **Verordnung 854/2004** über die amtlichen Überwachungsmaßnahmen **bei Erzeugnissen tierischer Herkunft** und der **Verordnung 882/2004 über amtliche Kontrollen** zum Lebensmittel- und Futtermittelrecht, die sich an die zuständigen Überwachungsbehörden richten.

Das neue Lebensmittelrecht befasst sich mit allen Produktions-, Verarbeitungs- und Vertriebsstufen von Lebensmitteln wie auch von Futtermitteln, die für der Lebensmittelgewinnung dienende Tiere hergestellt oder an sie verfüttert werden. Jeder, der auf diesen Gebieten tätig ist, betreibt somit ein „Lebensmittelunternehmen", egal ob es auf Gewinnerzielung ausgerichtet ist oder nicht. Es gilt, ein hohes Maß an Gesundheitsschutz für den Menschen sicherzustellen. Dieses Ziel kann nur erreicht werden, wenn ausschließlich sichere Lebensmittel in Verkehr gebracht werden. Lebensmittel gelten als nicht sicher, wenn davon auszugehen ist, dass sie gesundheitsschädlich bzw. für den Verzehr durch den Menschen ungeeignet sind. Bei Tieren, die der Lebensmittelgewinnung dienen gilt dieses Grundprinzip auch für die Futtermittel.

Verantwortlich ist der jeweilige Lebensmittelunternehmer beginnend von der Urproduktion bis zum Endverbraucher. Er hat dafür zu sorgen, dass im jeweiligen Abschnitt der gesamten Lebensmittelkette die Lebensmittelsicherheit nicht gefährdet wird. Zu diesem Zweck müssen, außer bei der Primärproduktion, Programme und Verfahren angewendet werden, die auf der Grundlage der HACCP-Grundsätze beruhen.

Ein HACCP-Konzept ist somit zwar für das Melken und die Abgabe der Milch unmittelbar an den Endverbraucher vorerst nicht erforderlich, auch nicht für das Mästen der Tiere, die für die Fleischgewinnung vorgesehen sind, sehr wohl jedoch für die Verarbeitung der Milch zu Milcherzeugnissen und das Schlachten sowie die nachfolgenden Verarbeitungsschritte. Die landwirtschaftlichen Betriebe müssen jedoch auch bei der Urproduktion Leitlinien für eine gute Verfahrens- und Hygienepraxis beachten.

Das HACCP-Konzept

HA = Hazard Analysis (Gefahrenanalyse)
CCP = Critical Control Points (kritische Lenkungspunkte)

Es handelt sich um ein System, das dazu dient, bedeutende gesundheitliche Gefahren durch Lebensmittel zu identifizieren, zu bewerten und zu beherrschen. Demnach sind spezifische Gesundheitsgefahren für den Verbraucher zu identifizieren sowie die Wahrscheinlichkeit und Bedeutung ihres Auftretens zu bewerten.

Folgende Gesundheitsgefahren sind zu berücksichtigen:

1. **Chemische Gesundheitsgefahren** (Rückstände, Toxine, Kontaminanten usw.).
2. **Physikalische Gesundheitsgefahren** (Metall- oder Glassplitter bzw. sonstige Fremdkörper)
3. **Mikrobiologische Gesundheitsgefahren** (Krankheitserreger wie Salmonellen, Listerien, Campylobacter, Bacillus Cereus usw..)

Aufgrund der Gefahrenanalyse sind die notwendigen vorbeugenden Maßnahmen festzulegen, mit denen sich die ermittelten Gefahren bereits während der Herstellung des Lebensmittels vermeiden, ausscheiden oder zumindest auf ein akzeptables Maß vermindern lassen. Ein derartiges System ist vor allem in Betrieben mit feststehenden, sich ständig wiederholenden Arbeitsabläufen anwendbar. Es muss in geeigneter Form dokumentiert und weiter entwickelt werden. Man kann allerdings davon ausgehen, dass die Identifizierung der kritischen Kontrollpunkte in bestimmten Lebensmittelunternehmen nicht möglich ist und dass eine gute Hygienepraxis in manchen Fällen, z. B. bei der Schlachtung, die Überwachung der kritischen Kontrollpunkte ersetzen kann.

Ein weiterer wichtiger Aspekt ist die **Rückverfolgbarkeit** des Lebensmittels und seiner Zusatzstoffe auf allen Stufen der Lebensmittelkette. Es gilt das Prinzip: „Einen Schritt nach vorn und einen Schritt zurück“. Außer bei der Abgabe an den Endverbraucher: Dessen Adresse muss nicht erfasst werden.

Alle Lebensmittelunternehmer müssen außerdem ihre Betriebe bei der zuständigen Überwachungsbehörde melden und Änderungen mitteilen, da solche Betriebe entweder einer Registrierungs- oder Zulassungspflicht unterliegen.

Allgemeine Hygienevorschriften ab 2006 (Verordnung (EG) Nr. 852/2004)

Im **Anhang I** der Verordnung finden sich die allgemeinen Hygienevorschriften für die Primärproduktion und damit zusammenhängende Vorgänge (Transport, Lagerung und Behandlung von Primärerzeugnissen am Erzeugungsort, einschließlich lebender Tiere). Primärerzeugnisse sind dadurch gekennzeichnet, dass ihre Beschaffenheit nicht wesentlich verändert wird.

Allgemeine Anforderungen:

- Schutz der Primärerzeugnisse vor Kontaminanten.
- Einhaltung tierschutz- und tierseuchenrechtlicher Vorschriften.
- Reinigung und Desinfektion von Anlagen, Geräten usw
- Sicherstellung der Sauberkeit von Schlachttieren

Anhang II gilt für die nachgeordneten Produktions-, Verarbeitungs- und Vertriebsstufen von Lebensmitteln. Geregelt werden die allgemeinen räumlichen Anforderungen (hygienische Oberflächen, Handwaschbecken, Toiletten, Beleuchtung, Belüftung usw.), die Vorschriften für Ausrüstungen, den Transport, die Abfälle, die persönliche Hygiene und die Schulung des Personals sowie Vorschriften zum Verpacken von Lebensmitteln und die Wärmebehandlung, beispielsweise von Konserven.

Weitergehende spezifische Hygienevorschriften für tierische Lebensmittel regelt die Verordnung (EG) Nr. 853/2004.

In den Anlagen finden sich Anforderungen für unterschiedliche Arten von tierischen Erzeugnissen wie Fleisch, Geflügelfleisch, Fisch, lebende Muscheln, Milch und Milcherzeugnisse, Eier und Eiprodukte, Gelatine usw.

Es werden darin die zusätzlichen, über die allgemeinen Hygienevorschriften hinausgehenden räumlichen und produktspezifischen Anforderungen festgelegt.

Die EU-Verordnungen gelten unmittelbar in jedem Mitgliedsstaat. Sie regeln jedoch nicht alles bis ins letzte Detail. Das zum Teil weiterführende nationale Lebensmittelrecht musste daher angepasst werden. Diese Anpassung ist erfolgt über das im Jahre 2005 erlassene Gesetz zur Neuordnung des Lebensmittel- und Futtermittelrechts und zwar über den Artikel 1, das **Lebensmittel- und Futtermittelgesetzbuch (LFGB).** Dort finden sich auch die Bestimmungen über Straftaten und Ordnungswidrigkeiten.

Zu beachten sind außerdem die Durchführungsvorschriften zum gemeinschaftlichen Lebensmittelhygienerecht **(Lebensmittelhygiene-VO und Tierische Lebensmittelhygieneverordnung)**. Dort finden sich nähere Regeln zu allgemeinen Hygieneanforderungen, zu Schulungen und den erforderlichen Fachkenntnissen, zur Abgrenzung des Einzelhandels und zur Abgabe kleiner Mengen von Primärerzeugnissen wie z. B. Rohmilch ab Hof).

Auch die Herstellung bestimmter traditioneller Lebensmittel und die Herstellung von Hart- und Schnittkäse in Betrieben der Alm- oder Alpwirtschaft wurden darin berücksichtigt. Hier gelten zum Teil erleichterte Bedingungen.

Zur **Vermarktung von Ziegenfleisch** wurden bereits Ausführungen gemacht. An dieser Stelle daher nur eine kurze Zusammenfassung:

1. Alle gewerblichen **Schlachtbetriebe** mussten von der zuständigen Behörde zugelassen werden. Die Zulassung wurde auf Antrag und unter Vergabe einer Zulassungsnummer erteilt sofern der Betrieb nachgewiesen hat, dass er die EU-Anforderungen voll erfüllt hat. Betriebe, die neu errichtet werden, dürfen erst beginnen, wenn die Zulassung ausgesprochen wurde.
2. Für **Hausschlachtungen** (Fleisch eigener Tiere, das ausschließlich im eigenen Haushalt verwendet und nicht in einer gewerblichen Schlachtstätte erschlachtet wird) gelten weiterhin keine räumlichen Anforderungen. Die Lebendtier- und Fleischun-

tersuchung muss jedoch auch in diesen Fällen durchgeführt werden, wenn beim Schlachttier Anzeichen gesundheitlicher Beeinträchtigungen vorhanden sind. Der Tierbesitzer muss nachweisen können, dass alle Rechtsvorschriften eingehalten worden sind.

3. Sämtliche Schlachtungen müssen rechtzeitig bei der zuständigen Behörde angemeldet werden. Diese veranlasst dann die **amtliche Schlachttier- und Fleischuntersuchung.** Das genusstaugliche Fleisch wird entsprechend gekennzeichnet. Nicht für den menschlichen Verkehr geeignete Teile (Augen, Geschlechtsorgane und Konfiskat) sowie das so genannte Risikomaterial werden beschlagnahmt und müssen nach tierkörperbeseitigungsrechtlichen Vorschriften entsorgt werden.
   Risikomaterial wird blau eingefärbt und unter amtlicher Überwachung entsorgt. Dies muss durch entsprechende Dokumente belegt werden können. Die bei Rindern vorkommende BSE-Erkrankung (Rinderwahn) kann auch bei Schafen und Ziegen zu vergleichbaren Erkrankungen führen. Verursacht wird die Erkrankung durch pathologisch veränderte Eiweißkörper (Prionen), die sehr widerstandsfähig gegen Erhitzung sind. Da solche Erreger in bestimmten Geweben gehäuft vorkommen können, hat man diese Gewebe sicherheitshalber als so genanntes spezifisches Risikomaterial (SRM) vom menschlichen Verzehr ausgeschlossen.
   SRM bei Schafen und Ziegen, die älter als 12 Monate sind (ein bleibender Zahn hat das Zahnfleisch durchbrochen):
   - Schädel, einschließlich Hirn, Augen und Mandeln sowie das Rückenmark.
   - SRM bei Schafen und Ziegen aller Altersklassen (auch Lämmer):
   - Milz und Hüftdarm (Ileum).

   Jeder Schlachtbetrieb muss sich die Entsorgung des SRM unter Angabe von Menge, Art und Adresse des Transporteurs bzw. der Tierkörperbeseitigungsanstalt bestätigen lassen. Dies gilt auch für den Tierhalter im Falle einer Hausschlachtung (Entsorgungsbestätigung bzw. Handelspapier).

Anforderungen an Rohmilch und verarbeitete Milcherzeugnisse

Diese finden sich in Abschnitt IX der Verordnung (EG) Nr. 853/2004. Sie unterscheiden sich in Hygienevorschriften für die **Rohmilcherzeugung**, die der Primärproduktion unterliegt und in solche für **Milcherzeugnisse**.

I. Rohmilcherzeugung

1. **Anforderungen an den Tierbestand**
   Die Rohmilch muss von gesunden Tieren stammen. Zumindest dürfen keine Erkrankungen vorliegen, die über die Milch weiterverbreitet werden können. Bei der Anwendung von Arzneimitteln ist die Wartezeit einzuhalten. Der Tierbestand muss amtlich anerkannt brucellosefrei sein, wobei Deutschland als brucellosefreies Land gilt. Durch Stichprobenuntersuchungen ist dieser Status jährlich zu überprüfen.Werden Ziegen zusammen mit Kühen gehalten, so müssen diese Ziegen auf Tuberkulose untersucht und getestet werden.
2. **Anforderungen an die Milcherzeugerbetriebe**
   Räume und Ausrüstungsgegenstände wie Melkgeschirr, Behälter und Tanks müssen in hygienisch einwandfreiem Zustand gehalten werden. Sie müssen sich leicht reinigen und desinfizieren lassen.
   Das Melken muss ebenfalls hygienisch einwandfrei erfolgen. Euter und Zitzen müssen sauber sein, veränderte Milch, auch solche von behandelten Tieren, ist auszusondern.
   Sofort nach dem Melken ist die Milch an

einen sauberen Ort zu verbringen und zu kühlen (auf 8 °C bei täglich Abholung und 6 °C bei nicht täglicher Abholung).
Das Personal hat saubere Schutzkleidung zu tragen. Außerdem muss am Melkplatz eine geeignete Handwascheinrichtung vorhanden sein.

3. **Kriterien für Rohmilch**
   1. Kuhmilch: ≤ 100 000 Keime/ml
      ≤ 400 000 somatische Zellen
   2. Ziegenmilch: ≤ 1 500 000 Keime/ml

   Bei Herstellung von Rohmilcherzeugnissen aus Ziegenmilch:
   ≤ 500 000 Keime/ml
   Für somatische Zellen wurden keine Grenzwerte festgelegt.
   Die Untersuchungen müssen vom Betriebsinhaber veranlasst werden, wobei monatlich mindestens zwei Proben zu untersuchen sind. Der über zwei Monate berechnete geometrische Mittelwert darf die genannten Grenzwerte nicht übersteigen. Falls dies der Fall sein sollte, ist die Milch nicht verkehrsfähig. Der Lebensmittelunternehmer muss Grenzwertüberschreitungen außerdem der zuständigen Behörde melden.
4. **Milch ab Hof – Abgabe**
   Die Abgabe von Milch ab Hof an den Endverbraucher kann nach wie vor nach nationalen Regeln erfolgen. Bis zum Erlass von Durchführungsvorschriften des Bundes, die im Verlauf des Jahres 2006 erlassen werden sollen, gelten daher nach wie vor die alten Regelungen:
   - Anzeige der Milch ab Hof – Abgabe bei der zuständigen Behörde,
   - Abgabe nur im Erzeugerbetrieb an Endverbraucher,
   - Abgabe nur von Milch des eigenen Betriebes, kein Zukauf,
   - Milch muss vom selben Tag oder vom Vortag stammen,
   - Hinweisschild an der Abgabestelle „Rohmilch, vor dem Verzehr abkochen".

II. Vorschriften für Milcherzeugnisse
Es gelten die allgemeinen Hygienevorschriften. Darüber hinaus ist zu prüfen, ob je nach den Vermarktungswegen, eine Zulassung als milchwirtschaftliches Unternehmen erforderlich ist. Dies ist beispielsweise der Fall, wenn die Erzeugnisse nicht ausschließlich an Endverbraucher abgegeben werden sollen.

Kühlung:
Die zu verarbeitende Milch ist auf maximal 6 °C herunterzukühlen.

Hitzebehandlung:
Es sind die für Pasteurisierung, UHT-Erhitzung und Sterilisierung vorgegebene Parameter einzuhalten. Temperatur, Druck, Versiegelung und Mikrobiologie sind regelmäßig zu kontrollieren und zu dokumentieren. Dabei sind die HACCP-Grundsätze anzuwenden.

Etikettierung
Rohmilcherzeugnisse sind als solche zu kennzeichnen. Z. B.: „aus Rohmilch hergestellt". Ansonsten gelten die üblichen Kennzeichnungsvorschriften für Fertigpackungen einschließlich der **Identitätskennzeichnung** bei Erzeugnissen aus zugelassenen Betrieben.

Rechtsgrundlagen:
- Verordnung (EG) Nr. **178/2002** des Europäischen Parlaments und des Rates vom 28. Januar 2002 zur Festlegung der allgemeinen Grundsätze und Anforderungen des Lebensmittelrechts, zur Errichtung der Europäischen Behörde für Lebensmittelsicherheit und zur Festlegung von Verfahren zur Lebensmittelsicherheit (Amtsblatt Nr. L 031 vom 01/02/2002 S. 0001–0024) zuletzt geändert durch

Verordnung (EG) Nr. 1642/2003 vom 22. Juli 2003 (Amtsblatt Nr. L 245, S. 4)
- Verordnung (EG) Nr. **852/2004** des Europäischen Parlaments und des Rates vom 29. April 2004 über Lebensmittelhygiene
- Verordnung (EG) Nr. **853/2004** des Europäischen Parlaments und des Rates vom 29. April 2004 mit spezifischen Hygienevorschriften für Lebensmittel tierischen Ursprungs (ABl. EG L 139 S. 55) berichtigt am 25. Juni 2004 (ABl. EG L 226 S. 22)
- Verordnung (EG) Nr. **854/2004** des Europäischen Parlaments und des Rates vom 29. April 2004 mit besonderen Verfahrensvorschriften für die amtliche Überwachung von zum menschlichen Verzehr bestimmten Erzeugnissen tierischen Ursprungs (ABl. L 139 S. 206) geändert durch Artikel 60 der Berichtigung der VO (EG) Nr. 882/2004 vom 28.05.2004 (ABl. L 191 S. 1, 35) berichtigt am 25.06.2004 (ABl. L 226 S. 83)
- Verordnung (EG) **Nr.882/2004** des Europäischen Parlaments und des Rates vom 29. April 2004 über amtliche Kontrollen zur Überprüfung der Einhaltung des Lebensmittel- und Futtermittelrechts sowie der Bestimmungen über Tiergesundheit und Tierschutz (ABl. EU Nr. L 165 S. 1, Nr. L 191 S. 1).
- Lebensmittel-, Bedarfsgegenstände- und Futtermittelgesetzbuch (Lebensmittel- und Futtermittelgesetzbuch – **LFGB**) vom 01. September 2005 (BGBl. I S. 2618)
- Verordnung zur Durchführung von Vorschriften des gemeinschaftlichen Lebensmittelrechts vom 08.08.2007 in der Fassung vom 11.05.2010 (BGBI. K S. 612) Artikel 1: Lebensmittelhygiene-Verordnung – **LMHV** und Artikel 2: Tierische Lebensmittel-Hygieneverordnung – **Tier-LMHV**

14 Checkliste für einen erwerbsorientierten Ziegenbetrieb

Die nachfolgende Checkliste soll die wichtigsten Fragen für den erfolgreichen Aufbau einer Ziegenhaltung und eine effiziente Produktion herausstellen und beantworten.

14.1 Aufbau eines Ziegenbetriebes

Folgende fünf Kernfragen sind bei der Betriebsplanung zu klären:

A Welches Ziel und welchen Betriebstyp strebe ich mit der Ziegenhaltung an (Milch- oder Fleischziegen, Haupt-, Nebenerwerb oder Hobby)?
Diese Frage ist nach den jeweiligen Voraussetzungen/Vorstellungen sowie nach dem angestrebten Einkommensniveau zu beantworten. So ist bezüglich der Betriebstypen zu berücksichtigen, dass diese in ihren Einkommensniveaus stark variieren, aber auch unterschiedliche Anforderungen an Arbeit, Kapital, Stall, Gebäude und Futterflächen stellen. Beispielsweise ermöglicht die Milchziegenhaltung im Haupterwerb hohe Gewinne, fordert aber einen hohen Arbeitseinsatz, insbesondere bei Direktvermarktung (Tab. 76).

Weiterhin muss abgeklärt werden, ob eine konventionelle Ziegenhaltung betrieben oder der Betrieb nach ökologischen Vorgaben (Bioland, Naturland, Demeter usw.) ausgerichtet werden soll.

B Was sagen die zuständigen Behörden zu meinem Vorhaben?
Insbesondere sind die Landwirtschaftskammer bzw. das Amt für Landwirtschaft und das zuständige Veterinär- und Lebensmittelüberwachungsamt (bes. bei Direktvermarktung) zu konsultieren. Hier sind im Rahmen einer Voranfrage oft wichtige Planungshinweise zu erhalten.

C Wie soll vermarktet werden und welche Voraussetzungen sind damit verbunden?
Die Frage der Vermarktung bestimmt den Betriebserfolg entscheidend. Wer den Markt nicht kennt, läuft Gefahr zu scheitern!
Ziegenmilch/Ziegenkäse. Im Wesentlichen gibt es die drei nachfolgend genannten Vermarktungsvarianten. Die für den geplanten Betrieb richtige Vermarktungsform richtet sich nach persönlichen und betrieblichen Voraussetzungen sowie nach dem Betriebsstandort.

a) Direktvermarktung. Siehe auch Kapitel 2.3
- Markt- und Konkurrenzanalyse: Welche Mengen Ziegenkäse können in der Region zu welchen Preisen abgesetzt werden?
- Sind Erscheinungsbild des Betriebs sowie eigene Fähigkeiten und Neigungen für den Direktkontakt mit dem Kunden geeignet?
- Bin ich bereit mich mit der Milchverarbeitung intensiv zu befassen und das Käsen durch die Teilnahme an Käsekursen zu erlernen?
- Welche hygienerechtlichen Bedingungen (Räume, Geräte, Gesundheitszeugnis) muss ich erfüllen? (siehe auch Kapitel 13)
- Kann ich die damit verbundenen Aufwendungen (Arbeit, Kapital usw.) erfüllen?

b) Einzel- oder Großhandel. Markt- und Konkurrenzanalyse:

Tab. 76 Herdengröße und Produktionsziel bestimmen den Betriebstyp

Familienbetrieb			Genossenschaftlich, Betriebsgemeinschaft
Haupterwerb	**Nebenerwerb**	**Zusätzlicher Betriebszweig**	
Milchziegenhaltung mit 50 bis 300 Ziegen	Kleine Milchziegenherde oder Fleischziegen	Fleischziegenhaltung	Milchziegenhaltung mit >200 Ziegen oder große Fleischziegenherde

- Welcher Einzel- oder Großhandel nimmt meinen Ziegenkäse in welchen Mengen und zu welchen Preisen ab? Frühzeitige Absprachen sind erforderlich!
- Kann ich die vertraglichen Anforderungen der Abnehmer (Liefermengen, -termine usw.) erfüllen?

c) Molkerei.

- Gibt es in meiner Nähe eine Großmolkerei (siehe Anhang) oder auch einen Ziegenbetrieb, der meine Milch abnehmen würde?
- Welche Anforderungen stellt die Molkerei an meine Milch?
  - Gibt es eine Mindestliefermenge zu erfüllen – gegebenenfalls bei Großmolkereien (Herdengröße mind. 100 Ziegen)?
  - Kann ich die damit verbundenen Voraussetzungen erbringen (Fläche, Stall, Arbeit usw.)?
  - Welche Milchpreise werden in Abhängigkeit von Qualitätsparametern und Jahreszeit vertraglich zugesichert?
- Was muss ich leisten, um hohe Milchqualitäten zu erzielen (Fütterung, Arbeit, Melktechnik, Kühlung, gegebenenfalls Transport)? Milchhygiene ist oberstes Gebot!
- Ziegenbetrieb in der Nähe: Gibt es in der Nähe meines geplanten Betriebs einen weiteren Milchziegenbetrieb, der meine Milch in seiner Hofmolkerei mit verarbeiten würde? Kann ich so mit einem anderen oder noch weiteren Betrieben partnerschaftlich zusammenarbeiten?

Ziegenlammfleisch/Wurst:

- Wie kann ich Kunden für diese Fleischprodukte finden? Öffentlichkeitsarbeit, Kontakt zu Gastronomen, Handel usw.? (siehe Kapitel 2)
- Wo kann ich schlachten lassen? Ist ein Metzger in der Nähe?
- Wie organisiere ich den Direktabsatz? Zwischenlagerung/Kühlung auf dem Betrieb?

D Mit welchen Produktionsfaktoren (Fläche, Ställe, Gebäude, Arbeit, Kapital) ist mein Betrieb ausgestattet?

An dieser Stelle ist zu klären, ob die gegebene Faktorausstattung den jeweiligen Anforderungen an den (Planungs-)Betrieb entsprechen. Andernfalls müssen die Möglichkeiten der Faktorbeschaffung (Pacht, Stallbau, Lohnkräfte usw.) geprüft und betriebswirtschaftlich hinterfragt werden.

E Welche voraussichtlichen Gewinne/Kosten erziele ich mit dem Ziegenbetrieb?

Anhand betriebswirtschaftlicher Kalkulationen (siehe 9.5 und 10.5) muss geklärt werden, ob der geplante Ziegenbetrieb einen hinreichenden Erwerb (Zielvorgabe) ermöglicht!

14.2 Überprüfung eines bestehenden Betriebes (Schwachstellenanalyse)

Jeder schon bestehende Betrieb sollte sich in regelmäßigen Abständen überprüfen, da sich im Laufe der Zeit schnell Mängel und Unzulänglichkeiten einschleichen, die als solche nicht erkannt werden. Gleichermaßen ist es ratsam, die Zukunftsfähigkeit des Betriebs zu kontrollieren, da sich die Rahmenbedingungen (Förderungen, Pachtpreise- und -situation, Käse- bzw. Fleischabsatz: Preis und Nachfrage usw.) häufig geändert haben bzw. ändern werden.

Die systematische Abklärung der nachfolgenden Fragen gibt Aufschluss über die Betriebslage der bestehenden Ziegenhaltung:

Betriebswirtschaftliche Überprüfung

- **Einkommensniveau.** Erreiche ich das Zieleinkommen für mich und meine Familie, das mit meinem Betrieb möglich ist? Wenn nein, wo habe ich noch Reserven? (siehe unten)
- **Negativfaktoren.** Wodurch ist mein Betriebsergebnis ungünstig beeinflusst? Zu hohe Kosten oder Aufwendungen, geringe Tierleistungen oder Produktpreise?
- **Vergleichszahlen.** Liegen mir vertikale[1] oder horizontale Vergleichszahlen vor, anhand derer ich Veränderungen, Schwachstellen und Reserven meines Betriebs ausfindig machen kann?

Überprüfung der Vermarktung

- **Kundenzufriedenheit.** Sind meine Kunden (weiterhin) zufrieden? Am besten überzeugt man sich davon durch eine anonyme Kundenbefragung.
- **Absatz.** Hat sich die Absatzsituation in der Direktvermarktung (Nachfrage) oder bei Abgabe an eine Molkerei (z. B. Preise) geändert? Sind daraus Defizite erwachsen, wie stark wirken sich diese aus und wie kann ich diese ausgleichen?
- **Verbesserungsansätze.** Sollte und kann ich die Vermarktung (bes. bei Direktvermarktung) optimieren? Wenn ja, welche Verbesserungen sind am dringendsten und kann ich diese mit vertretbaren Aufwendungen erbringen? Merke: Durch eine erfolgreiche Vermarktung meiner Produkte verdiene ich das meiste Geld!
- **Kundengewinnung.** Wie kann ich weitere Kunden gewinnen, wenn ich meine Produktion ausdehnen könnte? Öffentlichkeitsarbeit: attraktive Flyer und deren Verbreitung, Presseberichte usw. (siehe auch Kapitel 2). Wie kann ich meine Produkte gegenüber der Importware herausstellen?

Überprüfung von Management und Produktion

- **Arbeitsorganisation.** Ist der Einsatz der Arbeitskräfte effektiv? Kann ich die Arbeit in meinem Betrieb effektiver organisieren (Aufgabenverteilung, Arbeitsabfolge usw.)?
- **Arbeitserledigung.** Kann ich insbesondere alltägliche Arbeiten (z. B. Füttern, Melken) im Hinblick auf einen effektiven Arbeitseinsatz rationalisieren? Welche Technik könnte ich dazu einsetzen?
- Merke: die Arbeit soll insbesondere dort eingesetzt werden, wo eine hohe Gewinneffizienz gegeben ist (Tierleistungen, Verarbeitung, Vermarktung).
- **Leistungen.** Bin ich mit den biologischen Leistungen meiner Ziegen zufrieden (Fruchtbarkeit, Milchleistung usw.)? Kann ich in der Zucht, Haltung, Fütterung und Tiergesundheit noch Leistungsreser-

---

1 vertikale Vergleichzahlen: betriebswirtschaftliche Kennwerte der Vorjahre aus eigenen Aufzeichnungen/ Buchführung; horizontale Vergleichzahlen: Vergleichszahlen anderer Ziegenbetriebe, gegebenenfalls auch nur aus Gesprächen mit Berufskollegen)

ven mobilisieren? Zum Beispiel durch schärfere Selektion bei den Ziegen, gezieltere Bockauswahl, Überprüfung des Stallklimas, Untersuchung des Grundfutters, Kalkulation der Futterration, Überprüfung des Gesundheitsstatus usw.

- **Herdenmanagement.** Kann mir ein Herdenmanagementprogramm helfen, Schwachstellen und Betriebsreserven zu finden?

Häufige Probleme. Gibt es sich wiederholende Probleme/Einbußen in meinem Ziegenbetrieb (Aufschriebe)? Wenn ja, welche Experten können mir dabei helfen?

- **Fachkontakte.** Habe ich Fortbildungs-, Gesprächs- bzw. Beratungsmöglichkeiten hinreichend genutzt? Die Fachkontakte vermitteln Hilfen, Verbesserungsansätze und machen den Stand des eigenen Betriebs vergleichbar.

Zusammenarbeit mit anderen Betrieben (bes. Milchziegenhalter)

- **Austausch.** Gibt es in meiner Nähe weitere Milchziegenhalter mit denen ich einen vertrauensvollen Austausch aufbauen kann? Neben dem rein fachlichen Austausch kann hier gegebenenfalls auch eine Abstimmung über Vermarktungswege, -gebiete und Märkte erfolgen. Gleichermaßen kann geprüft werden, ob sich eine arbeits- und betriebswirtschaftlich effiziente Arbeitsteilung zwischen den Betrieben aufbauen lässt (mehrere Betriebe erzeugen Ziegenmilch, ein Betrieb übernimmt Verarbeitung und Vermarktung).
- **Neueinsteiger.** Gibt es Interessenten, die in die Milchziegenhaltung einsteigen würden, wenn mein Betrieb ihnen die Milch abnimmt (Neueinsteiger braucht nicht in Technik und Know-How der Milchverarbeitung und -vermarktung investieren).

Perspektiven für meinen Ziegenbetrieb

Welche Perspektiven hat mein Ziegenbetrieb für die nächsten 10 bis 15 Jahre? Ausrichtung und Produktionsumfang, Herdengröße, Leistungen, Produkte und Produktvielfalt, Vermarktung, Zahlungsansprüche (Prämien) durch die Agrarreform usw.

Anhand der derzeit erreichten Situation des Ziegenbetriebs, der betrieblichen Entwicklungsmöglichkeiten sowie der sich möglicherweise ändernden Rahmenbedingungen (Pachten, Preise, Prämien, Absatz usw.) muss die Zukunftsfähigkeit des eigenen Betriebs untersucht werden. Jeder Betrieb ist nur so gut, wie er für die Zukunft gewappnet ist!

15 Service

Wichtige Adressen

Ziegenzuchtverbände in Deutschland:
Bundesverband Deutscher Ziegenzüchter e. V (BDZ)
Haus der Land- und Ernährungswirtschaft
Claire-Waldoff-Strasse 7
10117 Berlin
Tel.: 030 / 3 19 04-542
E-Mail: info@ziegen-sind-toll.de

Baden-Württemberg
Landesverband Baden-Württemberg e. V.
Heinrich-Baumann-Str. 1-3, 70190 Stuttgart
Tel.: 07 11 / 1 66 55 02, Fax: 07 11 / 1 66 55 35
E-Mail: zzv@ziegen-bw.de

Bayern
Landesverband Bayerischer Ziegenzüchter e. V.
Haydnstr. 11, 80336 München
Tel.: 089 / 53 78 56 , Fax: 089 / 53 78 56
E-Mail: ziegen.bayern@t-online.de

Berlin-Brandenburg e. V.
Schafzuchtverband Berlin-Brandenburg e. V.
Lehniner Str. 3a, 14550 Groß-Kreuz
Tel.: 03 32 07 / 50 02 28, Fax: 03 32 07 / 3 25 73
E-Mail: Lsvbb@aol.com

Hessen
Hessischer Ziegenzuchtverband e. V.
Hauptstr.53 a, 35415 Pohlheim
Tel. und Fax: 0 60 04 / 33 60
E-Mail: kontakt@ziegenzucht.de

Mecklenburg-Vorpommern
Landesschafzuchtverband Mecklenburg-Vorpommern e. V.
Zachlinger Str.7, 19395 Karow
Tel.: 03 87 38 / 73 0 71, Fax: 03 87 38 / 73 0 50
E-Mail: schafzucht@rinderzucht-mv.de

Niedersachsen
Landesverband Niedersächsischer Ziegenzüchter e. V.
Johannssenstr. 10, 30159 Hannover
Tel.: 05 11 / 36 65-484, Fax: 05 11 / 36 65-521
E-Mail: wahl.dirk@lawikhan.de

Nordrhein-Westfalen
Landesverband Rheinischer Ziegenzüchter e. V.
Endeicher Allee 60, 53115 Bonn
Tel.: 0228 / 7 03 13 03, Fax: 0228 / 7 03 83 18
E-Mail: VRhs-Bonn@web.de

Landesverband der Ziegenzüchter für Westfalen-Lippe e. V.
Nevinghoff 40 (Geb. LWK), 48147 Münster
Tel.: 02 51 / 2 37 68 64, Fax: 02 51 / 23 76 –521 o. 896
E-Mail: Ingrid.Simon@lwk.nrw.de

Rheinland-Pfalz
Landesverband der Ziegenzüchter Rheinland-Pfalz e. V.
Bahnhofplatz 9, 56068 Koblenz
Tel.: 02 61 / 6 65 05 29, Fax: 02 61 / 6 45 05 12
E-Mail: rainer.wulff@lwk-rlp.de

Saarland
Landesverband der Schaf- und Ziegenzüchter Saarland e. V.
Lessingstr. 14, 66121 Saarbrücken
Tel.: 06 81 / 6 65 05 29, Fax: 06 81 / 6 45 05 12
E-Mail: anton.schmitt@lwk.saarland.de

Sachsen
Sächsischer Schaf- und Ziegenzuchtverband e. V.
Lausicker Str. 26, 04668 Grimma
Tel.: 0 34 37/ 94 22 80, Fax: 0 34 37/ 94 22 81
E-Mail: sszv_grimma@sszv.de

Schleswig-Holstein
Landesverband Schleswig-Holsteiner
Ziegenzüchter e. V.
Steenbeker Weg 151, 24106 Kiel
Tel.: 04 31 / 33 26 08, Fax: 04 31 / 3 50 07
E-Mail: schaf_ziegen_kiel@lkv-sh.de

Thüringen
Landesverband der Thüringer Ziehgenzüchter
und -halter e. V.
Schwerborner Str. 29, 99087 Erfurt
Tel.: 03 61 / 7 49 80 70 7, Fax: 03 61 / 74 98 07 18
E-Mail: Thueringer.Ziegenzuchtverband@
t-online.de

Großmolkereien für die Verarbeitung von Ziegenmilch

Baden-Württemberg:

Käserei Monte Ziego, Biomanufaktur Schwarzwald-Bodensee
Gottlieb-Daimler-Strasse 5
79331 Teningen
Tel.: 07641-9323330
email: info@biomanufaktur-schwarzwald.de
www.biomanufaktur-schwarzwald.de

Bayern:

Andechser Molkerei Scheitz GmbH
Biomilchstr. 1
D-82346 Andechs
Tel.: + 49 (0)8152 / 379-0
Fax: + 49 (0)8152 / 379-201
email: scheitz@andechser-molkerei.de
www.andechs-natur.de

Landwirtschaftliche Lehranstalten Triesdorf
Markgrafenstraße 12
91746 Weidenbach
Tel.: 09826 / 18-0
email: lla@triesdorf.de oder LVFZ-Triesdorf@lfl.
bayern.de
www.triesdorf.de

Inntaler Ziegen- und Schafmilchprodukte GmbH
Josef und Margarete Lerchenmüller
Anton-Woger-Str. 10
83512 Wasserburg a. Inn
Tel.: 08071/ 1043-3
email: kontakt@kaeserei-lerchenmueller.de
www. kaeserei-lerchenmueller.de

Molkerei Anderlbauer e.K.
Hauptstr. 4
83112 Frasdorf
Tel.: 08052/ 847
Email: info@anderlbauer.de
www.anderlbauer.de
Molkerei Wilhelm GmbH
Stoffenrieder Str. 10
89352 Ellzee
Tel.: +49 8283 1730
email: info@zauberburg-ziegenkaese.de
www.zauberburg-ziegenkaese.de

Hessen:

Molkerei Hüttenthal
Molkereiweg 1
64756 Mossautal / Odenwald
Tel.: 06062/ 2665-0
email: molkerei-huettenthal@t-online.de
www.molkerei-huettenthal.de

Sachsen:

Feinkäserei Zimmermann GmbH
Karl-Marx-Str. 90
04808 Falkenhain
Tel.: 03 42 62 – 4 71 – 0
email: kaese-zimmermann@t-online.de
www.kaese-zimmermann.de

Schleswig-Holstein:

Käserei Backensholz
Schwabstedter Damm 8
25885 Oster- Ohrstedt
Tel.: 04626/ 1858-0
www.backensholz.de

Thüringen:

Käserei Altenburger Land
Theo-Nebe-Straße 1
04626 Lumpzig/Hartha
Tel.: 034495 – 7 70 0
Fax: 034495 -7 70 28
info@altenburger-kaeserei.de
www.altenburger-kaeserei.de

Beratung:

Verband für handwerkliche Milchverarbeitung im ökologischen Landbau e. V.
Alte Poststraße 87
85356 Freising
Tel.: 08161 / 787 36 03
email: info@milchhandwerk.info

Hygieneleitlinien für kleine Wiederkäuer der Stiftung Tierärztliche Hochschule Hannover (Ganter 2012)

Ziel

Mit der nachstehenden Leitlinie werden Verfahren vorgeschlagen, durch die die Früherkennung von Krankheiten verbessert und durch die Schaf-/ Ziegenherden vor Tierseuchen und Tierkrankheiten geschützt werden sollen.

1. Voraussetzungen

Voraussetzung für eine erfolgreiche Durchführung von Hygienemaßnahmen ist ein geschlossener Bestand. Kontakte zu anderen Beständen sollen auf ein Minimum reduziert werden. Zukauf und Kooperation soll nur mit Betrieben stattfinden, die auf dem gleichen Gesundheitsniveau stehen. Voraussetzungen hierfür sind:
Alle Schafe/Ziegen sind mittels Einzeltierkennzeichnung identifizierbar. Das Bestandsregister nach Viehverkehrs-VO ist ordnungsgemäß geführt. Es besteht ein Betreuungsvertrag mit dem Haustierarzt (HTA) oder dem jeweiligen Schaf und Ziegengesundheitsdienst (SZGD). Die Herde ist frei von den folgenden Infektionskrankheiten:

- Alle anzeigepflichtigen Seuchen
- Small Ruminant Lentivirusinfektionen (SRLV = Maedi/Visna, CAE)
- Q-Fieber
- Pseudotuberkulose
- Paratuberkulose
- Räude (Psoroptes- und Sarcoptes-Räude)
- Moderhinke

2. Durchführung der Untersuchungen

Schafe aus Betrieben, die sich dem Verfahren angeschlossen haben, unterliegen einer klinischen, parasitologischen und serologischen Untersuchung sowie einer Überprüfung der bestandsbiologischen Leistungsdaten durch den HTA bzw. SZGD.

2.1 Klinische Untersuchung

In den teilnehmenden Beständen ist mindestens 2 mal jährlich eine klinischen Untersuchung durch den Betreuungstierarzt/Schafgesundheitsdienst durchzuführen. Für die klinische Untersuchung ist ein schriftlicher Bericht zu fertigen. Bei der klinischen Untersuchung ist gezielt auf Anzeichen anzeigepflichtigen Seuchen sowie von **Ekto- und Endoparasiten** und von **Moderhinke** zu achten. Bei Verdacht auf **Räude** sind gezielt Hautgeschabsel zur parasitologischen Untersuchung zu entnehmen. Bestände mit Räude und Moderhinke sind vom Zuchttierverkehr bis zum erfolgreichen Abschluß von Sanierungsmaßnahmen auszuschließen.

Über die Ergebnisse der Untersuchungen sollte ein schriftlicher Bericht angefertigt werden.

2.2 Parasitologische Kotuntersuchung

Anlässlich dieser Untersuchungen sind mindestens je eine Sammelkotprobe der Muttertiere, der Zutreter und der Lämmer zu entnehmen und parasitologisch zu untersuchen. Zu einer Sammelkotprobe sollte Kot von 10 Tieren zusammen gefasst werden. Weitere Untersuchungen sollten vor und ca. 14 Tage nach jeder Entwurmung vorgenommen werden.

2.3 Serologische Untersuchungen

2.3.1 Brucellose

Der Bestand gilt als kontrolliert Brucellose unverdächtig, wenn jährlich von 5 %, mindestens aber von 5 der über 1 Jahr alten Schafe Blutproben serologisch auf Brucellose untersucht und negativ sind.

Die Zuchtböcke sowie alle zur Körung angemeldeten Böcke sollten auf Antikörper gegen *Brucella ovis* untersucht werden.

2.3.2 SRLV

Der Bestand gilt als kontrolliert SRLV (CAE bzw. Maedi/Visna) unverdächtig, wenn zu Beginn des Verfahrens die Blutproben aller über 1 Jahr alten Schafe und Ziegen der Herde auf Antikörper gegen SRLV untersucht werden, die Proben aller untersuchten Tiere negativ sind und drei mal in halbjährlichen und nachfolgend in jährlichen Abständen Blutproben auf SRLV untersucht werden und serologisch negativ sind. Die Sanierungsrichtlinie des jeweiligen Bundeslandes bzw. des jeweiligen Zuchtverbandes ist bindend.

2.3.3 Para-Tuberkulose

Der Bestand gilt als kontrolliert Para-Tuberculose unverdächtig, wenn zu Beginn des Verfahrens die Blutproben aller über 1 Jahr alten Schafe und Ziegen der Herde auf Antikörper gegen Para-Tbc untersucht werden, die Proben aller untersuchten Tiere negativ sind und drei mal in halbjährlichen und nachfolgend in jährlichen Abständen Blutproben auf Para- Tuberculose untersucht und serologisch negativ sind. Alternativ zur Untersuchung auf Antikörper gegen Para- Tuberculose können Vollblutproben oder Kotproben in den o. g. Abständen auch regelmäßig auf das Genom von *Mycobacterium avium subsp. paratuberculosis* mittels PCR untersucht werden.

Sollte ein Bestand zu Beginn des Verfahrens bereits infiziert sein und eine serologische Kontrolle mit anschließender Reagentenmerzung aus epidemiologischen oder betriebswirtschaftlichen Gründen nicht sinnvoll sein, sollte in Absprache mit den zuständigen Veterinärbehörden eine Sanierung über eine Impfung gegen die Paratuberkulose versucht werden

2.3.4 Pseudo-Tuberkulose

Der Bestand gilt als kontrolliert Pseudo-Tuberculose unverdächtig, wenn zu Beginn des Verfahrens die Blutproben aller über 1 Jahr alten Schafe der Herde auf Antikörper gegen Pseudo-Tuberculose untersucht werden, die Proben aller untersuchten Tiere negativ sind und drei mal in halbjährlichen und nachfolgend in jährlichen Abständen Blutproben auf Pseudo- Tuberculose untersucht und serologisch negativ sind.

Sollte ein Bestand zu Beginn des Verfahrens bereits infiziert sein, kann alternativ eine Sanierung über die Merzung der klinisch erkrankten Tiere,

oder eine regelmäßige halbjährliche serologische Kontrolle mit nachfolgender Reagentenmerzung oder auch eine Sanierung mittel Impfung versucht werden.
Serologisch SRLV-, Pseudo-Tbc-, Para-Tbc-positive Bestände sind für die Zeit der Sanierung vom Zuchttierhandel ausgeschlossen. Impfbestände können zum Handel zugelassen werden, wenn der Käufer vom Verkäufer schriftlich über den Status der Herde informiert wurde und der Käufer das Infektionsrisiko schriftlich akzeptiert.

2.4 Untersuchungen auf Scrapie

Der Schafbestand gilt als kontrolliert Scrapie unverdächtig, wenn
alle Schaf oder Ziegen des Bestandes frei von klinischen Erscheinungen sind, die auf Scrapie hindeuten,
bei labordiagnostischen Stichprobenuntersuchungen im Rahmen des staatlichen Überwachungsprogrammes an Gehirnen von über 18 Monate alten, zur Ausmerzung bestimmten Zucht- oder Schlachttieren keine für Scrapie sprechenden Gehirnveränderungen festgestellt werden.
die Gehirne aller unter zentralnervösen Störungen verendeten, über 1 Jahr alten Schafe und Ziegen labordiagnostisch untersucht werden (im Hinblick auf Scrapie, Visna, Listeriose, Borna).
der Betreib am Zuchtprogramm auf Scrapie-Resistenz teilnimmt. Das beinhaltet: 1. Es werden ausschließlich Scrapie-genotypisierte Zuchtböcke der Genotypklasse G1 (Genotyp ARR/ARR) eingesetzt. 2. Die weiblichen Zuchttiere sind mindestens Genotypklasse G1 oder G2 (ARR/ ARR oder ARR/XXX, aber nicht ARR/VRQ), 3. Weibliche Tiere mit den Genotypklassen G3 bis G5 sind von der Zucht ausgeschlossen. Für Ziegen gibt es ein solches Zuchtprogramm nicht.

2.5 Schlachtbefunde

Möglichst von allen geschlachteten Tieren sollten Befunde vorliegen. Abhängig von der Gesamtzahl der geschlachteten Tiere pro Jahr sollte die Befundrate (Stichprobenumfang) so hoch sein, dass mit 95 %iger Sicherheit mindestens ein krankes Tier erfasst wird, wenn die Prävalenz in der Herde ≥ 5 % liegt.
Nach Möglichkeit sollte dem amtlichen Tierarzt zur Befundung ein Formblatt zur Verfügung gestellt werden. Die Befundung sollte nach folgendem Schlüssel erfolgen.
Befundungsschlüssel:

Lungenveränderungen:
L 0 = Lunge o. b. B.
L 1 = bis walnußgroße Lungenveränderungen
L 2 = über walnußgroße Lungenveränderungen

Leberveränderungen:
H 0 = Leber o. b.B
H E = Veränderungen durch Leberegel
H A = Leberabszesse

Bei jeder Schlachtung sollen vom amtlichen Tierarzt die Befunde in das Protokoll (Formblatt – Schlachtbefunde) eingetragen werden. Auf dem Protokoll sollen Beanstandungen protokolliert werden.

2.6 Untersuchungen auf Lungenadenomatose

Alle bei der Schlachtung aufgefallenen Lungenveränderungen, die Walnußgröße übersteigen, sollen zur pathologisch-anatomischen, pathologisch-histologischen Untersuchung und evtl. labordiagnostischen Untersuchung mittels PCR eingesandt werden.

2.7 Untersuchungen auf Aborterreger

Bei gehäuften Aborten (> 3 %) soll Abortmaterial (abortierte Feten und Nachgeburtsteile) sowie eine Serumprobe des Muttertieres zur labordiagnostischen Untersuchung auf Aborterreger eingesandt werden. Praktisch sollte spätestens jeder dritte Abort, der zur Kenntnis des Halters gelangt, labordiagnostisch abgeklärt werden.

2.8 Untersuchungen von missgebildeten Lämmern

Werden Lämmer mit Missbildungen geboren, sollten diese zur Abklärung der Ursache zur Untersuchung eingesandt werden. Insbesondere bei Gliedmaßenverkrümmungen sollte auf das Vorliegen einer Schmallenberg-Virusinfektion untersucht werden.

2.9 Maßnahmen

Abhängig vom Ergebnis der klinischen und serologischen Untersuchungen sowie den Schlachtbefunden sind die weiteren Maßnahmen unter Beachtung der tierseuchenrechtlichen Vorschriften für den Bestand festzulegen. Sanierungs-, Impf, und Behandlungsprogramme sind in schriftlicher Form festzuhalten und dem Besuchsprotokoll beizufügen.
Grundsätzlich soll abhängig vom Ergebnis der parasitologischen Kotuntersuchungen ein Weidemanagement- und Entwurmungsprogramm erstellt werden und dem Protokoll beigefügt werden.

2.10 Kümmerer

Schlachtlebern von Kümmerern oder Tieren mit ungenügender Gewichtsentwicklung werden regelmäßig auf den Gehalt an Kupfer sowie Selen und bei Bedarf auf weitere Spurenelemente und Vitamine untersucht. Je nach Parameter werden nach Bedarf andere Proben, wie z. B. Blutproben auf Cobalamin u.s.w. untersucht.

2.11 Produktionsbiologische Leistungsdaten

Der Tierbesitzer oder sein Vertreter erfasst und dokumentiert für den Bestand folgende produktionsbiologischen Daten:

- Bestandsregister
- Deckregister (Sprungplan)
- Umbockrate
- Aborte
- lebendgeborene Lämmer
- totgeborene Lämmer
- aufgezogene Lämmer
- Tägliche Zunahmen
- Milchleistung
- Milchinhaltsstoffe, Zellzahlen, Leitfähigkeit, Schalm-Test-Ergebnisse
- Register über Tierverluste (incl. vermutliche Todesursachen)

Er führt außerdem das Bestandsbuch (Behandlungen u. Medikamente).

3. Hygieneprogramm

Betriebe, die dem Verfahren beigetreten sind, müssen folgende Mindestanforderungen erfüllen:

3.1 Am Zugang zum Betriebsbereich für die Schaf- oder Ziegenhaltung muss gut sichtbar ein Hinweisschild mit dem Aufdruck „Betreten verboten, wertvoller Schaf-/Ziegenbestand" angebracht sein.

3.2 Die für die Haltung der Schafe/Ziegen bestimmten Stallungen und Nebengebäude müssen für die Schaf/Ziegenhaltung geeignet sein und den Empfehlung für die Haltung von Schafen und Ziegen der Deutschen Gesellschaft für die Krankheiten der kleinen Wiederkäuer, Fachgruppe der DVG (Ganter et al. Tierärztl Prax 2012; 40 (G): 314-325; http://tpg.schattauer.de/de/startseite/issue/special/manuscript/18341/show.html) entsprechen.

3.5 Dem Betreuungstierarzt/Schafgesundheitsdienst sowie Besuchern und Schafscherern ist betriebseigene Schutzkleidung zur Verfügung zu stellen.

3.6 Der Betrieb muss über einen geeigneten Raum oder Container für die vorübergehende Aufbewahrung toter Schafe/Ziegen verfügen.

3.7.1 Werden auf dem Betriebsgelände Schafe (gewerblich/gewerbsmäßig) geschlachtet, sind die Fleischhygienevorschriften und die Vorschriften für die Beseitigung tierischer Nebenprodukte zu beachten.

3.8 Wird auf dem Betreib Milch von Schafen oder Ziegen gewonnen und zu Käse verarbeitet, so sind die Vorschriften der Milchverordnung zu beachten.

3.9 Jeder direkte und indirekte Kontakt zu Schafen/Ziegen, die nicht die Bedingungen dieser Leitlinie erfüllen, ist zu vermeiden. Dies gilt auch für das Treiben und Hüten von Schafen/Ziegen.

3.10 In den Betrieb dürfen nur Schafe/Ziegen eingestellt werden, die aus kontrollierten Schaf- bzw. Ziegenbeständen stammen. Alle Schafe/Ziegen aus anderen Betrieben sind einer Quarantäne zu unterziehen (Siehe Empfehlungen zur Quarantäne).

Routinemaßnahmen zur Verbesserung der Bestandshygiene sowie zur Risikominimierung im Verlauf des Reproduktionszyklus

1. Geburt

1.1 Kontrolle des Neugeborenen

- Missbildungen (Eingerolltes Lid, Mikrophthalmie, Gaumenspalten, Atresia ani)?
- Nabeldesinfektion
- Das Lamm sollte nach spätestens einer Stunde stehen und Kolostrum aufgenommen haben.
- Schwache Lämmer zufüttern und/oder täglich wiegen.

Sofern das Risiko von Watery mouth besteht, sollte das Lamm unverzüglich mit abgemolkenem oder zuvor eingefrorenem Kolostrum und evtl. zusätzlich mit Coliserum W® oral versorgt werden.
In Herden mit Lippengrind sollten die Lämmer in den ersten Lebenstagen mit einem Paramunitätsinducer (Zylexis®) oder einem Lippengrind-Lebendimpfstoff (Ectrybel® – in D nicht zugelassen) versorgt werden.
Jegliche Injektionen dürfen nur mit Einmalkanülen und möglichst mit Einmalspritzen durchgeführt werden. Bei Massenimpfungen ist die Kanüle nach spätestens 10 Tieren zu wechseln.

1.2 Kontrolle des Muttertieres

Die Nachgeburt sollte innerhalb einer Stunde abgegangen sein. Die Nachgeburt ist sofort zu entfernen und unschädlich zu beseitigen (Tierkörperbeseitigungsanstalt; bis zur Abholung in geschlossenen Behältnissen lagern).
Mutter und Lämmer sollten für mindestens 1 Tag (Zwillinge mindestens 2 Tage, schwache Lämmer entsprechend länger) in eine gereinigte, desinfizierte und trockene Einzelbucht aufgestallt werden. Sofern die Betreuung durch mehrere Personen durchgeführt wird, sollte die Maßnahme schriftlich dokumentiert und die Dokumentation gut sichtbar an der Einzelbucht angebracht werden.
Nuckel und Nuckelflaschen sind nach jedem Gebrauch abzukochen bzw. zu sterilisieren.
Während der Gruppen- und Stallhaltung ist die Einstreu stets trocken zu halten.
Vor dem Ausstallen aus der Einzel- in eine Gruppenbucht sollte bei dem Muttertier das Euter, sowie der Abgang der Nachgeburt erneut kontrolliert werden. Beim Lamm sollte das Trinkverhalten sowie die Gewichtszunahme kontrolliert werden.
Gegen Ende der Ablammzeit sollte bei den über 4 Wochen alten Lämmern eine parasitologische Kotuntersuchung stattfinden.

2. Aufzucht

2.1 Impfungen

Zur Prophylaxe vor Breinierenerkrankung sollten die Lämmer spätestens 2 Wochen vor dem Austrieb gegen Clostridiosen mit einem geeigneten Impfstoff (Covexin 8®, Bravoxin zehn®, Heptavac P®) vakziniert werden. Die Impfung ist nach 4 bis 6 Wochen zu wiederholen. In Beständen, in denen eine Muttertierimpfung vor der Geburt stattfindet, sollten die Lämmer bei der Erstimpfung mindestens 8 Wochen alt sein.
Bei Beständen mit Problemen durch Pasteurellose sollte nach der Grundimmunisierung der Lämmer eine Auffrischung der Impfung ca. 2 Wochen vor dem zu erwartendem Krankheitsausbruch mit Heptavac P® oder einer stallspezifischen *Mannhei-*

mia haemolytica- oder *Pasteurella trehalosi*-Vakzine durchgeführt werden.
Zur Prophylaxe oder Metaphylaxe von Moderhinke sollte mit Footvax® oder einer stallspezifischen Vakzine geimpft werden. Die Impfung ist bei der Grundimmunisierung nach ca. 4 Wochen zu wiederholen. Wiederholungsimpfungen können je nach Infektionsdruck, Umgebungsbedingungen und Empfänglichkeit der Tiere nach unterschiedlichen Abständen notwendig werden. Grundsätzlich ist bei verseuchten Beständen eine mindestens halbjährliche Impfung zu empfehlen.

2.2 Parasitologische Untersuchungen

Vor dem Austrieb sollte eine parasitologische Kotuntersuchung bei den Muttertieren und den Lämmern stattfinden und entsprechend des Befundes entwurmt werden. Die parasitologische Kotuntersuchung ist bei den Lämmern 4 bis 6 Wochen nach dem Austrieb zu wiederholen. Bei Auftreten von Durchfällen sollten nicht nur von den Tieren mit Durchfall, sondern besonders auch von mageren Tieren mit festem Kot Proben zur parasitologischen Kotuntersuchung eingesandt werden. Parasitologische Kotuntersuchungen sollten getrennt nach Lämmern, Zutretern und Muttern in regelmäßigen Abständen wiederholt werden. Der Kot von je 10 Tieren sollte zu einer Sammelkotprobe zusammen gefasst und untersucht werden.

2.3 Fütterung

Bei der Fütterung ist darauf zu achten, dass die Tiere vor jeder Kraftfuttergabe grundsätzlich frisches Raufutter angeboten bekommen und dieses auch aufnehmen. Eine ausreichende Versorgung mit Mineralstoffen ist sicherzustellen.

2.4 Pflege

Während der Weidehaltung ist die Herde sowie jede Teilherde mindestens einmal pro Tag zu kontrollieren. Bei den Tieren ist mindestens einmal pro Jahr eine Klauenpflege durchzuführen. Möglichkeiten zur Klauendesinfektion sind vorzuhalten. Die Tiere müssen mindestens einmal pro Jahr geschoren werden. Scherer müssen frisch gewaschene Schutzkleidung sowie sauberes und desinfiziertes Schuhwerk tragen. Die Schurgeräte und alle anderen Utensilien müssen vor dem Einsatz desinfiziert werden.
Sofern Haarlinge vorkommen, sollten diese ca. 4 Wochen nach der Schur mit Pyrethroiden (Butox®, Latroxin®) pour on oder mit Sebacil®-Bädern oder Sprühbehandlungen bekämpft werden.

2.5 Zuchthygiene

Nach dem Absetzen sollten alle Muttertiere auf ihre weitere Zuchttauglichkeit untersucht werden. Im Einzelnen sollten mindestens die Zähne, die Kopflymphknoten, das Euter und die Klauen kontrolliert werden. Sofern Chlamydienabort oder Toxoplasmenabort in der Herde droht, sollten die selektierten Zuchttiere mit einem entsprechenden Impfstoff (Enzoovac®, Enzoovac T®) 4 Wochen vor der Bedeckung vakziniert werden. In enzootisch verseuchten Herden kann die Impfung auf die Zuchtlämmer bzw. Zutreter vor der ersten Bedeckung reduziert werden. Vor dem Deckeinsatz sollte der Bock untersucht werden. Hierzu sollten zumindest Hoden und Nebenhoden durchgetastet, der Penis vorgelagert und auf Verletzungen untersucht werden. Außerdem sollten die Klauen und Gelenke des Bockes sowie das Gebiß und die Kopflymphknoten vor dem Deckeinsatz kontrolliert werden.

2.6 Trächtigkeit

Zur Optimierung der Haltung sollte ca. 4 Wochen nach Abschluss der Bedeckung die Trächtigkeit kontrolliert werden. Die Muttertiere sollten in nicht tragende, Einling tragende und Mehrlinge tragende Muttern selektiert werden. Spätestens 4 Wochen vor Beginn der Ablammzeit sollten die Muttertiere entsprechend den Trächtigkeitsbefunden bedarfsgerecht zugefüttert werden. Zur Prophylaxe von Hypokalzämischer Gebärparese sollten die älteren Muttertiere ca. 4 Wochen vor der Geburt ca. 500 000 I.E. Vitamin D 3 s.c. erhalten. Sofern entsprechende Befunde für eine Mangelsituation vorliegen, kann gleichzeitig zur Prophylaxe von Muskeldystrophien bei den Muttertieren und ihren Lämmern Vitamin E und Selen parenteral appliziert werden. Zur Prophylaxe von Clostridiosen bei den Lämmern (Breinierenerkrankung) sollten die Muttertiere ca. 2 Wochen vor der Ablammung mit einem geeigneten Impfstoff (Covexin8®, Bravoxin zehn®, Heptavac P®) vakziniert werden. Zu Beginn der Ablammphase sollten bei den zuerst lammenden Muttertieren parasitologische Kotuntersuchungen durchgeführt werden.

3. Zukauf/Quarantäne

Vor dem Zukauf bzw. der Aufstallung neuer Tiere im Bestand sollte der Hygienestatus des Herkunftbestandes erfragt werden. Neu in den Bestand aufgenommene Tiere sollten in einem separaten, gereinigten und desinfizierten Stall aufgestallt werden. Diese Tiere sollten mit separater Schutzkleidung grundsätzlich nach der eigenen Herde mit separaten Utensilien versorgt werden. Bei der Ankunft sollten neue Schafe/Ziegen klinisch und parasitologisch untersucht werden. Eine entnommene Blutprobe sollte auf Antikörper gegen SRLV, Pseudotuberkulose und Paratuberkulose (ggf. Rotlauf, Q-Fieber, Chlamydophila abortus u.s.w.) untersucht werden. Die Tiere sind entsprechend dem Ergebnis der parasitologischen Kotuntersuchung mit zwei Anthelmintika unterschiedlicher Wirkstoffgruppen zu entwurmen. Nach ca. 1 Woche in der Quarantäne sollten zu den neuen Tieren einige eigene Schlachttiere zugestallt werden. Danach wird beobachtet, ob bei den neuen Tieren oder den eigenen Schlachttieren Krankheitssymptome innerhalb der folgenden 3 Wochen auftreten. Vor der Einführung in die eigene Herde sollte der Erfolg der Entwurmung durch eine weitere parasitologische Kotuntersuchung bei den neuen Tieren überprüft werden. Außerdem sollte bei ihnen erneut eine klinische Untersuchung durchgeführt werden.

16 Literaturverzeichnis

Abschlussbericht zum gleichnamigen Forschungsprojekt

Albrecht-Seidel, M., L.Mertz (2006): Die Hofkäserei. Verlag Eugen Ulmer, Stuttgart

BDZ (2004): Persönliche Mitteilungen des Bundesverbandes Deutscher Ziegenhalter e. V. (BDZ)

BDZ (2009): Geschäftsbericht des Bundesverbandes Deutscher Ziegenzüchter e. V. (BDZ), 2008/2009

BDZ (2011): Ziegenzucht in der Bundesrepublik Deutschland. Bundesverband Deutscher Ziegenzüchter, März 2011

BDZ (2012): Bundesstatistik Herdbuchbestand Ziegen. Bundesverband Deutscher Ziegenzüchter

Beck, S. (2000): Futtermittel in der Fleischziegenhaltung. Semesterarbeit im Fachbereich Agrarwirtschaft der Fachhochschule Nürtingen

Bellof, G. (2000): EDV-Programm „Rationsberechnung für Milchschafe und Milchziegen“. Fachhochschule Weihenstephan, Freising

Bergfeld, U. (2005): Notwendigkeit der Zuchtwertschätzung für die Weiterentwicklung der kleinen Wiederkäuer. Bundesfachtagung Ziegen der BDZ 18./19.11. 2005

Bioland (2012): Direktvermarktung – Hofladen, Marktstand, Abo-Kiste – analysieren, optimieren, planen. Bioland-Verlag Mainz

Bleul, U. (2001): Feststellung der Trächtigkeit bei Schaf und Ziege. Der Ziegenzüchter 3, S. 22–26

BMLFUW (2007): Bundesministerium für Land- und Forstwirtschaft, Umwelt und Wasserwirtschaft, Österreich

Bömkes, D., H. Hamann, O. Distl (2004) : Populationsgenetische Analyse von Milchleistungsmerkmalen bei Weißen Deutschen Edelziegen. Züchtungskunde 76, S. 127–138

Boué, P (2011): Den Nachbarn über die Schulter geschaut – Ziegenzucht in Frankreich. Directeur de Caprigènes; Internationale Bioland Schaf- und Ziegentagung und Fachtagung des Bundesverbandes Deutscher Ziegenzüchter e. V.; 12.–14. Dezember 2011 in Freiburg

Brice und Leboef (2002): Was Ziegen mit Insekten gemeinsam haben. Übersetzung von A. Scharnhölz aus La Chèvre (5/6 2002) in Deutsche Schafzucht 20, S. 492–494

BVET (2003): Richtlinien für die Haltung von Ziegen. Richtlinie 800.106.10, Bundesamt für Veterinärwesen Bern

Charpin, C., R. De Cremoux (2012): Pas forcement plus de cellules avèc les lactations longues. Réussir la chèvre 309, 35

De Cremoux, R. (2012): La qualité hygiènique du lait de chèvre. In : L’élevage des chèvres (J. Lucbert, ed.), Editions France Agricole, Paris

Deix, C.-M.; C. Rosenwirth, M. Janko, C. Rockenbauer-Peirl, (2008): Schaf- und Ziegenmilchproduktion in Österreich und Europa. Bundesministerium für Land- und Forstwirtschaft, Umwelt und Wasserwirtschaft, Wien 2008

Diener, K., R. Klemm (2005): Die Wirtschaftlichkeit der Ziegenhaltung. Fachtagung des Bundesverbandes der deutschen Ziegenzüchter (BDZ) e. V., Leipzig, Nov. 2005

Eichorn, H.-P. (1994): Ziegen. Verlag Neuman-Neudamm

Erhardt, G. (2002): Milcheiweißvarianten in der Ziegenzucht. 1. Fachtagung für Ziegenhalter und -züchter, 12. – 13. Nov. 2002 der Bundesanstalt für alpenländische Landwirtschaft Gumpenstein

EUROStat (2010): Europäische Kommission, Landwirtschaftl. Statistik

Eyma, I. (2006): Zucht- und Vermarktungsstrukturen in der französischen Milchziegenhaltung. Diplomarbeit, Fakultät Agrarwirtschaft, Hochschule Nürtingen

FAO (2011): FAO Production Yearbook 2010, Rom

FAO (2012): Food and Agriculture Organization – Livestock Production – Statistics

Gall, C. (2001): Ziegenzucht, Verlag Eugen Ulmer, Stuttgart

GFE – Ausschuss für Bedarfsnormen der Gesellschaft für Ernährungsphysiologie (2003): Empfehlungen zur Energie- und Nährstoffversorgung der Ziegen. DLG , Frankfurt

Hardy, D. (2006): Réduire le temps de traite. Réussir la chèvre 274, 15–29

Hardy, D. (2012): Cout d'èlevage. Réussir la chèvre 310, 38–40

Herold, P. (2009): Zuchtziele und Selektionsmerkmale von Milchziegenhaltern. 4. Internationale Bioland Schaf- und Ziegentagung, Dezember 2009, Bad Waldsee

Hervieu, J., P. Mohrand-Fehr (1999): Apprecier l'état corporel des chèvres – interêt et méthode. Réussir la chèvre 231, 22–33

Höper D. et al.: Schmallenberg-Virus. Deutsches Tierärzteblatt Jahrgang 2012 S. 500

Institut de L'elevage (1995): Guide pratique en alimentation caprine. Institut de l'élevage, Paris

Jeroch, H., W. Drochner, O. Simon (1999): Ernährung landwirtschaftlicher Nutztiere. Verlag Eugen Ulmer, Stuttgart

Kaiser, W., A. Zaugg (2005): Zellzahlen bei der Ziegenmilch. Forum 4/ 2005 S. 48

Kern, A. (2012): Persönliche Mitteilungen, Bioland Baden-Württemberg

König, H. (1994): Rinder in der Landschaftspflege. LÖBF-Mitteilungen 3/94, Recklinghausen, NRW, S. 25–31

v. Korn, S., F. Lamprecht (2000): Entwicklung von Entscheidungsrichtlinien und modellhaften Verfahren zum Einsatz von Fleischziegen in der Landschaftspflege. Abschlussbericht zum gleichnamigen Forschungsprojekt – gefördert durch die Deutsche Bundesstiftung Umwelt

v. Korn, St. (2002): Begleitende Materialien zur Lehrveranstaltung, Ziegen- und Schafhaltung, Hochschule für Wirtschaft und Umwelt Nürtingen-Geislingen

v. Korn, St. (2002): Schafe in Koppel- und Hütehaltung. Verlag Eugen Ulmer, Stuttgart

v. Korn, St. (2011): Rahmenbedingungen und Entwicklungen der Schaf- und Ziegenhaltung in Deutschland und Europa. Internationale Bioland Schaf- und Ziegenfachtagung des Bundesverbandes Deutscher Ziegenzüchter, Dez.

Kretschmer, G. (2001): Untersuchungen zur Euterform und Melkbarkeit bei Ostfriesischen Milchschafen als Grundlage für züchterische Maßnahmen zur Leistungs- und Euterverbesserung. Dissertation, TU Berlin

Kühne, D. (1999): Konjugierte Linolsäure in Fetten von Wiederkäuern. Fleischwirtschaft 79, Nr. 12, 86

Kuiper, A.; D. Bömkes , H. Hamann, O. Distl (2005): Analyse von Euter- und Körpermerkmalen bei der Bunten Deutschen Edelziege. Bundesfachtagung Ziegen der BDZ 18./ 19.11. 2005

LAD (2000): Wiesen und Weiden brauchen nicht nur Stickstoff. BWagrar 7/2000, 27

Le Jaouen, J. (2001): Les lactations longues en question. La chèvre 183, 32 – 33

Lickliter, R.E. (1984): The behavior of small animals. Appl. Animal Behavior Science, 12, 245-248

Lucbert, J., V. Corbert, R. De Cremoux (2012): La traite et les installations de la traite. In: L'élevage des chèvres (J. Lucbert, ed.), Editions France Agricole, Paris

Maibom, J. (2006): Burenzüchter brauchen eine bessere Bewertungsrichtlinie. DSZ 3, S. 32–34

Mohrand-Fehr, P. (1981): Nutrition and feeding of goats. In: Goat production (C.Gall, ed.), Academic Press, London

Mohrand-Fehr, P., D. Sauvant (1988): Alimentation des caprins. In: Alimentation des bovins, ovins et caprins (R. Jarrige, ed.), INRA, Paris

Müller, U. (2005): Aufbau einer zentralen Ziegendatenbank für die Herdbuchführung. Bundesfachtagung Ziegen der BDZ 18./19.11. 2005

Pons, M. (2002): Perspektiven der Milchziegenhaltung auf der schwäbischen Alb im Vergleich zu Frankreich. Diplomarbeit ENITA de Clermont-Ferrand

Rahmann, G. (1997): Praktische Anleistungen für eine Biotoppflege mit Nutztieren. Fachgebiet

Internationale Nutztierzucht und -haltung der Universität Gesamthochschule Kassel
Rettner, S. und W. Stegmann (2006): Controlling in der Direktvermarktung. Bioland Beratung
Ricordeau, G. (1991): Breeding Programmes and Production Recording in Goats. In: Genetic Recources of Pig, Sheep and Goats, World Animal Science, B8, Chapter 32, 495–516
Ringdorfer, F. (2002): Einfluss der Futterqualität und Fütterungsintensität auf Futteraufnahme und Leistung von Weißen Edelziegen. 1. Fachtagung für Ziegenhalter und -züchter, 12.–13. Nov. 2002 der Bundesanstalt für alpenländische Landwirtschaft Gumpenstein
Sambraus, H.H. und M. Wittmann, (1990): Saugverhalten von Ziegenlämmern. Tierärztl. Praxis 17, 359–365
Scharnhölz A.: Paratuberkulose bei Ziegen. Den „teuflischen" Übertragungszyklus unterbrechen? Schafzucht 19/09 S. 33
Schlag, M.: Vorsicht bei „Gummistiefel-Klima". Schafzucht 7/12 S. 10
Schneeberger, M., G. Stranzinger (2003): Genetische Ursachen von Hornlosigkeit und Intersexualität bei Ziegen. Forum 11, S. 6–11
Simantke, C. 1997: Den Ziegen eine Freude machen. Deutsche Schafzucht 16 , 380-382
v. Sommerfeld, D. (1995): Ziegenkäse und Kitzfleisch finden immer mehr Liebhaber. Unser Land 4/95, S. 20–21
Späth, H. und O. Thume (2005): Ziegen halten, Verlag Eugen Ulmer, Stuttgart
Statistisches Bundesamt (2011): Destatis; Viehbestand 2010
Stier, K. (1994): Analyse der Population der Thüringer Waldziege im Hinblick auf ihre Erhaltung. Diplomarbeit Universität Gesamthochschule Kassel, Witzenhausen
Strobel, H.: Klauenpflege Schaf und Ziege. Verlag Eugen Ulmer, 2009
Wagner, H.,. M. Ganter, R. Eibach, P. Tegtmeyer, A. Wehrend: Gehäuftes Auftreten von Missbildungen an neugeborenen Schafen in Deutschland. Deutsches Tierärzteblatt Jahrgang 2012 S. 348
Walther, R. (2005): persönliche Mitteilungen
Wehlitz, R. (2005): Möglichkeiten und Ergebnisse der elektronischen Kennzeichnung. Fachtagung des Bundesverbandes Deutscher Ziegenzüchter e. V., Leipzig
ZMP (2005): Marktbilanz Milch: Deutschland, EU, Weltmarkt; Zentrale Markt- und Preisberichtsstelle GmbH, Bonn

Bildquellen

Titelfotos: Dimitar Marinov – Fotolia.com
Alle anderen Fotos stammen, wenn nicht anders vermerkt, von den Autoren.
Die Zeichnungen fertigten Artur Piestricov, Stuttgart und Tanja Eppler, Ludwigsburg, nach Vorlagen der Autoren.

Register

Z

Prof. Dr. Stanislaus v. Korn befasst sich seit vielen Jahren in Lehre und Forschung intensiv mit Fragen der Ziegenzucht- und -haltung. Seine Erkenntnisse hat er in zahlreichen Veröffentlichungen und Vorträgen weitergegeben. Als Leiter der Abteilung Agrarwirtschaft des Instituts für Angewandte Forschung initiiert, betreut und koordiniert er Forschungsvorhaben im Agrarbereich an der Hochschule für Wirtschaft und Umwelt Nürtingen-Geislingen.

Prof. Dr. Hermann Trautwein war Leiter des Staatl. Veterinäramtes Esslingen-Nürtingen, Vorsitzender des Bundesverbandes Deutscher Ziegenzüchter und des Ziegenzuchtverbandes Baden-Württemberg sowie Lehrbeauftragter und Honorarprofessor an der Fachhochschule Nürtingen.

Dr. Ulrich Jaudas unterrichtet an der Landesberufsschule für Tierwirte in Stuttgart-Hohenheim. Er hält selbst Ziegen und ist Vorsitzender des Ziegenzuchtverbandes Baden-Württemberg.

Bibliografische Information der Deutschen Nationalbibliothek
Die Deutsche Nationalbibliothek verzeichnet diese Publikation in der Deutschen Nationalbibliografie; detaillierte bibliografische Daten sind im Internet über http://dnb.d-nb.de abrufbar.

Wollgrasweg 41, 70599 Stuttgart (Hohenheim)
E-Mail: info@ulmer.de
Internet: www.ulmer.de
Lektorat: Werner Baumeister
Herstellung: Ulla Stammel
Umschlagentwurf: Atelier Reichert, Stuttgart
Satz: r&p digitale medien, Echterdingen
Druck und Bindung: Friedrich Pustet, Regensburg
Printed in Germany

ISBN 978-3-8001-7883-4

Gesunde Schafe und Ziegen

Schaf- und Ziegenkrankheiten sicher diagnostizieren. Auf den Fotos sind leicht zu identifizierende „Leitsymptome" abgebildet, die das Erkennen der jeweiligen Krankheiten erleichtern. Eingeteilt sind die Bilder nach Körperregionen. Die Beschreibungen verbessern die Sicherheit der Diagnose zusätzlich.

Farbatlas Schaf- und Ziegenkrankheiten.

Johannes Winkelmann, Martin Ganter. 2008.
160 S., 202 Farbfotos, 8 Zeichn., geb.
ISBN 978-3-8001-5380-0.

Dieses Buch beschreibt die anatomischen und funktionalen Grundlagen, die notwendig sind, um Klauenkrankheiten zu verstehen, zu vermeiden und zu behandeln. Klauenpflege, Klauenkrankheiten und insbesondere die Moderhinke werden ausführlich besprochen. Die Arbeitsabläufe in der täglichen Praxis werden ebenso dargestellt wie langfristige Konzepte für die Kontrolle und Sanierung von Herdenproblemen.

Klauenpflege Schaf und Ziege.

Grundlagen, Praxis, Moderhinke. Heinz Strobel. 2009.
142 S., 28 Tabellen, 32 Farbfotos auf Tafeln, 44 s/w-Fotos, kart.
ISBN 978-3-8001-5851-5.

Ganz nah dran. Ulmer

Erfolgreiche Schafhaltung

Das Buch vermittelt neben allgemeinen Grundlagen der Schafzucht und -haltung wichtige Erkenntnisse aus der Wisssenschaft sowie weitreichende Erfahrungen aus der Praxis – schwerpunktmäßig im Hinblick auf die Koppelschafhaltung.
Im Vordergrund stehen die Ausgestaltung einer optimalen Haltung sowie betriebliche und überbetriebliche Zuchtmaßnahmen. Besonderes Augenmerk wurde auf die maßgeblichen Faktoren einer marktgerechten und wirtschaftlich orientierten Lammfleischerzeugung gelegt.

Schafe in Koppel- und Hütehaltung.

Stanislaus von Korn. 2., überarbeitete Auflage 2001.
216 S., 48 Tabellen, 27 Farbf. a. Taf., 80 sw-Zeichn., kart.
ISBN 978-3-8001-3197-6.

Alle Fragen zur Zucht, Haltung, Fütterung und Gesundheit der Schafe, der einschlägigen rechtlichen Bestimmungen und Institutionen zur Förderung der Schafzucht und Haltung werden hier präzise beantwortet. Kapitel zum Verhalten von Schafen, Pferchtechnik, Herden- und Koppelgebrauchshunde, Grünland und Weidewirtschaft, Wirtschaftlichkeit sowie berufliche Ausbildung wurden neu aufgenommen.

Praktische Schafhaltung.

Christian Mendel. 5., überarbeitete Auflage 2008.
264 S., 56 Tabellen, 51 Farbfotos auf Tafeln,
135 sw-Fotos und -zeichnungen, kart.
ISBN 978-3-8001-4463-1.

Ganz nah dran. Ulmer